Oldenbourgs

Technische Handbibliothek

Band XX:

Leitfaden für die Rauch- und Rußfrage

von

Direktor A. Reich

München und Berlin 1917
Druck und Verlag von R. Oldenbourg

Leitfaden
für die Rauch- und Rußfrage

Von

Direktor **A. Reich**

Mit 64 Abbildungen

München und Berlin 1917
Druck und Verlag von R. Oldenbourg

By

Vorwort.

Das vorliegende Buch soll möglichst umfassend alles das wiedergeben, was bisher in der Rauch- und Rußfrage geschehen ist. Daß ich bei dem mir zur Verfügung gestellten Raum nicht das ganze Gebiet so ausführlich behandeln konnte, wie ich es gern getan hätte, wird bei dem großen Umfange des zur Verfügung stehenden Materials erklärlich erscheinen. Namentlich bezieht sich dies auf die verschiedenen Rauchverhütungsmittel. Es gibt deren Hunderte; von denen natürlich jedes einzelne, nach Ansicht ihrer Erzeuger, das alleinbrauchbare ist, trotzdem es darunter auch Vorrichtungen gibt, denen gegenüber nach den bisherigen Erfahrungen Vorsicht am Platze ist. Ich gebe daher in diesem Abschnitt auch nur einen beschreibenden Überblick der mir bekannten brauchbaren Abhilfsmittel, ohne damit sagen zu wollen, daß 'die nichtgenannten zu den weniger brauchbaren gehören. In den übrigen Abschnitten glaube ich in der Hauptsache alles zusammengestellt zu haben, was auf dem betreffenden Gebiete sich allgemein oder doch wenigstens in bestimmten Fällen bewährt oder wenigstens als brauchbar erwiesen hat.

Da der vorliegende Leitfaden die gesamte Rauch- und Rußfrage einschließlich einiger die Luft ebenfalls verunreinigender Abgase anderer Art behandelt, bisher aber die ganze und vielseitige Rauch- und Rußliteratur entweder nur einzelne Fragen erörtert oder aber das ganze Gebiet von einem bestimmten Standpunkte, z. B. dem des Arztes, des Chemikers, des Feuerungsingenieurs usw., behandelt, so wage ich zu hoffen, daß die von mir gewählte Art der Behandlung aller das ganze Gebiet behandelnden Fragen einigen Beifall finden wird. Ich denke, gerade durch diesen Leitfaden ein Buch

geschaffen zu haben, welches für den praktischen Gebrauch
des Kreisarztes, des Gewerbeaufsichtsbeamten, des Heizungs-
ingenieurs, des Gesundheitsingenieurs, des Dampfkesselinge-
nieurs, des Chemikers, des Kreis- und Stadtbaubeamten sowie
der staatlichen und städtischen Verwaltungsbehörden einigen
Nutzen haben, sowie ferner zu eingehenderen Studien auf einzelnen Gebieten der großen und überaus wichtigen Rauch-
und Rußfrage die Grundlage bieten wird.

Um die Benutzung des Leitfadens als Handbuch zu er-
leichtern, habe ich ein ausführliches Sachregister aufgestellt.
Dagegen mußte ich auf Wiedergabe eines Literaturverzeichnisses verzichten. Dasselbe hat nur dann Wert, wenn es möglichst lückenlos ist, und das war, da es sich zum überwiegenden Teil um in den Zeitschriften verstreute Abhandlungen
handelt, nicht möglich, ohne den gesetzten Umfang des Leitfadens wesentlich zu vergrößern. Um dies zu rechtfertigen,
ist aber der tatsächliche Wert eines Literaturverzeichnisses
für den überwiegenden Teil der Leser nicht groß genug. Ich
bin mir voll und ganz bewußt, daß ich mit dem vorliegenden
Leitfaden kein vollkommenes Werk in die Welt hinausziehen
lasse, hoffe aber trotzdem, daß es seiner Bestimmung genügen
wird und wäre für Anregungen zu Ergänzungen und Verbesserungen sowie für Mitteilungen über etwa erzielte Erfolge
mit den in diesem Buche angegebenen oder anderen Vorrichtungen sehr dankbar.

Gleichzeitig danke ich vielmals allen Behörden, Vereinen
und Herren, welche mich durch Überlassung von Material
gütigst unterstützt haben.

Der Verlag ist meinen Wünschen in bezug auf Ausstattung des Buches in weitgehendstem Maße entgegengekommen,
wofür ich ihm auch an dieser Stelle meinen verbindlichsten
Dank ausspreche.

Erkner-Berlin, Februar 1915.

Reich.

Inhaltsverzeichnis.

Geschichtlicher Rückblick.

Zwei Gebiete sind es, die mit der gesamten Kulturentwicklung unserer Zeit auf das allerengste verknüpft sind: die Abwasserfrage und die Rauch- und Rußplage.

Die Rauch- und Rußplage, welche uns hier allein beschäftigt, wird zumeist als ein durchaus modernes, mit unserem Kultur- und Wirtschaftsleben untrennbar verbundenes Übel betrachtet. Das ist aber nicht der Fall. Vielmehr waren die Klagen über die durch Rauch und Ruß entstandenen Übelstände schon dem Altertum bekannt.

Man ist allerdings zu verschiedenen Zeiten recht verschiedener Ansicht über den Einfluß gewesen, den der Rauch und der Ruß auf die Menschen ausübt. Daß man in den ältesten Zeiten mit dem Rauch religiöse Vorstellungen verband ist bekannt und selbstverständlich, wenn man berücksichtigt, daß die meisten Naturvölker im Feuer das Walten göttlicher Kräfte erkannten. Dementsprechend hat man im Rauch auch keine gesundheitsschädlichen Stoffe vermutet und ihn selbst zur Bereitung gewisser Nahrungsmittel schon frühzeitig verwendet.

Uralt ist auch die Anschauung, daß der Rauch bei der Bekämpfung von Krankheitsursachen, bösen Geistern und Miasmen einen günstigen Einfluß besitze. Liefmann (Über die Rauch- und Rußfrage, insbesondere vom gesundheitlichen Standpunkte, und eine Methode des Rußnachweises in der Luft. Friedr. Vieweg & Sohn, Braunschweig 1908) weist darauf hin, daß man noch heutzutage nach uralter germanischer Sitte in einigen Teilen Tirols sog. Rauchnächte veranstaltet, um die Menschen und das Vieh gegen schädliche Dämonen zu schützen.

Eine primitive Kenntnis der desinfizierenden Eigenschaften des (Holz-) Rauches veranlaßte zur Zeit der großen
Pest (423 v. Chr.) die Athener, mächtige Holzstöße in Brand
zu setzen. Im Mittelalter ließ Herzog Ulrich I. von Böhmen
ebenfalls zur Bekämpfung der Pest (1016) — wie man sagte
mit Erfolg — ganze Wälder anzünden, und dieses Experiment wurde 1665 in kleinem Maßstabe in London wiederholt.
Diese Berichte über einen günstigen hygienischen Einfluß
des Rauches beziehen sich natürlich nur auf den Holzrauch.
Feindlich stand man von vornherein dem Steinkohlenrauch
gegenüber, ohne sich aber sagen zu können, auf welche Tatsachen sich diese Abneigung gründete. Vielfach waren wohl
Vorurteile im Spiele, und noch bis in die neueste Zeit hat
man sich übertriebene Vorstellungen von der Gefährlichkeit des Steinkohlenrauches gemacht.
Bei der Schwierigkeit, sich Feuer zu beschaffen, kann
allerdings bei den Griechen die Klage über Belästigung
durch Rauch nicht allzu dringend gewesen sein. Nachdem
man durch Reiben eines trockenen Holzstabes in der Furche
eines trockenen Brettes mit vieler Mühe Feuer entfacht hatte,
wurde dieses den in den Tempeln und Wohnhäusern aufgestellten, mit Olivenöl gefüllten ewigen Lampen mitgeteilt
und hier ständig unterhalten. Die ewigen Lampen lieferten
das Feuer für alle Zwecke des täglichen Lebens; auch zum
Verbrennen des Unkrautes auf dem Felde. Die stärkste Rauchentwicklung fand wohl bei dem Betriebe der Töpfereien zu
Korinth und Tanagra statt, doch wissen wir nicht, ob hierüber Klagen geführt wurden. Wahrscheinlich ist dies nicht
der Fall. Zudem war jeder Grieche gesetzlich berechtigt,
auf seinem Grundstück beliebig viel Rauch zu entwickeln.
Anderseits scheint aber auch dieses Gesetz gewissen Einschränkungen unterworfen gewesen zu sein, da auf unsere
Tage ein Dokument überkommen ist, nach welchem die Verbreitung übelriechender Dünste durch Errichtung einer Gerberei auf einem bestimmten Grundstücke verboten wird.
Ferner teilt der griechische Geograph Strabon mit, daß
die Schmelzöfen für Silber hoch gebaut werden, damit der
schwere und verderbliche Rauch, der bei dem Schmelzprozeß

entsteht, hochgeführt werde. Hierzu bemerkt Lenz (Minera-
logie der Griechen und Römer) zutreffend, daß nicht das
Silber, sondern der Schwefel-, Blei- und Arsenikgehalt der
Erze die aufsteigenden Dämpfe schädlich macht.

Sonst ist aber nichts auf uns überkommen, das den Rück-
schluß zuläßt, wie sich die meistens in freier Luft lebenden
Griechen gegen die Belästigungen und Schädigungen, welche der
über sie hinweggehende Rauch verursachte, gewehrt haben.

Obgleich die Römer, außer dem Backofen, bei ihrer hoch-
entwickelten Industrie noch zahlreiche andere geschlossene
und mit Schornstein versehene Öfen, z. B. solche für
Schmiede, Eisengewinnung u. a., hatten, so hat merkwürdiger-
weise doch dieses in Kunst und Technik so weit vorgeschrit-
tene Volk, trotz seiner weitgetriebenen Bedürfnisse, nicht den
kleinen Schritt gemacht, derartige Öfen zur Beheizung der
Wohnräume anzuwenden, blieb vielmehr bei der namentlich
in hygienischer Beziehung nicht einwandfreien Kanalheizung stehen.

Fehlte also bei ihnen, wie bei den Griechen, die heute
für die bedeutendste Rauchquelle erkannte Hausfeuerung aus den Wohnungen, so entwickelten die Gar-
küchen und Cafés, welche sich zu Tausenden in dem
Erdgeschoß der an engen Straßen belegenen, bis zu zehn
Stock hohen Häuser befanden, einen derartigen üblen Geruch und Rauch, daß auch die Bewohner der obersten
Stockwerke dem Übel nicht entronnen waren. In diese wirtschaftlichen Dünste mischte sich der Straßenstaub und der
Rauch der zahlreichen Gewerbebetriebe und industriellen
Unternehmungen und verpestete die Luft Roms in un-
erhörter Weise. Liest man die Schilderungen Senecas, Vitruvs
und Galens über die schlechte Luft im alten Rom, so findet
man viele Anklänge an neuzeitliche Klagen über Luft-
verschlechterungen, hervorgerufen durch den den Schornsteinen entsteigenden Rauch und Ruß.

Und doch ist, nach Jurisch (Über die Beseitigung der
Rauchplage in Karlsbad), aus dem Qualm des alten Rom
eine klare Quelle entsprungen in der modernsten Wissenschaft,
der Aerologie oder des Luftrechts.

1*

Die alten Römer räucherten den frischbereiteten Käse. Der Grund hierfür ist nicht ganz klar; vermutlich wollten sie ihn dadurch haltbarer machen, vielleicht liebten sie aber auch den Rauchgeschmack. Die dritte Vermutung, daß sie den Käse räucherten, um ihm eine goldgelbe Farbe zu geben, ist wohl nicht wahrscheinlich. Auf alle Fälle gehörte aber diese Käseräucherei mit zu den Hauptursachen der Luftverpestung Roms. Bei ihren primitiven Einrichtungen aber verbreitete sich der Rauch durch alle Geschosse und über die Nachbarschaft. Obgleich die Anwohner nicht wußten, was Rauch ist, so empfanden sie doch deutlich, daß in der Luft etwas Fremdes, ihnen Unangenehmes enthalten war und nannten es eine Immission. Gegen diese Immission wurde gerichtliche Klage erhoben, und zwar mit Erfolg, da die römischen Richter Alfenus, Pomponius und Aristo entschieden, daß die Immission von Rauch zu verbieten sei.

Die Deutschen übernahmen von den Römern den Backofen und die Badestube mit Ofen (furnus). Der letztere wurde nebenbei auch zum Brotbacken und zum Flachs- und Obstdörren verwendet.

In den Wohnräumen fanden sich jedoch auch noch im 9. und 10. Jahrhundert nur offene Feuerstätten (caminata), und in vornehmen Wohnungen blieben dies noch Jahrhunderte lang die einzigen Heizvorrichtungen. Der geschlossene Ofen mit Schornstein ist in vornehmen Wohnungen erst vom 14. Jahrhundert an halbwegs sicher nachgewiesen.

Der Schritt vom offenen Herdfeuer zum Heizkamin wurde gemacht; d. h. es wurde ein Rauchmantel und ein kürzeres oder längeres Rauchrohr hinzugefügt, das durch die Mauer ins Freie, auf den Dachboden oder über Dach führte. Der süddeutsche Bauer jedoch war es, der erst den eigentlichen Heizofen für Wohnräume schuf, indem er den Ofen aus der Badestube in das Wohngebäude übertrug. Hierdurch wurde der frühere Herd und Wohnraum, in dem sich der offene Herd befindet, zur Küche, während der neue Raum, der den Heizofen enthält, den Namen Stube erhielt.

Diese Umwandlung der Verhältnisse begann ungefähr ums Jahr 1000 und ist in den Alpenländern noch nicht beendet.

Zunächst wurde der Heizofen, ebenso wie der Ofen der Badestube, nur aus schlecht gebrannten Ziegelsteinen hergestellt
und erst bedeutend später aus Kacheln. Das Wort »Kachelofen« ist erst seit dem 14. Jahrhundert hochdeutsch, seit
1405 niederdeutsch nachgewiesen.

In den Städten, die in Deutschland erst vom 11. Jahrhundert an entstanden, wurde der Ofen verhältnismäßig früh
eingeführt, in Burgen fand er spät Eingang. Erst im
13. Jahrhundert etwa begannen die Vornehmen einzeln mit
der Ofenheizung, zuerst wohl nur für die Dienstleute, vom
14. Jahrhundert aber mehr für sich selbst, so daß im 15. Jahrhundert die offene Feuerstätte (Kamin) in Deutschland
allmählich abkommt.

Die von den Römern ausgebildete Kanalheizung für
größere Räume findet in Deutschland vom Jahre 1000 ab
Anwendung. Eine andere, im Mittelalter häufig angewandte Zentralheizung bestand darin, daß in dem unterirdischen Heizraume Steine glühend gemacht wurden und dann
die darüberstreichende Luft durch Kanäle unter den zu be-
heizenden Raum und schließlich durch eine Anzahl im Fußboden vorgesehener Öffnungen in den Raum geführt wurde.
Solange der Herd rauchte, zog die Abluft in den Schlot, dann
wurde dieser abgesperrt. Man findet diese Art Zentralheizung
(Luftheizung) namentlich oft auf Burgen, in Rathäusern usw.

Wie aus diesem kurzen Überblick über die Entwicklung
der Beheizungsanlagen in Deutschland bis zum Mittelalter
hervorgeht, war die Rauchentwicklung aus den Hausfeuerungen nicht minder stark als heutigen Tages.
Daß wir wesentliche behördliche Vorschriften über die Rauchverminderung bei Hausfeuerungen nicht vorfinden, findet seine
Erklärung ausschließlich darin, daß, wie es ja auch noch bis
vor einigen Jahren der Fall war, man die größte Rauchbelästigung den gewerblichen Feuerungen zuschob, während sich um
die wirklichen Rauchbelästiger niemand kümmerte.

Daß man im übrigen aber sehr wohl empfindlich war
gegen die Belästigungen durch Rauch, und daß man auch
das am meisten raucherzeugende Brennmaterial genau kannte,
geht aus einer Verordnung vom Jahre 1348 hervor, die die

Zwickauer Schmiede betráf und dahin ging, daß kein innerhalb der Stadtmauer sein Gewerbe betreibender Schmied mit
Steinkohlen schmieden dürfe.

Dieses Dokument ist übrigens der erste geschichtliche
Nachweis für das Bestehen des Zwickauer Bergbaues, der
schon im 10. Jahrhundert dort von den Sorbenwenden betrieben sein soll.

Es mutet seltsam an, wenn man hört, daß in einer kleinen
1633 von Büntingen verfaßten Schrift die vielverbreitete
Meinung bekämpft wird, daß die Steinkohlen wegen der
Giftigkeit ihres Rauches nicht zum Kochen und Backen
der Speisen verwendet werden können, wie unter anderen auch
der berühmte englische Naturforscher Boyle behauptet hatte.
Noch im Jahre 1777 kämpfte Chr. F. Schulze (Betrachtung
der brennbaren Materialien) gegen das gleiche Vorurteil und
ebenso im Jahre 1787 Hahnemann in seiner Abhandlung
über die Vorurteile gegen die Steinkohlenfeuerung.

In einem Buche über Steinkohlen aus dem Jahre 1775,
dessen Verfasser nicht genannt ist, heißt es:

> daß diejenigen Arbeiter, so die brennenden Kohlen mit
> eisernen Stangen ausbrechen, auf den gepflasterten Hof
> bringen, den Ofen mit neuen Kohlen anfüllen und folg-
> lich auf das Verschlucken der brennend heißen Dämpfe
> den ersten Anspruch haben sollen, nur gleich um Abso-
> lution in articulo mortis bitten dürfen. Ich wenigstens
> möchte zu dieser abscheulichen Operation keine anderen
> als das Leben verwirkte Missetäter widmen.

Allmählich aber trat, vielleicht durch die wirtschaftliche
Notwendigkeit mitveranlaßt, die Abneigung gegen die Stein-
kohlenverwendung immer mehr in den Hintergrund, und
unter dem Einflusse der zunehmenden chemischen Kenntnisse
über das Wesen der Verbrennung und der Rauchbildung ent-
stand eine mildere Auffassung seiner gesundheitlichen Gefährlichkeit.

Daß man nicht nur dem Steinkohlenrauch sondern auch
dem sog. »Hüttenrauch«, d. h. dem beim Metallschmelzen
auftretenden Rauch, schon vor Jahrhunderten energisch zu-

leibe ging, beweist eine Verordnung des Rates der Stadt Cöln vom 26. April 1464, in welcher auf erhobene Klage seitens der Anwohner dem Kupfer- und Bleischmelzer Thomas von Venrath aufgegeben wird, binnen vierzehn Tagen das Schmelzen einzustellen. Es wurde ihm auf seine Bitte zwar noch ein Aufschub bis zum 30. Juli 1464 gewährt, dann aber mußte er seinen Betrieb einstellen.

Andere Privatschmelzer und auch Städte wie z. B. Lübeck, Augsburg, Goslar u. a. m. mußten ihre Metall-, namentlich ihre Silberschmelzen in größere Entfernung von der Stadt verlegen. So verpflichteten sich um das Jahr 1407 die Treibhütten bei Goslar, weder oberhalb noch sonst in der Nähe der Stadt Erz zu rösten, damit die Stadt durch den Rauch nicht belästigt werde.

Heute hat der Hüttenrauch sehr viel von seiner Gefährlichkeit verloren, nachdem es Wissenschaft und Technik gelungen ist, Mittel zu seiner nochmaligen Behandlung zu finden, um die in ihm vorhandenen wertvollen Stoffe wiederzugewinnen. Dasselbe gilt von den Hochofengasen, seitdem man die Gase behufs Verwendung als Kraftquelle abfängt.

Auch die durch Flugasche entstehende Belästigung war unseren Altvordern schon bekannt. Ebenso wie sie darüber nachsannen, wie diesem Übelstande abgeholfen werden könne. So wurde bereits im Jahre 1550 die Erbauung eines landesfürstlichen Hüttenwerkes in Joachimsthal in Böhmen mit Rauch- und Staubkammern sowie mit Flugstaubkammern geplant.

Aus landesfürstlichen und Ratsverordnungen, aus Stadtbüchern, Innungsakten usw. läßt sich der Nachweis erbringen, daß in Deutschland bis in die neueste Zeit die Sorge, die Anlieger vor den Übelständen des Rauches aus gewerblichen und industriellen Feuerungen zu bewahren, nicht erlahmt ist. Der Grund, weshalb bis heute noch nicht alles erreicht ist, liegt einmal in der erst allmählich mit brauchbaren Abhilfsmitteln hervortretenden Technik, hauptsächlich aber daran, daß man die Industrie im Interesse der Allgemeinheit lebensfähig erhalten muß unh sie nicht durch ihre Lebensfähigkeit beeinträchtigende Forderungen aus dem Lande treiben darf.

Die vorgenannte Entscheidung römischer Richter, daß
die Immission von Rauch zu verbieten sei, wurde unter Dio-
kletian römisches Recht. Auch im preußischen Landrecht
von 1794 finden wir den gleichen Gedanken wieder, auf den
das preußische Obertribunal vom 7. Juni 1852, die sog. Im-
missionstheorie (Bd. 23, S. 252) formte, deren Inhalt durch die
§§ 906 und 907 des Bürgerlichen Gesetzbuches im Deutschen
Reiche Gesetz geworden ist.

Schon vor Einführung dieses Gesetzes, besonders aber
seit dieser Zeit ist von den Einzelstaaten sowohl als auch von
verschiedenen Städten der Kampf gegen die Belästigung durch
Rauch und Ruß energisch aufgenommen, unterstützt durch
grundlegende Arbeiten von Männern der Wissenschaft und
Technik, wie Ascher, Gerlach, Hahn, Jurisch, Liefmann, Renk,
Rubner, Wislicenus usw., deren Anregungen sowohl die Gemeinden als auch die Industrie meist willig folgen.

Wenn man auch annehmen darf, daß mit der Leichtigkeit
der Feuerbeschaffung die Gelegenheiten zu Rauchbelästigung
sich vermehrten, so begann doch eine Rauchplage im
modernen Sinne erst mit der Einführung der Steinkohle als Brennmaterial.

Während, wie bereits oben erwähnt, die Verbrennung
von Steinkohle bei uns von der Mitte des 14. Jahrhunderts
nachzuweisen ist, reicht die Verwendung von Kohlen in
England bis in noch frühere Zeiten zurück. Schon im Jahre
1293 beschwert sich der Adel Londons bei Eduard I. über
den Gebrauch von Kohlen aus Newcastle, damals seacols genannt, und im Anfang des 14. Jahrhunderts, unter der Regierung Eduards II., wurde ein Mann gefoltert, der durch den
Gebrauch von Steinkohlen die Luft seiner Nachbarschaft verpestet hatte. Richard II. (1377—1399) legte einen Zoll auf
Kohlenschiffe, und Heinrich V. (1413—1422) ließ die Einfuhr
von Kohlen durch eine besondere Kommission beaufsichtigen.
Auch Verbote der Kohlenverwendung erfolgten, und trotzdem
nahm ihre Benutzung stetig zu, so daß man sich allmählich
an die dadurch hervorgerufenen Übelstände gewöhnte, und
unter Elisabeth (1558—1603) war man bereits so weit, daß
man sich darauf beschränkte, ein Verbot für die Dauer der

Parlamentssitzungen zu erlassen. Trotzdem mußte auch unter
ihrer Regierung manchmal zu energischeren Mitteln gegriffen
werden, namentlich wenn es sich darum handelte, unerträg-
lich gewordenen Rauch und Ruß zu bekämpfen. So wurden
aus diesem Grunde die Grobschmiede gesetzlich gezwungen,
ihre Schmieden nach außerhalb Londons zu verlegen.

Wesentlich besser gestaltete sich schon die Frage der
Rauchverminderung bei Einführung des Rostes für Stein-
kohlenfeuerungen, wenn auch ein tatsächlicher bedeutender
Erfolg erst erzielt wurde, als man gelernt hatte, zwischen
Größe der Rostfläche und der Menge der darauf zu verbren-
nenden Steinkohle das richtige Verhältnis herauszufinden.

Trotzdem mehrten sich die Klagen, wie überall, so auch
in England, und zwar namentlich in London, über zunehmende
Rauchbelästigung, als mit Einführung der Dampfmaschine die
Zahl der Feuerstellen wuchs.

Die englische Gesetzgebung ging sofort sehr energisch vor.
So wurde im Jahre 1827 der Stadt Huddersfield vorgeschrieben,
bei Errichtung ihrer Wasserversorgung die besten bekannten
Mittel anzuwenden, um die Luft vor Verunreinigungen durch
Rauch zu schützen. Später sagte man statt der »besten bekannten«, die besten praktischen Mittel. Jurisch (Zeitschrift für angewandte Chemie 1903, Heft 37) weist noch auf
die Gesetze für die Städte Derly von 1841, Leeds von 1842,
Manchester von 1844 und Birmingham von 1845 hin.

Da die Abstellung der Rauchplage trotzdem immer drin-
gender wurde, beauftragte das Haus der Gemeinen einen Aus-
schuß mit dem Studium der Frage 1843—45. Der Bericht der
Kommission erschien als »Smoke Prohibition Report«, 1846.
Er verlangte Rauchverbrennung, soweit es praktisch möglich ist. Deshalb schrieb das Allgemeine Städtehebungsgesetz
(Towns improvement Clauses Act) von 1847 die Rauchverbrennung bis zur technisch möglichen Grenze vor.

Als auch dieses Gesetz nichts half, die Rauchplage vielmehr immer ärger wurde, versuchte man, durch Auferlegung
hoher Geldstrafen, die sich bei jeder neuen Bestrafung desselben Übeltäters verdoppelten, dem Übel zu steuern. Es
geschah dies durch den »Smoke Nuisance Abatement Act« von

1848 und noch schärfer durch den »Smoke Prevention Act«
von 1853. Der Schwerpunkt dieses Gesetzes lag, wie gesagt,
nicht in der Vorschrift, zur Behebung der Rauchplage die
besten praktischen Mittel anzuwenden, sondern in den hohen
Strafen, die der Richter festsetzen mußte. Letztere verhin-
derten auch die strenge Durchführung des Gesetzes, um nicht
im allgemeinen Staatsinteresse die Entwicklung der Industrie
vollständig zu hemmen.

Durch Strafen, wie sie später der »Public Health Act«
von 1891 noch schärfer faßte, läßt sich eben die Rauchplage
nicht beseitigen, sondern nur durch die Hilfsmittel der nimmer
ruhenden Entwicklung der Technik.

In Frankreich beginnt die Geschichte der Rauchverbrennung mit Papin (1647—1710). Er verlegt unter
dem Luftrohr den Herd, die obere freie Öffnung des Luft-
zuführungsrohres fängt den Wind auf, der durch das Rohr
in die Feuerung strömt, sich dort ausbreitet und den ganzen
Feuerraum ausfüllt, so daß das Feuer, nachdem es angezündet
ist, nicht hochbrennen kann. Vielmehr müssen die gesamte
Flamme und der Rauch nach unten abziehen unter dem
Druck der Atmosphäre. Dies geschieht·mit Geschwindigkeit
durch eine im Unterteil des Feuerraums angebrachte Öffnung.
Die Folge davon ist, daß alle Verbrennungsprodukte zur vollständigen Verbrennung gelangen; denn der Rauch, der durch
die ganze Höhe des Feuerraumes streicht, trifft auf den glühenden Brennstoff und kann nicht entweichen, ohne daß ihn das
lebhafte Feuer auflöst und verzehrt. Durch dieses Mittel wird
all das nutzbar gemacht, was sonst unausgenutzt in die Atmosphäre entweicht.

Sonst beschränkte sich bis in die neueste Zeit in Frankreich das Vorgehen gegen die Luftverschlechterung durch
Rauch auf einige wenige Bestimmungen, wie wir sie ähnlich
bereits oben für Deutschland erwähnt haben.

Auch in Österreich-Ungarn setzt die Bekämpfung,
namentlich des Hüttenrauches, sehr früh ein, wie aus Artikel 40
des Ungarischen Berggesetzes vom Jahre 1575 hervorgeht, daß
bei Verleihung der Gerechtsame dafür zu sorgen sei, daß durch
Rauch und Gestank Vieh und Leuten kein Nachteil geschehe.

Die Vorschriften zur Verhütung von Rauch und Ruß in Belgien und in den Vereinigten Staaten von Nordamerika sind neuerem Datums und gehören daher nicht in diesen geschichtlichen Überblick (s. S. 297 u. f.).

Einleitung. Einfluß der Industrie- und Hausfeuerungen.

Die auf den Fortschritten der Technik und dem ständig enger werdenden, den Güteraustausch erleichternden Verkehrsnetz beruhende gewaltige Entwicklung unserer Industrie und dem damit im Zusammenhang stehenden ungeahnten Wachstum der Städte hat namentlich zwei für die Allgemeinheit besonders bemerkbare Nachteile im Gefolge gehabt: die Verunreinigung unserer Flußläufe mit all den Übelständen in hygienischer, wirtschaftlicher und ästhetischer Hinsicht durch die industriellen und städtischen Abwässer und ferner die Verunreinigung der Luft durch den aus den Schornsteinen der Fabriken, Werkstätten und Wohnhäuser kommenden Rauch. Auch bei der Luftverunreinigung handelt es sich, ebenso wie bei der Flußverunreinigung, um Nachteile in hygienischer, wirtschaftlicher und ästhetischer Beziehung.

Daß der Rauch auch in ästhetischer Hinsicht eine arge Belästigung bedeutet, zeigt uns ein Blick auf eine Industriestadt schon aus geringer Ferne. Sie erscheint uns wie mit einem dichten, fast undurchdringlichen Schleier bedeckt, der alle Gebäude verhüllt und von dem nur ab und zu mal durch einen Windstoß ein Eckchen gelüftet wird.

Für unsere Großstädte sind eine ordnungsgemäße, allen hygienischen Anforderungen entsprechende Wasserversorgung und Abwasserbeseitigung die Lebenselemente, ohne die eine derartige Anhäufung großer Menschenmassen auf einen verhältnismäßig kleinen Raum ein Ding der Unmöglichkeit wäre; von ebenso großer Bedeutung, namentlich für die Entwicklung der Industriestadt, ist die Reinhaltung der Luft, die Lösung der Frage der Rauch- und Rußbeseitigung.

Noch vor gar nicht langer Zeit standen viele Städte der Industrie feindlich gegenüber und verschlossen den Aufnahme heischenden ihre Tore, sie dadurch zwingend, sich außerhalb der industriefeindlichen Orte anzusiedeln und selbst Städte zu gründen. Daß diese Fabrikorte nur nach reinen Nützlichkeitsgründen erbaut wurden, ist klar und ebenso einleuchtend, daß sich in ihnen nur die wohl fühlten, welche dort ihr Brot fanden, sonst aber schleunigst wieder davon zogen und solche Orte als Wohnsitz wählten, die ihren, wenn auch bescheidenen Ansprüchen an Annehmlichkeiten aller Art gerecht werden konnten.

Immer mehr brach sich darauf in den Städten die Ansicht Bahn, daß Industrie und Stadt aufeinander angewiesen seien und daß eine bedeutende steuerkräftige Industrie für die Stadt nur von Vorteil sein könne. Und damit begann ein Jahrzehnte anhaltender Umschwung. Die Städte wurden industriefreundlich. Wie man vordem alles mögliche tat, um die Errichtung von Fabriken innerhalb des bebauten Stadtgebietes zu verhindern, so erleichterte man nunmehr in für das allgemeine Wohl oft schädlicher Weise die Ansiedlung industrieller Unternehmungen. Man ließ sie lärmen und rauchen, wo und soviel sie wollten und kannte nur ein Bestreben, durch immer größere Erleichterungen immer mehr Fabriken heranzuziehen.

Daß hier über kurz oder lang eine Reaktion eintreten mußte, war selbstverständlich, und zwar ging sie in erster Linie von den bis dahin unbedingt industriefreundlichen Städten selbst aus, deren Bestrebungen kräftig von der inzwischen zu bedeutender Entwicklung gelangten hygienischen Wissenschaft unterstützt wurden.

Zunächst nahm man der Industrie die Ansiedlungsfreiheit. Man wies ihr bestimmte Plätze im Weichbilde der Stadt an, ließ sie aber sonst in ihrem Betriebe ziemlich unbeschränkt. Auf den ersten Blick scheint die Beschränkung der Ansiedlungsfreiheit für die weitere Entwicklung der Industrie belanglos zu sein. Und doch ist sie das nicht. Ich denke dabei namentlich an solche Unternehmungen, welche einen großen Teil ihrer Produkte in der Stadt selbst absetzen, also nicht zum Versand bringen. Für diese bedeutet die Trennung des an dem Weichbilde belegenen Erzeugungsortes von der im Mittelpunkt, dem Geschäftsviertel der Stadt, belegenen Verkaufsstelle eine oft recht bedenkliche Erschwerung des Betriebes.

Großstadt und Industrie sind aber voneinander abhängig. Den wechselnden Konjunkturen vermag die Industrie ohne wesentliche Erschütterungen nur zu folgen, wenn ihr die Großstadt Handelszentrale und Arbeiterreservoir ist, ebenso wie diese nur ihre gleichmäßige stete Entwicklung finden wird, wenn ihr eine steuerkräftige Industrie den Rücken stärkt.

Es liegt also im wohlverstandenen Interesse der Städte selbst, wenn sie die Siedlungsbeschränkung für die Industrie wieder aufhebt, anderseits aber auch von ihr verlangt, daß sie sich den ästhetischen und hygienischen Bedürfnissen der Großstadt anpaßt. An erster Stelle steht hier die Lösung der Rauch- und Rußfrage, wobei die Frage der Beseitigung der Rauchentwicklung aus industriellen Betrieben eine von der Industrie zu lösende Aufgabe, während die der Beseitigung der Rauchentwicklung aus Kleinbetrieben und aus Hausfeuerungen Sache der Stadtverwaltung ist.

Die leicht brennbaren, geringwertigen Brennstoffe, wie Braunkohle, tragen an der Raucherzeugung die wenigste Schuld. Die größte Schuld an der Raucherzeugung trägt die Steinkohle, deren Verwendung enorm gewachsen ist, wie man aus der Kohlenausbeute ersehen kann. Im Jahre 1800 wurden auf der ganzen Erde 12 Mill. t gewonnen und im Jahre 1910 1148 Mill. t. Die Kohlenförderung hat sich also von 1800 bis 1910 um etwa das Hundertfache vermehrt. Nach den Angaben des Kaiserlichen Statistischen Amtes betrug die Steinkohlenproduktion in Deutschland im Jahre:

1862	311 Mill. Ztr.	
1872	666	» »
1882	1042	» »
1892	1427	» »
1895	1583	» »

In einem Zeitraum von 33 Jahren ist also die Steinkohlenproduktion um mehr als das Fünffache gestiegen. Hahn (Über
die Ruß- und Rauchplage in den Großstädten. Hygienische
Rundschau 1911, Nr. 2) weist nach, daß in 100 Jahren der
Kohlenverbrauch um das Fünfzigfache gestiegen ist.

Die Mengen der in den einzelnen Städten verbrannten
Kohlen zunächst weichen absolut wie auch relativ, auf den
Kopf berechnet, erheblich voneinander ab. Auf den Kopf
der Bevölkerung kommen pro Jahr:

In Berlin   (1897) . . 1561 kg
» Dresden   (1904) . . 1939 »
» Königsberg (1907) . . 1000 »
» Cöln   (1904) . . 3626 »
» Hannover   (1904) . . 1079 »
» Chemnitz   (1904) . . 3723 »
» London   (1859) . . 1436 »
» Florenz   (Rubner) . 250 »

Diese Zahlen sind aber ohne weiteres nicht untereinander
vergleichbar; schon deshalb nicht, weil sie von verschiedenen
Jahren stammen. Für die Beurteilung der Rauch- und Rußplage in einer Stadt kommt es auch mehr auf die absoluten
Rauchmengen an.

Wie aus den weiteren Angaben Hahns hervorgeht, betrug
im Jahre 1906 der Kohlenverbrauch der Industrie 7 Mill. Ztr.
Kohlen, im Hausbrand aber 9 Mill., und in den Großstädten
allein verlangte der Hausbrand ein Drittel bis die
Hälfte des gesamten Kohlenbedarfs. Der Gasdirektor
Kobbert in Königsberg weist darauf hin (1. Bericht der Kommission zur Bekämpfung des Rauches in Königsberg i. Pr.
1907), daß nicht die noch schwach entwickelte Industrie der
etwas über 250000 Einwohner zählenden Stadt, sondern die
einzelnen Hausfeuerungen ganz außerordentliche Rauchmassen
in die Luft senden. Außer der Gasanstalt verbraucht in
Königsberg die Industrie jährlich 50000 t Kohlen, die Haushaltungen und Kleingewerbe aber etwa 90000 t. Dabei wird
aber in der Industrie das Kohlenmaterial bis zu **70%**,
im Hausbrand aber nur bis zu **10%** ausgenutzt.

Selbst in Städten mit erheblicher Industrie, wie Berlin, das mit seinen Vororten etwa 2400 Dampfkesselanlagen besitzt, werden mehr als 80% des eingeführten Brennmaterials in den Wohnungsöfen, Kochmaschinen und vor allem im Kleingewerbe verbraucht. Namentlich wird über Bäckereien, Brauereien, Brennereien, Schmiede, Schlossereien, Tischlerwerkstätten mit Maschinenbetrieb und Wäschereien als starke Raucherzeuger geklagt. Daß die Behauptung, Berlin sei die erste Industriestadt Deutschlands, den Tatsachen entspricht und ein Beweis dafür, daß die industrielle Entwicklung sich in stetig steigender Linie befindet, ist sein zunehmender Kohlenverbrauch. Die gesamte Kohlenanfuhr stellte sich für:

	Berlin	Berlin und Vororte
1898 auf	2 588 594 t	3 415 128 t
1907 »	3 800 137 »	6 083 603 »
1908 »	3 814 222 »	6 270 096 »
1909 »	3 857 714 »	6 555 932 »

Nach den amtlichen Feststellungen gingen im Jahre 1909 in Berlin an Steinkohlen und Koks ein: von England 975 732 (1908: 954 310) t, der Ruhr 304 069 (267 765) t, Sachsen 12 890 (11 004) t, Oberschlesien 1 043 265 (1 021 262) t, Niederschlesien 157 684 (178 771) t, überhaupt 2 493 820 (2 433 112) t; ferner an Braunkohlen und Briketts: aus Böhmen 6245 (27 962) t, Preußen und Sachsen 1 357 829 (1 243 662) t, überhaupt 1 364 074 (1 271 624) t. Der Bedarf Berlins 1909 stellte sich, verglichen mit dem Vorjahre, wie folgt: an Steinkohlen und Koks auf 2 372 310 (+ 131 986) t, an Braunkohlen und Briketts auf 1 359 176 (— 15 856) t.

Daß Berlin trotzdem eine der rauchfreiesten Städte ist, rührt daher, daß in den Haushaltungen meist rauchschwaches Brennmaterial (Braunkohlenbriketts und Koks) verfeuert wird und daß viele raucherzeugende Kleinbetriebe sich des Gases als Wärmeerzeuger bedienen.

Verschiedentlich ist der Nachweis geführt worden, daß es nicht die Industrie ist, welche die Hauptschuld an der Rauch- und Rußplage trägt, daß es vielmehr die Hausfeuerungen und die der Kleingewerbe sind. Nimmt man

allgemein an, daß 40 Haushaltsfeuerungen ebensoviel
Rauch entwickeln als im Durchschnitt ein Fabrikschorn-
stein, so dürfte diese Annahme ohne Berücksichtigung der
örtlichen Verhältnisse zutreffend sein.

Auch Liefmann (Über die Rauch- und Rußfrage) führt
aus, daß in manchen großen Städten die Hauskamine gerade
soviel, ja noch mehr Rauch erzeugen als die Fabriken. Es
wurden z. B. verbrannt:

	in Groß- feuerungen	in Klein- feuerungen
In Hannover .	50000 t	90000 t (1879)
» Dresden. .	108000 »	100000 » (1888)
» Cöln a. Rh.	150000 »	124000 » (1885)
und in Kleinbetrieben . .		16000 »

Darnach wurde also in Hannover in Kleinfeuerungen fast
das Doppelte an Kohlen verbraucht wie in Großfeuerungen,
während in Dresden und Cöln beide Werte annähernd gleich
sind.

Wie Rubner gegenüber den Angaben auf S. 15 festgestellt hat, trifft für Berlin im Winter dasselbe zu, während im Jahresdurchschnitt die Großfeuerungen den
Hausbrand ganz wesentlich überholt haben und etwa
drei Viertel der ganzen Kohleneinfuhr ausmachen, deren zunehmende Entwicklung auf S. 15 veranschaulicht ist.

Die Frage, ob die Rauchbelästigung einer Stadt hauptsächlich durch die Industrie herbeigeführt werde, hat auch
in Wien zu eingehenden Untersuchungen Anlaß gegeben, die
folgendes Ergebnis hatten:

Wien hat rd. 450000 Wohnungen, die sich auf 39000
Häuser verteilen. Es kommen also auf ein Haus durchschnittlich zwölf Wohnungen mit, bei 2 Mill. Gesamteinwoh-
nern, 42 Bewohnern. Nimmt man nun an, daß etwa im
Winter vormittags gleichzeitig in allen Häusern nur ein
einziger Schornstein raucht, dessen Querschnitt 0,02 qm
sei, so entspricht der Gesamtquerschnitt der rauchenden
Schornsteine der Mündung eines runden Fabrikschornsteins
von 31 m Durchmesser. Dieser Querschnitt dürfte ungefähr

der Summe der Querschnitte aller 950 Dampfkesselschornsteine gleichkommen, die Wien besitzt. Der sichtbare Unterschied besteht darin, daß der Fabrikschornsteinrauch sich auf
ein kleineres Gebiet konzentriert, während sich der Rauch
der Hausfeuerungen über die ganze Stadt verteilt.

In Großbritannien liegen die Verhältnisse ähnlich wie
in Deutschland, da dort von dem jährlichen Kohlenverbrauch von 115 Mill. t auf die Industrie nur 50 Mill., auf die
Hausfeuerungen dagegen 65 Mill. t entfallen. Zieht man die
vorgenannten drei Städte Hannover, Dresden und Cöln zum
Vergleich mit den deutschen Verhältnissen heran, so entfallen dort 47% des Kohlenverbrauchs auf die Industrie, in
Großbritannien dagegen rd. 43,5%, also fast ebensoviel.

Die Tatsache, daß es im wesentlichen die Hausfeuerungen sind, welche die größte Rauch- und Rußbelästigung hervorrufen, ist übrigens unter der Bevölkerung Eng-
lands viel mehr bekannt als in Deutschland. Allerdings erzeugen die Hausfeuerungen dort auch mehr Rauch als bei
uns. Denn der in England übliche Kamin sieht zwar hübsch
aus, ist aber eine sehr unzweckmäßige Art der Feuerung.
Wenn auch anerkannt werden muß, daß das lebhafte Kamin-
feuer eine größere Luftmenge durch das Fenster ansaugt, so
genügt eine einzige Beobachtung in England, um zu zeigen,
daß diese angesaugte Luft große Mengen von Ruß enthält,
die aus dem Schornstein desselben Hauses oder höchstens
der Nachbarhäuser stammen.

Außer den Hausfeuerungen sind es in den Städten namentlich die Bäckereien, welche Anlaß zu berechtigten Klagen
über die von ihnen erzeugten Rauchmengen geben, wobei es
im allgemeinen ganz gleichgültig ist, ob die Backöfen mit
Kohlen oder mit Holz geheizt werden. Von mancher Seite
ist daher schon der gewiß sehr erwägenswerte Vorschlag gemacht worden, den Bäckereibetrieb zu konzentrieren,
wie in vielen Städten eine Konzentration der Schlächtereien
und Märkte bereits mit bestem Erfolge durchgeführt ist. Wie
die Schlächterläden in der Stadt ausschließlich Verkaufs-
stellen sind, so würden auch die heutigen Bäckereien nur
die ihnen von der Zentralbackstelle zugeführten Waren

verkaufen. Außerdem hätte die Einrichtung zentraler Back-
häuser noch den Vorteil, daß die Zubereitung des Teiges und
die Heizung der Backöfen viel besser beaufsichtigt werden
kann. Der Bäckereibetrieb würde sich auch billiger
gestalten. Jedenfalls sollten unsere Stadtverwaltungen diesen
bereits mehrfach von Hygienikern gemachten Vorschlag in
ernstliche Erwägung ziehen, da Gesellen und Lehrlinge
in Bäckereien wohl kaum dahin zu bringen sind, Feuerungen
technisch richtig zu bedienen, und viele Meister sich zu einer
rauchlosen Einrichtung, wie sie z. B. der Gasbetrieb der Backöfen (s. S. 370) darstellt, nicht glauben verstehen zu können.

Ebenso könnte und müßte aber auch die Industrie mehr
als bisher und ganz allgemein zur Vermeidung der Rauchentwicklung tun. Es berührt ganz eigentümlich, wenn in
den Verwaltungsberichten, welche die Fabrikleitungen ihren
Aktionären alljährlich zu erstatten haben, immer wieder mit
besonderer Genugtuung darauf hingewiesen wird, was im ver-
flossenen Jahre alles geschehen ist, um den Betrieb zu ver-
billigen, um aus bislang unbeachteten Abgängen wertvolle
Nebenprodukte zu gewinnen. Welche bedeutenden Ersparnisse durch die Mittel zur möglichst vollkommenen
Ausnutzung des Brennstoffes aber gemacht werden
können oder seit Einführung eines solchen Mittels schon gemacht worden sind, davon liest man in den seltensten Fällen
in den Jahresberichten. Die Tatsache der Ersparung bedeutender Kosten durch rationelle Ausnutzung des Brennmaterials
scheint selbst unter sonst weitblickenden und hervorragend
tüchtigen Fabrikleitern noch nicht allgemein erkannt worden
zu sein. Immer kehrt die Klage über das ständig wachsende Kohlenkonto wieder, an Abhilfe wird aber nur sehr
selten gedacht. Eine Fabrik, welche aus ihren Schornsteinen
dicken Qualm in die Luft entläßt, schädigt also nicht nur
die Allgemeinheit, sondern auch sich selber im höchsten Maße.

Natürlich wird auf Vorhalt kein Fabrikleiter zugeben,
daß er in seinem Betriebe der Rauchfrage nicht die nötige
Aufmerksamkeit widme, aber die Schuld liege eben an der
Wissenschaft und Technik, die heute noch nicht in der Lage

seien, Einrichtungen vorzuschlagen, die die Rauchplage unmöglich machen oder doch wenigstens auf ein erträgliches Maß herabdrücken lassen. Das ist aber, wie wir noch sehen werden, nicht der Fall (s. S. 309 u. f.).

Unvermeidbar ist gegenwärtig nur noch der Rauch aus solchen Feuerungsanlagen oder Öfen, in welchen ein Teil der Kohle nicht Heizzwecken, sondern chemischen und metallurgischen Reduktionszwecken dient, z. B. Rohsodaöfen, Blutlaugensalzfabriken, Hüttenwerke, oder aus solchen Öfen, in denen die beabsichtigten Operationen nur in stark reduzierender, d. h. rauchender und rußender Flamme gelingen, z. B. Gießereien. In den meisten dieser Betriebe wird man aber auch Vorkehrungen treffen können, die Rauchplage zu vermindern, und außerdem wird man ein derartiges industrielles Unternehmen sich nicht im Innern einer Stadt ansiedeln lassen.

Trotzdem die Rauchplage, wenn auch in verschiedenem Maße, sich in jeder Stadt bemerkbar macht, und trotz der umfangreichen Literatur hierüber, ist es doch auffallend, wie wenig Interesse bisher die Allgemeinheit der Rauchfrage entgegengebracht hat und wie wenig dieses vielseitige Problem bisher von berufenen Fachmännern in gemeinsamer Arbeit seiner Lösung entgegengeführt worden ist.

Die einzelnen Vorgänge beim Verbrennungsprozeß

ergeben kurz folgendes Bild:

Der Verbrennungsprozeß ist eine rasch vor sich gehende chemische Verbindung, die wie jede chemische Verbindung von einer Wärmeentwicklung oder Wärmeentbindung begleitet ist, während jede chemische Zersetzung eine Wärmeverschwindung oder Wärmebindung verursacht. Die bei der Verbindung hervortretende Wärmemenge ist für dieselbe Menge derselben chemischen Elemente genau ebenso groß, wie die bei der Zersetzung zurücktretende oder scheinbar verschwindende Wärmemenge.

Die einzige Art von Verbrennung, welche zum Betriebe von Dampfmaschinen benutzt wird, besteht in der Verbindung

verschiedener Arten von Brennmaterialien mit Sauerstoff.
Erwärmt man Holz, Torf, Braunkohle oder Steinkohle, so
entweicht zunächst das vorhandene Wasser. Über 15° beginnen
mannigfache Zersetzungen. Der Wasserstoff entweicht teils
frei, teils in Verbindung mit Sauerstoff als Wasser, teils in
Verbindung mit Kohlenstoff als Kohlenwasserstoff, der Rest
des Sauerstoffs als Kohlensäure und Kohlenoxyd. Kann bei
diesen Umsetzungen der atmosphärische Sauerstoff in hinreichender Menge hinzutreten und ist die Temperatur genügend
hoch, d. h. ist die Entzündungstemperatur erreicht, so verbindet sich der Sauerstoff mit den Bestandteilen des Gas-
gemenges zu Wasser und Kohlensäure, d. h. es findet eine
v o l l k o m m e n e V e r b r e n n u n g (s. a. S. 85) statt. Reicht der
Sauerstoff nicht aus, so verbindet er sich wesentlich mit dem
Wasserstoff, die schweren Kohlenwasserstoffe scheiden festen
Kohlenstoff, d. h. R u ß, ab.

Schwierig ist der Teer von Holz und Torf zu verbrennen,
viel schwieriger aber der T e e r v o n S t e i n k o h l e n, welcher
neben genügendem Sauerstoff auch eine hohe Temperatur
erfordert. Je nach Umständen entweicht der Teer unzersetzt
und gibt dann, meist gemischt mit Ruß, den R a u c h. Die
völlige Verbrennung dieser Bestandteile des Rohgases ist um
so schwieriger, je weniger innig die Vermischung mit freiem
Sauerstoff ist. Daraus folgt, daß einmal gebildeter Rauch bzw.
Ruß viel schwieriger zu verbrennen ist, als das Rohgas selbst.
Daraus folgt weiter, daß der Zweck jeder Feuerungsanlage im
wesentlichen ist:

a) die vollständige Verbrennung des Kohlenstoffes zu
   Kohlensäure (1 kg Kohlenstoff + 11,4 kg Luft = 12,4 kg
   Rauchgase mit 8080 WE);

b) die vollständige Verbrennung des Wasserstoffes zu Wasser (1 kg Wasserstoff + 34,3 kg Luft = 35,3 kg Verbrennungsgase mit 34462 WE).

Dieser Zweck wird in unseren heutigen F e u e r u n g s-
a n l a g e n nur u n v o l l k o m m e n erreicht, weil wir die Brennstoffe nicht mit der theoretisch genügenden Luftmenge, sondern mit einem L u f t ü b e r s c h u ß verbrennen müssen, um das

sich bildende Kohlenoxydgas möglichst vollkommen in Kohlensäure umzuwandeln.

Wie schädlich der unvermeidliche Luftüberschuß wirkt, sehen wir an folgendem Beispiel:

Wenn 1 kg reiner Kohlenstoff ver- brannt wird mit der	theoret.	richt. doppelt. dreifach.

<table>
<tr><td>Wenn 1 kg reiner Kohlenstoff ver-
brannt wird mit der . . . . . </td><td>theoret. richt.</td><td>doppelt.</td><td>dreifach.</td></tr>
<tr><td></td><td colspan="3" align="center">Luftmenge</td></tr>
<tr><td>so erhalten wir (durch die Abküh-
lung) eine Verbrennungstempera-
tur von ⁰ C . . . .</td><td>2608</td><td>1356</td><td>916</td></tr>
<tr><td>und von den vorhandenen 8080 WE.
nutzen wir aus . . . .</td><td>7305</td><td>6593</td><td>5880</td></tr>
<tr><td>bei einer Schornsteintemp. v. ∼250⁰C
beträgt der Schornsteinverlust .</td><td>10⁰/₀</td><td>19⁰/₀</td><td>28⁰/₀</td></tr>
</table>

Ähnlich ist der Vorgang bei der Verbrennung des Wasserstoffes.

Ein weiterer Nachteil des Luftüberschusses ist die gleichzeitig in die Rauchgase gelangende große Menge Luftstickstoff, der für die Verbrennung nichts leistet, aber die Rauchgase sehr vermehrt und die ganze Anlage belästigt.

Die Berechnung des Heizwertes erfolgt zweckmäßig nach der Dulongschen Formel:

$$8000\, C + 29000 \left(H - \frac{8}{O}\right) + 2500\, S - 600\, W,$$

worin C Kohlenstoff, H Wasserstoff, O Sauerstoff, S Schwefel und W Feuchtigkeit des betreffenden Brennstoffes bedeuten.

Ein einfaches Verfahren, den Heizwert verschiedener Kohlensorten zu bestimmen, hat H. H. Clark-Chieago beschrieben, das sich im wesentlichen in der Zeitschrift »Rauch und Staub« (4. Jahrg., Nr. 2) abgedruckt findet.

Mit Hilfe einer Formel und zweier Tabellen kann man den Heizwert einer bestimmten Kohlensorte feststellen. Zunächst wird behufs Vornahme einer einfachen Analyse die Kohle gewogen, pulverisiert und bei niedriger Temperatur gut getrocknet. Nachdem dies geschehen, wird durch nochmaliges Wiegen in Prozenten festgestellt, wieviel Feuchtigkeit (F) in ihr enthalten war. Um den Prozentsatz des in der Kohle ent-

haltenen Kohlengases (G) zu bestimmen, wird sie nunmehr
bis zu einer Temperatur erhitzt, bei der sie sich noch nicht
entzündet. Durch Verbrennen des Restes und Wiegen der
Asche erhält man den Anteil der letzteren (A) und des Kohlenstoffes (C). In der von Clark aufgestellten Formel:

$$\frac{(C \cdot c + G \cdot g) - (F \cdot f + A \cdot a + S \cdot s)}{(100 - F) : 100}$$

bedeutet c einen Wert, der aus nachstehender Tabelle entnommen werden kann:

Anthrazit 141
Bituminöse Kohle. . . 140
Holzkohle 95
Koks . . . . 130.

Der Wert von g wird in folgender Weise aus nachstehender
Tabelle gewonnen:

G	g	G	g	G	g
1	240,5	23	187,2	45	156,7
2	236,4	24	185,5	46	155,6
3	232,5	25	183,8	47	154,5
4	228,8	26	182,1	48	153,4
5	225,3	27	180,5	49	152,3
6	221,9	28	178,8	50	151,2
7	218,6	29	177,2	51	150,1
8	215,4	30	175,5	52	149,0
9	212,3	31	173,9	53	148,9
10	210,3	32	172,3	54	147,8
11	208,3	33	170,7	55	146,7
12	206,4	34	169,2	56	145,6
13	204,6	35	167,8	57	144,5
14	202,7	36	166,6	58	143,4
15	200,9	37	165,5	59	142,3
16	199,2	38	164,4	60	141,2
17	197,5	39	163,3		
18	195,7	40	162,2		
19	194,0	41	161,1		
20	192,3	42	160,0		
21	190,6	43	158,9		
22	188,9	44	157,8		

Ergeben sich für G Zwischenwerte, z. B. 39,5, so muß der Wert von g ausgemittelt werden, wobei zu beachten ist, daß mit zunehmender Größe von G der Wert von g abnimmt. Also für 39,5, als in der Mitte zwischen 39 und 40 gelegen, muß die halbe Differenz von 163,3 und 162,2 $= 0,55$ abgezogen werden; der g-Wert beträgt also für $G = 39,5$ 162,75.

f, a und s sind gegebene Zahlen und zwar $f = 16$, $a = 30$ und $s = 39$.

S ist der leicht zu beschaffende Schwefelgehalt der zu untersuchenden Kohlensorte, ebenfalls in Prozenten.

Diese Art der Bestimmung des Heizwertes wird für die praktischen Bedürfnisse stets genügen, ist aber in Fällen, wo eine ganz genaue Bestimmung des Heizwertes verlangt wird, nicht anwendbar.

Am zuverlässigsten und daher am gebräuchlichsten ist die **kalorimetrische Heizwertbestimmung.** Ich folge hier im wesentlichen der

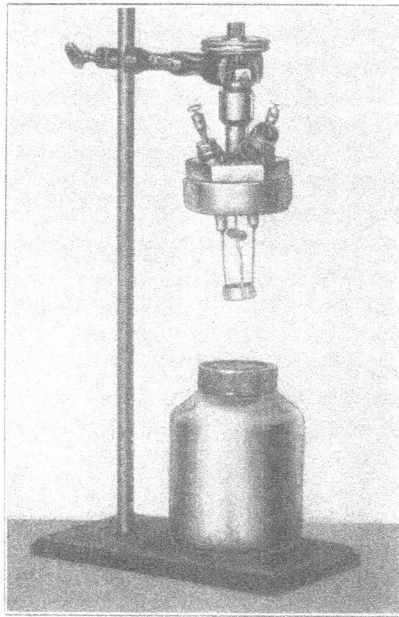

Fig. 1.

Schrift von Professor Mohr »Feuerungstechnische Untersuchungen und deren Bedeutung für die Praxis« (Berlin 1906. Institut für Gärungsgewerbe). In einem Verbrennungskalorimeter, dessen Verbrennungskammer als kalorimetrische Bombe (Fig. 1 mit abgeschraubtem Bombenkopf) ausgebildet ist, wird eine genau gewogene Menge des Brennstoffes, z. B. 1 g, in verdichtetem Sauerstoff von etwa 25 Atm. Druck verbrannt. Die Zündung erfolgt durch einen feinen Draht, der durch einen

elektrischen Strom zum Glühen erhitzt wird. Aus der von
Minute zu Minute beobachteten Temperaturänderung des
Kalorimeters vor und nach dem Versuch berechnet man die
Korrektur für Abkühlungsverluste während des
Versuchs.· Die beobachtete Temperaturerhöhung wird nach
entsprechender Korrektur mit dem Gesamtwasserwert des
Kalorimeters multipliziert und ergibt so die beobachtete Wärme-
menge. Von dieser wird die zum Zünden eingeführte Wärme-
menge (etwa 10 Kal.) und ferner die bei der Verbrennung von
Schwefel zu Schwefelsäure[1]), sowie die bei der Verbrennung
des Stickstoffes zu Salpetersäure gebildete Wärmemenge in
Abzug gebracht. Letztere erfährt man nach dem Öffnen der
Bombe und sorgfältigem Ausspülen durch Titration der gebildeten Säuren, die sich in der Bombe mit dem gebildeten
Wasser niedergeschlagen haben. Da das Verbrennungswasser
sich in der Bombe flüssig niederschlägt, in der Feuerung aber
dampfförmig entweicht, so ist von dem Resultat die Verdampfungswärme des Verbrennungswassers (einschließlich des
hygroskopischen Wassers) in Abzug zu bringen. Die Menge
des Verbrennungswassers ergibt sich aus der Elementaranalyse,
seine Verdampfungswärme durch Multiplikation mit 600.

Die Verdampfungsziffer eines Brennstoffes gibt an,
wieviel kg Wasser von bestimmter Temperatur durch 1 kg
des Brennstoffes in Dampf von bestimmter Spannung verwandelt werden.

Die Ausnutzung des Brennmaterials ergibt sich
ohne weiteres aus der Verdampfungsziffer und dem Heizwerte
des verwendeten Brennmaterials bzw. aus dem Prozentsatze
des Heizwertes der Kohlen, welcher zur Dampfbildung nutzbar gemacht ist.

---

[1]) In der Bombe entsteht, wie die »Zeitschr. f. angew. Chemie«
(1900, Heft 49/50) ausführt, verdünnte Schwefelsäure, in der Feuerung dagegen gasförmige schweflige Säure.   Für jedes Prozent
Schwefel werden daher in der Bombe 22,5 Kal. mehr entwickelt
als in der Feuerung. Daher die »Korrektur für Bildung von Schwefelsäure«. Für 1 mg Schwefelsäure (H_2SO_4) sind 0,735, für 1 mg
Salpetersäure (HNO_3) 0,227 Kal. in Abzug bringen.

	Theoretischer Heizeffekt Kal.	Pyrometrisch. Heizeffekt °C	Bemerkungen über Verbrennungserscheinungen, Schüren, Beschicken usw.
Holz, lufttrocken mit 20% Wasser .	2 800	1 600	—
Torf, lufttrocken mit 20% Wasser .	3 000	2 150	—
Braunkohle . . .	4 000	2 300	—
Anthrazit	7 500-8 000	2 700	bleibt in der Form unverändert, haftet auch nicht aneinander, gibt kurze oder gar keine Flamme; unbedeutende Gasentwicklung
Sandkohle	7 760	—	kurze Stichflammen, zerfällt im Feuer; mit Flammenkohle gemischt für Kesselfeuerung geeignet
Back- od. Fettkohle	7 500	2 300	bläht sich auf, schmilzt und backt unter Gasentwicklung zusammen. Beim Scheren muß der Kuchen durchstoßen werden
Sinterkohle . . .	6 600	—	wird weich ohne zu schmelzen, sickert nur zusammen und klebt dabei schwach aneinander. Beste Kesselkohle nur in Nußgröße zu Füllregulieröfen.
Holzkohle	7 000	2 100	—
Koks	7 000-7 800	2 770	—
Preßkohle	7 000	—	—
Petroleum	10 000-11 000	—	—
Spiritus	7 000	—	—
Leuchtgas	12 000	—	—
Wassergas	2 900	2 700	—
Wasserstoff . . .	· 34 400	—	—

Zur Ermittlung der Wärmeverluste durch unverbrannte Gase, durch den Schornstein und durch nachgesaugte Luft dienen die Temperatur und die chemische Zusammensetzung der Heizgase. Die Bestimmung der Wärmeverluste in den Herdrückständen erfolgt auf Grund des in demselben ermittelten Kohlenstoffes. Als Rest bleiben noch

die durch Strahlung und Leitung hervorgerufenen Verluste
übrig.

Der praktische Heizeffekt oder der Brennwert ist
nur zu 60 bis 80% des theoretischen anzunehmen.

Der pyrometrische Heizeffekt ist die bei vollkommener Verbrennung erzeugte Temperatur in C-⁰.

Der Heizeffekt oder die Heizkraft wächst mit
dem Gehalt an Kohlenstoff, Kohlenwasserstoff und
freiem Wasserstoff. Er wird vermindert durch den Gehalt an schon an Sauerstoff gebundenen und damit gesät-
tigten Gasen und durch den Gehalt an nicht brennbaren
Gasen, wie Stickstoff usw.

Umstehende Tabelle gibt den theoretischen und pyrometrischen Heizeffekt (Aus: Schmalholz-Dieckmann, Leitfaden betr. Feuerungsanlagen) für die verschiedenen Brennmaterialien ganz allgemein an, da die Werte den verschiedenen Qualitäten in den verschiedenen Werken entsprechend,
ganz bedeutend schwanken.

Kohlenverbrauch und Rauchmengen.

Überall, wo englische Steinkohlen, wie z. B. in Hamburg,
in Feuerungen verbrannt werden, ist der Grad der Verrußung
ungleich größer als in Städten, die westfälische Steinkohlen,
besonders Magerkohlen, oder gar Braunkohlen (Dresden) oder
Preßkohlen (Berlin) brennen.

Mehr als die verheizten Mengen Kohle sind die
Art der Feuerung und die Eigenschaften der Kohle
für die Rußbildung ausschlaggebend.

Die bei der zurzeit üblichen Feuerung in die Luft ge-
langenden Rauchmengen sind, wie Professor Dr. Kister schreibt
(Bericht über die in Hamburg ausgeführten Rauch- und Rußuntersuchungen. Aus dem staatl. hygienischen Institut zu
Hamburg. Direktor: Professor Dr. Dunbar. Veröffentlicht
im »Gesundheits-Ingenieur« 1909, Nr. 51 u. 1910, Nr. 2), ganz
gewaltige.

In London werden nach Schäfer täglich 300 t Ruß, 90000 t Kohlensäure und 2700 t schweflige Säure in die Luft gebracht. In Manchester wurden nach Ascher in drei Tagen auf eine englische Quadratmeile der Berechnung nach 13 Ztr. Ruß, 1,5 Ztr. schweflige Säure und 0,5 Ztr. Salzsäure niedergeschlagen. Maberry berechnet, daß in Cleveland jährlich 75000 t Schwefel, aus den dortigen Kohlen stammend, mitverbrannt werden, was einer Menge von 230000 t schwefliger Säure entspricht.

In Hannover sind nach Liefmann im Jahre 1893 etwa 1 Milliarde 848 Mill. cbm, in Dresden 2,7 Milliarden, in Cöln 3,7 Milliarden und in Berlin im Jahre 1896 32,6 Milliarden cbm Verbrennungsgase in die Luft entwichen.

Unter der Annahme, daß eine Kohle beispielsweise 0,8% Schwefel enthält, entwickeln 100 kg derselben 1,6 oder, da 1 kg der schwefligen Säure 0,347 cbm Volum besitzt, 0,5552 cbm schweflige Säure. Bei einem Kohlenverbrauch von 1 Mill. t (wie ihn Magdeburg heute etwa verbraucht) der schwefelhaltigen Kohle werden also 5552000 cbm SO_2 gebildet.

Nach den Jahresberichten der Kgl. Preußischen Regierungs- und Gewerberäte vom Jahre 1892 enthalten die Rauchgase einer Dampfkesselfeuerung bei Verwendung von Deisterkohle 0,01 bis 0,02 Volumprozent SO_2 oder 0,286 bis 0,572 g SO_2 im Kubikmeter.

Derartige Zahlen auch für die übrigen schädlichen Gase des Rauches zu berechnen, hat, wie Liefmann sehr richtig ausführt, nur geringen Wert, wenn man sie nicht vergleicht mit den Raummengen der Atmosphäre, in denen sie sich verteilen, wenn man nicht die Konzentration feststellt, in der sie sich in der Luft, die wir atmen, wiederfinden.

Man wird dann zu dem überraschenden Resultat kommen, daß, so gewaltig die Mengen der Verbrennungsprodukte erscheinen, so gering erscheinen die Mengen, die man in der Luft unserer Städte wiederfindet. Dies gilt besonders, wie S. 85 u. f. näher ausgeführt, vor allem hinsichtlich des Kohlengehaltes der Luft.

Das feste Brennmaterial.

1. Holz. Der Aschengehalt des Holzes schwankt zwischen 1,2 bis 2,3, durchschnittlich 1,5%. Frisch gefälltes Holz enthält 40%, lufttrockenes 20% hygroskopisches Wasser. Lufttrockenes Holz ist zusammengesetzt aus 40% C, 40% chemisch gebundenem und 20% hygroskopischem Wasser. Der organische wasserfreie Teil enthält im Durchschnitt 50 C, 50 H_2O, 0,0 H. Es hat 81 bis 89% flüchtige Bestandteile.

Holz verbrennt in geeigneten Heizvorrichtungen völlig rauchlos.

Über den theoretischen und pyrometrischen Heizeffekt des Holzes und der anderen Brennmaterialien s. die Tabelle auf S. 25.

2. Torf enthält 1 bis 30% Asche. Frischer Torf enthält 80% und lufttrockener 15 bis 35% hygroskopisches Wasser. Frischer Torf enthält 60,5% Kohlenstoff (C), 6% Wasserstoff (H) und 23,2% und 23,2% Sauerstoff und Stickstoff (O und N), lufttrockener Torf dagegen im Durchschnitt 44,5% C, 4,4% H, 26,5% O und N, 8,6% Asche und 15,9% H_2O. Er hat 65 bis 70% flüchtige Bestandteile.

In gepreßtem Zustande ergibt der Torf ein wirksameres Brennmittel als in lockerem und verkohltem Zustande (Torfkohle).

Deutschland besitzt Moore in einer Ausdehnung von 22 500 qkm. In den nordwestdeutschen Mooren beträgt die Mächtigkeit 3 m und 1 ha liefert 3000 t trockenen Torfs mit einem Heizwert von 5000 bis 6000 WE.

Es ist am wirtschaftlichsten, den Torf zu vergasen und zur Elektrizitätserzeugung zu benutzen. Für 1 t Torf mit 50% Wasser erhält man 325 PS und 20 kg Ammoniak.

Heinz weist in der »Zeitschrift des Vereins deutscher Ingenieure« (1911, S. 368 bis 373) nach, daß der Sauggasbetrieb wirtschaftlicher sei als die Nebenproduktengewinnung. 1 kg Torf gebe im Sauggaserzeuger dieselbe Leistung wie 1 kg Kohle unter dem Kessel.

Mit bestem Erfolge hinsichtlich der geringen Rauchentwicklung bei günstiger Wärmeerzeugung, nicht nur bei Hausfeuerungen, ist der Torf auch bei Zentralheizungskesseln

und bei industriellen Feuerungen verwendet worden. So
hat das Strebelwerk in Mannheim vor nicht langer Zeit Versuche mit Torffeuerung an dem bei Zentralheizungsanlagen
vielfach verwendeten Brico-Kessel angestellt. Bei dem Versuch gelangte Stichtorf in der ungefähren Größe von 240
: 50 : 50 mm aus dem Donauried zwischen Günzburg und
Ulm zur Verwendung. Er wurde in einem Brico-Kessel von
7,75 qm Heizfläche verfeuert. Bei einer Fuchszugstärke von
4,8 mm, die durch einen natürlichen Schornstein von 13 m
Höhe erzielt wurde, kam der Kessel auf eine Leistung von
7000 WE pro qm und Stunde. Die Abgastemperatur betrug
dabei 200 ^{0} C. Die Verbrennung war vollkommen.
Der Kohlensäuregehalt betrug durchschnittlich 11,2%, Sauerstoff 8,9%, während Kohlenoxyd nur in geringen Spuren
vorhanden war. Die Verbrennung erfolgte fast vollkommen
rauchfrei. Weitere Versuche ergaben, daß kleinere Torf-
größen, etwa im Format 100 : 50 : 50, wegen des leichteren
Nachrutschens der Torfstücke besser sind. Die sehr günstigen Erfahrungen, die man in diesem Fall mit der Verbrennung von Torf gemacht hat, können natürlich nicht ohne
weiteres verallgemeinert werden. Der zu den Versuchen
verwandte Torf war ziemlich hell und zeigte noch eine starke
Faserstruktur und kann daher etwa ein gleich günstiges Ergebnis bei Verwendung von schwerem schwarzem Torf daraus
nicht abgeleitet werden.

Preßtorf mit geringerem Wassergehalt wird voraussichtlich noch bessere Resultate ergeben.

3. Braunkohle. Je nach der Art unterscheidet man Li-
gnit (fossiles Holz), erdige oder gemeine Braunkohle, Schwefel-
und Pechkohle. Sie besteht aus 45 bis 77% C, 1 bis 11% H,
10 bis 28% O + N und 7 bis 12% Asche. Als durchschnittlichen Gehalt kann man annehmen 70% C, 28% H_2O und
2% H. Das hygroskopische Wasser beträgt 7 bis 30%. Als
Kohlenstoffgehalt kann man allgemein annehmen bei der
faserigen Braunkohle 60%, bei der erdigen 70 und bei der
Pechbraunkohle 75%.

Bei einem Bitumengehalt von 1 bis 15% wird die Braunkohle häufig brikettiert.

Die Braunkohle und die aus ihr hergestellten Briketts gehören zu den rauchschwachen Brennmaterialien.

Für industrielle Zwecke haben wir in der Braunkohle ein bisher nicht genügend gewürdigtes Feuerungsmaterial. Dies gilt vor allem dann, wenn man sich bei der Auswahl des Brennmaterials von ökonomischen · Gesichtspunkten leiten läßt. Bei Kesselfeuerungen ist im allgemeinen die Trennung zwischen langflammigen und kurzflammigen Braunkohlen und Briketts nicht in dem Maße nötig, wie z. B. bei der Beheizung großer Feuerräume, bei denen zu starke lokale Hitze in den Feuerungen selbst nicht dem Zwecke der Sache entspricht. Das deutsche Braunkohlenbrikett hat im allgemeinen die Eigenschaft, seine flüchtigen brennbaren Produkte in viel ruhigerer und stetigerer Form abzugeben, als dies Steinkohlen, böhmische Braunkohlen und das Holz tun, so daß man selbst unter den schwierigen Bedingungen, welche Innenfeuerungen bei Flammkesseln bieten, trotz angestrengten Betriebes bei guter Nutzwirkung der Anlage fast rauchfrei feuern kann. Hierauf sollten insbesondere die behördlichen Stellen ihr Augenmerk richten, die sich mit der Rauchverhütungsfrage zu beschäftigen haben.

Die vielfach verbreitete Ansicht, daß die Rauch- und Rußbildung um so stärker, die Wärmeausnutzung daher um so schlechter ist, je mehr flüchtige Bestandteile ein Brennstoff enthält, ist nur für Steinkohlen im engeren Sinne gültig. Denn von Holz mit seinen 81 bis 89%, Torf mit 65 bis 70% und Braunkohlenbriketts mit 56 bis 60% flüchtiger Bestandteile wird wohl niemand behaupten, daß es ärger rauche und ruße, als wenn z. B. Saarkohle mit 35 bis 45% flüchtiger Bestandteile verfeuert wird.

Von großer Bedeutung für die Verbrennung ist bei den Braunkohlen der hohe Sauerstoffgehalt, der zwischen 11 und 15% schwankt.

Wie bedeutend der Unterschied im Sauerstoffgehalt der Braunkohle gegenüber dem der Steinkohle ist, ergibt ein Vergleich der nachstehenden Tabelle mit der auf S. 38. Der

Vergleich ergibt weiter, daß der Kohlenstoffgehalt der Braunkohle wesentlich geringer ist, als der der Steinkohle, ebenso
— im allgemeinen — auch der Gehalt an Schwefel.

	Böhmische (Brix-Duxer) Braunkohle	Böhmische Braunkohle Washington	Böhmische Braunkohle Brucher Gaskohle	Märkische Braunkohle
Kohlenstoff . . . . %	54,62	51,91	58,21	52,52
Wasserstoff . . . . %	3,58	4,19	4,49	3,91
Sauerstoff usw. (Rest) %	12,73	14,87	15,97	32,74
Schwefel . . . . . %	0,56	1,4	0,63	0,93
Asche . . . . . . %	3,09	8,45	2,73	3,42
Feuchtigkeit . . . . %	25,42	19,18	17,97	16,48
Heizwert . . . . WE	4843	4786	5324	4472
Nässegehalt . . . ·. %	2,08	4,3	0	38,9
Heizwert . . . . WE	4730	4555	5324	2732
Kohlenstoffgehalt in den Herdrückständen . %	10,35	13,36	20,56	—

Die böhmische Braunkohle, die ein festes Gefüge
hat, sich wie Steinkohle spalten läßt, läßt sich auch wie diese
auf dem gewöhnlichen Planroste verfeuern. Für unsere
deutsche Braunkohle, mit ihrem lockeren, bröckeligen
oder mumeligen Gefüge, eignet sich dieser Rost dagegen nicht.
Einmal lagert sich die deutsche Braunkohle infolge ihrer
erdigen Beschaffenheit dicht auf dem Rost auf und bietet
dem Durchgang der Verbrennungsluft dadurch einen erheblichen Widerstand, und da ferner die Kohle nicht zum Backen
neigt, fällt ein immerhin großer Teil derselben unverbrannt
durch die des Luftzutritts wegen nicht zu eng gewählten
Rostspalten. Hinzu tritt noch der weitere Umstand, daß
man, um gegenüber der Steinkohlenfeuerung einigermaßen
wirtschaftlich arbeiten zu können, infolge des niedrigen Kohlenstoffgehaltes der Braunkohle eine etwa zwei- bis dreimal
größere Menge verfeuern muß, was bei von Hand beschickter
Planrostfeuerung eine außerordentliche Belastung des Heizers

bedeutet. Aus diesen Gründen verwendet man für die Verfeuerung von minderwertigen Braunkohlen zweckmäßig
die automatischen, d. h. die selbstbeschickenden Feuerungsanlagen, wofür namentlich die Treppen- oder
Schrägroste in Frage kommen. Näheres hierüber siehe
S. 55 u. 349.

Der Aufschwung des Braunkohlenbergbaues in Deutschland datiert von der Zeit an, als die Herstellung der Braunkohlenbriketts gelang.

Die Herstellung der Braunkohlenbriketts geschieht in der Weise, daß die rohe Kohle durch Blechwalzen,
Walzwerke und Schleudermühlen zerkleinert und die gesiebte
Brikettierkohle in Röhren- oder Tellertrockner gebracht, wo
ihr durch Abdampf das Wasser bis auf 12 bis 15% entzogen
wird. Das getrocknete feine Kohlenpulver wird nun noch
mehrfach gesiebt und nachgewalzt, worauf es in Pressen unter
einem Druck von etwa 1500 Atm. zum Brikett zusammen-
gepreßt wird.

Welchen Aufschwung der deutsche Braunkohlenbergbau
durch die Brikettindustrie genommen hat, kann man aus dem
Bericht des Vereins für die Interessen der Rheinischen Braunkohlenindustrie entnehmen, wonach die Förderung von 6 240 000 t
im Jahre 1901 auf 13 084 000 t im Jahre 1910 gestiegen ist.
Das bedeutet eine Steigerung der Produktion um rd. 110%.
Von der im Jahre 1910 geförderten Menge wurden nicht weniger
als rd. 61% für die Brikettfabrikation gebraucht, während
als Rohkohle nur etwa 8% der Förderung verkauft wurden.

Die Niederlausitzer Brikettindustrie produzierte im Jahre
1909 5 784 406 t, was eine Steigerung um das 68 fache seit dem
Jahre 1884 bedeutet, wo die Briketterzeugung nur 84 031 t
betrug.

Die Gesamterzeugung in Deutschland betrug im Jahre
1897 3 938 855 t und im Jahre 1909 23 845 675 t. Es ergibt
sich demnach in 12 Jahren eine Steigerung um nahezu das
Siebenfache.

Durch die Herstellung kleinerer Formate, Halbsteine,
Industriewürfel, ist die Brikettfabrikation den Bedürfnissen
der Industrie in weitestem Maße entgegengekommen und

sind es namentlich die mit Martinöfen arbeitenden Eisenwerke und die Glasfabriken, in denen der Generatorbetrieb mit Braunkohlenbriketts zur Erzeugung des Heizgases immer mehr Eingang findet. Auch zum Betrieb von Sauggasmotoren findet das Braunkohlenbrikett ständig zunehmende Verwendung.

Der größte Vorteil der Braunkohlenbriketts gegenüber der Rohbraunkohle liegt zweifellos darin, daß sich eine rauchfreie oder wenigstens rauchschwache Verbrenn g leicht herbeiführen läßt. Während bei der Rohbraunkohle unmittelbar nach dem Aufwerfen auf dem Rost eine heftige Gasentwicklung einsetzt, fällt diese plötzliche Entstehung großer Gasmengen bei der Verfeuerung von Briketts in üblicher Schütthöhe fort. Die Entzündungstemperatur, welche die aus der Rohbraunkohle sich entwickelnden Schwelgase besitzen, ist verhältnismäßig hoch, während durch die gleichzeitige Bildung großer Dampfschwaden die Entstehungstemperatur niedrig ist bzw. herabgedrückt wird. Diese Schwelgase rechtzeitig zur Verbrennung zu bringen, gelingt nur selten und unter Schwierigkeiten. Meist werden sie unausgenutzt durch den Schornstein entweichen. Diese Nachteile besitzt das Braunkohlenbrikett nicht, da die Entwicklung der flüchtigen Bestandteile nur allmählich vor sich geht. Man kann mit sehr geringem Zuge und Luftüberschuß arbeiten. Der Gebrauch des Schüreisens ist beschränkt, weil bei Verwendung geeigneter Roste die leicht zerfallende, nicht backende Asche sich leicht entfernen läßt.

4. Steinkohle. Die Steinkohle ist nach Donath ein Gestein, das geologisch älter als das Tertiär ist, nicht mehr als 50% Asche enthält und mit deutlicher Flammenentwicklung brennt, so daß es für Hausbrand und Kesselheizung unmittelbar zu verwenden ist. Bei der Destillation muß das Gestein ein ammoniakalisches Destillat, das aromatische Kohlenwasserstoffe, vornehmlich Benzol, Naphthalin und Anthrazen enthält, liefern.

Die Kohle enthält 74 bis 94% C, 3 bis 20% O und 1 bis 5% H. Der Aschengehalt schwankt in bedeutenden Grenzen, und zwar zwischen 1 und 30%, beträgt im Durchschnitt aber

4 bis 5%. Bei einem Aschengehalt von mehr als 10% ist die Kohle im allgemeinen nicht mehr unmittelbar, sondern nur durch Gasgeneratoren auszunutzen. Der Schwefelgehalt der Steinkohle beträgt 0 bis 4 und mehr Prozent. Beim Verbrennen stark schwefelhaltiger Kohle werden infolge Bildung von Schwefeleisen die Roste angegriffen.

Je nach der Korngröße unterscheidet man:

1. Förderkohle,   3. Würfelkohle,   5. Grießkohle,
2. Stückkohle,   4. Nußkohle,   6. Staubkohle.

Förderkohle ist solche Kohle, die so verfeuert wird, wie sie aus der Grube kommt. Es befinden sich daher alle unter 2 bis 6 genannten Formen unter der Förderkohle.

Besteht eine gewisse Menge handelsfertiger Kohle nur aus großen Stücken, so heißt sie Stückkohle während kleinere Stückkohle, aber ohne jede Beimischung von Grieß oder Staub, Würfelkohle genannt wird.

Bei der Nußkohle unterscheidet man: Nuß I (85 · 50 mm), Nuß II (50 · 35), Nuß III· (30 · 18) und Nuß IV (18 · 10). Kleinere Größen werden mit Grieß- und die kleinsten mit Staubkohle bezeichnet.

Im allgemeinen finden die unter 1, 2, 5 und 6 genannten Kohlenformen vorwiegend in der Industrie Verwendung, die Formen 3 und 4 dagegen beim Hausbrand.

Nach der technischen Verwendbarkeit und nach dem Gehalt an vergasbaren Bestandteilen sind zu unterscheiden:

a) Magere Anthrazitkohle. Sie hat hohen Kohlenstoffgehalt, 5 bis 10% Bitumen, kleine blaue Flamme, bedarf lebhaften Zuges und entwickelt keinen Ruß. Die Kohle eignet sich als Hausbrand-, Ziegelkohle, Reduktionsmittel in der Zink- und Sodaindustrie und zur Erzeugung von Generatorgas (CO) und Wassergas ($CO + H_2O = CO_2 + H$).

b) Gasarme Sinterkohle. Sie enthält 10 bis 15,5% Bitumen, brennt rußfrei, besitzt hohen Heizwert und ist als Dampfkesselkohle besonders für Schiffe geeignet. Mit gasreichen Sorten vermischt, wird sie auch zum Verkoken verwendet.

Die Sinterkohle hat ihren Namen davon erhalten, daß sie beim Verbrennen zusammensintert, ohne zusammenzu-

backen und ohne den Rost zu verstopfen. Sie verändert im
Feuer ihr Volumen nicht.

c) Gasarme alte Backkohle enthält 15,5 bis 33,5%
Bitumen. Bei einem Bitumengehalt von 15,5 bis 20% gute
Kokskohle; bei höherem Gehalt an flüchtigen Bestandteilen
beste Schmiedekohle.

Diese Kohlenart gehört zu den bei der Flammenfeuerung
Ruß bildenden Sorten.

d) Gasreiche junge Backkohle mit einem Bitumengehalt von 33,5 bis 40%. Sie dient zur Leuchtgasdarstellung.
Infolge der in der Backkohle enthaltenen harzigen Stoffe,
welche beim Verfeuern der Kohle vernichtet werden, bläht
sich die Kohle auf und backen die einzelnen Stücke zu einem
ganzen Kokskuchen zusammen. Das Feuer muß daher öfters
geschürt und die zusammengebackene Kohlenmasse durch-
stoßen werden, um der durch den Rost zutretenden Verbrennungsluft die Möglichkeit zu geben, mit den glühenden Kohlen-
teilen in Berührung zu kommen. Backkohlen nehmen bis
zu 20% an Raum zu.

e) Gasreiche Sinter- und Sandkohle mit 40 bis 50%
Bitumengehalt. Sie brennt mit langer Flamme bei starker
Rauchentwicklung und findet vornehmlich für Flammen-
feuerung sowie in Ringöfen und Berglokomotiven Verwendung.

Die Fähigkeit der Kohle, leichter oder schwerer zu
backen oder zu sintern, ist an dem Aussehen des Koks-
kuchens leicht zu erkennen. Ist das Aussehen des Koks-
rückstandes grau, glänzend, mäßig gebläht, so hat man es
mit einer gasreichen backenden Sinterkohle zu tun.

Steinkohlenbriketts werden sowohl aus Mager- als
auch aus Halbfett-, Fett- und Fettflammkohlen hergestellt,
und zwar aus Feinkohlen unter 15 mm abgesiebt (Staubkohle).
Die Kohle wird vorher von etwaigen Beimengungen gereinigt
und fein gemahlen. Als Bindemittel dient Steinkohlenpech.
Die Größe der Briketts ist verschieden; ihre Grundform
quadratisch oder rechteckig. Ihr Heizwert schwankt zwischen 6000 und 7500 WE.

Blacher, Riga, schlägt eine andere Systematisierung
der Kohlen vor. Da Brennstoff und Feuerung voneinander

3*

abhängig sind, will er verschiedene Feuerungstypen geschaffen
wissen, d. h. er will die Feuerungen einteilen in solche mit
großem, mittlerem und kleinem Verbrennungsraum, und für
jede dieser Typen sollen dann Kohlen mit verschiedener
Länge der Flamme bestimmt werden. Man unterscheidet
nämlich nach der Beschaffenheit der Flamme:

Kohlen mit langer Flamme (mindestens 25% flüchtiger
　　　　Bestandteile) und
Kohlen mit kurzer Flamme (höchstens 25% flüchtiger
　　　　Bestandteile).

Die Länge der Flamme kommt von dem größeren oder
geringeren Gehalt an Wasserstoff her.

Langflammige Kohle sondert leicht Ruß ab,
weil sie mehr Verbrennungsluft braucht als kurzflammige Kohle.

Man kann die Kohle auch nach der Richtung hin syste-
matisieren, daß man feststellt, für welche Feuerungen schwach
oder stark backende bzw. schwach oder stark schlackende
Kohlen verwendet werden können.

Als Beispiel gibt Blacher an, daß ein Wasserrohrkessel mit
Planrostunterfeuerung und senkrechten Zügen eine Feuerung
mit sehr kleinem Feuerraum ist, welche eine sehr kurzflammige
Kohle verlangt. Als solche nennt er für Riga, wo fast nur
englische Kohlen verfeuert werden, in erster Reihe die fette,
kurzflammige Cardiffkohle aus Wales, die nach der Analyse
von Müller und Stepanow lufttrocken folgende Zusammensetzung (1) hat:

	1.	2.	3.	4.
Kohlenstoff	88,23	79,2	67,96	65,5
Wasserstoff.	4,66	4,6	4,35	4,1
Sauerstoff	1,60	6,8	10,22	11,1
Stickstoff	1,26		0,93	1,1
Schwefel	1,27	0,5	0,84	1,5
Asche	2,90	4,3	5,20	4,7
Hygroskop. Wasser . .	0,68	4,6	10,50	12,0

Der kalorimetrische Wärmewert dieser Kohle beträgt
9060, der nutzbare 8483 WE und die Koksausbeute 87,89%.

Nächst der Cardiffkohle eignet sich für vorgenannte Feuerung noch die schottische Aitkenskohle, deren Zusammensetzung unter Nr. 2, dann die schottische Watson- und endlich die polnische Dombrower Kohle, deren Analysen unter 3 und 4 wiedergegeben sind. Die letztgenannten beiden Kohlensorten sind Magerkohlen und langflammig brennend. Der kalorimetrische Wärmewert ist bei 2 : 8550, der nutzbare 7513 und die Kohlenausbeute 73,30; bei 3 sind die entsprechenden Werte 7900, 6360, 56,6 und bei 4 : 7520, 6050 und 55,5. Die letztgenannte Kohlensorte ist nicht, die dritte schwach backend. Diese Angaben mögen als Anhalt dienen für ein etwa für deutsche Kohlen aufzustellendes Schema nach den Blacherschen Ausführungen. Nach meiner Ansicht hat aber eine Schematisierung der Kohlen nach den Feuerräumen wenig praktischen Wert und wird vor allem für die Beseitigung von Rauch und Ruß nur geringen Nutzen stiften. Denn neben dem Grundsatz:

Für jede Feuerung das richtige Brennmaterial, steht der zweite und Hauptgrundsatz:

Vor jede Feuerung der richtige Heizer.

Als im Jahre 1892 vom preußischen Minister für Handel und Gewerbe die sog. Rauchkommission eingesetzt wurde, betraute diese eine besondere Sachverständigenkommission mit allen damals bekannten Rauchverhütungsapparaten Versuche anzustellen, und gibt die folgende Tabelle Auskunft über Zusammensetzung und Eigenschaften einiger deutscher Steinkohlenarten, welche bei den damaligen Versuchen verfeuert wurden. Zum Vergleich wurden von dieser Kommission auch Versuche mit englischen Steinkohlen angestellt, deren Zusammensetzung aus der letzten Spalte der Tabelle ersichtlich ist.

Die Tabelle ist dem von der genannten Sachverständigenkommission im Jahre 1894 bei Rudolf Mosse in Berlin erschienenen Bericht entnommen.

Der Vollständigkeit halber seien in nachstehender Tabelle noch einige Steinkohlenanalysen nach Professor Fischer aus westlichen Zechen wiedergegeben, und zwar sind die drei ersten Zechen sog. Ruhrzechen, während die beiden

	Einheit	Englische Steinkohle	Oberschlesische Steinkohle Max I	Oberschlesische Steinkohle Hohenzollern	Oberschlesische Steinkohle Nuß I	Oberschlesische Steinkohle Königin Luise (Bachfeld)	Oberschlesische Steinkohle Concordia	Oberschlesische Steinkohle Königin Luise	Oberschlesische Nuß II Grube Schlesien	Oberschlesische Kleinkohle Grube Schlesien	Oberschlesische Würfelkohle Grube Schlesien	Oberschlesische Kleinkohle Königshütte
Kohlenstoff	%	76,22	72,06	78,65	75,01	74,08	79,26	78,91	73,45	71,06	76,76	73,14
Wasserstoff	%	4,84	4,08	4,71	3,58	4,50	4,76	4,55	4,42	4,08	4,49	4,64
Sauerstoff usw. (Rest) .	%	8,64	13,60	10,04	4,47	9,92	9,99	8,15	9,14	11,08	12,71	11,43
Schwefel	%	1,32	0,82	0,75	2,80	0,66	0,60	0,88	1,39	1,07	0,53	0,47
Asche	%	5,49	4,06	3,17	13,14	7,87	2,54	3,90	8,28	10,15	3,05	5,97
Feuchtigkeit	%	3,49	5,38	2,68	1,00	2,97	2,85	2,61	3,32	2,56	2,46	4,35
Heizwert	WE	7236	6478	7333	6976	6907	7394	7343	6877	6514	7018	6806
Nässegehalt . . .	%	1,10	0,60	0	0	1,60	0,80	0	0,30	2,00	2,00	1,57
Heizwert.	WE	7150	6435	7333	6976	6784	7330	7343	6856	6372	6866	6690
Kohlenseoffgehalt in den Herd- rückständen	%	31,50	49,77	22,93	—	10,28	—	8,62	10,83	19,80	53,16	5,18

letzten zum Saarrevier gehören. Zum Vergleich sei auch hier in der letzten Spalte die Zusammensetzung besten englischen Anthrazits, nach demselben Forscher, mit angegeben.

	Unser Fritz I	Unser Fritz II	Sülzer und Neuack	Dutt-weiler	Deister	Bester englischer Anthrazit
Kohlenstoff . .	76,36	83,15	79,63	83,63	67,41	93,00
Wasserstoff . .	4,39	4,84	4,08	5,19	4,37	3,08
Stickstoff . . .	1,69	1,32	1,22	0,60	1,36	0,54
Sauerstoff . . .	8,15	8,74	4,43	9,06	8,28	1,67
Schwefel	1,42	0,42	0,88	—	2,34	0,68
Asche	8.05	1,53	6,76	1,52	16,24	1,03
Wasser.	—	—	3,00	—	—	—

Die vorstehenden Tabellen geben ohne weiteres ein Bild über den Heizwert der verbreitetsten Steinkohlensorten, denn je geringer der Kohlenstoffgehalt einer Kohle und je größer ihr Gehalt an Wasserstoff, Sauerstoff, Stickstoff, Schwefel und Wasser ist, um so geringer ist ihr Heizwert.

Vom rein wirtschaftlichen Standpunkt ist der Gehalt an flüchtigen Bestandteilen der verschiedenen Brennmaterialien wichtig. Bei den Steinkohlen ist außerdem, wie bereits angedeutet, die Rauch- und Rußbildung um so stärker, die Wärmeausnutzung daher um so schlechter, je mehr flüchtige Bestandteile die Kohle enthält.

Der Gehalt an flüchtigen Bestandteilen beträgt beispielsweise bei den:

Ruhrmagerkohlen . . . . 11—13%
Ruhrpreßkohlen . . . . 15—17%
Ruhrsteinkohlen-Briketts . . . . 19—23%
Ruhrfettkohlen . . . . 24—34%
Saarkohlen . . . . 35—45%
Oberschlesischen Steinkohlen . . . . 20—30%
Belgischen Anthraziten . . . . 7—8%
       »   Magerkohlen . . . . 10—12%
       »   Würfel und Braisettes, halbfett . . . . 14—16%
       »   Steinkohlenbriketts . . . . 16—18%

Welchen Einfluß die flüchtigen Bestandteile fester Brennstoffe auf den Wirkungsgrad von beispielsweise Kesselanlagen
mit Innenfeuerung haben, haben eingehende feuerungstechnische Studien von Prof. Constans und Dr. Schläpfer in
Zürich ergeben, welche in der Zeitschrift des Vereins deutscher
Ingenieure (1909, S. 1837 bis 1844, 1880 bis 1887, 1929 bis
1934, 1972 bis 1976) veröffentlicht sind. Die hauptsächlichen
Ergebnisse ihrer Arbeit haben die beiden Forscher in folgenden Schlußsätzen zusammengefaßt:

1. Bei Innenfeuerung mit Planrost geben die Brennstoffe mit 16 bis 23% flüchtigen Bestandteilen, die den höchsten Heizwert aufweisen, auch die beste Verdampfung.

2. Beim Aufstellen von Wärmebilanzen ist zu unterscheiden zwischen Verbrennungen, bei denen erhebliche
Mengen unvollständig verbrannter Gase auftreten und solchen,
bei denen dies nicht der Fall ist. Im ersten Falle muß man
durch genaue Gasanalyse den Betrag der unvollständig verbrannten Gase ermitteln, sowie unter Zugrundelegung genauer
Formeln den gesamten Schornsteinverlust berechnen. Sind
keine erheblichen Mengen unvollständig verbrannter Gase
vorhanden, so kann man den Abwärmeverlust mit Benutzung
abgekürzter Formeln genügend genau ermitteln. In allen
Fällen ist die genaue Ermittelung des mittleren Kohlensäure-
gehalts der Rauchgase unumgänglich notwendig, was nur
durch Untersuchung richtig erhobener Durchschnittsproben
geschehen kann.

3. Feste Brennstoffe werden auf dem Planrost mit Handbeschickung und Luftzuführung von unten ohne künstlichen
Zug in keinem Falle vollständig verbrannt.

Diese Versuchsergebnisse können für allgemein gültig
gehalten werden, weil sie an ganz verschiedenen Orten unter
sehr verschiedenen Bedingungen gefunden worden sind.

Über das Verhalten der flüchtigen Bestandteile
der Kohle beim Erhitzen haben Burgers und Wheeler
eingehende Versuche angestellt, deren Ergebnisse zu der Annahme berechtigen, daß sich jede Kohle bei Temperaturen
über 700° C unter Bildung von hauptsächlich Wasserstoff
zersetzt. Nach Porter und Ovit ändert sich die Zusammen-

setzung der bei niedrigen Wärmegraden in den ersten Stadien der Erhitzung auftretenden Gase je nach der Neigung der betreffenden Kohle zur Rußabscheidung. Rauch- und Rußbildner sind: Teer, Benzol, Anthylen und die höheren Paraffine. Der kritische Punkt liegt zwischen 700 und 800° C, da die entwickelte Gasmenge bei letzterer Temperatur doppelt so groß ist wie bei ersterer. Näheres hierüber bringt die Berg- und Hüttenmännische Rundschau Nr. 16 vom 20. Mai 1913.

Nach dem Statistischen Jahrbuch für das Deutsche Reich vom Jahre 1907 stieg in dem Zeitraum von 1886 bis 1905 die Steinkohlenförderung von 58 auf 121,3 Mill. t, also nur um etwa 109%, während nach der gleichen Quelle in demselben Zeitraum die Braunkohlenförderung von 15,6 auf 52,5 Mill. t, also um rd. 236% stieg.

Wie das Braunkohlenbrikett in Deutschland immer mehr die rohe Braunkohle verdrängt hat, so auch ungefähr das Steinkohlenbrikett die Steinkohle.

An Steinkohlenbriketts wurden in Deutschland im Jahre 1910 5617259 t im Werte von 74229000 M. hergestellt.

Die Kohlenausfuhr Großbritanniens (ohne Bunkerkohlen) betrug im Jahre 1911 67,8 Mill. t, von denen 9 Mill. nach Deutschland ausgeführt wurden. Was die einzelnen Kohlensorten betrifft, so entfallen 73% der Gesamtausfuhr auf Kesselkohlen und 16% auf Gaskohlen. Die Ausfuhr von Anthrazit betrug nur 3,8% und die von Hausbrandkohle nur 2,5%, sind also ziemlich unbedeutend. Die besten Preise wurden mit Cardiffkohlen erzielt, deren Qualität im allgemeinen und in Hinsicht auf Rauchentwicklung im besonderen eine sehr gute ist (s. S. 36).

5. **Staubkohle** findet jetzt wohl nur noch im Eisenhüttenwesen Verwendung, z. B. bei Puddelöfen, Wärmöfen usw. und muß, falls sie überhaupt mit Nutzen hierzu verwendet werden soll, folgenden Anforderungen entsprechen: Sie darf nicht mehr als höchstens 0,5% freie und ungebundene Feuchtigkeit enthalten, und zwar wird diese Herabsetzung des Feuchtigkeitsgehaltes durch Erwärmen der Kohle erreicht. Die Kohle muß so fein pulverisiert sein, daß durch ein hundert-

maschiges Sieb mindestens 95% der durchgesiebten Menge hindurchgehen und der Heizer die Staubkohlenzufuhr genau kontrollieren kann. Die Kohle darf nicht unter 30% an flüchtigen Bestandteilen enthalten und ihr Schwefelgehalt 1% nicht übersteigen. Am besten ist es, wenn man zum Pulverisieren der Kohle keine Stückkohle, sondern Grießkohle (Steinkohlengruß) verwendet.

Bei der Lagerung von Staubkohle sind wegen der großen Explosionsgefahr besondere Vorrichtungen zu treffen, deren Besprechung aber hier nicht hergehört.

Während in Europa die Verwendung von Staubkohle sich in sehr bescheidenen Grenzen hält, feuern in den Vereinigten Staaten von Nordamerika viele Hütten mit derselben, und zwar gerade die größten, denn je größer der Verbrauch an Staubkohle, desto geringer die Kosten.

6. **Koks,** ein entgaster, schwer entzündlicher und kurzflammiger Brennstoff, bedarf infolge dieser Eigenschaften und seiner hauptsächlich auf Kontaktheizung beruhenden Wirkung einer großen Glutzone. Diese Glutzone bleibt trotz ihrer Größe stets regelbar, da sich bei Drosselung des Wärmebedarfs durch Verminderung der Zuführung von Luftsauerstoff nur geringe Mengen flüchtiger Bestandteile, d. h. brennbarer Gase bilden.

Koks gehört zu den raucharmen Brennmaterialien und sollte allen Hausfeuerungen vorgeschrieben werden, deren niedrige Schornsteine, falls durch deren Rauch die Nachbarschaft belästigt wird, nicht höher zu führen gehen.

Der Koks enthält folgende Bestandteile:

	Westfälischer Koks	Saarkoks
Kohlenstoff	86—88%	80—85%
Flüchtige Bestandteile . . .	1—2%	1—2%
Asche	7—9%	8—14%
Schwefel	0,8—1,2%	1—2%
Wasser	1—3%	3—6%

Schlesischer Koks ist ähnlich wie Saarkoks zusammengesetzt. Die Asche besteht hauptsächlich aus Kieselsäure, Tonerde und Eisenoxyd. Ihr Eigengewicht ist zu 700 kg für den cbm nach dem preußischen Ministerialerlaß vom 31. Januar 1910 anzunehmen.

1 cbm Sandkoks wiegt   530 kg,
1 cbm Sinterkoks   »   495 »
1 cbm Backkoks   »   380—420 » , wenn aus Meilern,
1 cbm Backkoks   »   330—470 » ,   »   aus Öfen.

Für die verschiedenen Feuerungsarten eignen sich bestimmte Korngrößen von Koks oder Kohle besonders gut. So eignet sich eine Korngröße von:

60—90 mm für industrielle Zwecke;

40—70 mm für Zement- und Zuckerfabriken, Dampfschiffe, Dampfstraßenbahnen und Darren. Besonders ist diese Größe, außer der nachstehenden, geeignet für Zentralheizungen aller Systeme;

30—50 mm für Füll- und Regulieröfen, auch für gewöhnliche Zimmeröfen und Zentralheizungen;

10—30 mm für irische Öfen, andere Zimmeröfen mit engen Rosten und Füllschächten, insbesondere für Kalk- und Zementwerke und Erzröstereien;

bis 10 mm für Dampfkesselfeuerung, Mörtelbereitung und Koksstaub zu technischen Zwecken.

Die auf S. 34 angegebene Einteilung der Steinkohlen beruht, wie aus folgender Tabelle ersichtlich ist, auf der Koksmenge und der Beschaffenheit des Kokses. Nach der Koksausbeute läßt sich auch auf das geologische Alter der Steinkohle schließen.

Nr.	Beschaffenheit des Kokses	Spezif. Gewicht des Kokses	Koksmenge	Kohlentypen
1	pulverförmig, höchstens zusammengefrittet	1,25	50—60	Sandkohle (trock. Kohle mit langer Flamme)
2	geschmolzen, aber stark zerklüftet	1,28—1,30	60—68	Gaskohle (fette Kohle mit langer Flamme)
3	geschmolzen bis mittelmäßig kompakt	1,30	68—74	Schmiedekohle (fette Kohle)
4	geschmolzen, sehr kompakt, wenig zerklüftet	1,30—1,35	74—82	Kokskohle (fette Kohle mit kurzer Flamme)
5	gefrittet oder pulverförmig	1,35—1,41	88—92	Anthrazit (magere Kohle mit kurzer Flamme)

Künstliche feste Brennstoffe.

7. Künstliche feste Brennstoffe. Wie auf vielen Gebieten
des Erwerbslebens, hat sich auch auf dem uns hier interessie-
renden eine »Brennstoffindustrie« auf dem Markte breit gemacht, die ihre (meist Schwindel-) Mittel für Brennstoff-
ersparnis und Rauchverminderung mit allen Mitteln der
Reklame anpreist. Solche Mittel, die meistens Alaun, Sal-
peter, Kochsalz und andere ähnliche Substanzen enthalten,
werden unter Phantasiebezeichnungen, wie »Kyl-Kol«, »Kol-
Spar«, »Spar-Kol«, »Kolawitsch« usw. angepriesen. Da sie
sehr teuer sind, helfen sie gewöhnlich nur dem Erzeuger,
nicht aber dem Verbraucher, für den sie vollständig wertlos
sind. Ernst zu nehmende Versuche, künstliche rauchfreie
Brennstoffe herzustellen, sind, wenn man vom Preßtorf
absieht, eigentlich nur in England gemacht. Das Material
ist meist Steinkohle oder Koks, wie z. B. bei den »Charco«,
»Coalxd« und »Coalite« genannten Brennstoffen.

Charco wird hergestellt, indem man den gewöhnlichen
Koks, sowie er aus den Gasretorten oder Koksöfen heraus-
kommt, also noch vor der Abkühlung, einer besonderen Behandlung unterwirft. Er entzündet sich dann leicht, brennt
gleichmäßig und entwickelt mehr Wärme als Kohlen und auch
als der Koks selbst, da er vollkommen rauchfrei verbrennt.

Ein ähnlicher künstlicher Brennstoff ist Coalxd. Er
wird hergestellt durch Verkokung gewöhnlicher Gaskohlen
in einer besonderen Form von Retorten.

Während die genannten beiden Brennstoffe kaum in
größeren Mengen hergestellt wurden, wurde das
Coalite eine Zeitlang fabrikmäßig erzeugt. Doch ver-
mochte auch dieser künstliche Brennstoff es nicht zu größerer Verbreitung zu bringen, und wurde der Vertrieb
im großen bald aufgegeben. Zu diesem Mißerfolg dürfte zu
einem großen Teil die sehr geringe Festigkeit des Coalites
beigetragen haben, da es so zerreiblich ist, daß bis zu 30%
verloren werden können.

Seine Herstellung erfolgt durch Vergasung von Kohle
bei niederer, nicht über 400° C betragender Temperatur und

sei, da mir der zur Erzeugung von Coalite eingeschlagene Weg der einzige zu sein scheint, auf dem man schließlich zu dem erstrebten Ziele, einen feuerungstechnisch und wirtschaftlich günstigen künstlichen Brennstoff zu erhalten, gelangen kann, etwas näher darauf eingegangen. Wird die Kohle in den Koksöfen gleichmäßig auf niedrige Temperatur erhitzt, so erhält man viel Teer (12%), sehr wenig Gas, sehr wenig Ammoniak ($^1/_5$ der Normalmenge) und als Koks den sog. »Coalite«. L. Zechmeister schlägt vor, Mineralkohlen, Torf u. dgl. nur bis etwa 300^0 C zu destillieren, um den Teer abzuscheiden und dadurch einen rauchlos brennenden Rückstand zu erhalten. Th. Parker, der dem Produkt den Namen »Coalite« gab, treibt bis etwa 400^0 ab und erhält 67% Coalite, 155 cbm Gas von 20 bis 22 Hfl. auf die Tonne Kohle, Öle, Benzol, sehr viel Ammoniak usw. Aus einer Kohle von 8140 WE erhält man Coalite von 7425 WE. Es muß zugegeben werden, daß es wie der Koks rauchlos und dabei leichter als dieser verbrennt; ausgeschlossen ist aber, daß man bei so niedriger Temperatur, wie sie Parker anwendet, viel Ammoniak gewinnt, weil die Hauptammoniakgewinnung erst weit über 400^0 einsetzt.

Die Retorten, in denen die Herstellung von Coalite erfolgt, haben nach A. Humboldt Sexton eine besondere D-förmige Gestalt und sind 7 englische Fuß lang, 5 breit und 16 hoch. Die Kohle wird in einer dünnen Schicht auf den Boden der Retorten ausgebreitet. Die Verkokungsdauer beträgt 8 Stunden. Das aus den Retorten kommende glühende Material wird mit Wasser abgelöscht. Nachstehende Analysen geben eine Vorstellung von der Zusammensetzung dieses porösen, leicht brennbaren, aber leider bis jetzt zu teuren Materials:

	I	II
	(Nach Prof. V. B. Lewes)	(Nach Prof. Sexton)
Fixer Kohlenstoff . . .	80,0	85,1
Flüchtige Substanzen .	12,0	6,4
Schwefel	1,0	1,8
Asche.	7,0	6,7

Sollte es gelingen, die Herstellungskosten herabzusetzen, so dürfte hier ein brauchbarer Ersatz, namentlich für Koks,

gefunden sein. Daß sich trotzdem Coalite nicht hat einbür-
gern können, geht auch daraus hervor, daß die Gaslight &
Coke Co. vor einigen Jahren Coalite für 25 M. bei 15 M. Gas-
kohlenpreis erfolglos angeboten hat.

Zu den rauchfreien künstlichen Brennstoffen gehört
auch der Osbornite, ein aus einer gepulverten Kohlen-
mischung mit Teer und Pech als Bindemittel bestehendes
Brikett.

Näher auf die künstlichen Brennstoffe einzugehen, ist
zwecklos, da sie im allgemeinen nichts weiter als ein inter-
essantes chemisches Experiment darstellen, dessen praktische
Anwendung bisher an den hohen Erzeugungskosten und sonstigen Mängeln gescheitert ist.

Die flüssigen und gasförmigen Brennstoffe.

Von flüssigen Brennstoffen kommen für die Befeuerung
von Dampfkesseln nur in Frage das rohe Erdöl (Petroleum),
die Erdölrückstände von der Brennöldestillation und von
der Schmieröldestillation, sowie Teeröl und Teer.

Die in nachstehender, der Zeitschrift »Staub und Rauch«
(4. Jahrg., Nr. 6) entnommenen Tabelle angegebene Zusammensetzung verschiedener Öle enthält gleichzeitig Angaben über
Verdampfungs- und Heizwert derselben und zum Vergleich
die gleichen Angaben über Steinkohlen.

Art des Brennstoffs	Spezifisches Gewicht	Kohlenstoff %	Wasserstoff %	Sauerstoff %	Schwefel %	Theoretische Verdampfungsziffer	Absolute Heizwerte WE
Schweres pennsylvanisches Rohöl	0,886	84,9	13,7	1,4	—	21,5	11 500
Leichtes kaukasisches Rohöl .	0,884	86,3	13,6	0,1	—	22,8	12 200
Schweres kaukasisches Rohöl. .	0,938	86,6	12,3	1,1	—	20,9	11 200
Erdölrückstände .	0,928	87,1	11,7	1,2	—	20,5	11 000
Hiezu als Vergleich: Steinkohle i. Mitt.	1,380	80,0	5,0	8,0	1,25	14,6	7 800

Nach der Tabelle ist das Verhältnis der theoretischen Verdampfungsfähigkeit zwischen Kohle und Öl 2 : 3, in der Praxis indessen 4 : 7.

Da Petroleum bei richtiger Konstruktion der Feuerung nahezu restlos und mit dem geringen Wärmeverlust von 15 bis 20% verbrennt, Kohle dagegen bereits in Schlacke, Asche usw. einen großen Teil der Wärme verliert und schließlich nur 60% ihrer Wärme zur Dampferzeugung umsetzt, so kann man bei überschläglichen Vergleichsberechnungen 1 t flüssigen Brennstoff mit nahezu 2 t Steinkohle bezüglich der Heizwirkung als gleichwertig setzen.

Im Jahre 1901 betrug die Petroleumgewinnung in allen in Frage kommenden Staaten 23083000 t, im Jahre 1908 aber 38052000 t, was einer Zunahme von etwa 65% entspricht. Deutschland war daran nur mit 0,19 bzw. 0,35% beteiligt, während auf die Vereinigten Staaten von Nordamerika 42,3 bzw. 63,0% entfielen. Von den europäischen Staaten ist es Rußland, das das meiste Petroleum gewinnt. Wenngleich sein Produktionsteil von 49,8% im Jahre 1901 auf 21,75% im Jahre 1908 gefallen ist, nimmt es doch auf dem Weltmarkt die zweite Stelle ein, und erst in weitem Abstande folgen Galizien mit 1,96 bzw. 4,61% und Rumänien mit 1,18 bzw. 3,02% der Weltproduktion an Petroleum.

Eine große Zukunft als Brennstoff für industrielle Feuerungen wird das Steinkohlenteeröl und der Teer haben.

Teeröl hat einen Heizwert von 8800 WE. Bisher stand seiner Verwendung als Brennstoff seine geringe Erzeugung und die damit in unzertrennbarem Zusammenhange stehenden hohen Verkaufspreise entgegen. Hält aber die zunehmende Gewinnung von Teeröl und Teer, wie in der Zeit vor dem Kriege, nach Beendigung desselben weiter an, und zwar bei weichenden Preisen, so dürfte diesen Stoffen als Heizmittel von der Industrie bald allgemeines Interesse entgegengebracht werden. Hauptbedingung ist allerdings mit, daß die Technik gleichen Schritt mit der Erzeugung des Brennstoffes hält und einen zweckmäßig konstruierten Zerstäuber auf den Markt bringt (s. S. 365). Der Zerstäuber muß das Brennöl fein zerstäuben, er muß eine hohe Regulierfähigkeit besitzen, um einmal nur die Menge Brennstoff zuführen zu lassen, die der jeweiligen Beanspruchung entspricht und hierbei gleichzeitig die zuzuführende Luftmenge entsprechend zu ändern. Nur dann kann der Vorteil hoher Wirtschaftlichkeit mit einem Nutzeffekt von 85% und mehr erreicht werden.

Das spezifische Gewicht des Steinkohlenteers beträgt 1,10 bis 1,26. Man erhält aus 1000 kg westfälischer Kohle, außer Gas und den anderen Nebenprodukten, 48 kg Teer. Im allgemeinen beträgt die Ausbeute 3,5 bis 6 Gewichtsprozent; durchschnittlich also 4,7%. Man rechnet auch pro Hektoliter, indem man auf ein Hektoliter Kohle durchschnittlich 3,8 kg Teer rechnet.

Da jetzt fast alle Koksöfen mit Gewinnung von Nebenerzeugnissen arbeiten, so würde die im Jahre 1908 in Deutschland gewonnene Koksmenge (etwa 21¼ Mill. t) allein schon 315—420000 t Teeröl ergeben haben.

Die durchschnittliche Zusammensetzung des Teers ist:

Benzol und Homologe 2,5%
   darunter 1 bis 1,5% Benzol und Toluol,
   0,8% Xylol,
Phenol und Homologe. 2,0%
   darunter etwa 0,5% Phenol (Karbolsäure),
   1 bis 1,5% Kresol,
Naphthalin 6,0%
Pyridin 0,25%
Schwere Öle 20,0%
Anthrazen 2,0%
Asphalt 38,0%
Kohle 24,0%
Wasser 4,0%
Gase und Verluste 1,25%

Allerdings haben, wie Sußmann (Ölfeuerung für Lokomotiven. Verlag Julius Springer, Berlin 1912) auseinandersetzt, die Steinkohlenteeröle auch einige, ihre Verwendung als Heizöle erschwerende Nachteile. Zu den nachteiligen Eigenschaften gehören ihr zersetzender Einfluß auf alle Stoffe vegetabilischer Herkunft und Zusammensetzung, namentlich auf Dichtungs- und Packungsmaterial aller Art; ihr Durchdringungsvermögen für alle nicht vollkommen undurchlässigen Verbindungen. Außerdem wirkt erschwerend die Abscheidung von Bestandteilen in fester Form bei niedriger Temperatur; schließlich der ihm eigene scharfe Geruch, der namentlich bei unvollkommener Verstäubung und beim Verdampfen zufällig an den Röhren außen anhaftender Reste sehr störend sein kann.

Diesen Nachteilen stehen aber wieder sehr wesentliche Vorteile gegenüber; so ihr geringer Aschen- und Schwefelgehalt, ihr bei normaler Temperatur dünnflüssiger Zustand, ihr hohes spezifisches Gewicht und ihr hoher Entflammungs- und Siedepunkt. Wegen des hohen spezifischen Gewichts wird das im Öl vorhandene oder hineingelangende Wasser sich an der Oberfläche absetzen, also nicht durch die unten befindlichen Ölzuflußrohre in den Verbrennungsraum mit hineingerissen. Infolge des hohen Entflammungspunktes kann von besonderen Vorsichtsmaßregeln für Annäherung mit offener Flamme an die Behälter abgesehen werden; Teeröl gewährt einen hohen Sicherheitsgrad. Trotz des hohen, über 80° C liegenden Entflammungspunktes entzündet sich das fein zerstäubte Öl bei richtiger Feuerungsanordnung sofort ohne die geringste Schwierigkeit. Der Siedepunkt beträgt 180 bis 360°.

Sind die Beschaffungskosten der Heizöle derart, daß ihre Verbrennung nicht teurer kommt als die der Kohlenfeuerung, so wird man die reine Ölfeuerung anwenden, andernfalls kommt die sog. Zusatzfeuerung in Frage. Letztere besteht meist darin, daß entweder aus besonderen Gründen neben der Kohlenfeuerung die Ölfeuerung in Tätigkeit tritt oder indem man minderwertiges Brennmaterial durch sie verbessert.

Der Heizwert des Teers beträgt 8000 bis 9000 WE.

Erdgas enthält 80% leichte, 10,6% schwere Kohlenwasserstoffe, 8% Wasserstoff, 1,4% Stickstoff.

Die wirtschaftliche Bedeutung des Erdgases ist eine beschränkte, da auf weite Entfernungen es fortzuleiten, sehr erhebliche Anlagekosten verursacht, ohne daß man vorher die Dauer und Ergiebigkeit der Gasquelle sicher einschätzen und nicht berechnen kann, ob das Anlagekapital sich verzinsen und tilgen wird.

Die größte, immer stärker zunehmende Verwendung, und zwar hauptsächlich für Hausfeuerungen, findet wohl das Steinkohlengas, welches meist durch trockene Destillation der Steinkohlen gewonnen wird. Je nach der Beschaffenheit der Steinkohle oder dem Grade der Erhitzung wechselt die Zusammensetzung des Gases beträchtlich, und mögen nachstehende Zusammenstellungen über die Zusammensetzung des Gases nur als ungefährer Anhalt dienen.

100 Raumteile Gas enthalten:

Wasserstoff. 47,60
Sumpfgas 41,53
Leuchtende Kohlenwasserstoffe . . 3,05
Kohlenoxyd 7,82

Dieser Zusammensetzung des Gases liegt gewöhnliche Steinkohle zugrunde.

Nach einer anderen Tabelle ist die Zusammensetzung des Steinkohlengases:

Sumpfgas (CH_4) 34
Wasserstoff (H_2) 47
Schwere Kohlenwasserstoffe (C_mH_n) . 5
Kohlenoxyd (CO) 9
Kohlensäure (CO_2) 2
Stickstoff (N_2) 3

Der untere Heizwert dieses Gases ist 5297 WE und sein spez. Gewicht 0,44. Der dem gasförmigen Brennstoff nachgesagte Übelstand des Leben und Gesundheit gefährdenden Ausströmens der Abgase ist kein Übelstand des Brennstoffes, sondern der mangelhaften Installation der fraglichen Verbrennungsanlage, namentlich der Gasheizöfen (s. S. 362).

Ölgas. Die Rohstoffe dieses heute als Kraftgas nur noch zum Motorenbetrieb Verwendung findenden Gases sind die Paraffinöle der sächsisch-thüringischen Braunkohlenindustrie, Erdöle und deren Rückstände, schottische Schieferöle, verschiedene Öle und Fette. Es besteht aus 40% Methan, 27% Wasserstoff, 33% schwere Kohlenwasserstoffe. Das spezi-

fische Gewicht ist 0,86, und der untere Heizwert beträgt
8276 WE. Entzieht man dem Ölgas die permanenten Gase
(Sumpfgas, Wasserstoff), so entsteht das nach seinem Er-
finder, dem Chemiker Blau in Augsburg, benannte Blaugas,
welches, außer zu Beleuchtungszwecken, noch zur autogenen
Schweißung Verwendung findet.

Wassergas entsteht durch Einblasen von 50 Raum-
teilen Wasserdampf in 40 Raumteile erhitzter Kohle. Das
reine Wassergas enthält bis zu 40% Kohlenoxyd, 3 bis 8%
Kohlensäure, 50% Wasserstoff und 3 bis 6% Stickstoff.

Das Wassergas wird auf deutschen Gaswerken hauptsächlich als Zusatz zum Steinkohlengas verwendet, indem man
es mit Öl oder Benzol karburiert.

Die mittlere Zusammensetzung von karburiertem und
unkarburiertem Wassergas ist folgende:

Bestandteile	karburiert %	unkarburiert %
CH_4	13,9	0,82
H_2	36,2	50,80
C_mH_n	9,2	0,05
CO	29,7	39,65
CO_2	5,3	4,65
N_2	6,2	3,83

Das spezifische Gewicht des karburierten Wassergases
ist 0,70, das des unkarburierten 0,53, während der untere
Heizwert 4466 bzw. 2602 WE beträgt.

Kraftgas oder Hochofengas enthält im Mittel 15%
Wasserstoff, 20,6% Kohlenoxyd, 8,6% Kohlensäure und
55,8% Stickstoff. Der untere Heizwert beträgt 1018 WE und
das spezifische Gewicht 0,88. Es wird vorteilhaft zum Motorenbetrieb verwendet und hat auf die Entwicklung unserer
Gasmotorenindustrie sehr anregend gewirkt. Das bekannteste
Kraftgas ist das

Generator- oder Dowsongas, welches außer zum
Betriebe von Gasmotoren, auch für Heizzwecke Verwendung

findet. Als Rohstoffe für die Erzeugung von Generatorgas
kommen hauptsächlich Anthrazit und Koks wegen ihres außerordentlich hohen Gehalts an reinem Kohlenstoff in Frage,
doch wird auch vielfach bituminöse Steinkohle und in neuerer
Zeit auch bituminöse Braunkohle und Torf vergast.

Die mittlere Zusammensetzung des Generatorgases ist:

Bestandteile	Koks %	Kohle %
CH_4	—	1,9
H_2	—	6,5
CO	25	23,7
CO_2	6	5,3
N_2	69	62,6

Das spezifische Gewicht des aus Koks erzeugten Generatorgases ist 1 und des aus Kohle erzeugten 0,94. Der untere
Heizwert beträgt bei ersterem 752, bei letzterem 1051 WE.

Luftgas ist eine auf kaltem Wege hergestellte Mischung
von Luft und leichtflüchtigen Dämpfen niedrig siedender
Petroleum-Kohlenwasserstoffe, welches zum Betriebe von
Motoren und zu Heizzwecken Verwendung findet.

Die zur Luftgaserzeugung in Betracht kommenden
Kohlenwasserstoffe sind Gasolin, Solin und Benzin.

Das bekannte Aerogengas ist eine besondere Art Luftgas, welches sich durch stets gleichbleibende Zusammensetzung auszeichnet.

Welche Unmengen von brennbaren Gasen noch ungenutzt
in die Luft geleitet werden, möge die Tatsache veranschaulichen,
daß allein die Gesamtmenge des brennbaren Grubengases,
welche täglich im Ruhrgebiete durch kostspielige Ventila-
tionsanlagen aus den Gruben in die freie Luft befördert wird,
fast dreimal so groß ist als der tägliche Leuchtgasbedarf
von Berlin. Werden diese und die in anderen Gebieten erzeugten
Gase erst einmal als Brennstoff Verwendung finden, dann
werden die berechtigten Klagen über die unerträgliche Rauchbelästigung in der Industriegegend verstummt sein.

Feuerungsanlagen und Dampfkessel.

Durch nachstehende Ausführungen soll nur ein allgemeiner Überblick über Feuerungsanlagen und Dampfkessel gegeben werden, soweit dies zum Verständnis der Rauch-
und Rußplage und den Hilfsmitteln zu ihrer Beseitigung
erforderlich ist. Soweit in den nachstehenden Ausführungen
Zahlen und Konstruktionseinzelheiten angegeben werden,
handelt es sich stets um sog. »Normen«, die den Feuerungs-
und Dampfkesselanlagen zugrunde liegen, in besonderen
Fällen aber abgeändert werden können oder müssen. Da
solche Konstruktionen meistens auf Grund von technischen
Berechnungen ausgeführt werden, können in jedem einzelnen
Falle die Abweichungen von den Normen festgelegt werden.
Auf die rauchfreien Verbrennungsanlagen gehe ich erst später
(S. 326 u. f.) ein und erwähne sie an dieser Stelle nur, soweit es zum allgemeinen Verständnis der Feuerungsanlagen
überhaupt erforderlich ist.

Je nachdem die Verbrennung des Brennmaterials sich
außerhalb, innerhalb oder unterhalb des Kessels befindet,
spricht man von

Vorfeuerung,

Innenfeuerung und

Unterfeuerung.

Der Rost kann eben, treppenförmig und geneigt sein;
er besteht aus den verschiedenartig geformten Roststäben
und den Rostträgern.

Unter Rostfläche versteht man die Gesamtfläche
des Rostes; freie Rostfläche ist die Fläche der Spalten.

Von allen Rosten am verbreitetsten ist der Planrost,
welcher aus gußeisernen oder auch stahlgußeisernen Stäben
besteht, deren Länge aber meist über 1 m nicht hinausgeht.
Die Beschickung des Rostes geschieht gewöhnlich mit der
Hand und namentlich dann, wenn der Rost horizontal liegt.

Die Vorteile der Handbeschickung sind: Größte
Leistung in der Verbrennung der Kohlenmenge, was vor
allem dadurch gefördert wird, daß die frische Kohle auf die
glühende fällt und die Flamme sofort durch die frische Kohlen-

schicht hindurchzieht und ferner allgemeine Anwendungs-
fähigkeit auf jedes Ofensystem und jeden Feuerungszweck.
Diesen beiden Vorteilen stehen anderseits eine ganze Reihe
von Nachteilen gegenüber. Die Beschickung des Rostes
erfolgt nur von Zeit zu Zeit, wodurch der Verbrennungsvorgang ungleichmäßig wird. Bei dem jedesmaligen Beschicken
muß die Feuertür geöffnet werden, wobei jedesmal kalte Luft
einzieht, also das Feuer abgekühlt wird. Man ist von der
Aufmerksamkeit, Geschicklichkeit und dem guten Willen des
Heizers abhängig, was schon bei Hausfeuerungen unangenehm
ist, bei industriellen Feuerungen, außer andern Nachteilen, zu
sehr empfindlichen wirtschaftlichen Verlusten führen kann.
Je größer der Rost ist, desto schwieriger ist seine Beschickung
und Abschlackung. Bei der Verfeuerung der meisten Kohlensorten ist eine starke Rauchentwicklung unvermeidlich,
selbst wenn der Heizer die Feuerung mit noch so großem
Verständnis und großer Aufmerksamkeit bedient. Die Verbrennung ist bei kleinstückigem Brennstoff sehr mangelhaft
und nimmt dieser Übelstand mit der Kleinheit, Magerkeit
und Erdigkeit des Brennstoffes zu.

Diese, wie man sieht, recht bedeutenden Nachteile des
handbeschickten horizontalen Planrostes waren Veranlassung,
mechanische Beschickungsvorrichtungen herzustellen.
Dieselben streuen die Kohlen mittels einer maschinellen, von
der Transmission aus angetriebenen Wurfvorrichtung annähernd gleichmäßig über den Rost hinweg. Die meisten
Konstruktionen mechanischer Beschickungsanlagen (s. S. 327)
verlangen eine gleichmäßig groß sortierte Stückkohle von
trockener Beschaffenheit. Ist eine Kohle von gleicher Korngröße nicht zu haben, müssen noch besondere Brechwalzen vorgesehen werden, die die erforderliche gleiche Größe herstellen.

Die Breite der Luftspalte zwischen den einzelnen
Roststäben richtet sich nach dem zu verfeuernden Brennmaterial und beträgt bei Verfeuerung von

Kohlengrus . . . . 3 mm
Braunkohle in Stücken 4   »
nicht backender Steinkohle 5   »
backender und stark schlackender Steinkohle 10—12   »

An Stelle der einfachen Roststäbe hat man auch Polygon-, Rippen- oder Schlangenroststäbe auf den Markt gebracht, doch werden diese bei schlackender Kohle wegen der schwierigen Reinigung des Rostes selten verwendet.

Für die Verfeuerung von Staubkohle, Braunkohle, Torf usw. hat sich der Ludwigsche Planrost, bei welchem die einzelnen Roststäbe aus einem schmalen Steg bestehen, an dem zu beiden Seiten schräge Rippen so angebracht sind, daß die Rippen nur an einigen Stellen aneinderstoßen und Luftspalten zwischen sich frei lassen, bewährt.

Als Beispiel für die mechanische Beschickung des Planrostes sei hier die Cario-Feuerung (s. a. S. 337) genannt. Der Rost ist dachförmig in die Feuerung eingelegt. Vor der Feuerung befindet sich eine zur Beschüttung des Rostes nötige, mit Kohlen zu füllende, muldenartige Schaufel, welche durch die Kohleneinführungsöffnung eingeschoben wird. Zwei pendelnde Türhälften öffnen und schließen sich beim Gebrauch der Schaufel selbsttätig. Die pflugartige Spitze durchschneidet das auf dem Rücken des Rostes liegende Brennmaterial und bildet in ihm eine Furche. Nach Umwenden der Schaufel füllt das frische Brennmaterial die Furche aus, und die Schaufel wird herausgezogen. Die Roststäbe sind auf Röhren gelagert, durch die frische Luft eingesaugt werden kann. An der Stirnplatte der Feuerung befindet sich dort, wo die untersten Teile des Rostes liegen, je eine Schlackentür. Wird durch eine der beiden Türen abgeschlackt, so braucht die Verbrennung auf der andern Seite des Rostes nicht gestört zu werden.

Der Treppenrost eignet sich besonders für Brennmaterial mit niedriger Anfangstemperatur, wie Braunkohle, Torf, Sägemehl. Das Brennmaterial gleitet, entsprechend dem Abbrand, selbsttätig nach. Der Treppenrost dient auch zum Verbrennen von Kohlengrus mittels Druckluft, doch müssen die Enden des Rostes in Wasser tauchen. Von den vielen verschiedenen Konstruktionen seien hier nur einige genannt, während andere, soweit sie untrennbar von einer bestimmten Feuerungskonstruktion sind, bei dieser genannt werden. (Siehe daher auch S. 326 u. f.)

Křidlos Duplexroste haben bogenartige Schlitze und
Stege, die durch Quer- und Längsrippen versteift sind. Der
Rost eignet sich besonders für backende Kohlensorten.

Die Simplexroste derselben Firma (V. O. Křidlo,
Prag) sind aus rechteckigen Tafeln von 105 mm Breite zusammengesetzt. Die Länge der Tafeln richtet sich nach der
jeweilig erforderlichen Rostfläche. Der Rost kann bei jeder
Art nicht backenden Brennmaterials verwendet werden.

Unter dem Namen Spezial-Treppenroste bringt Křidlo
ferner einen aus mit Schlitzen versehenen Winkelrostplatten
bestehenden Rost auf den Markt. Durch die Schlitze wird
erreicht, daß die Luft von allen Seiten, namentlich auch von
unten an das Brennmaterial herantreten kann. Am unteren
Ende des Treppenrostes befindet sich ein Kipprost zum Abschlacken. Die Konstruktion der Schüttgosse verhindert,
daß beim Beschicken kalte Luft von außen in den Feuerraum
gelangen kann. Hauptsächlich durch diese Anordnung gehört der Spezialtreppenrost zu denen, auf welchen das Brennmaterial fast rauchfrei verbrennen kann.

Der Treppensparrost von Strube-Lange zeichnet
sich dadurch aus, daß der Neigungswinkel während des Betriebes verstellt und das Abfallen des Brennstoffes einreguliert
werden kann.

Ein Treppenrost mit mechanischer Beschickung
und mechanischem Aschen- und Schlackenabzug ist der Bern-
burger Maschinenfabrik in Alfeld patentiert. Die Beschickung
erfolgt durch eine von der Transmission betriebene schwin-
gende Klappe, welche die Kohle in bestimmten, einstellbaren
Mengen auf den Rost befördert. Die sich am unteren Ende
des Treppenrostes ansammelnden Schlackenrückstände werden
durch eine Schlackenabzugsvorrichtung mechanisch entfernt.
Die Schlacke sammelt sich auf einer Rutschfläche vermittelst
einer Walze.

Der Schrägrost wird mit Vorliebe bei Halbgasfeuerungen
(S. 60) benutzt. Das frisch zugeführte Material wird erst
vergast und dann verbrannt; es schurrt in dem Maße nach,
in dem es abbrennt. Der Schrägrost erzielt bei sorgfältiger
Bedienung fast rauchlose Verbrennung. Die Kohle fällt ge-

wöhnlich aus einem Trichter auf den Rost und gleitet langsam nach unten. Unter den Schrägrost kommt eine Schieber-
anlage, auf der die nach unten fallenden glühenden Schlacken
ausbrennen. Viel angewendet wird der Rost auch bei Vor-
und Unterfeuerungen (S. 59/60) sowie für geringwertiges
Brennmaterial. Auf dem schrägen Planrost sind schwer ent-
zündliche Kohlen nicht verwendbar, weil die oben eintretende
frische Kohle durch die unten brennende Flamme zu wenig
Entzündungsgelegenheit findet.

Die Ketten- und Wanderroste, aus einer endlosen
Kette bestehend, dienen in allen ihren verschiedenen Konstruktionen der rauchschwachen Verbrennung. Am bekanntesten sind die folgenden Wanderrostkonstruktionen, welche
auch zugleich als typisch für diese Rostart überhaupt angesehen werden können.

Büttners Wanderrost Patent Placzek der gleichnamigen Maschinenfabrik in Ürdingen a. Rh. Die Roststäbe
sind an einem Ende auf die an den Gelenkketten abnehmbar
befestigten Rostträgerbolzen aufgereiht. Die Roststäbe hängen
während des Rücklaufs frei herunter, wodurch sie sich auskühlen und gereinigt werden können. Die Schlackenabstreicher
sind gegen Einwirkung des Feuers geschützt.

Der Wanderrost von Petry-Dereux in Düren ist
patentamtlich geschützt. Er besteht aus einzelnen Rost-
segmenten, welche durch Gelenkketten getragen und fort-
bewegt werden, bestehend aus querliegenden Roststabträgern,
auf welche die längsliegenden einzelnen Roststäbe aufgelegt
werden. Die einzelnen Segmente bilden auf der oberen Bahn
einen geschlossenen Planrost. Die Rostbahn ist stets geschlossen, denn sobald am hinteren Rostende ein Segment
verschwindet, rückt vorn ein solches nach. Dieses Nach-
rücken hat aber auch noch den wesentlichen Vorteil, da
zwischen den vorrückenden Segmenten Öffnungen entstehen,
daß die Verbrennungsluft verteilt und unter den Rost gelangen kann. Der Luftzutritt erfolgt durch einen zwischen
Roststab und Träger befindlichen Raum. Die Roststäbe
und Segmente können während des Betriebes ausgewechselt
werden.

Der mechanische Wanderrost System Zutt ist ebenfalls patentamtlich geschützt und besonders geeignet für Steinkohle in Korngröße bis 70 mm, sowie für Staubkohle, hochwertige Braunkohle und Braunkohlenbriketts. Die Roststäbe bilden eine vorn und hinten laufende Kette. Der Rost, welcher auch mit auswechselbaren Bündelroststäben ausgeführt wird, kann mit beliebiger Geschwindigkeit betrieben werden. Der Vorteil der Verwendung von Bündelroststäben ist der, daß die freie Rostfläche vergrößert werden kann und die Roststäbe in wenigen Minuten ausgewechselt werden können. Während des Stillstandes kann der Rost aus der Feuerung herausgefahren werden.

Die Steinmüller-Wanderplanroste (D.R.P.) sind ein Kettenrostwagen mit endloser Roststabkette, Kohlenfülltrichter, Kohleneinstellschieber, Schlackenabstreifvorrichtung und Schlackenabflußklappe. Die Roststäbe, welche während des Betriebes auswechselbar sind, können je nach dem zu verbrennenden Brennmaterial von beliebiger Form sein.

Der Kettenrost Patent Walther ist ein ungespanntes Rostband. Die Rostglieder werden nach jedem Umlauf von an- und zwischenhaftenden Schlacken gereinigt, was, da weder Abstreifer noch Schlackenstauer vorhanden ist, etwas schwierig sein dürfte. Ebenfalls ohne Abstreifer arbeitet der

Kettenrost System Dürr, ein in Form endloser Ketten ausgebildeter Rost, der sich langsam von vorn nach hinten unter dem Dampfkessel bewegt. Da der Rost auf einem Wagen liegt, so kann er aus dem Feuerraum heraus- und hineingefahren werden.

Einige Firmen bauen auch einen Kettenrost, der besonders für langflammige Steinkohle bis 50 mm Korngröße geeignet ist. Er besteht aus der in beliebiger Geschwindigkeit fortbewegten, gelenkartig aus Roststäben gebildeten Rostkette, die auf einem herausziehbaren Wagen aufmontiert ist.

Es bestehen noch eine ganze Reihe patentierter und nicht patentierter Kettenrostkonstruktionen, die aber im wesentlichen mit einer der bisher besprochenen Konstruktionen übereinstimmen und daher nicht weiter erwähnt zu werden brauchen.

Bei den meisten Rosten ist das Festbrennen der Schlacke und das Zusetzen der offenen Rostspalten ein recht großer Übelstand. Man hat daher in neuester Zeit Roste konstruiert, deren Stäbe hohl sind (s. S. 353). In dem Hohlraum dieser Stäbe fließt permanent Wasser und kühlt dadurch den Roststab. Weitere Rostkonstruktionen s. S. 349 u. f.

Sehr wesentlich für eine vollkommene und daher rauchfreie Verbrennung der Brennstoffe ist auch eine richtige Beschickung des Rostes. Je nach dem zu verfeuernden Material soll die Schütthöhe auf dem Rost betragen bei Verwendung von:

Steinkohle			Braunkohle		
			muschlige (Böhmen)	erdige (Prov. Sachsen)	
gute	geringe	Koks		Stück-	Förder-
100—70	150—120	150—140	200	250	200

Für die Ausführung der Feuerungen mögen nachstehende allgemeine Angaben genügen:

Die Feuertürflügel sollen stets gegen die Vertikale geneigt sein, um einen besseren Verschluß zu erzielen. Hinter der Tür befindet sich in 10 cm Abstand eine gußeiserne Schutzplatte von 1 bis 2 cm Dicke. Die Aschenfalltür erhält zweckmäßig Rosettenschieber zur Regulierung der Luftzufuhr. Die Rostträger werden 10 bis 25 cm auf eine Unterlage aus Kesselblech eingemauert. Abstand des mit etwas Fall nach hinten verlegten Planrostes von der Kesselunterkante für Koks und Steinkohlen 50 bis 65 cm. für Braunkohlen 35 bis 45 cm. Höhe der Feuerbrücke über dem Rost 30 cm. Schnürung über der Feuerbrücke gleich 0,6 bis 0,8 der freien Rostfläche.

Wie bereits auf S. 53 erwähnt, unterscheidet man drei Feuerungsarten, nämlich:

1. Die Vorfeuerung. Sie wird fast stets mit Schrägrost oder Treppenrost ausgeführt und eignet sich für die Verfeuerung minderwertigen Brennmaterials, wie Holzspäne und -abfälle, Torf, nasse Braunkohle, Lohe usw., weil die zur Verbrennung erforderliche Rostfläche erzielt werden kann. An

den unteren Abschluß der Rostfläche schließt sich meist ein
gewöhnlich etwa 500 mm langer Planrost oder eine Platte an,
die zur Entfernung der Schlacke zeitweilig weggezogen wird.
Der Treppenrost ist dem Schrägrost vorzuziehen, da er ein
gleichmäßiges Verbrennen auf der ganzen Rostfläche ermöglicht.

2. Die Innenfeuerung. Sie wird meist mit Planrost
an Flammrohr- und Heizrohrkesseln (s. S. 72) ausgeführt.
Da die Größe der Rostfläche beschränkt ist, so ist die Innenfeuerung hauptsächlich für hochwertiges Brennmaterial
geeignet.

Ihre Vorteile sind: Gute Übersichtlichkeit und leichte
Bedienung der Feuerung, sowie bequeme Entfernung der
Schlacke. Da zu große Schütthöhen den Zutritt der Verbrennungsluft zum Feuerraum erschweren und dadurch
starker Rauch sich entwickelt, soll bei der Innenfeuerung die
Schütthöhe bei Verwendung von Steinkohlen mittlerer Güte
nicht mehr als 150 mm betragen. Als übliche Rostbeanspru-
chungen bei, über dem Rost gemessen, 3 bis 5 mm Zug sind
anzunehmen bei Steinkohle 80 bis 90 kg in der Stunde und
den Quadratmeter Rostfläche, Koksgrus 60 bis 70 kg, Braunkohlenbriketts 130 bis 150 kg.

3. Die Unterfeuerung findet meist bei Wasserrohr-
und Heizrohrkesseln (s. S. 72) mit Planrost Anwendung.
Infolge Spaltung und starker Abkühlung der Flammen durch
die Wasserrohre entwickelt sich gewöhnlich starker Rauch,
weshalb hier stets auf Verfeuerung rauchschwachen Brennstoffes gehalten werden sollte. In neuerer Zeit wird bei der
Unterfeuerung statt des Planrostes auch vielfach mit bestem
Erfolge der Kettenrost verwendet.

Über die verschiedenen rauchfrei bzw. rauchschwach
arbeitenden Feuerungsanlagen siehe S. 326 u. f.

Erwähnt sei an dieser Stelle noch die Gasfeuerung,
welche als Feuerungsanlage für Dampfkessel nur als sog.

4. Halbgasfeuerung ausgeführt wird. In einer Vorfeuerung wird der Brennstoff teils vergast, teils verbrannt,
und dann durch Zuführung von Luft unter dem Kessel erst
vollständig zur Verbrennung gebracht.

Vollgasfeuerungen werden selten ausgeführt. Hierbei wird der Brennstoff unter Zuführung von wenig Luft ent- und vergast und dann bei weiterer Luftzuführung verbrannt.

Öfter werden auch die noch brennbaren Abgase von Koks-, Hoch-, Puddel-, Schweiß- oder anderen Öfen zur Dampferzeugung verwendet. Die Abgase werden in einem Verbrennungsraum mit Frischluft vermengt und entzündet.

5. Feuerungen für flüssige Brennstoffe kommen fast nur im Schiffsbetriebe vor. Ihrer weiteren Verbreitung steht meist der zu hohe Preis des Brennstoffs entgegen (s. a. S. 49). Die Ölfeuerungen sind derartig eingerichtet, daß fein zerstäubtes Öl in den Verbrennungsraum geschleudert wird. Näheres hierüber s. S. 46 u. 364.

Moderne Feuerungsanlagen sind fast immer mit Dampfüberhitzer und Wasservorwärmer ausgerüstet.

Überhitzter Dampf besitzt in sich den Wärmeüberschuß, der erforderlich ist um Kondensation zu verhüten. Aus seiner Anwendung ergibt sich eine Dampf- und Kohlenersparnis von 10 bis 40%. Aus dieser großen Ersparnis heraus erklärt es sich auch, daß es ungezählte Konstruktionen von Überhitzern gibt, auf die, als über die Zwecke dieses Buches weit hinausgehend, hier nicht näher eingegangen werden kann. Dasselbe gilt von den

Wasservorwärmern. Ihre Konstruktionen beruhen auf dem Prinzip der Ausnutzung der abziehenden Gase zur Vorwärmung von Kesselspeisewasser.

Hinsichtlich der Industrieschornsteine sei hier nur etwas näher auf den Zug eines Schornsteins eingegangen, während im übrigen auf das vortreffliche Werk: »Lang, Der Schornsteinbau« verwiesen sei, worunter man bekanntlich die Rauchgasmenge in Kilogramm versteht, die den Schornstein in einer Sekunde verläßt. Statt des Gewichtes wählen einige Autoren als Maßstab die Raummenge, also das Kubikmeter, was aber um deswegen nicht empfehlenswert erscheint, als die Raummenge mit dem herrschenden Atmosphärendruck und der Temperatur der Rauchgase wechselt. Der Zug im Schornstein wird erzeugt durch den atmosphärischen Überdruck, der die Außenluft durch die Rostspalten preßt

und gleichzeitig die leichtere Rauchsäule aus der Schornsteinmündung treibt.

Die Energie dieser Aufwärtsbewegung, gemeinhin »Auf-
trieb« genannt, ist von folgenden Faktoren abhängig: Vom
Barometerstande, d. h. dem Luftdruck; von der Lufttemperatur sowie von der Zusammensetzung der Rauchgase (s.
S. 85 u. f.) und deren Dichte, welche wieder von der Gastemperatur abhängig ist. Die Rauchgaswärme soll bei Kesselfeuerungen mindestens 300 bis 350⁰ C betragen, auf keinen
Fall aber unter 200⁰ C sinken. Bei einer Temperatur von
350⁰ C ist die obere Grenze der Schornsteinleistung erreicht
und wird bei höheren Wärmegraden, trotz wachsender Gas-
geschwindigkeit, die Leistung wieder abnehmen.

Jeder Schornstein zieht am besten, wenn die Temperatur
der Rauchgase

$$T = 273 + 2\,t \text{ Grad}$$

ist, worin t die Temperatur der Luft in Graden bedeutet.

Zur Verstärkung des Zuges bedient man sich mitunter mechanischer künstlicher Anlagen, wie z. B. der

Dampfstrahlapparate. Sie sind in der Anschaffung
und im Betriebe billig, haben aber den Nachteil, daß sie zum
Betriebe bis zu 20% des erzeugten Dampfes erfordern, der
— durch den Schornstein — also verloren geht. Ein weiterer
Nachteil, der namentlich bei ihrer Verwendung auf Schiffen
oder inmitten bevölkerter Stadtgegenden sehr ins Gewicht
fällt, ist der von den Apparaten ausgehende sinnenbetörende,
unerträgliche Lärm.

Von allen im Betriebe befindlichen oder sonstwie ver-
suchten Gebläsen, Kompressoren und Ventilatoren
hat sich bis jetzt eigentlich nur der in der Anschaffung und
in der Unterhaltung allerdings teure

Zentrifugalventilator bewährt, der nur bis zu 4%
des erzeugten Dampfes gebraucht. Der Abdampf kann noch
zu Heizzwecken Verwendung finden, was namentlich auf
Kriegsschiffen vielfach geschieht.

Während sich auf Schiffen häufig eine künstliche Verstärkung des Zuges vorfindet, ist dieselbe bei ortsfesten

Anlagen außerordentlich selten und wird meist nur da angewendet, wo die Anlage eines den gestellten Anforderungen entsprechenden Schornsteins nicht möglich ist oder wo infolge sehr unregelmäßigen Betriebes zeitweise eine Verstärkung des natürlichen Zuges erforderlich ist.

Man wird bei ortsfesten Anlagen schon aus folgenden Gründen nicht um den ausschließlichen Schornsteinbetrieb herumkommen:

1. Ist der Schornstein zur Abführung der Rauchgase in höhere Luftschichten im Interesse der Umgebung unentbehrlich;
2. arbeitet der Essenzug vollständig unabhängig von dem Kraftbetrieb;
3. weil die zur Erzeugung der Schornsteinwärme erforderliche Wärme ohnehin in den abziehenden Feuergasen verloren gehen würde und
4. weil Gebläse- und Saugvorrichtungen zu teuer arbeiten.

Den größten Zugwiderstand verursacht der mit grobem oder gar feinem Brennstoff beschickte Rost, der etwa 60 bis 75% des theoretischen Schornsteinzuges zur Überwindung der Reibung bei der Luftzuführung beansprucht.

Einen erheblichen Widerstand leisten ferner die Kesselzüge, besonders in Wasserrohrkesseln, wenn sich die Gase in mehrfach wechselnder Richtung durch die Rohrbündel winden oder bei Feuerrohrkesseln durch die zahlreichen engen Feuerröhren quälen müssen.

Man schätzt, daß hierfür, sowie für die nur geringen Reibungswiderstände im Schornstein etwa 7 bis 20% des theoretischen Zuges erforderlich seien, so daß je nach Umständen nur 5 bis 33% von der Gesamtzugleistung für die den Gasen zu erteilende Ausströmungsgeschwindigkeit übrig bleiben.

Die Rauchgasgeschwindigkeit ändert sich auf dem Wege vom Rost bis zur Schornsteinmündung je nach der wechselnden Querschnittsgröße der Feuerzüge, je nach der örtlichen Temperatur und mit der Art der Rostbeschickung. Daher sind richtige Abmessungen der Kanäle und geschickte Bedienung des Rostes unerläßlich. Leider

mangelt es aber sehr oft an letzterem, weil die ständige
Überwachung der Tätigkeit des Heizers fehlt. In
neuerer Zeit ist es dem Ingenieur J. Lommatzsch gelungen,
einen Apparat zu konstruieren, der selbsttätig die wichtigsten
Arbeiten des Heizers vor dem Feuer, die richtige Behandlung
des Rauchschiebers, der Aschenfalltür, der Feuertür und der
Luftzuführungsrosette in letzterer kontrolliert. Der Apparat
besteht aus zwei voneinander vollständig unabhängigen Teilen,
der Trommel mit Bewegungsübertragung und Uhrwerk sowie
den Schreibstiften mit ihren Mechanismen. Da diese beiden
Teile nur in den Berührungspunkten der Schreibstifte und
Trommeln miteinander in Verbindung treten, sind zufällige
Stöße, die bei der Bedienung des Kessels entstehen können,
ohne Einfluß auf die empfindlichen Teile des Apparates.
Beim Gebrauch wird Millimeterpapier über die aus Messing
hergestellte Trommel gewickelt, die ihrerseits durch ein
Uhrwerk in Bewegung gesetzt wird. Die Bewegungsübertragung erfolgt durch ein Kettenrad. Über der Trommel
sind Messinghülsen angebracht, in denen sich die zylindrischen
Schreibstifthalter bewegen. Dieselben können sich in der
Längsachse der Trommel bewegen und sind einerseits mit
einem Gegengewicht versehen, während anderseits durch
eine Schnur, die über Hubverminderungsrollen läuft, eine
Verbindung mit dem Rauchschieber, der Feuertür usw. hergestellt ist.

Ganz allgemein sind die Widerstände des Gasstromes
proportional der Geschwindigkeit und abhängig vom Querschnitt und der Länge des Kanals (Feuerzüge + Fuchs +
Schornstein).

Um auf die jeweilige Leistung eines Schornsteins schließen
zu können, muß der Unterdruck gemessen werden, wozu
man sich am zweckmäßigsten ganz einfacher Apparate bedient.

Am bekanntesten sind die Zugmesser von Scheurer-
Kestner, Patent Arndt, Krell, Walter Dürr, System Obel,
Steinmüller, Eckardt und Pintsch. Es würde zu weit führen
und den Zwecken dieses Buches nicht entsprechen, eingehend
auf diese Apparate einzugehen; vielmehr möge es genügen,
hier nur zwei sehr bekannte zu erwähnen, nämlich den Zug-

messer System Eckardt (J. C. Eckardt, Stuttgart) und
den von der Aktien-Gesellschaft Julius Pintsch, Berlin, konstruierten »Multiplizierenden Kaminzugmesser« mit
selbsttätiger Schreibvorrichtung für einen Druck von $+30$
bis -30 mm Wassersäule. Infolge ihrer einfachen und allen
Anforderungen entsprechenden Bauart haben sich die Apparate bisher in bester Weise bewährt.

Die Firma Eckardt baut sowohl einfache als Differenzzugmesser. Während der einfache Zugmesser die Zugstärke am Ende der Heizfläche anzeigt, messen die
Differenzzugmesser (Fig. 2) den Unterschied zwischen
dem am Anfang und am Ende der Heizfläche herrschenden
Unterdruck und geben daher tatsächlich ein Bild über die
Menge der durch die Kesselzüge streichenden Rauchgase und
damit der Verbrennungsluft. Die Zugmesser werden in
der Weise benutzt, daß zunächst für die normale Kessel-
belastung durch eine Untersuchung festgestellt wird, wieviel
Verbrennungsluft bzw. welche Zugstärke erforderlich ist. Der
Heizer wird dann angewiesen, an Hand des Zugmessers darauf
zu achten, daß diese Zugstärke möglichst nicht überschritten
wird.

Auf diese Weise können recht beträchtliche Kohlen-
ersparnisse erzielt werden.

Da an die Zugmesser auch eine Registriervorrichtung angebracht werden kann, kann auch gleichzeitig die Tätigkeit
des Heizers kontrolliert werden.

Ein großer Vorteil der Eckardtschen Zugmesser ist ihre große
Empfindlichkeit auch bei den geringsten Druckschwankungen
und ferner, daß ein Durchsaugen der Luft ausgeschlossen ist.

Auch der Differenzzugmesser System Schumacher soll
sich bewährt haben.

Der Apparat der Firma Pintsch, von dem Fig. 3 das
Schaubild eines Zugmessers für 24stündige und Fig. 4 den
Schnitt durch einen solchen für siebentägige Aufzeichnung
zeigt, zeichnet sich durch eine leichte Beweglichkeit seiner
Getriebeteile aus, besitzt eine große Empfindlichkeit und
bringt die geringsten Druckschwankungen in mehrfacher Vergrößerung auf dem Diagrammblatt zum Ausdruck.

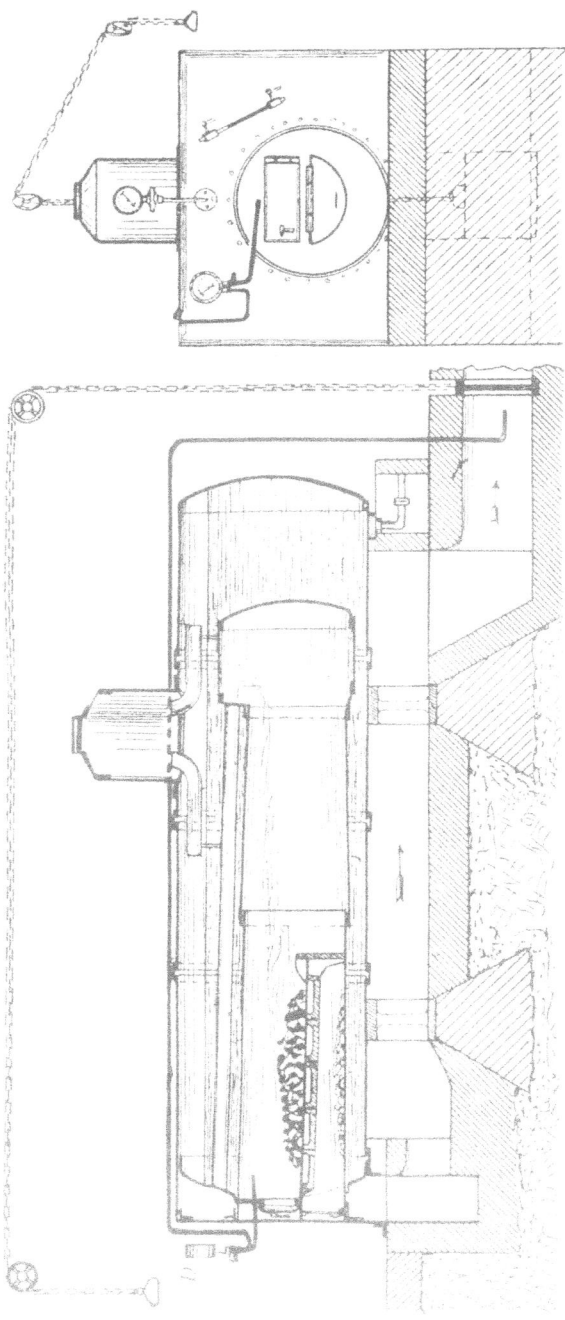

Fig. 2.

D = Differenzzugmesser.

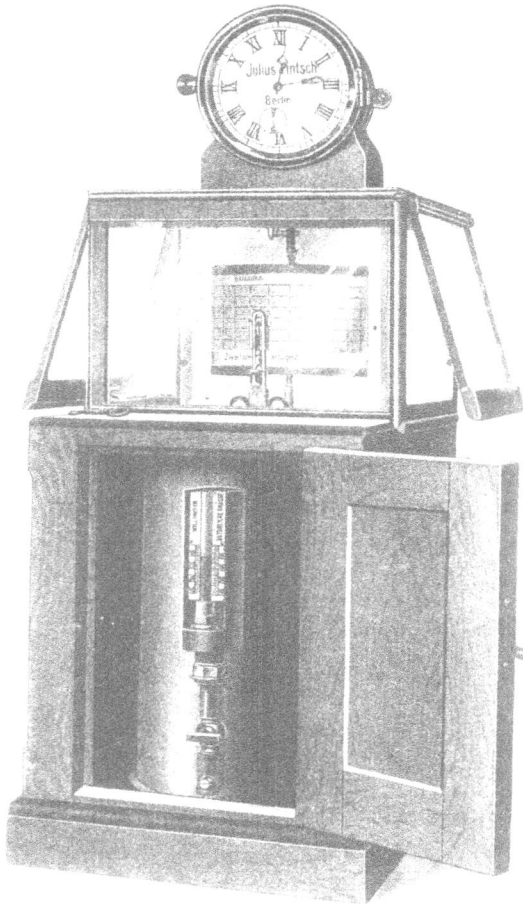

Fig. 3.

Im zylindrischen Unterteil des Apparates befindet sich,
wie Fig. 4 zeigt, eine doppelwandige, oben abgeschlossene
Schwimmerglocke *a*, die mit Lufträumen *b* ausgerüstet ist.
Eine in Rollen *c* geführte Stange *d* verbindet die Glocke mit

5*

der Schreibvorrichtung *e*, die auf dem an der Trommel *f* befestigten Diagrammstreifen fortlaufend in doppelter Größe

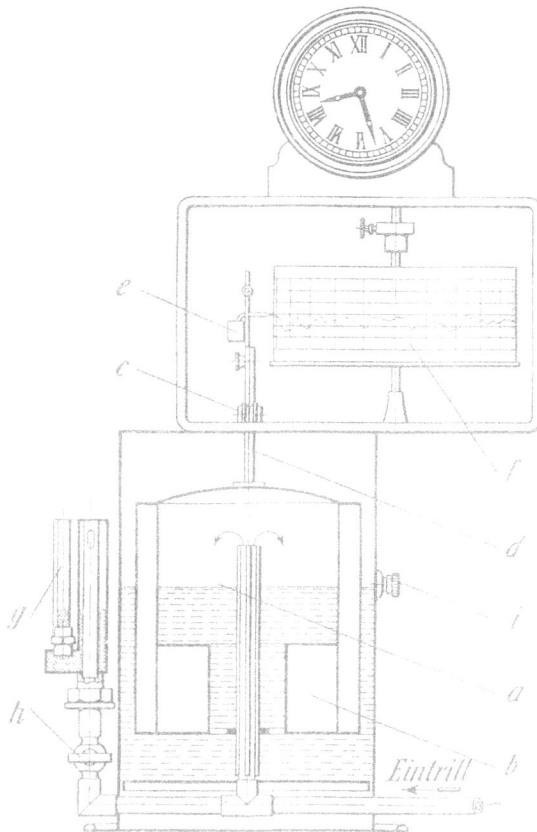

Fig. 4.

die Kurve des Unterdruckes in Millimeter Wassersäule aufzeichnet.

Um den Apparat jederzeit auf seinen ordnungsmäßigen genauen Gang prüfen zu können, ist am unteren Teil ein besonderer Büchsendruckmesser *g* angebracht, der durch den Hahn *h* abgesperrt werden kann.

Bei der Aufstellung des Apparates ist darauf zu achten, daß das Unterteil desselben genau lotrecht steht und solange mit Wasser gefüllt wird, bis es aus der seitlich angebrachten Wasserstandsschraube i ausläuft. Dann erst wird der Glaskasten auf dem Unterteile befestigt. Der Anschluß des Apparates an die Saugeleitung erfolgt an der hinteren Seite durch das unter dem Glockenbehälter entlanggeführte Rohr. Dann wird die Schreibvorrichtung auf der Schwimmerstange befestigt und das Diagrammblatt glatt auf die Trommel aufgelegt. Die Trommel muß so eingestellt werden, daß die Zeiten des Diagramms mit den jeweiligen der Zeituhr übereinstimmen und die Schreibröhrchenspitze die Nullinie bedeckt. Schließlich ist der Kontrolldruckmesser bei geschlossenem Hahn so weit mit Wasser zu füllen, bis der Nullstrich der Skala erreicht ist.

Während des Betriebes des Zugmessers ist von Zeit zu Zeit nachzusehen, ob die Wasserstandshöhe im Apparat noch die normale ist. Zu diesem Zwecke schließt man den zwischen dem Schornsteine und dem Apparat eingeschalteten Hahn und füllt, wenn es erforderlich ist, solange Wasser nach, bis es aus der Wasserstandsschraube wieder herausläuft. Der Hahn unterhalb des Kontrolldruckmessers bleibt stets geschlossen und wird nur, wenn der Nullpunkt der Skala mit dem Wasser gleichgestellt ist, zum Vergleich mit den Drucklinien des Diagramms geöffnet und wieder geschlossen.

Die gebräuchlichste Formel für die Vorausbestimmung des Unterdruckes in einem zu erbauenden Schornstein ist:

$$p = 273\,H\left(\frac{1,293}{273+t} - \frac{1,35}{273+T}\right).$$

Hierin ist t die Luft- und T die bei Dampfkesselfeuerungen vorkommende Gastemperatur von 200 bis 350° C.

Dosch (Feuerungen der Dampfkessel, Hannover 1907) rechnet überschläglich mit

$$p = 10 + 5\sqrt{G},$$

worin $G = \dfrac{0,002 \cdot B \cdot H}{3600} =$ das sekundlich erzeugte Gas-

volumen in Kubikmeter bei 0° C, H den Heizwert der ver-
brauchten Brennstoffmenge B in Kilogramm bedeutet.

Die Schornsteinhöhe leistet einen erheblichen Beitrag
zur Zugkraft, der in den Formeln $\sqrt{H}$ bewertet wird.

Falls die nachträgliche Erhöhung eines Schornsteins
aus baulichen oder statischen Gründen überhaupt möglich
ist, wird dies doch immer nur in beschränktem Umfange
der Fall sein, weil die Schornsteinhöhe innerhalb gewisser
praktischer Grenzen von der Schornsteinweite abhängig ist.
Außerdem wird durch die Erhöhung der erwartete Erfolg
nicht immer erreicht, da mit ihr meist eine Abnahme der
Schornsteinweite verbunden ist. Es empfiehlt sich daher,
schon bei der Neuerrichtung eines Schornsteins auf eine
später etwa notwendig werdende Erhöhung desselben Rücksicht zu nehmen.

Zur Prüfung bestehender Schornsteinanlagen erhält man durch Anwendung der von Pietzsch (Der Fabrik-
schornstein) umgestalteten Pécletschen Formel

$$Q = \varphi \, \frac{\sqrt{d_0{}^5 \cdot H}}{L + H + 260 \cdot d_0}$$

ganz brauchbare Vergleichswerte. In der Formel ist φ für runde
Schornsteine $= 10{,}11$, für achteckige $= 10{,}67$ und für qua-
dratische $= 12{,}88$ zu setzen. d_0 bedeutet die lichte Weite des
Schornsteins, welche meist $0{,}50$ bis $5{,}0$ m beträgt; H ist die
Schornsteinhöhe; L die Fuchslänge und Q die Höchstleistung
in Kilogramm. Das wichtigste Maß für die Leistungsfähigkeit
der Schornsteine ist der innere Durchmesser d_0, welcher
für Dampfkesselschornsteine meist $^1/_{20}$ bis $^1/_{30}$ H beträgt.
Nur für Schornsteine, die dazu bestimmt sind, schädliche
Gase in möglichst hohe Luftschichten zu leiten, um
Flurschäden zu verhüten, geht man über das vorstehend an-
gebene Verhältnis von d_0 zu H hinaus. So beträgt beispielsweise die lichte Weite des Schornsteins auf der Zinkhütte
Hamborn $^1/_{44}$ H und auf der Freiburger Esse $^1/_{56}$ H.

Die Leistung des Schornsteins, d. h. die Gasgeschwin-
digkeit, wird ferner ganz wesentlich beeinflußt durch die
chemische Zusammensetzung der Schornsteingase.

Wasserdampf wird viel schneller, trockenes Rauchgas viel langsamer ausströmen als die gleich hoch erwärmte Luft (Grahamsches Gesetz), und da ganz allgemein das Verhältnis von Wasserdampf zu trockenem Rauchgas in den Verbrennungsprodukten der Steinkohle wie 1 : 45, in denen der erdigen Braunkohle wie 1 : 15 besteht, so besitzen die erdigen Braunkohlengase vermöge ihres hohen Wassergehalts eine 2,8mal größere Ausströmungsgeschwindigkeit als die der Steinkohlengase, oder man kann in der Zeiteinheit vor demselben Schornstein etwa 2½- bis 3mal soviel Kilogramm minderwertiges Brennmaterial mit gutem Erfolge verbrennen als mittlere Steinkohle.

Die Schornsteine in Wohngebäuden wurden früher nur als sog. besteigbare Schornsteine angelegt, was durch das als Brennmaterial benutzte Holz, das vielfach feucht, immer aber in großen, ganzen Scheiten verbrannt wurde, bedingt war; die Rauchentwicklung bei dieser Feuerungsart war ganz enorm. Mit dem allmählichen Aufhören des Verfeuerns großer Holzscheite und der wachsenden Einführung kleinstückiger Brennmaterialien, wie Steinkohlen, Braunkohlen, Briketts, Koks, kleingeschnittenes Holz, mußte auch der Schornsteinquerschnitt verringert werden, und es kam zur Anlage der heute allgemein üblichen sog. russischen Rohre. Wählt man zur Verfeuerung auch noch rauchschwaches Brennmaterial, wie z. B. Braunkohlenbriketts, so ist hinsichtlich der Hausfeuerungen in manchen Städten schon viel zur Bekämpfung der Rauchplage geschehen.

Die Dampfkessel.

Die Dampfkessel als solche interessieren uns hier weniger, weshalb ich mich darauf beschränke, nur die wichtigsten Hauptkesselarten kurz zu nennen und soweit erforderlich, allgemein zu erklären.

1. Einfacher Walzenkessel. Der größte Durchmesser desselben beträgt 1,50 m bei einer größten Länge von 10 m. Er wird zumeist liegend und nur hinter Puddel- und Schweißöfen auch stehend angeordnet. Als liegender Kessel ist er

ein nach hinten geneigtes zylindrisches Gefäß mit gewölbten oder ebenen Böden, dessen Lagerung zweckmäßig durch Aufhängung erfolgt. Da die Dampferzeugung sehr gering ist, findet der Kessel nur noch selten Anwendung.

2. Mehrfacher Walzenkessel. Um bei möglichster Raumersparnis größere Heizflächen zu erzielen, legt man zwei oder mehrere Zylinderkessel übereinander und verbindet sie durch eiserne Stutzen von mindestens 300 bis 400 mm Durchmesser. Bei langsamer Verbrennung kann 1 qm Heizfläche etwa 13 kg Dampf in der Stunde erzeugen, gegenüber nur 6 bis 8 kg beim einfachen Walzenkessel.

3. Flammrohrkessel. Legt man mehrere Zylinderkessel ineinander, so erhält man den auch Cornwallkessel genannten Flammrohrkessel, mit ein, zwei oder drei Flammrohren, durch welche die Heizgase treten, so daß ihre ganze Oberfläche als Heizfläche angesehen werden kann. Der Rost kann bei diesem Kessel im Flammrohr liegen oder unter dem Mantel. Im letzteren Falle erfolgt der Abzug der Gase durch das Flammrohr, sog. rückkehrende Flamme.

Die Dampferzeugung dieser Kessel beträgt je nach Größe der Kessel, der Art der Verbrennung auf dem Rost und der Anzahl der Flammrohre in der Stunde 15 bis 30 kg für 1 qm Heizfläche; doch kann durch besondere Vorrichtungen die Leistungsfähigkeit noch um etwa 3% erhöht werden.

4. Heizrohrkessel. Er ist im wesentlichen ein Flammrohrkessel mit einer sehr großen Anzahl von kleinen Flammrohren und ist als Lokomotivkessel allgemein bekannt. In Fällen, wo gutes Speisewasser zur Verfügung steht, sind Heizrohrkessel namentlich für geringwertiges Brennmaterial zu empfehlen. Die Dampferzeugung mit 1 qm Heizfläche soll jedoch 10 kg in der Stunde nicht übersteigen.

5. Walzenkessel mit stehendem oder mit liegendem Heizrohrkessel. Für Dauerbetrieb dürfte es sich empfehlen, die Dampferzeugung nicht über 10 kg in der Stunde auf 1 qm Heizfläche zu steigern.

6. Flammrohrkessel mit Heizrohren. Einer der gebräuchlichsten Flammrohrkessel mit vorgehenden Heiz-

rohren ist der Lokomobilkessel. Mit 1 qm Heizfläche lassen sich im allgemeinen an Dampf etwa 15 kg in der Stunde erzeugen.

7. **Flammrohrkessel mit Flammrohrkessel.** Diese Kessel werden übereinanderliegend angeordnet. Die Speisung erfolgt oben und unten getrennt. Die Konstruktion führt auch die Bezeichnung Doppelflammrohrkessel.

8. **Wasserrohrkessel.** Der grundsätzliche Unterschied der hierher gehörigen Kesselarten beruht in der Verbindung der Rohre miteinander. Diese kann durch Kappen oder Krümmer oder durch gemeinsame Kammern, sog. Wasserkammern, erfolgen, wobei im letzteren Falle die Kammern entweder nur an einem Ende oder an beiden Enden der Rohre angeordnet sind. Die letztgenannte Kesselart ist die gebräuchlichste.

Ausschlaggebend für die Wahl des Kesselsystems ist das Brennmaterial und dessen Zufuhr, das Speisewasser, der zur Verfügung stehende Platz, die Art und Größe der Dampfentnahme und Verwendung, die Personalverhältnisse und behördliche Vorschriften.

Geringeres Brennmaterial, wie Staubkohle, Schlammkohle, Sägespäne usw., bedingt Kessel mit außenliegenden Vorfeuerungen. Ist der Raum für die Kesselaufstellung beschränkt und wird eine große Heizfläche verlangt, haben sich vereinigte Röhren- und Flammrohrkessel am besten bewährt.

Im allgemeinen gelten noch folgende Annahmen für die Bestimmung der Kesselgröße: 1 qm Heizfläche verdampft stündlich in Kesseln mit großem Wasserraume 10 bis 25 kg Wasser, in Wasserrobrkesseln 15 bis 30 kg; in Lokomotiven und Schiffskesseln mit künstlichen Zügen 25 bis 35 kg; in Schiffskesseln mit natürlichem Zuge 18 bis 22 kg Wasser, doch geben die großen Beanspruchungen nur dann einen guten Nutzeffekt, wenn Überhitzer (s. S. 312) in die Kesselmauerung eingebaut werden oder Ekonomiser (s. S. 312) in deren Fuchs, welche das Wasser auf 100 bis 130° vorwärmen.

Die Feuerungsanlagen für das Kleingewerbe

sind, wie bereits gesagt, besonders wichtig für die Rauchentwicklung in großen Städten. In erster Reihe stehen hier ihrer
großen Menge wegen die Back- und Konditoröfen. Leider
hat sich kein Handwerkerstand den technischen Fortschritten gegenüber so ablehnend verhalten wie das
Bäckergwerbe hinsichtlich der Backöfen. So darf es denn
nicht wundernehmen, daß noch Backöfen vorkommen, wo
Heiz- und Backraum ein Raum sind, ja es kommen noch
jene Typen vor, welche man bei den Ausgrabungen von
Pompeji vorfand. Selbstverständlich ist, daß die Anlagekosten
solcher primitiver Backöfen geringer sind, als jene irgendeines
anderen Systemes, ebenso selbstverständlich ist aber auch,
daß ein rauchfreies Heizen und besonders Anheizen
dieser Öfen nur sehr schwer ist. Ebenso wie durch den Umstand, daß Back- und Heizraum derselbe Raum ist, eine wirklich reine und· saubere Backware nicht erzielt wird. Der
Nachteil der Öfen, wo Heiz- und Backraum ein Raum sind,
besteht weiter darin, daß diese Öfen nicht ununterbrochen
betrieben werden können; es ist also ein jeweiliges frisches
Entzünden des Feuers am Roste unbedingt nötig, und dies
ist der Moment, wo solche Öfen am meisten rauchen.

Hinsichtlich des für den Betrieb der Back- und Konditoröfen zu verwendenden Brennstoffes, trifft natürlich
auch hier alles bereits früher Gesagte zu. W. Bucerius, Karlsruhe, empfiehlt (Journal für Gasbeleuchtung und Wasserversorgung 1905, Nr. 17) im Interesse der Rauchlosigkeit des
Betriebes die ausschließliche Feuerung mit Koks. Gewiß
brennt Koks als völlig entgaster Brennstoff rauchfrei, und ebenso
gewiß läßt er sich bei jeder Feuerung verwenden, wenn Rost
und Ofenkonstruktion danach eingerichtet sind. Der
großen Hitze auf den Rosten bei der Koksfeuerung kann man
leicht dadurch begegnen, daß man die Roststäbe kühlt, indem
man deren Enden ins Wasser taucht. Viele ausgeführte Backöfen beweisen die gute Verwendung des Kokses durch Reinlichkeit der Feuerung, die langandauernde Backhitze und die
Billigkeit des Betriebes. All diesen Vorteilen in der allei-

nigen Verwendung von Koks steht aber ein sehr großes Bedenken gegenüber. Koks ist an und für sich ein sehr beliebtes Brennmaterial, das namentlich bei Zentralheizungen fast ausschließlich verwendet wird. Erhöht sich
nun der an und für sich schon große Bedarf an Koks noch
um die große Menge des von den Bäckereien und Konditoreien
gebrauchten, so wird der Brennstoff bald sehr knapp werden
und damit in solchem Maße im Preise steigen, daß ein
wirtschaftlich lohnender Betrieb ausgeschlossen ist. Ortspolizeiliche Bestimmungen, welche die ausschließliche Verwendung von Koksfeuer für Back- und Konditoröfen vorschreiben, empfehlen sich also nicht. Neben Koks wird auch
Holz als rauchschwach brennendes Heizmaterial vielfach
verwendet, wie dies z. B. in München in 90% aller Backöfen
geschieht. In Hannover werden vorwiegend Briketts verfeuert und in Bremen in 95% aller Backöfen der rauchfrei
brennende Torf.

Man hat in neuerer Zeit eine Reihe von Verbesserungen
erfunden, die einen rauchschwachen, ja rauchfreien Betrieb
der Bäckereien ermöglichen und worüber auf S. 370 näher
eingegangen ist. Eine Vermeidung übermäßiger Rauchentwicklung in Bäckereien wird man um so ener-
gischer fordern müssen, weil die Bäckereien, mitten
in der Stadt gelegen, oft in einer großen Anzahl
von Wohnungen Belästigungen verursachen.

Bei den Backöfen, und dies gilt überhaupt für
alle Öfen, welche nicht mit einem rauchfreien Brennmaterial
betrieben werden, kommt es darauf an, daß diese Feuerungen
möglichst kontinuierlich betrieben werden, so daß ein
»Feuermachen« wegfällt. Bleibt am Roste immer Glut liegen,
d. h. bleibt das Feuergewölbe heiß, so wird der frische Brand
möglichst rauchfrei vor sich gehen, wenn die einfachsten
Grundsätze der Feuerungstechnik eingehalten werden. Der
Rost darf nicht verzogen, die Roststäbe müssen eben, die
zwischen den Stäben befindlichen Schlitze müssen sauber
sein, damit die zum Verbrennen notwendige Luft zum
Brennmaterial treten kann. Der Aschenfall muß sauber sein,
d. h. er darf nicht bis zum Roste mit Schlacke und Asche

verlegt sein, da sonst der Luftzutritt gehemmt wird; sind diese Vorschriften erfüllt, so wird auf den vorderen Teil des Rostes Holz und Kohle gelegt und diese angezündet. Die sich bildenden Gase streichen über die Glut hinweg und verbrennen über derselben. Beim Auflegen von Kohle wird ebenfalls so vorgegangen. Die Glut wird mit einer Krücke etwas nach hinten geschoben und die vorderen Teile des Rostes mit frischer Kohle bedeckt. Die zur Verheizung gelangende Kohle darf nicht in größeren Stücken als faustgroß zur Aufgabe gelangen. Unbedingt notwendig ist ferner, bei den Backöfen nur die beste Kohle zu verwenden.

Würde nach diesen einfachen Vorschriften bei allen kleingewerblichen und Hausfeuerungen verfahren, so wäre ein bedeutender Fortschritt in der Beseitigung der Rauchplage zu verzeichnen. Aber so: Eine dauernde behördliche Überwachung dieser Feuerungen ist nicht möglich, und selbst die eingehendste Belehrung dürfte bei der Mehrzahl der Handwerker und der Dienstboten wirkungslos abprallen. So, wie sie es gewohnt sind, wird es mechanisch weiter betrieben.

Die sonst noch in Frage kommenden kleingewerblichen, raucherzeugenden Betriebe stehen in ihrer Bedeutung für die Rauch- und Rußplage so bedeutend hinter den eben besprochenen zurück, daß sie kaum erwähnenswert sind.

Eine Mittelstellung zwischen den kleingewerblichen und den Hausfeuerungen nehmen die in den größeren Städten immer weitere Verbreitung findenden

Zentralheizungen

ein. Man versteht darunter Heizungen, die mehrere Räume, oft auch mehrere Gebäude (Fernheizungen) mit Wärme versorgen müssen. Am besten bewährt haben sich die Warmwasser- und die Niederdruckdampfheizung; doch kommen auch unter gewissen Voraussetzungen noch andere Heizungssysteme, wie die Heißwasserheizung, die Luftheizung usw., zur Anwendung.

Da die Kessel der Zentralheizungen, meist gußeiserne Glieder- oder schmiedeeiserne Röhrenkessel, in neuerer Zeit meist mit Koks oder Braunkohle, seltener noch mit Steinkohle gefeuert werden, üben diese Anlagen gewöhnlich keinen oder wenigstens keinen nennenswerten Einfluß auf die Verschlechterung der Luft durch Rauch und Ruß aus.

Die Hausfeuerungen.

Für die Hausfeuerungen, worunter nicht nur die Erwärmung der Zimmer durch Öfen zu verstehen sind, sondern auch die Groß- und Kleinküchenfeuerungen, die Waschküchen, die Öfen für Fleischereizwecke usw., gilt das bisher Gesagte.

Der Koks hat sich als Hausbrand sehr gut bewährt und besonders in Dauerbrand- oder Füllöfen. Diese Öfen sind deswegen sehr zweckentsprechend, weil bei ihrem kontinuierlichen Betriebe ein regelmäßiges Heizen und Nachfüllen des Brennstoffes ein Öffnen der Türe unnötig macht, wodurch eine der Hauptquellen der Rauchbelästigung — Eintritt kalter Luft — fortfällt. Da Koks als entgastes Brennmaterial schwer anbrennt, kann man mit Vorteil eine Mischung von Koks und Kohle verwenden. So mischt man beispielsweise in Dresden allgemein zwei Drittel Koks mit einem Drittel böhmischer Braunkohle. Koks läßt sich bei einigen Abänderungen der Feuerung fast in allen Zimmeröfen verbrennen, nur ist zur Verbrennung ein guter Zug erforderlich.

Natürlich gibt es auch Öfen in großer Zahl, welche es ermöglichen, alle im Handel vorkommenden Brennmaterialien mehr oder weniger rauchfrei zu verbrennen; so die Dauerbrandöfen für gasreiche Kohle.

Eine sehr interessante Prüfung mehrerer Zimmeröfen auf rauchfreie Verbrennung hat der Chemiker der städtischen Gaswerke in Königsberg, Dr. Hurdelbrink, vorgenommen und darüber im »II. Bericht der Kommission zur Bekämpfung des Rauches in Königsberg« berichtet:

Es wurden nacheinander zehn verschiedene Öfen, und zwar durchweg eiserne Dauerbrenner, an denselben Schornstein angeschlossen und, soweit die Öfen für jedes Brennmaterial gebaut waren, mit Kohlen und Koks, wenn aber

nur für Anthrazit oder Koks, nur mit diesem Brennmaterial
geheizt.

Die Prüfung geschah bei den verschiedensten Zugstel-
lungen, die der Ofen ermöglichte. Wahrscheinlich in höherem
Grade für die Zugwirkung maßgebend als die Zugstellung
des Ofens ist aber der Schornsteinzug, welcher wieder von
der Windrichtung und Windstärke, der Feuchtigkeit und der
Lufttemperatur — auch noch der Tage vorher, insofern das
Mauerwerk des Schornsteins den Temperaturschwankungen
nur langsam folgt — abhängt. Schließlich ist die durch vor-
hergehende Heizung des Ofens im Schornsteinmauerwerk
aufgespeicherte Wärme von größter Bedeutung. Versuche
ergaben die Unmeßbarkeit des Zuges. An den Schornstein
war ein weiterer, als der zu prüfende Ofen nicht angeschlossen.

Dr. Hurdelbrink nahm nun die Prüfung in folgender Art
vor: Da, wo das Abzugsrohr des Ofens in den Schornstein
mündete, wurde ein Allihnsches Rohr mit Asbestfilter eingesetzt. In dem gewogenen A.schen Rohre wurde der Ruß
abfiltriert, was meist vollständig gelang. Das A.sche Rohr
tauchte nur etwa 2 bis 3 cm in das Ofenrohr ein, in das es mit
Lehm eingedichtet war, so daß das eigentliche Asbestfilter
außerhalb des Hitzebereichs lag. Auf dem Asbestfilter sam-
melte sich außer Ruß auch noch Teer, der zum Teil mit gewogen und als Ruß bestimmt wurde. Dieser Fehler, da der
Teer nicht in die freie Luft kommt, sondern sich schon vorher
im Kamin niederschlagen wird, ist aber für die Richtigkeit
des aus den Zahlen gewonnenen Bildes weniger einflußreich,
als der verschieden starke Zug, der mit den Schornsteinver-
hältnissen unausbleiblich verbunden war. Durch das nachfolgend beschriebene System von gewogenen Röhren wurden
die Abgase hindurchgesogen, um in ihnen auch noch Kohlensäure und Kohlenoxyd zu bestimmen, was nötig war, um
den aufgefangenen Ruß in Beziehung zum verbrannten Kohlenstoff setzen zu können. Dicht hinter das Rußfilterröhrchen
war ein Chlorkalziumrohr geschaltet, um den Wasserdampf
zu absorbieren. Es folgt ein Natronkalkrohr und ein Chlorkalziumrohr zur Absorption der Kohlensäure. Nun werden
die Abgase durch ein Rohr mit Kupferoxyd geleitet, das durch

einen Bunsenbrenner mit Breitschlitz vor Beginn der Ansaugung genügend erhitzt wurde. Hier verbrennen Kohlenoxyd, Wasserstoff und vielleicht auftretende Kohlenwasserstoffe zu Kohlensäure und Wasser, die beide wieder durch drei Rohre, wie vorhin, aufgefangen und zur Wägung gebracht werden.

Hinter dieses Röhrensystem ist noch ein weiteres ungewogenes Chlorkalziumrohr geschaltet als Schutz für etwa aus den folgenden Fläschchen zurücktretenden Wasserdampf. Ein trockener Gummischlauch verbindet die Rohre Glas auf Glas. Das Fläschchen von etwa 30 ccm Inhalt diente in bekannter Weise als Blasenzähler, um die Geschwindigkeit der angesaugten Luft sichtbar zu machen. Zum Schluß stand als Aspirator eine etwa 10 l fassende, mit Wasser gefüllte Flasche, deren Auslauf durch Quetschhahn derartig reguliert wurde, daß in dem Blasenzähler 3 bis 4 Blasen in der Sekunde auftraten.

Die Ansaugung von etwa 10 l Luft dauerte etwa 2 bis 3 Stunden. Dann wurde das Ablaufrohr der Flasche durch Gummischlauch mit einem zweiten Glasrohr verbunden. Das Wasser in diesem Rohr und der Flasche wurde auf Niveaugleichheit eingestellt. Thermometer- und Barometerstand wurden notiert, das abgelaufene Wasser gewogen. Während dieser ganzen Zeit des Ansaugens war mit der Buntebürette der Kohlensäuregehalt der Abgase gemessen. Nun wurden die Rohre zur Absorption der Gase entfernt und das Allihnsche Rohr direkt an die Saugflasche angeschlossen und ein etwa gleiches Volumen Abgase noch neunmal angesogen. Auch während dieser jetzt schneller erfolgenden Ansaugung wurde mit der Buntebürette in den Abgasen die Kohlensäure bestimmt, die sich meist auf gleicher Höhe hielt wie vorhin.

Die Berechnung erfolgte in nachstehend angegebener Weise: Aus der Gewichtszunahme der Rohre wurde der Gehalt der Abgase an Kohlensäure und Kohlenoxyd festgestellt. Aus dem Gewicht des Wassers, dem Thermometer- und Barometerstand wurde das Normalvolumen des aus Stickstoff und Sauerstoff bestehenden Gasrestes berechnet nach der bekannten Formel:

$$V_n = \frac{V\,t\,(b-w)}{760\left(1+\dfrac{t}{273}\right)};$$

worin $Vt =$ Volumen bei Temperatur t^0 und Barometerstand b, $w =$ Tension des Wasserdampfes bei t^0 bedeutet.

Zu dem so ermittelten Volumen wurde sodann bei der ersten Flasche das Volumen der durch Absorption verschwundenen Gase, Kohlensäure und Kohlenoxyd durch Rechnung ermittelt, hinzugezählt. Es wurden angenommen für 1 g gefundenes $CO_2 = 510{,}4$ ccm (Norm.-Vol.) CO_2 oder CO, für 1 g gefundenes $H_2 = 1244{,}0$ ccm H_2.

Aus der Summe des Gehaltes an Kohlensäure und Kohlenoxyd der Abgase der ersten Flasche wurden die mit sämtlichen zehn Flaschen angesogenen Liter Kohlensäure und Kohlenoxyd errechnet. Durch Multiplikation dieser Zahl mit 0,836 erhält man eine Zahl, welche angibt, wieviel Gramm verbrannter Kohlenstoff in den angesogenen Abgasen enthalten gewesen sind, aus denen auch die im Allihnschen Rohre gewogene Menge Ruß stammt. In der folgenden Tabelle ist nun der Ruß, d. h. die ganze im Asbestfilter aufgefangene Substanz, in Prozenten des auf diese Weise als verbrannt ermittelten Kohlenstoffs angegeben.

Die Tabelle zeigt, daß die rauchfreie Verbrennung von Kohle in Zimmeröfen ein ungelöstes Problem ist. Die untersuchten Öfen zeigen zwar keinen tiefschwarzen Schornsteinrauch, weil sie die Rauchentwicklung, entgegen dem Kachelofen, auf den ganzen Tag verteilen, geben aber dennoch, mit Kohlen beheizt, gegenüber der Beheizung mit Anthrazit oder Koks beträchtliche Rußmengen.

Über Versuche, die der Verein für Feuerungsbetrieb und Rauchbekämpfung in Hamburg mit Kachelöfen angestellt hat, berichtet Herr Diplomingenieur G. de Grahl in Berlin-Zehlendorf in Nr. 37 des 37. Jahrganges des »Gesundheits-Ingenieur«. Bei diesen im Auftrage der Hamburger Töpferinnung vorgenommenen Versuchen kam es vor allem darauf an, der Forderung vollständiger Ruß- und Rauchbeseitigung zu genügen.

Als Vergleichsbrennstoffe wurden englische und schottische Nußkohlen sowie Braunkohlenbriketts benutzt, während für die Untersuchung folgende Öfen zur Verfügung standen: Kachelgrundofen (Fig. 5), Kachelherd, Aufsetzkachelofen und Badeofen.

Über Rauchentwicklung verschiedener Zimmeröfen.

Ofen Nr.	Zugstellung	Auf 100 Teile verbrannten Kohlenstoff wurden Teile Ruß entwickelt bei		
		Kohlen-heizung	Koks-heizung	Anthrazit-heizung
1	stark	2,52	0,14	—
	schwach	1,24	—	—
2	stark	1,54	0,53	—
	schwach	{ 0,69 4,50 2,44	— — —	— — —
3	stark stark stark mittel	} 0,732	0,09	—
	stark schwach	2,52	0,20	—
	schwach mittel	3,29	0,15	—
4	stark	2,26	0,11	—
	mittel	2,24	0,11	—
	schwach	2,21	0,04	—
5	stark	1,57	—	—
	mittel	—	0,10	—
	schwach	10,08	0,03	—
6	mittel	0,60	—	—
	schwach	1,28	0,07	—
7	mittel	2,07	0,04	—
	schwach	—	0,27	—
8	stark	0,90	—	—
	stark	0,64	—	—
9	stark	—	—	0,09
	schwach	—	—	0,21
10	stark	—	0,15	0,19
	schwach	—	0,18	0,21

Das Ergebnis der Versuche mit dem Kachel-grundofen und dem Kachelherd ist in der nach-stehenden Tabelle zusammengefaßt:

Wärmebilanz	Kachel-Grundofen								Normaler Kachelherd			
	Yorkshire-kohle WE	%	Braunkohlen-briketts WE	%	Yorkshire-kohle WE	%	Braun kohlen-briketts WE	%	Schottische Steinkohle WE	%	Braunkohlen-briketts WE	%
Nutzbar gemacht: im Ofen aufgespeicherte Wärmemenge									1525	25,4	910	19,3
									3450	57,3	2941	62,45
	6420	89,0	4064	86,3	6672	92,4	4165	88,5	4975	82,7	3851	81,75
Verloren: a) an freier, mit den Gasen nach dem Schornstein abziehende Wärme	303	4,2	310	6,6	418	5,8	358	7,6	853	14,2	680	14,5
b) in den Rückständen	130	1,8	84	1,8	107	1,5	184	3,9	40	0,7	138	2,95
c) durch unverbrannte Gase	366	5,0	249	5,3	22	0,3	—	—	144	2,4	38	0,8
Summe = Heizwert der Brennstoffe	7219	100,0	4707	100,0	7219	100,0	4707	100,0	6012	100,0	4707	100,0

Nach diesen Versuchen hat der Grundofen die beste Wärmeausnutzung, während sie beim Kachelherd für beide Brennstoffe annähernd gleich ist.

Anfänglich machte sich durch Rauchen des Schornsteins eine unvollkommene Verbrennung (s. S. 85) bemerkbar, was

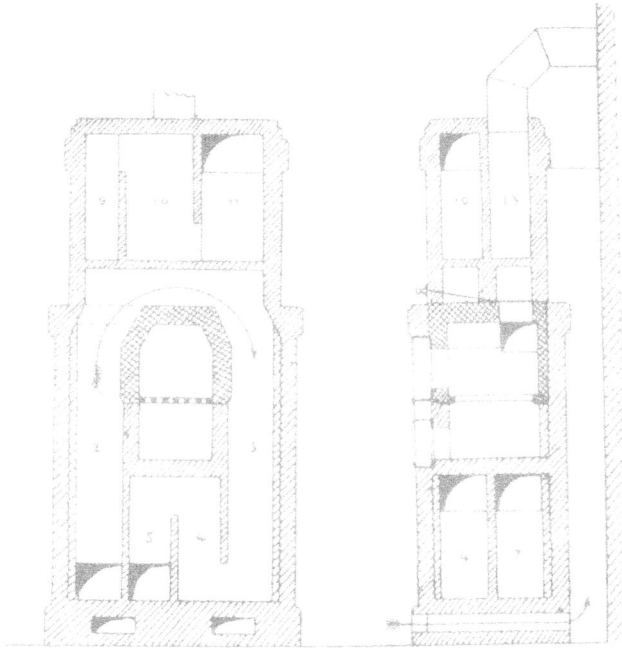

Fig. 5.

aber durch Offenhalten der Feuertür um eine gewisse Spaltenbreite auf ein Mindestmaß verringert werden konnte. Die Braunkohlenbriketts verbrannten ohne weiteres rauchlos, da sie lose auf dem Rost gelagert werden konnten.

Bei dem Aufsatzkachelofen, der lediglich mit Yorkshirekohle beschickt wurde, erzielte man eine vollständig rauchfreie Verbrennung, indem man den Brennstoff nach Einfüllung in den Schacht von oben anzündete, so daß er allmählich nach unten durchbrannte. Infolge der großen Schütt-

6*

höhe bildete sich aber Kohlenoxydgas; während die Abgas-
verluste 10% betrugen, gingen durch unverbrannte Gase
noch 8% verloren.

Beim Badeofen waren infolge der kurzen Heizfläche sehr
hohe Abgastemperaturen im Schornstein zu beobachten.
Die Heizgase verließen den Ofen mit Temperaturen von über
600°, so daß nur durch Schließen der Aschfalltür eine Einschränkung des Abgasverlustes von 40 auf 30% erzielt werden
konnte. 40% des Heizwertes wurden zur Erwärmung der
Raumluft und 30% zur Erwärmung des Wassers ausgenutzt.

Während die englischen und schottischen Steinkohlen
infolge ihrer leichten Entzündlichkeit und ihres verhältnismäßig hohen Heizwertes eine schnellere und ergiebigere
Hitzeentwicklung als Braunkohlenbriketts zeigen, haben diese
neben dem Vorteil rauchfreier Verbrennung noch den, daß
die Öfen eine längere Lebensdauer und eine geringere Repa-
raturbedürftigkeit aufweisen. Einer zwangsweisen Einführung
der Braunkohlenbriketts als ausschließliches Brennmaterial
steht allerdings noch, unter Berücksichtigung des Heizeffektes,
ihr hoher Preis im Wege. Es kosten 100 000 WE unter Zugrundelegung der von der thermochemischen Prüfungs- und
Versuchsanstalt Dr. Aufhäuser, Hamburg, ermittelten Heizwerte von 7219, 6012 und 4707 WE, und zwar in derselben
Reihenfolge:

Yorkshirekohlen . . . . . 39,2 M.
Schottische Kohlen . . . 47,0 »
Braunkohlenbriketts . . . 54,1 »

Ein ungefährer Ausgleich des Wärmepreises würde hier-
nach erst stattfinden, wenn 1000 Stück Salonbriketts 6,90 M.
kosten.

Wenn demnach in wirtschaftlicher Beziehung die
Verfeuerung von Braunkohlenbriketts nicht empfehlenswert erscheint, so ist anderseits ihre Verwendung
als Brennstoff für die Hausfeuerung mit so wesentlichen Vorteilen, wie beispielsweise saubere und bequeme
Heizung, leichtere Beobachtung des Feuers, verbunden, daß
nur gehofft werden kann, das Braunkohlenbrikett möge in

Zukunft das einzige im Hause verfeuerte Brennmaterial sein. Auch die Allgemeinheit hat an der ausschließlichen Verwendung derselben ein großes Interesse, da z. B. Berlin wohl kaum bei seiner großen Industrie eine so rauchfreie Stadt wäre, wenn die Öfen und Küchenherde nicht fast durchweg mit Braunkohlenbriketts geheizt würden.

Entstehung des Rauches und seine Bestandteile.

Alle Brennmaterialien enthalten chemische Verbindungen von Kohlenstoff, Wasserstoff, Schwefel, Sauerstoff, Asche usw. Durch Verbindung des Brennstoffes mit dem Sauerstoff der Luft erfolgt die Verbrennung.

Wird dem Brennmaterial nicht genügend Luft zugeführt, oder ist die zur Entzündung erforderliche Minimaltemperatur nicht vorhanden, so findet eine unvollkommene Verbrennung des Brennmaterials statt, d. h. es bildet sich Rauch, während bei hinreichender Sauerstoffzufuhr und Unterhaltung der notwendigen Verbrennungswärme die Verbrennung eine vollkommene ist. Sie wird erzielt, wenn die an den glühenden Brennstoff herantretende notwendige Menge Luft auf ihrem Wege eine Temperatur von 500^0 C erlangt und es nirgend an Sauerstoff zur Oxydation (Verbrennung) fehlt. Dunkle Rauchentwicklung ist hierbei ausgeschlossen. Alle brennbaren Bestandteile (C und H) werden durch die Verbindung mit O in Kohlensäure CO_2 und Wasserdampf H_2O verwandelt und bilden als Verbrennungsgase ein leichtes durchsichtiges Gasgemenge, das in die Luft entweicht. Bei der unvollkommenen Verbrennung entsteht dagegen statt CO_2 zum Teil nur Kohlenoxydgas (CO) und unverbrannter C und H entweichen, gemischt mit den Verbrennungsgasen und anderen aus der Zersetzung des Brennstoffes sich entwickelnden Nebenprodukten als Rauch. Die nicht verbrennbaren (unorganischen und animalischen) Bestandteile bleiben als Asche und Schlacken zurück.

Unter Rauch versteht man die sichtbaren, mehr oder minder dunkel gefärbten Produkte einer unvollkommenen Verbrennung. Er besteht aus verdichteten Teerdämpfen, zu

denen noch unverbrannte Rückstände in Form leichter Asche-
und Staubteilchen kommen.

Der Niederschlag des Rauches ist der Ruß.
Er besteht hauptsächlich aus reinem Kohlenstoff, der durch
Verbrennen des Wasserstoffes aus den Kohlenwasserstoffen
übrig bleibt.

Je nach den Bedingungen, unter denen Kohlen verbrannt
werden, ist der Charakter des Rußes sehr verschieden.
Er enthält, wie bereits gesagt, fein verteilten Kohlenstoff
(Lampenruß), den dem Ruß die Klebrigkeit verleihenden
Steinkohlenteer, Säuren, Asche, Ammoniak und Arsenik.
An Säuren sind im Ruß enthalten schweflige Säure, Schwefel-
säure, Schwefelwasserstoff und Salzsäure, die alle unedlen
Metalle, Mauerwerk, Kalk, aber auch Tuche, Papier, Gemälde
und andere dekorative Malereien angreifen (s. S. 199 u. f.).

Der Ruß kann sauer, neutral und unter Umständen auch leicht alkalisch reagieren.

Zu unterscheiden sind:

a) Der Flocken- oder Flatterruß. Er besteht aus
lauter lose gelagerten, unverbrannten Kohlenteilchen, ist
matt und tiefschwarz und setzt sich hauptsächlich im Schornstein ab, während

b) der Glanzruß aus Kohle mit teerigen Produkten
und Essigsäure, einen festen glänzenden, braunschwarzen
Körper bildet, der sich hauptsächlich beim Feuern mit Buchen-
holz unmittelbar über dem Feuerraum absetzt.

Aber nicht allein ungenügende Luftzuführung und Entzündungstemperatur verursachen die Rauchbildung. Vielmehr
tragen noch in gleichem Maße hierzu bei: schlechte, unsolide
Konstruktion der Öfen, unnötig komplizierter Bau der Feuerungen, unzweckmäßige Bedienung der Öfen und Feuerungen
— besonders derjenigen in Haushaltungen — sowie ungenügen-
der Zug des Schornsteins. Auf diese weiteren Ursachen der
Rauch- und Rußbildung geht M. Buchholz in seiner Broschüre
»Beitrag zur Rauch- und Rußfrage« (Kattowitz 1910, Gebr.
Böhm) etwa mit folgender Begründung näher ein:

1. Schlechte und unsolide Konstruktion der
Feuerungen und Öfen. Vielfach werden, und zwar nicht

nur bei Wohnhausbauten, Öfen und Feuerungen nach dem Prinzip »Billig und schlecht« hergestellt. Ob der Maurer etwas vom Bau der Feuerungsanlagen versteht, ist gleichgültig. Die Hauptsache ist, daß er, und bei den Öfen und Küchenherden der Töpfer, die billigste Offerte gemacht hat. Wenn dann nachher die Verbrennung leidet, die Kohle, anstatt zu verbrennen, verkokt mit starker Rauchentwicklung, ist es meist zu spät, Änderungen zu treffen, zum mindesten aber nur unter Aufwand bedeutender Mittel Abhilfe zu schaffen. Und schließlich bleibt es doch nur ein Flickwerk.

2. Unnötig komplizierter Bau der Feuerungsanlagen. Je komplizierter eine Feuerungsanlage ist, um so eher wird sie schadhaft werden und dann natürlich zu Rauch und Ruß führen. Hauptschuld an dem Rauchen vieler Feuerungsanlagen ist aber auch fehlerhafte Bemessung der Größe des Rostes. Jede Feuerungsanlage wird konstruiert für das besondere System des Kessels, sie steht auch in engem Zusammenhange mit der Schornsteinanlage. Ist die Rostanlage zu klein, dann wird sie übermäßig angestrengt; sind die Roste zu weit für das Brennmaterial, dann tritt zuviel Luft in die Feuerung, sind sie zu eng, zu wenig (s. a. S. 53 u. f.).

3. Unzweckmäßige Bedienung der Feuerungen und Öfen. Mancher Heizer macht sich die Sache bequem, macht reichlich lange Pausen, dabei brennt sein Feuer herunter, und er ist gezwungen, mit einem Male viel Kohle aufzuwerfen. Es ist hierbei üblich, die Feuertür weit zu öffnen und die frischen Kohlen auf die Glut zu werfen. Dadurch schaltet man aber in regelmäßiger Wiederkehr ein großes Volumen kalter Luft zwischen Wärmequelle und dem zu erhitzenden Körper ein und kühlt gleichzeitig die Wärmequelle selbst durch das kalte Brennmaterial ab. Unter solchen Bedingungen ist die Bildung von Rauch unvermeidlich. Daß diese Fehlerquelle bei den Hausfeuerungen noch mehr vorhanden ist, weiß jeder, der einen eigenen Haushalt führt und die Indolenz, Ungeschicklichkeit und Bequemlichkeit des Bedienungspersonals kennt. Auch der Fehler ist häufig, daß der Heizer die Kohlen nicht richtig auf dem Rost verteilt. Er läßt Stellen unbedeckt, während an anderen die Kohle haufenweis liegt

und nicht verbrennen kann. Oder er reinigt den Rost nicht wirksam genug, und dann tritt zu wenig Luft ein.

4. Der Schornstein kann zu niedrig und zu eng für die gegebenen Verhältnisse sein. Ist bei Wohnhäusern der Schornstein schuld, so ist vor allem festzustellen, ob das Rohr genügenden Zug hat; fehlt dieser, so wird das meistens ein Erhöhen des Schornsteines nach sich ziehen.

Raucht es trotz vorhandenen Zuges, so wird dadurch dem Übelstande abgeholfen, daß auf den Schornstein eine Eisenblechkappe gesetzt wird, um Windstöße abzulenken und bei heißem Wetter die Öffnung gegen Sonnenstrahlen zu schützen. Insbesondere bei Witterungswechsel und bei langanhaltendem, schwülem, feuchtem Wetter wird die Rauchplage sich besonders bemerkbar machen.

Erfahrungsgemäß werden in vielen Wohnungen manche Öfen, besonders in der Übergangsperiode, nur selten oder gar nicht geheizt; infolgedessen dringen Rauch und Dunst von einem geheizten Ofen durch den an das nämliche Rauchrohr angeschlossenen unbenutzten Ofen in die Zimmer der anderen Stockwerke.

5. Ungeeignetes Brennmaterial. Der besonderen Rostanlage muß auch bestimmtes Material entsprechen. Dieses Material muß auch in möglichst gleichmäßigem Korn auf die Roste gebracht werden. Ganz zu verwerfen ist die vielfach übliche Befeuerung mit solch ungeeignetem Brennstoff, wie Abfälle von Holz, Papier, ja sogar Pferdedung.

6. Unvollkommene Verbrennung des Brennstoffes. Wenn im Herd, in Öfen oder in sonstigen von Hand beschickten Feuerungsanlagen, die von unten her brennen, auf einmal eine zu hohe Kohlenschicht aufgeworfen wird, so verkokt die Kohle, es bilden sich massenhaft Gase, die schwer, d. h. zu spät und zu kalt entweichen, es gibt Rauch und Ruß. Man muß nun, das ist die Hauptsache, bei ebenen Rosten Brennmaterial schnell und in kleinen Mengen vorn aufgeben, in Brand kommen lassen, es dann erst nach hinten schieben und vorn frisches nachfüllen. Dann verbrennen die nutzbaren wertvollen Gase der Kohle über dem hinten in voller

Glut befindlichen Brennstoff und entweichen nicht mehr unverbrannt und unausgenutzt.

7. Überlastung der Kessel ist eine meist abgeleugnete, aber leider zu oft zutreffende Ursache des Rauchens von Feuerungsanlagen. Durch Zuführung größerer Mengen Brennstoffes, als für die der Kessel gebaut ist, mutet man ihm erhöhte Leistung zu. Dies verträgt die Anlage nicht, sie raucht.

Unter Beachtung dieser Punkte und der auf S. 85 angegebenen Vorgänge beim Verbrennungsprozeß ergibt sich, daß eine gute Feuerungsanlage folgenden Erfordernissen entsprechen muß:

1. Eine Feuerungsanlage ist um so vollkommener, je vollständiger die Verbrennung des Heizstoffes bei dem kleinsten Überschuß an atmosphärischer Luft vor sich geht. Diese enthält aber nur 21 Teile Sauerstoff, neben 79 Teilen Stickstoff. Letzterer stört durch seine Verdünnung des Sauerstoffs um das Vierfache die Verbrennung und macht sie träger und weniger energisch. Aus diesem Grunde muß der stark verdünnte Luftsauerstoff in reichlichem Überschusse dem Brennmaterial zugeführt werden. Dieser bedeutende Überschuß an atmosphärischer Luft wirkt aber wieder nachteilig: Er kühlt die Flammen bzw. die Verbrennungsgase bedeutend ab, erniedrigt also die Verbrennungstemperatur. Da die aus der Schornsteinmündung austretenden Gase aber eine bestimmte Temperatur (200 bis 250°) haben müssen, wenn genügend starker Zug vorhanden sein soll, so steht die Menge der verloren gehenden Wärme im geraden Verhältnisse zu der Menge der Rauchgase, welche aus dem Schornstein austreten. Führt man also dem Brennstoff zwei- bis dreimal soviel Luft zu, wie zu seiner Verbrennung eigentlich erforderlich sein würde, so wird der Wärmeverlust ebenfalls das Zwei- bis Dreifache des normalen oder Mindestverlustes betragen. Vorteilhaft ist es daher, nur so viel Luft zuzuführen, als wirklich zur Verbrennung erforderlich ist und diese in einen stark vorgewärmten Zustand zu versetzen.

2. Zur Erlangung einer möglichst vollständigen Verbrennung in einer möglichst kurzen Zeit ist es erforderlich:

a) die Berührung der Brennstoffe mit dem Sauerstoff so innig wie möglich zu machen;

b) während der Verbrennung die Temperatur jederzeit so hoch zu halten, daß die chemische Verwandtschaft der Stoffe, welche miteinander in Verbindung treten sollen, zur vollsten Geltung gelangen kann.

Wie bereits gesagt, senden uns ferner in der Großstadt und auf dem Lande Rauch und Ruß zu: Bäcker, Schmiede, Schlosser, Klempner, Metallgießer usw. Die Ursachen des Rauchens in diesen Betrieben sind sehr verschieden. Bei den Bäckern qualmen namentlich die alten mit Holz gefeuerten Anlagen (s. a. S. 74).

Auch die Gasanstalten sind Rauchlieferer. Die Retorten müssen immer neu gefüllt werden; dabei entweichen große Mengen Rauch, die allerdings nur die nächste Nachbarschaft belästigen, da sie nicht weit fliegen.

Ein großer Mangel bei unseren Hausfeuerungen ist, daß die Öfen, Koch- und Waschküchenherde zu wenig unter Berücksichtigung der besten Brennstoffausnutzung gebaut werden und daß unsere Hausfrauen zum Anheizen ganz ungeeignetes Material, wie Papier und Holzabfälle, verwenden, die oft unverbrannt zum Schornstein hinausfliegen und die Nachbarschaft arg belästigen.

Bei der Rauchbildung scheiden sich aus den Abgasen der Feuerungen fein verteilte, mit empyreumatischen Stoffen durchsetzte Kohlenpartikelchen aus.

Vornehmlich bestehen, wie bereits gesagt, die den Feuerungsstätten entweichenden Gase aus Wasserstoff, Stickstoff, Kohlensäure, Kohlenoxyd und schwefliger Säure. Die ideale Feuerung soll aber nur Kohlensäure und Wasserdampf in die Luft entweichen lassen. Diese beiden Stoffe vermögen selbst in Industriegebieten die Luftzusammensetzung nicht wesentlich zu verschieben, während die übrigen Bestandteile der Abgase unserer Feuerungen gesundheitsschädliche Fremdkörper der Atmosphäre und zugleich die Zeugen wirtschaftlicher Verluste — Materialwert- und Wärmeverlust — sind. Die Erhaltung der in den Brennstoffen angelegten nationalen Vermögenswerte wehrt also gleichzeitig der Belästigung unserer Organe und erhöht damit die Arbeitskraft der Nation.

Der Schwefelgehalt (Schwefelkies, Pyrit) unserer festen Brennstoffe — Holz ausgenommen — schwankt zwischen 0,25 und 6% (s. a. S. 28 u. f.). In den Verbrennungsgasen findet sich daher stets schweflige Säure, welche zum Teil durch den Schornstein in höhere Luftschichten abgeführt, zum Teil unter Beihilfe von Sauerstoff und Wasserdampf zu Schwefelsäure oxydiert und an den kühleren Stellen des Schornsteinrohres niedergeschlagen wird.

Wenn beispielsweise eine gewerbliche Anlage täglich 5200 hl = etwa 370 000 kg Braunkohle mit einem Gehalt von 1,8% Schwefel verbrennt und wenn etwa die Hälfte der erzeugten SO_2 in der Asche verbleibt (Na_2SO_4), so würden, da 9 g S etwa 27 g H_2SO_4 entsprechen, täglich $370 \cdot 27 =$ rd. 10 000 kg oder eine Waggonladung 100 proz. Schwefelsäure den Schornsteinen der Anlage zugeführt werden.

Ganz erheblich leiden Schornsteine, welche größere Mengen Abgase aus chemischen Prozessen (Röstofengase der Schwefelsäurefabriken und Hüttenwerke; Salzsäuregase der Sulfatindustrie; Chlor aus den Chlorkalkkammern) aufnehmen.

Eingehende Versuche über das Verhalten des Schwefels der Kohlen bei der Verbrennung hat Thieler in der Zeitschrift »Rauch und Staub« (3. Jahrg. Nr. 12) veröffentlicht und kommt dabei zu folgenden Ergebnissen:

Der in den Kohlen enthaltene Schwefel findet sich in den Verbrennungsprodukten wieder. Hauptsächlich ist der Schwefel in Form von SO_2 in den Rauchgasen enthalten, manchmal findet eine weitergehende Oxydation zu SO_3 im Rauchkanal statt. Kommen die Oxyschwefelsäuren der Rauchgase mit Flugasche in intensive Berührung, so machen Teile von ihnen aus den Sulfidschwefelverbindungen der Asche Schwefelwasserstoff frei, der statt dieser mit den Rauchgasen entweicht. Es kann weder auf einen größeren SO_3-Gehalt der Flugasche oder des Rußes, noch auf einen geringeren Schwefelgehalt der Rauchgase geschlossen werden. Die Menge des brennflüchtigen Schwefels ist von der Zusammensetzung der

Asche sowie von der Dauer und Höhe der Erhitzung beim Veraschen abhängig.

Wegen ihres Sulfidschwefelgehaltes ist auch die Flugasche schädlich für die Vegetation.

Die Flugasche von Braunkohlenfeuerungen enthält etwa 35% wasserlösliche Bestandteile, darunter 23 bis 24% Na_2SO_4 (Natriumsulfat).

Das Auftreten von Flugasche in dem Rauch der Schornsteine ist hauptsächlich von der Verfeuerung bestimmter Brennmaterialien, namentlich Braunkohlen, aber auch Koks, und von der Anwendung starken Zuges in den Feuerungen abhängig. Die Sonderstellung, die der Flugaschenfrage gegenüber der Rauch- und Rußplage zukommt, gründet sich darauf, daß die Flugasche relativ viel schwerer ist als der Ruß, daher nicht so lange in der Luft schweben und nicht über so weite Entfernungen verteilt werden kann. Daher ist auch die Stärke des Zuges in einer Feuerung von großem Einfluß darauf, wieviel Flugasche sich den Abgasen beimengen kann. Neben der Schwere ist auch die sonstige Beschaffenheit der einzelnen Aschenteilchen nicht ohne Bedeutung. Während die Rußflocken im wesentlichen aus einer lockeren, pulverigen Masse bestehen, ist das Flugascheteilchen hart und scharfkantig. Ein sicherer Nachweis, daß diese Beschaffenheit der Flugasche von besonderem Nachteil auf unsere Atmungsorgane ist, ist bisher noch nicht geführt, immerhin ist es wahrscheinlich.

Im allgemeinen ist die Flugasche kein so großes Übel wie der Ruß. Sie vermag sich infolge ihrer Schwere nicht so lange in der Luft zu erhalten als der Ruß und wird auch, da es sich bei der überwiegenden Mehrzahl unserer Hausfeuerungen um Feuerungen mit schwachem Zug handelt, nicht in solchen Mengen den Schornstein verlassen wie der Ruß (s. S. 97).

Kohlenoxyd ist ein farb- und geruchloses Gas; schweflige Säure ist doppelt so schwer als die atmosphärische Luft, fällt also zur Erde nieder und ist

schon in kleinen Mengen für Menschen, Tiere und Pflanzen schädlich.

Und zwar wird sie dadurch schädlich, daß sie Feuchtigkeit aufnimmt, sich in Schwefelsäure umsetzt, sich mit den Rauchpartikelchen verbindet und in dieser Form nachteilig auf die Gesundheit wirkt. Die Gase, welche sonst außerordentlich schnell diffundieren, werden durch die Rauchwolken daran gehindert, und wir sind gezwungen, minderwertige Luft dauernd einzuatmen. Die Einwirkung auf die Gesundheit ist eine sehr langsame, aber eine um so wirksamere; namentlich leidet die Gesundheit der Greise und Kinder (s. S. 231).

Welche Mengen schwefliger Säure sich bilden können, mag folgendes Beispiel erläutern:

Unter der Annahme, daß 1 kg Kohle 13 cbm Verbrennungsgase gibt, entweichen jährlich in Berlin 32,6 Milliarden Kubikmeter Rauchgase in die Atmosphäre, während die Mengen — unter der gleichen Voraussetzung — für Hannover 1,848, für Dresden 2,7 und für Köln 3,7 Milliarden Kubikmeter betragen. Enthält eine Kohle 0,8% verbrennlichen Schwefel, so entwickeln 100 kg derselben theoretisch 1,6 kg gleich 0,552 cbm schweflige Säure. Bei einem Kohlenverbrauch von rd. 8 Mill. t in Groß-Berlin werden also 44416000 cbm schweflige Säure gebildet. Allerdings richtet sich ihre Schädlichkeit nicht nur nach der absoluten Menge, sondern auch nach dem Grade der Konzentration, in dem die freien Säuren in die Luft gelangen.

G. Witz erklärt sich den Mangel an Ozon in der Umgegend von Paris aus der dort stets vorhandenen schwefligen Säure. Nach A. Gautier beträgt die Menge schwefliger Säure und Salzsäure, die alljährlich über Paris sich ausbreitet, 9000 kg. Während man auf dem Lande nicht mehr als ein Volumenprozent schweflige Säure auf 10 Mill. Vol. findet, steigt das Verhältnis auf 30 bis 40 in der Stadt.

In Sachsen enthielt im Jahresmittel das Regenwasser in einer Waldgegend 7 mg Staubkohle und Mineralstoffe, in einer Industriegegend dagegen 19 mg.

In England wurde auf ein Acre die Menge der festen Stoffe mit 22 Pfund berechnet. Der Niederschlag aus den Nebeln enthielt nach seiner Zusammensetzung 42,5% Kohle, 4% Schwefelsäure und in Manchester sogar 6 bis 9% Schwefelsäure. A. Smith fand in dem Regen von England und Schottland auf dem Lande nur 2,6 bis 5,64 Teile Schwefelsäure, in der Stadt aber bis zu 70,90 Teilen. Der Gesamtrückstand betrug von 73 Analysen in englischem Regenwasser 39,5 mg im Liter.

Da nach Meter jeder erwachsene Mensch innerhalb 24 Stunden 9000 bis 10000 l Luft zum Atmen benötigt, so ist ohne weiteres klar, daß es durchaus nicht gleichgültig ist, welche Art Luft den Lungen zugeführt wird. Die Gase, welche den unterschiedlichen Schornsteinen entströmen und welche die Verbrennungsprodukte der verschiedensten Brennstoffe, vor allem der Kohle, enthalten, haben schon seit Jahren nicht nur der Annehmlichkeit des Aufenthalts an vielen Orten großen Abbruch getan, sondern direkt zur Gesundheitsschädigung der Bewohner und zu schweren Schädigungen der Vegetation solcher Orte geführt. Ähnlich wie bei den Menschen machen sich bei Pflanzen Krankheiten der Atmungsorgane bemerkbar. Sie verkommen allein schon unter der rein mechanischen Einwirkung des Rauches, indem die Poren zugesetzt werden; Früchte und Blumen werden unscheinbar (s. S. 212).

Der Mensch verträgt höhere Gehalte der Luft an schwefliger Säure als die Vegetation. Nach Lehmann (Die Belehrung der Arbeiter über die Giftgefahren in gewerblichen Betrieben) ruft der Gehalt von 0,04 bis 0,05 Volumprozent schweflige Säure beim Menschen nach einer halben bis einer Stunde lebensgefährliche Erkrankung hervor, während 0,005 bis 0,002 Volumprozent nur kurze Zeit ($\frac{1}{2}$ bis 1 Stunde) vertragen werden. Demgegenüber enthält die Berliner Luft nach Rubner (Archiv für Hygiene, Bd. 57 u. 59) zwar nur 0,00035 bis 0,00053 Volumprozent schweflige Säure, trotzdem führt er das Nichtgedeihen aller empfindlichen Koniferenpflanzen in den Gärten der Stadt darauf zurück.

Aus diesen Angaben erkennt man, daß die unschädliche Verdünnung des Abgasschwefels etwa hundertmal niedriger sein muß, als sie selbst in gewöhnlichen Steinkohlenfeuerungsabgasen vorliegt. Der allgemeinen Annahme, daß diese, hundert- bis mehrhundertfache Verdünnung der verwehende

Wind leistet, steht Wislicenus namentlich deswegen zwei-
felnd gegenüber, weil die Abgase ziemliche Zeit bedürfen,
bis sie sich mit der freien Luft bis zu dem erforderlichen
Verdünnungsgrade gemischt haben. Da sie während der
Mischungszeit noch in schädlicher Konzentration leicht zu
den gefährdeten Gegenständen gelangen können, ist eine viel
stärkere Verdünnung in und bei der Rauchquelle erforderlich
(s. S. 355).

Bedeutungsvolle Ergebnisse haben Untersuchungen über
den Einfluß von Wind und Wetter auf Rauch und Ruß
gezeitigt, die unter Leitung von Ascher in Königsberg i. Pr.
vorgenommen wurden. Dort wurde systematisch die Luft
auf Ruß und schweflige Säure mit dem Ergebnis untersucht,
daß mit der Abnahme der Kälte auch eine bedeutende Abnahme des Gehaltes der Luft an schwefliger Säure stattfand,
daß ferner eine Verschiebung der schwefligen Säure in der
Luft je nach der Windrichtung eintrat, und sie zeigte endlich,
daß die Verunreinigung der Luft durch Ruß und schweflige
Säure um ein Vielfaches größer war im Innern der Stadt als
in den Vororten.

Ich möchte noch darauf hinweisen, daß ebenfalls in Königsberg festgestellt wurde, daß die chemische Analyse der
Luft ein Mittel ist, um die von einem einzelnen Schornstein
ausgehende Verrußung festzustellen.

Bemerkt sei auch noch, daß für manche Städte sich der
Lokomotivrauch (S. 203) und ebenso der Hüttenrauch
bemerkbar macht.

Über die Zusammensetzung des Rauches sind eingehende Untersuchungen vorgenommen, die ergeben haben,
daß die Menge ihrer Bestandteile abhängig ist von dem Brennstoff und von der Temperatur des Verbrennungsprozesses.
So fand man beispielsweise in England, daß der durch Verbrennung von Steinkohlen erzeugte Rauch von Hausfeuerungen
zusammengesetzt war aus;

Kohlenstoff und feste Sub-
   stanzen . . . . per 1 000 000 Kubikfuß 13,58 Teile,
Kohlenwasserstoff . . . . » 1 000 000 » 5,4 »

Kohlenoxyd . . . . . . in   100 000 Teilen   24,17 Teile,
Schwefeldioxyd . . . . . »   100 000   »   1,36   »
Ammoniak . . . . »   1 000 000   »   0,822 »

Interessant ist, daß zum Vergleich Gas auf seinen Gehalt
an den vorstehenden Stoffen mit untersucht wurde, wobei
sich ergab, daß dasselbe Kohlenstoffe, feste Substanzen und
Kohlenwasserstoffe überhaupt nicht enthielt, an Schwefeldioxyd Spuren, Kohlenoxyd 3,2 und Ammoniak 0,085 Teile
vorhanden waren. Um einen Begriff zu geben, was 13,58 Teile
in 1 Mill. Kubikfuß bedeutet, sei darauf hingewiesen, daß
diese Menge, auf Kohle berechnet, reichlich 5% ausmacht.

Es wurde auch die Art der festen Bestandteile im Rauchgas festgestellt, und zwar in der Weise, daß die Rauchgase
eines Kohlenfeuers mittels Wasser niedergeschlagen und gesammelt wurden. Es ergab sich folgende Zusammenstellung:

Mineralische Bestandteile 22%
Freier Kohlenstoff 41,1%
Ölige und teerige Kohlenwasserstoffe . 36,9%.

Hierzu bemerkt die »Royal Commission of Coal Supply«,
daß der Hausbrandverbrauch an Kohlen für 1903 zu 32 Mill.
engl. Tons berechnet sei. Da bei den Kohlenfeuerungen im
Haushalt 75% des Wärmeeffektes überhaupt verloren werden,
weitere 5% mit dem Rauch in die Atmosphäre gehen, kann
man sich denken, welche gesundheitsschädlichen Folgen der
Rauch mit sich bringt und welche Verluste an Brennstoffen
entstehen.

Die Verhältnisse liegen allerdings in England mit dem
offenen Kohlenfeuer seiner Haushaltungen besonders ungünstig und werden auch, da der Engländer sich weder von
seinem geliebten Kamin noch von der Verbrennung seiner
bituminösen Kohle im Naturzustande trennen kann, sich nur
sehr schwer ändern lassen.

Bemerkt sei zu den vorstehenden tabellarischen Angaben
noch, daß 24,17 Teile Kohlenoxyd in 100 000 Teilen Abgasen
nichts anderes als 0,024 Volumprozent bedeutet, ein Gehalt,
der gewiß als zulässig anzusehen ist. Auch insofern ist ein
Vergleich mit den Vergleichszahlen des Gases nicht zulässig,

als die 22% Flugasche nicht einfach als zu den 5% Brennstoff gerechnet werden dürfen, welche zum Schornstein hinausgehen. Die Kohle enthält Asche, das Gas nicht. Ein unein-
geschränkter Vergleich zwischen Kohle und Gas, wie er
vielfach beliebt wird, ist daher unzulässig.

Über die große Menge Ruß, welche dem Schornstein
entweicht, und deren Zusammensetzung, liegen die Arbeiten verschiedener Forscher vor. Hier sei zunächst auf
Scheurer-Kestner verwiesen, der in seiner Arbeit »Über
die Rauchgase in Dampfkesselfeuerungen« festgestellt hat,
daß die Abgase 0,50 bis 0,75% Ruß enthalten. Ferner auf
Roberts-Austen, der für Hausfeuerungen den Schluß zieht,
daß der Rußgehalt selten über 6% steigt. Diesem Resultat
stimmt auch Cohen zu, der auch auf die großen Mengen
Ruß hinweist, die hierbei für England in Frage kommen,
und zwar:

Hausverbrauch: Kohlenverbrauch jährlich 32 Mill. Tons
                bei 6% Ruß 1 920 000 t Ruß.
Industrielle Feuerungen: Kohlenverbrauch jährlich 100 Mill. t
                bei 0,5% Ruß 500 000 t Ruß.

Die von der »Coale Suwke Abatement Society« und dem
»Lancet« im Jahre 1910 durchgeführte Untersuchung über
die Unreinigkeit der Luft Londons und seiner Vorstädte ergab
das erschreckende Resultat, daß, während man in Sutton
(Surrey) pro Jahr und Quadratmeile (engl.) 195 t Ruß und
Staub maß, in London East 650 t gewonnen wurden. Untersuchungen in Leeds, von Professor Cohen ausgeführt, ergaben
für das Stadtinnere 242 t und im Mittelpunkt der Industriegegend, in Leeds Forge, 539 t. Mit diesen Zahlen können
die folgenden erschreckend hohen nicht verglichen werden,
weil die Untersuchungen einmal nur in den beiden Wintermonaten Dezember-Januar und mit Sammelkästen vorgenommen wurden, die wesentlich von der zur Ermittelung
der vorgenannten Menge dienenden abwichen. Immerhin
seien sie als abschreckendes Beispiel hierhergesetzt: Port-Glas-
gow 320, Govan 480, Falkirk 627, Glasgow 1330 und Coat-
bridge 1393 t.

Zum Vergleich hiermit sei Hamburg, eine der größten Rußstädte Deutschlands, herangezogen. Dort betrug die mittlere Gesamtrußmenge für die ganze Stadt im Jahre: Nach Renk 1109, nach Liefmann 1679 und aus aufgestellten Wasserschalen (berechnet auf den Gehalt an organischer Substanz) 2228 t. Es fallen also im Mittel auf die Gesamtfläche des hamburgischen Stadtgebietes im Jahre 1000 bis 2000 t Ruß.

Der »Lancet« macht über den Rußfall in London noch folgende bedeutungsvolle Angaben (Tabelle A), die zeigen, welche Mengen Ruß durch den Regen niedergeschlagen werden.

Nachstehend seien noch auszugsweise einige Analysen (Tab. B) über die Zusammensetzung von Ruß wiedergegeben, die Cohen und Ruston in ihrem »Suwke, A Study of Town Air« veröffentlicht haben und die auch in der Zeitschrift »Rauch und Staub« (3. Jahrg., Nr. 8) abgedruckt sind.

Man ersieht auch aus nebenstehenden Analysen die für die Rußfrage wichtige Tatsache, daß der Gehalt an Teer und Kohlenstoff bei den Hausfeuerungen viel größer ist als bei den Dampfkesselfeuerungen, während bezüglich des Gehalts an Asche das Umgekehrte der Fall ist. Die Hausfeuerungen kommen daher für die Rauchbekämpfung in erster Linie in Frage. Cohen hat noch weitere Versuche insofern angestellt, als er die in nebenstehender Tabelle B analysierte ursprüngliche Kohle auch in einer Hausfeuerung verbrannt hat. Er kommt dabei zu einem ähnlichen Ergebnis. Der Ruß enthielt:

Kohlenstoff . . . 40,50%
Wasserstoff. . . . 4,37%
Teer 25,98%
Asche 18,16%

Auch hier fällt der für die Rauchplage schwerwiegende hohe Gehalt an Teer gegenüber dem Teergehalt bei Dampfkesselfeuerungen auf.

Der Gehalt an Säure scheint mehr von dem Schwefelgehalt der Kohle als von irgendeinem andern Faktor abzuhängen. Die Säuren entstehen immer, gleichgültig ob Rauch

Tabelle A.

Beobachtungs-station	1 Gesamt-Regen-menge	2 Gesamt-menge d. festen Bestand-teile	3 Unlösliche Bestand-teile	Lösliche Bestandteile						Gesamtmenge der festen Bestandteile in t pro Quadratmeile berechnet
				4 ins-gesamt	5 nicht flüchtig	6 flüchtig	7 Sulfate SO₃	8 Am-moniak NH₃	9 Chloride Cl	
Buckingham. Gate SW.	201,1	71,985	46,335	25,650	13,311	12,339	6,017	5,013	5,699	500
Horseferry Road SW.	192,0	60,339	33,490	26,849	12,324	14,525	5,942	5,133	4,094	420
Old Street E. C.	192,0	92,813	60,920	31,893	19,242	12,651	10,043	7,542	4,033	650
Sutton Surry	210,5	27,894	8,365	19,529	8,723	10,806	0,892	0,347	2,163	195

Tabelle B.

Bestandteile	Ruß von einer Dampfkesselfeuerung aus dem Dampfkesselkamin in %			Ruß aus einer Hausfeuerung in %			
	Ursprüng-liche Kohle	An der Basis	Schornstein-kopf	in der Kohle	Küchen-kamin	Zimmerkamin	
						Basis 5 Fuß über dem Rost	Schornstein-kopf 35 Fuß über d. Rost
Kohlenstoff	69,30	19,24	27,00	76,80	52,34	36,45	37,22
Wasserstoff	4,89	2,71	1,68	4,90	3,68	3,51	3,51
Teer	1,64	0,09	1,14	0,88	12,46	34,87	40,38
Asche	8,48	73,37	61,30	1,88	17,80	5,09	4,94

7*

entsteht oder nicht. Wo indessen Ruß auftritt, nimmt er
einen großen Teil der freien Säure auf, und diese Säure wirkt
dann weit schädlicher, als wenn sie für sich allein in die Luft
entweicht.

Cohen und Ruston haben den Ruß verschiedener Feuerungsarten auf seinen Gehalt an freier Säure untersucht, und
gibt nachstehende Tabelle über das Ergebnis dieser Untersuchungen Auskunft. Der Prozentgehalt an freier Säure
im Ruß betrug:

Herkunft der Probe	Basis des Kamins	Schornstein-kopf
Metallschmelze	0,00	0,65
Versuchsfeuerung . . .	0,50	—
Küchenfeuerung	0,00	—
Dampfkesselfeuerung .	1,62	0,56
Zimmerkamin	0,37	0,00

Ebenso wie der Ruß infolge seines Teergehalts an allen
Gegenständen fest haftet, so wird auch die Säure auf diese
Art festgehalten und kann selbst durch den Regen nicht voll-
kommen weggewaschen werden.

Dr. Russell fand, daß das Regenwasser keine Säure enthält, wenn es nicht auch Ruß enthält. Er ermittelte den
Gehalt an freier Säure in neun Proben zu 1,4%, 0,5%, 7,2%,
0,0%, 4,9%, 0,8%, 1,2%, 2,3% und 0,0%.

Lokale Rauchbelästigung und diffuse Rauchplage.

Bei den durch Rauch erzeugten Belästigungen hat man
zu unterscheiden: die lokale Rauchbelästigung und die
diffuse Rauchplage.

Führt ein Schornstein, oder einige, einem einzelnen oder
einer beschränkten Zahl von Häusern Rauch zu, so hat man
es mit einer lokalen Rauchbelästigung zu tun. Wird dagegen
eine ganze Stadt in Rauch und Qualm eingehüllt, so bezeichnet
man diesen Zustand mit diffuser Rauchplage. Die lokale
Rauchbelästigung wird meist auch vorübergehender Art sein.
Sie wird einzelnen Häusern oder auch nur Wohnungen immer

nur bei bestimmter Windrichtung lästig werden, also nie wie die diffuse Rauchplage auch nur für den einzelnen Menschen sich zu einer dauernden Plage auswachsen. Auch ist der einzelne viel leichter in der Lage, sich gegen diese vorübergehende Belästigung zu schützen, Abhilfe läßt sich in fast allen Fällen in einfacher, nicht viel Kosten verursachender Weise schaffen. Meist wird es z. B. genügen, den Schornstein zu erhöhen oder einen Wechsel im Brennmaterial vorzunehmen. Anderseits kann allerdings nicht geleugnet werden, daß auch, namentlich für schwächliche, kränkliche Personen, große Schäden aus der lokalen Rauchbelästigung entstehen können. Immerhin handelt es sich stets nur um die Schädigung einzelner Personen, im Gegensatz zur diffusen Rauchplage, die eine Schädigung der Allgemeinheit herbeiführt.

Der gewöhnliche Hausschornstein wird nur in den seltensten Fällen zu einer einigermaßen erheblichen Belästigung führen; vielmehr ist es der von den kleineren Gewerbebetrieben erzeugte Rauch, welcher die Hauptursache für die lokale Rauchbelästigung darstellt. Namentlich sind es, wie schon erwähnt, die Bäckereien, die mit ihrem Rauch oft großen Schaden anrichten und sehr häufig zu berechtigten Klagen Anlaß geben. Auch Fabriken geben vielfach Anlaß zur Klage über lokale Rauchbelästigung. Freilich liegen sie seltener inmitten der Stadt, auch haben sie häufig einen größeren, nicht bebauten Fabrikhof um sich herum. Wo dies zutrifft, sind auch die Klagen geringer. Dagegen veranlaßt der Fabrikrauch häufig berechtigte Klagen über durch ihn verursachte Schäden an land- oder forstwirtschaftlichen Kulturen.

Ein sehr erheblicher Grad lokaler Rauchbelästigung kommt nach Liefmann (Über die Rauch- und Rußfrage, Vieweg & Sohn, Braunschweig 1908) ferner dann zustande, wenn eine Menge starker Rauchquellen auf engem Raume vereinigt ist. Es ist bei ganz großen industriellen Betrieben (auch in großen Höfen und auf Bahnhöfen findet man eine ähnlich konzentrierte Rauchproduktion) nicht so ganz selten der Fall, daß 10, 20, ja 30 und mehr Schornsteine nahe beieinander stehen. Die Rauchmengen, die ihnen entströmen, verteilen sich nicht so rasch in der Luft wie die eines einzelnen Schornsteins, da der Rauch eines jeden von ihnen sich nicht mit frischer Luft, sondern mit dem seines Nachbarschornsteins mischt. Nur an der Peripherie der Rauchmasse, die einen solchen Schornsteinkomplex verläßt, tritt frische Luft hinzu. Hierdurch entsteht ein Bild, als ob eine große schwarze Wolke über eine Gegend hinzieht. Das Übel, das dadurch entsteht, ist in jeder Beziehung ein viel ausgedehnteres als bei kleinen Rauchmengen. Natürlich spielt aber auch hier die Lage in der vorherrschenden Windrichtung eine wesentliche Rolle. Dieser Tatsache trägt man vielfach dadurch Rechnung, daß man große Fabriken nur in bestimmten Stadtteilen duldet und die Schaffung bestimmter Fabrikstadtteile fordert. Die durch solche ganz großen Unternehmungen entstehenden Verhältnisse nähern sich schon sehr den Zuständen, die durch eine diffuse Rauchplage herbeigeführt werden, ohne daß jedoch für ihr Entstehen die hohen Grade lokaler Rauchbelästigung unbedingte Voraussetzung sind.

Sehr wichtig für die lokale Rauchbelästigung sind zwei Faktoren. Einmal die Nähe der Rauchquelle zu dem geschädigten Ort und ferner die Lage in der vorherrschenden Windrichtung. Nach eingehenden Versuchen, namentlich an Pflanzen, hat sich ergeben, daß die Schadenfläche, welche entsteht, wenn einer Rauchquelle schädliche Stoffe entströmen, das Bild einer Ellipse zeigt, in deren einem Brennpunkt die Rauchquelle liegt und daß die große Achse dieser Ellipse mit der vorherrschenden Windrichtung zusammenfällt. Auf dieser Feststellung beruht es auch, daß man Wohngebäude ganz getrost in der Nähe starker Rauchquellen errichten kann, solange man es vermeidet, diese in die vorherrschende Windrichtung zu stellen.

Ebenso wird, wie die Praxis gelehrt hat, die lokale Rauchbelästigung um so geringer sein, je größer der Höhenunterschied zwischen Schornsteinmündung und Wohnung ist.

Während bei der lokalen Rauchbelästigung die kleinen Hausschornsteine nur eine untergeordnete Rolle spielen, trifft

bei der diffusen Rauchplage gerade das Gegenteil zu.
Hier spielen sie durch ihre Masse eine wichtige Rolle.

Aber selbst in den Städten, in denen die Großfeuerungen
in bedeutender Zahl auftreten, wird doch die diffuse Verschlechterung der Luft, d. h. die Behinderung der Sonnen-
bestrahlung, die Nebelbildung, das dichte über der ganzen
Stadt lagernde graue Gewölk wesentlich durch die Hausfeuerungen beeinflußt.

Während die lokale Rauchbelästigung auch in kleinen
Städten und auf dem Lande vorkommen kann, kann eine
diffuse Rauchplage nur in großen Städten zur Entwicklung kommen. Zur Bildung der diffusen Rauchplage
ist Ruß erforderlich, und zwar in solchen Mengen, daß er die
Atmosphäre tatsächlich verschlechtern kann. Dieser Fall
tritt aber in kleineren Orten gewöhnlich nicht ein, wozu
noch kommt, daß der Wind den Rauch bald aus dem Bereiche
eines kleinen Ortes hinaustreibt.

Die Tatsache, daß der Süden weniger unter der diffusen
Rauchplage zu leiden hat wie der Norden, zeigt, welch großen
Einfluß die klimatischen Verhältnisse besitzen. Namentlich
wird die Rauch- und Rußplage begünstigt durch die Luft-
feuchtigkeit und die Neigung des Wasserdampfes zu kondensieren. Letzteres tritt bei starker plötzlicher Abkühlung ein.

Liefmann (a. a. O. S. 9 u. f.) macht ferner darauf aufmerksam, daß, wie sich aus einer Rundfrage ergibt, die der
»Deutsche Verein für öffentliche Gesundheitspflege« im Jahre
1900 veranstaltet hat, unter den deutschen Städten mit mehr
als 15000 Einwohnern ein Fünftel bis ein Viertel unter der
Rauchplage leiden. Er hält aber die Rundfrage nicht für einwandfrei, da sich bei der Beantwortung der gestellten Fragen
der Mangel einer präziseren Auseinanderhaltung und Bezeichnung der verschiedenen Zustände deutlich bemerkbar gemacht habe.

Man müßte daher, so schreibt er, zur Aufklärung der
wirklichen Übelstände wohl so vorgehen, daß man zunächst
die diffuse Rauchplage von den lokalen Belästigungen scharf
trennt und auch bezüglich der Art und der Ausdehnung der
Übelstände Unterschiede macht. Man müßte feststellen,

wieviel Klagen über lokale Rauchbelästigungen im Jahre
vielleicht auf je 10000 Einwohner entfallen, und zur Beurteilung einer diffusen Luftverschlechterung müßte der durchschnittliche Rußgehalt der Luft bekannt sein, sowie eine
Anzahl klimatischer Verhältnisse, wie die Zahl der Nebel-,
die der Sonnenscheinstunden usw. Schließlich müßten chemische Untersuchungen über die Verunreinigung der Luft
mit Rauchgasen Aufschluß geben. Nur auf diesem Wege
glaubt Liefmann zu einer einigermaßen zuverlässigen Beurteilung der Verhältnisse kommen zu können, die es gestatten
würde, verschiedene Orte zu vergleichen und eine Ab- oder
Zunahme der Übelstände festzustellen.

In der diffusen Rauchplage besteht das wesentliche Problem der Luftverschlechterung in unseren
Städten. Immerhin werden noch viele Millionen Tonnen
Gase den unterschiedlichen Schornsteinen entströmen, bevor
die Öffentlichkeit auch dieser Plage an den Leib rücken wird,
so wie sie es bezüglich anderer hygienischer Maßnahmen mit
Erfolg getan hat und noch tut.

Daß sowohl die lokale als auch die diffuse Rauchplage
häufiger im Winter als im Sommer auftritt, führt Hurdelbrink (2. Bericht der Kommission zur Bekämpfung des
Rauches in Königsberg i. Pr.) auf die Tatsache zurück, daß
man an frei stehenden Fabrikschornsteinen oder fahrenden
Schiffen auf der See beobachten kann, wie im Sommer der
Rauch sich häufig als ein aufsteigender, schließlich horizon-
taler, sehr oft scharfer Streifen entwickelt, der sich kilometerweit am Himmel hinzieht. Im Winter dagegen sind die scharfen Linien verschwunden, und an ihre Stelle sind jetzt schwarze,
unregelmäßig begrenzte, hin und her geschlagene Rauchmassen
getreten, die schon nicht allzuweit von ihrer Ursprungsstelle
anfangen, die untersten Luftschichten zu verunreinigen.
Ähnliches kann man an kalten, windstillen Sommerabenden
beobachten.

Diese Vorgänge erklärt Hurdelbrink nun folgendermaßen:
Für die Steinkohle als Beispiel, liegt der Taupunkt der Ab-
gase bei etwa 33⁰, d. h. bei einer Abkühlung unter dieser
Temperatur wird tropfbar flüssiges Wasser abgeschieden.

Dann ist weiter die Aufnahmefähigkeit der Luft für Wasserdampf bei den niedrigen Temperaturen im Winter bis $+5^0$,
selbst bis $+10^0$, auch bei trockener Luft bzw. bei Luft mit
niedriger relativer Feuchtigkeit sehr gering. Die naheliegende
Ansicht, daß der Rauch ursprünglich leichter sei als die ihn
umgebende Luft und erst, wenn er unter seinen Taupunkt
abgekühlt wird, spezifisch schwerer wird und sinkt, ist nicht
zutreffend. Der Rauch der Steinkohle ist nämlich gar nicht
spezifisch leichter als die Luft von gleicher Temperatur. Die
Abgase von 1 kg Steinkohle, die 85% Kohlenstoff und 5%
Wasserstoff enthalten, wiegen 133,54 g, 100 l trockene Luft
aber 129,28 g.

Man darf also die große Flugfähigkeit des Rauches im
Sommer keineswegs dem niedrigen spezifischen Gewicht des
Rauches zuschreiben. Selbst wenn man dieses für den Rauch
mal annehmen wollte, so müßte, unter 33^0 abgekühlt, dieser
Rauch entweder tropfbar flüssiges Wasser ausscheiden oder
sich mit weiteren Luftmengen verdünnen. Diese Verdünnung
findet auch wohl tatsächlich statt. Die Kohlensäure diffun-
diert in die Atmosphäre, ebenso der Wasserdampf, so weit
er von der Luft aufgenommen wird. Bei hoher Temperatur
ist dies vollständig der Fall, so daß in der Rauchwolke nur
trockener Ruß übrig bleibt. In der enormen Flugfähigkeit
dieses Rußes ist die Ursache der meilenlangen Rauch-, eigentlich Rußstreifen im Sommer zu suchen. Bei kalter Witterung,
zumal bei hoher relativer Feuchtigkeit, können dagegen Luft
und Wasserdampf nicht so schnell diffundieren, ohne daß
nicht vorher ein Teil des Wasserdampfes durch die jetzt
schnellere Abkühlung auf den Rußteilchen niedergeschlagen
wurde. Die derart feucht gewordenen Rußteilchen verlieren ihre
Flugfähigkeit und sinken nunmehr in der näheren Umgebung
zu Boden, während sie sonst stunden-, wenn nicht tagelang
in der Schwebe gehalten, sich auf eine größere Fläche verteilen,
vielleicht auch erst durch Regen niedergeschlagen werden.

Ein Beweis für die Richtigkeit dieser Theorie läßt sich
natürlich nur erbringen, wenn es möglich wäre, den Kohlen-
säure- und den Feuchtigkeitsgehalt eines weit gewanderten
Rauchstreifens zu bestimmen.

Für die Rauchbekämpfung ist dieser Erklärungsversuch überhaupt o h n e jede Bedeutung, für die Beurteilung der Frage aber, woher der hohe Rauchgehalt der Großstadtluft im Winter stammt, ist es wichtig, diese Tatsache zu kennen. Man kann ruhig annehmen, daß an nicht sehr windigen Wintertagen fast aller Hausrauch der Großstadt seinen Weg in die Straßen bzw. Höfe nimmt.

Eine sehr unangenhme lokale Rauchbelästigung kann auch durch den sog. M o o r r a u c h hervorgerufen werden, welcher dadurch entsteht, daß sich die Bewohner der Hochmoore durch Verbrennen des Torfes einen Boden zum Anbau von Getreide schaffen. Die Verbrennung des Torfes ist hierbei eine sehr unvollkommene und erfüllt die Luft mit einem dichten lästigen Rauch, welcher bei starken Winden weit fortgetrieben werden kann. Die Rauchschicht ist oft so stark, daß man selbst bei wolkenlosem Himmel die Sonne mit bloßem Auge nur als mattweiße oder rötliche Scheibe betrachten kann. Der Rauch dringt in Häuser, Zimmer und Schränke. Alle Gegenstände, die er umgibt, erscheinen in der komplementären Farbe des Rauches, bläulich. In der Nähe der Brandstätte ist der Moorrauch warm, trocken und von brenzlichem Geruch.

Die auch heute noch vielfach verbreitete Ansicht, daß der Moorrauch die Gewitter und den Regen vertreibe, Wind erzeuge, Nachtfröste veranlasse, der Baumblüte schade usw., ist natürlich eine Fabel.

Leitsätze über die Rauchplage in den Großstädten.

In kurzer treffender Weise hat der auch auf dem Gebiete der Rauch- und Rußfrage als Autorität anzusprechende Hygieniker, Geheimrat Professor Dr. Max R u b n e r , Berlin, in folgenden 16 Schlußsätzen die Ursachen und Nachteile der Rauchplage in den Großstädten sowie die nächstliegenden Maßnahmen zu ihrer Abhilfe charakterisiert:

1. Unter den Ursachen der schlechten Beschaffenheit der Städteluft nimmt die Ruß- und Rauchgasentwicklung aus Stein- und Braunkohlenbrand die erste Stelle ein.

2. Für die Feststellung der Größe der Ruß- und Rauchgas-
beimischung zur Luft fehlte esbisher an genauen und geeigneten Methoden. Der Umfang solcher Ruß- und Rauchschwän-
gerungen kann aber in befriedigender Weise bestimmt werden.

3. Für das Ruß- und Rauchgasvorkommen ist die Menge der
Kohle, ihre Beschaffenheit und Verwendungsweise maßgebend.

4. Es läßt sich die Menge des in der Luft schwebenden
Rußes quantitativ bestimmen, sie beträgt z. B. für Berlin
0,140 mg im cbm.

5. Die Stadtluft enthält mehr CO_2 als die reine Landluft,
sie enthält auch flüchtige verbrennliche Kohlenstoffverbindungen. Für Berlin enthält die Luft im Winter 1,3 Volumprozent Rauchgase.

6. Die Großstadtluft der nur Stein- und Braunkohle
heizenden Städte enthält schweflige Säure; die Berliner Luft
1,5 bis 2 mg im cbm.

7. In der Luft befinden sich erhebliche Mengen von sal-
petriger Säure.

8. Die mit Ruß- und Rauchgasen geschwängerte Luft
kann an sich schädlich auf den Menschen wirken, es ist deshalb dem Vorkommen der Lungenkrankheiten überhaupt
und der Tuberkulose das Augenmerk zuzuwenden.

9. Diese Beimengungen zur Luft verändern aber auch die
physikalischen Eigenschaften der Atmosphäre in hohem Grade
und bringen dadurch indirekt vielseitige sanitäre Nachteile.

10. Die Sonnenscheindauer, die Größe und Art der Absorption der Sonnenstrahlung ist durch geeignete Untersuchungen systematisch festzustellen.

11. Die Rückwirkungen der Luftverunreinigungen auf
das Pflanzenwachstum sind in Städten genauer zu verfolgen.
Die beobachteten Schäden können als wichtiges Kriterium
zur Beurteilung der durchschnittlichen Güte der Luft mit
benutzt werden.

12. Es ist erforderlich, daß in solchen Orten, wo eine
Rauchschwängerung bemerkenswerten Grades besteht, oder
sich auszubilden beginnt, fortlaufende Luftuntersuchungen
angestellt werden. Solche Organisation zu schaffen oder zu
fördern, ist Sache der Medizinalverwaltung.

13. In der Städtebauordnung ist darauf hinzuwirken, daß neuen Fabrikvierteln eine solche Lage, welche dem Rauch den geeignetsten Abzug verschafft, gegeben werde.

14. Die Polizeiverwaltungen sollen durch strengere Beaufsichtigung des Qualmens der Schornsteine vorgehen.

15. Auch das Laienpublikum ist über die Schäden und Nachteile der Rauchverschmutzung der Atmosphäre zu unterrichten und sind ev. Organisationen zu schaffen, welche die Rauchminderungen anstreben.

16. Alle Zwecke, welche die umfangreichere Benutzung des Gases an Stelle der Anlage von Feuerstätten für Kohlenbrand fördern können, sind zu unterstützen.

Messung der Rauchgase.

Für einen ordnungsmäßigen Feuerungsbetrieb sind regelmäßige Rauchgasuntersuchungen von großer Wichtigkeit. Zweck der Rauchgasuntersuchung ist, aus der Zusammensetzung der aus der Feuerungsanlage abziehenden Gase einmal den Verbrennungsvorgang zu kontrollieren, weitere Aufschlüsse zu erhalten über die Höhe der mit den Feuerungsgasen fortziehenden Wärmemengen, den sog. Schornsteinverlusten, und schließlich etwaigen Fehlern oder Mängeln in der Feuerungsanlage auf die Spur zu kommen. Der Schwerpunkt der Bedeutung der Untersuchungen, die mit gleichzeitiger Bestimmung der Abgastemperaturen und der Zugstärke verbunden sein müssen, liegt hauptsächlich in der Ermittelung von Fehlern in der Anlage.

Als Maßstab für die verständige Leitung des Verbrennungsprozesses wird meistens der in den Rauchgasen ermittelte Gehalt an Kohlensäure gewählt. Allerdings wird die Bestimmung der Kohlensäure allein nicht ausreichen, da der Grad der unvollkommenen Verbrennung eigentlich nur gekennzeichnet ist durch den Gehalt der Heizgase an Kohlenoxyd. Es muß daher gleichzeitig der Gehalt der Heizgase auch an Kohlenoxyd und unverbranntem Sauerstoff festgestellt werden.

Die Methodik der Untersuchung ist nach Mohr (Feuerungstechnische Untersuchungen und deren Bedeutung für die Praxis, Berlin 1906, Institut für Gärungsgewerbe) eine ziemlich einfache. Die Probenahme der Rauchgase erfolgt direkt aus den Zügen.

Das eigentliche Gasentnahmerohr wird durch eine Schlauchleitung oder besser durch Porzellanröhren, die feuerbeständig sind und jede Absorption ausschließen, mit dem Gasuntersuchungsapparat verbunden.

Es ist unmöglich, alle Gasuntersuchungsapparate, die auf den Markt kommen, hier zu besprechen, vielmehr muß ich mich begnügen, auf die meines Wissens am verbreitetsten hier einzugehen. Im Prinzip beruhen alle diese Apparate darauf, daß ein bestimmtes Gasvolumen abgemessen und darauf mit Absorptionsmitteln für Kohlensäure, Sauerstoff und Kohlenoxyd zusammengebracht wird. Der Gehalt der Rauchgase an genannten Bestandteilen läßt sich dann an der Volumenverminderung nach stattgehabter Absorption erkennen.

Man hat auch vielfach versucht, die Gasanalyse mittels selbsttätig wirkender Apparate auszuführen, insbesondere die Kohlensäurebestimmung. Da aber der Bau und die Handhabung dieser Apparate ziemlich kompliziert ist, haben sie leider nicht die Verbreitung gefunden, die sie eigentlich prinzipiell verdienen.

Am bekanntesten ist der Orsatapparat (Fig. 6), der u. a. von der Firma Franz Hugershoff in Leipzig gebaut wird. Er besteht im wesentlichen aus einer Gasbürette, welche zur Abmessung von 100 ccm Rauchgasen dient und meist drei Absorptionsgefäßen, in denen nacheinander die in Frage kommenden Bestandteile der Rauchgase (Kohlensäure, Sauerstoff, Kohlenoxyd) zur Absorption gelangen. Nach jeder Absorption wird der Gasrest in die Gasbürette zurückgeleitet; der bei der Absorption verschwundene Gasteil in Kubikzentimetern gibt den Gehalt der Rauchgase an dem betreffenden Stoff direkt in Prozenten an. Die Kohlensäure wird mit starker Kalilauge, der Sauerstoff mit alkalischer Pyrogallollösung, das Kohlenoxyd mittels Kupferchlorür in salzsaurer Lösung zur Absorption gebracht. Ferner ist eine Absperrpipette und ein Hahn vorhanden; letzterer wird nur in den

Fällen benutzt, wo man eines Unterdruckes in der Leitung
wegen (Entnahme von Feuergasen aus einem Rauchkanal)
mit dem Apparat das Gas ansaugen muß.

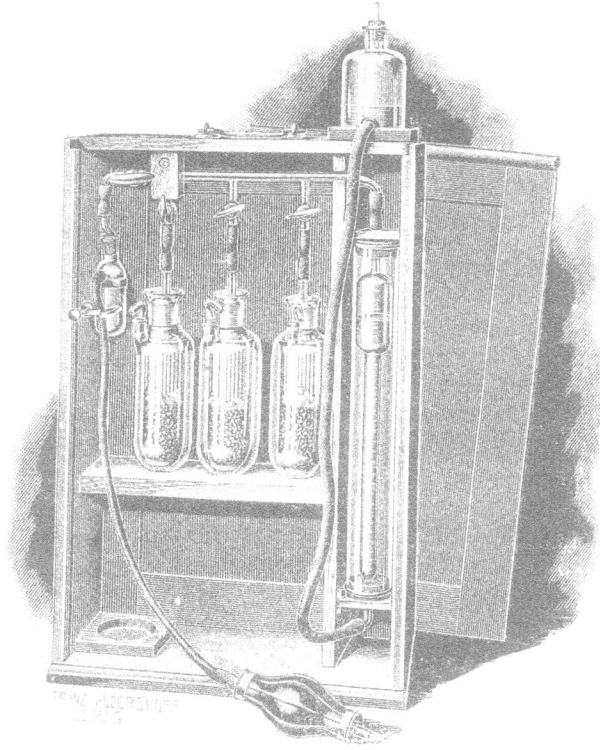

Fig. 6

Damit man (Mohr a. a. O.) wirklich die Rauchgase von
derjenigen Zusammensetzung in die Bürette bekommt, welche
sie in den Zügen zur Zeit der Analyse besessen haben, muß
man zunächst größere Mengen durch die Leitung saugen,
ehe man die Gasbürette damit füllt. Hierzu benutzt man
meist einen Sauggummiball, der aber den Nachteil hat, daß
man vor jeder Analyse den Ball so oft in Tätigkeit setzen
muß, bis die Leitung von den alten Rauchgas- bzw. Luftresten

frei ist und daß ferner eine einigermaßen genaue Schätzung
unmöglich ist, wieviel Rauchgase durch die Leitung gesaugt
sind. Mohr benutzt daher eine mit Wasser gefüllte Heber-
flasche, um das Ansaugen der Gase zu bewirken. Er hat mit
diesem denkbar einfachsten Aspirator die besten Erfahrungen
gemacht. Er schreibt: Die Menge des ausgeflossenen Wassers
gibt genau die Menge der durchgesaugten Rauchgase an; da
man nun aus der Länge der Gasleitung und der lichten Weite
derselben ihre Kapazität leicht berechnen kann, ist es leicht
möglich, die angesaugte Gasmenge so zu berechnen, daß
dann die entnommene Probe wirklich die Zusammensetzung
der Gase aus den Zügen hat und nicht durch Gasreste aus
der Leitung in ihrer Zusammensetzung beeinflußt wird. Noch
zweckmäßiger erschien es, diesen Aspirator durch eine kleine
Kolbenluftpumpe von ungefähr 100 ccm Fassungsraum zu
ersetzen, die bequem im Orsatapparat selbst untergebracht
werden kann.

Da die Dauer der Versuche zwischen 6 und 10 Stunden
schwankt, ist es erforderlich, eine große Anzahl Analysen zu
machen (4 bis 6 pro Stunde), um gute Durchschnittswerte
für die Zusammensetzung der Rauchgase während eines Ver-
dampfungsversuches zu bekommen.

Rauchgasuntersuchungsapparat Ados der Ados-
gesellschaft in Aachen (Fig. 7). Der abgebildete Apparat
wird mit Wasser betrieben, doch baut die Gesellschaft auch
Apparate, deren Betrieb durch den Schornsteinzug erfolgt.

Der Apparat besteht aus einem Kalilaugengefäß, das mit
einem Glöckchengefäß kommuniziert. Die Kalilauge wird
durch ein Füllgefäß eingefüllt und entleert und muß nach
Einstellen der Lauge die Quetsche am Verbindungsschlauch
fest geschlossen sein.

Vom Kalilaugengefäß geht ein Verbindungsschlauch zum
Meßgefäß. Dieses steht rechts mit der Gasquelle durch ein
Rohr, links mit der Saugdüse und in seinem unteren Teil
durch einen Gummischlauch mit dem Kraftwerkbehälter in
Verbindung, welcher mit destilliertem Wasser gefüllt ist
(Sperrflüssigkeit).

Die Saugdüse mündet durch einen Wasserüberlaufkasten
in das Saugrohr. Eine kleine Glocke hängt an einer Schreibvorrichtung und bewegt sich in dem oberen Teil des Glöckchengefäßes, in Glyzerin eintauchend. Ein in der Mitte be-
findliches enges Rohr, welches oben und unten offen ist,
verbindet den Innenraum des Glöckchengefäßes mit der
Außenluft.

Fig. 7.

Die Schreibfeder des Schreibzeuges berührt den Diagrammstreifen auf einer Uhr auf dem zwangzigsten Teilstrich.

Das Gaseintrittsrohr und das Gasabsaugerohr sind durch
ein Sperrgefäß verbunden und sperrt Glyzerinfüllung die
direkte Durchströmung des Gases.

Die Analyse wird etwa folgendermaßen ausgeführt:

Ein Teil des dem Überlaufkasten zugeführten Wassers
tritt durch kleine Öffnungen in die Saugdüse und erzeugt
im Gasabsaugerohr, dem Meßgefäß und dem Gaseintrittsrohr
ein Vakuum, so daß Raùchgase in letzteres nachströmen und

ein fortgesetztes Durchströmen von Rauchgasen durch das Meßgefäß erfolgt.

Ein weiterer Teil des Wassers fällt in das senkrechte Wassereinlaufrohr, welches in einen Schwimmer des Kraftwerkbehälters hineinragt. In dem Kraftwerkbehälter sinkt der durch das Wasser beschwerte Schwimmer und verdrängt die Sperrflüssigkeit nach dem Meßgefäß hin, so daß sie in diesem hochsteigt und den Gas-Ein- und -Austritt vom Gaseintrittsrohr nach dem Gasabsaugerohr selbsttätig schließt. Dadurch wird eine bestimmte Gasmenge unter einem beliebigen Vakuum abgefangen. Bei weiterem Steigen der Absperrflüssigkeit werden die Gase auf Atmosphärendruck komprimiert. Bei noch weiterem Steigen tritt schließlich der Moment ein, wo von dem Nullpunkt der Skala bis zu der Marke im Kapillarrohr 100 ccm Gas unter Atmosphärendruck abgefangen sind, welche weiter auf die Absorptionsflüssigkeit (Kalilauge) gedrückt werden. Letztere steigt im Glöckchengefäß hoch, schließt ein Luftquantum ein, welches die Registrierung auf dem Diagrammstreifen mittels des Schreibzeuges vornimmt.

Die Registrierung erfolgt in der Weise, daß, wenn auf die Absorptionsflüssigkeit 100 ccm Luft gedrückt sind, der Schreibstift auf dem Diagramm vom 20. bis 0. Teilstrich geht. Da nun jeder Teilstrich 1 ccm entspricht, so folgt daraus, daß, wenn z. B. aus 100 ccm Gas 12 ccm absorbiert werden, die Schreibfeder auch nur bis zum 8. Teilstrich von unten geht, weil eben 12 ccm an 100 fehlen. Die unbeschriebene Fläche ist also das Resultat der Untersuchung.

Der gleiche Vorgang wiederholt sich ununterbrochen, so daß einige Minuten nach dem Verbrennungsvorgang die Gase wieder zur Untersuchung kommen.

Der Betrieb dieses Apparates ist gegenüber dem Orsatapparat etwas umständlich, doch soll er folgende Vorteile besitzen:

Die Aufzeichnung jeder beliebigen Analyse kann auf ihre Richtigkeit geprüft werden.

Schon einmal untersuchte Gase können ein zweites und drittes Mal zur Analyse gebracht werden, um festzustellen,

ob die Kalilauge noch genügend aufnahmefähig ist oder
Nachabsorption stattfand.

Bei jeder Analyse findet eine Bewegung der ganzen
Kalilaugenmenge und nach beendeter Analyse eine vollständige

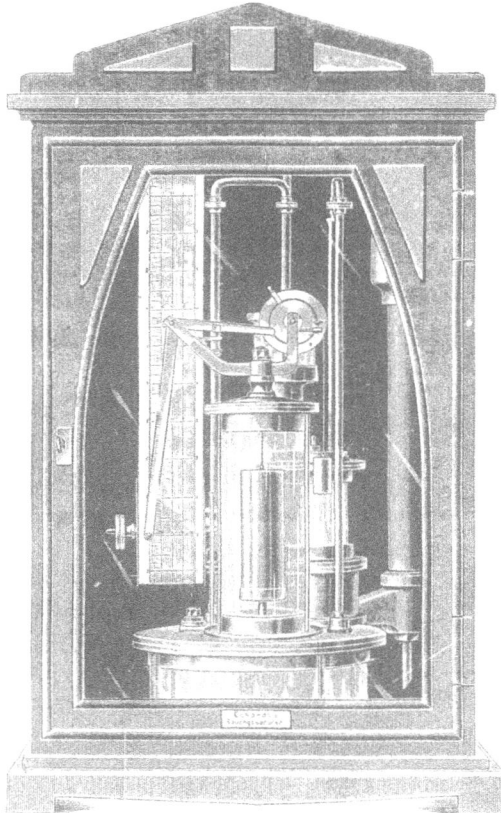

Fig. 8.

Durchmischung der Flüssigkeit statt, so daß jede neue zur
Untersuchung kommende Gasmenge aufnahmefähige Lauge
trifft.

Ebenfalls sehr verbreitet ist der von der Firma
J. C. Eckardt, Stuttgart, hergestellte

Rauchgasprüfer (Fig. 8). Der zum Ansaugen der Gase
dienende Injektor wird mit der Wasser- und Rauchgasleitung
verbunden. Das den Injektor durchströmende Wasser saugt
ununterbrochen Gase aus dem Rauchkanal der zu untersuchenden Feuerung an und läßt sie zusammen mit dem Wasserstrahl in den Einlaufbecher und von dort ins Freie entweichen.
Von diesem kontinuierlichen Gasstrom saugt der Rauchgasprüfer selbsttätig für jede Analyse ein bestimmtes Gas-
quantum ab. Es ist also das zur Untersuchung kommende
Gas stets frisch, so daß der Rauchgasprüfer immer die Verbrennung anzeigt, die unmittelbar vorher in der Feuerung
stattgefunden hat.

Der an der Gasquelle herrschende schwankende Unterdruck hat infolge besonderer Vorrichtungen keinen Einfluß
auf die Genauigkeit der Meßresultate, so daß alle Analysen
unter der gleichen Gasdichte erfolgen. Durch entsprechende
Ausbalancierung der Tauchglocke wird erreicht, daß der in
ihr herrschende Überdruck genau gleich dem im Meßgefäß
während der Abmessung und Überführung der Gase herrschenden Druck ist. Die wichtigste Grundbedingung
einer einwandfreien Gasanalyse »Abmessen der Gase vor
und nach der Absorption unter genau gleichen
Druckverhältnissen« ist daher bei diesem Rauchgasprüfer
ebenfalls erfüllt.

Die Inbetriebsetzung des Apparates ist sehr einfach.

Für den Betrieb des Injektors ist ein Wasserdruck von
etwa 1 bis 2 Atmosphären erforderlich. Ist ein solcher Druck
nicht vorhanden, und soll ev. das Wasser dem Injektor aus
einem Hochbehälter frei zufließen, so muß das nutzbare
Gefälle mindestens 5 m betragen.

Der ebenfalls, wie der Orsatapparat, von der Firma
Franz Hugershoff in Leipzig erbaute

Rauchgasuntersuchungsapparat System Dr. K.
Voigt (Fig. 9) beruht auf dem Prinzip der bereits in mannig-
faltigen Konstruktionen verbreiteten Orsatapparate, denen
gegenüber er manche Verbesserungen besitzt, auf die aber
hier nicht näher eingegangen werden soll.

Ebenso baut die Julius Pintsch Aktien-Gesellschaft in Berlin neben dem Orsatapparat noch einen

Rauchgasprüfer Bauart Pintsch (Fig. 10). Die gesamte Inneneinrichtung besteht aus zwei Meßuhren nassen
Systems mit dazwischen angebrachtem Schreibwerk und

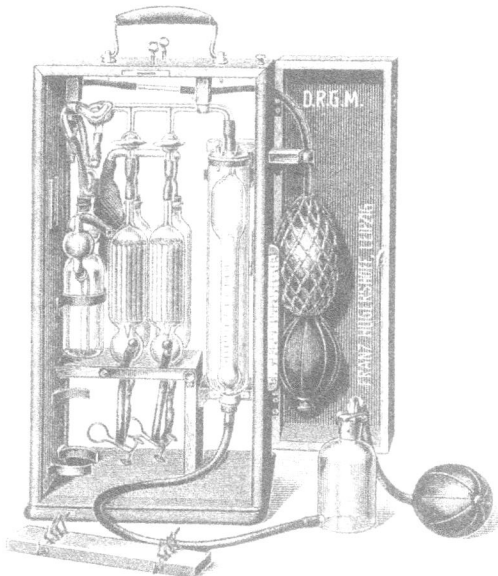

Fig. 9.

Schreibtrommel, einer Wasserstrahlpumpe, dem Kühler mit
dem darunter befindlichen Wasserabschlußkasten und dem
Absorptionsgefäß.

Die Pumpe saugt gleichlaufend bei einem Wasserverbrauch
von etwa 10 l in der Stunde einen Gasstrom von 40 l durch
den Apparat. Das Absorptionsgefäß ist mit einer Mischung
von etwa 3 Teilen Kalkpulver und 1 Teil Sägespänen gefüllt,
welch letztere lediglich zu einer Auflockerung des Kalk-
pulvers dienen, welches das Gas von der in ihm enthaltenen
Kohlensäure befreit. Zur Regelung des Kühlwassers ist in
dem senkrecht liegenden Teil der Wassereintrittsleitung ein
besonderer Hahn eingebaut, um zu verhindern, daß sich vor

dem verengten Durchgang des Wasserregulierhahnes Luft-
blasen festsetzen, die den Durchtritt des Wassers behindern
könnten. Die Auswechslung der Kalkfüllung in dem Absorptionsgefäß hat wöchentlich, die Erneuerung des Diagramm-
streifens täglich zu erfolgen. Die Zahl der stündlich vorzu-

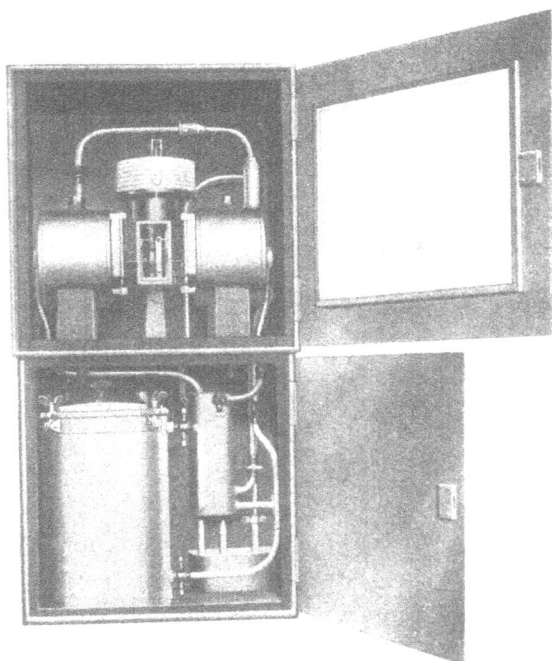

Fig. 10.

nehmenden Analysen (am günstigsten 20) wird so gewählt,
daß bei gut gereinigter Schreibfeder die Striche nicht ineinander laufen.

Durch die Anwendung der Rauchgasprüfer lassen
sich ganz bedeutende Ersparnisse am Kohlenverbrauch
erzielen, weil man ständig die richtige Ausnutzung des Brennmaterials kontrollieren und auf eine vollkommene Verbrennung, damit aber auch auf eine Rauchverminderung
hinarbeiten kann. Als Beispiel, welche Ersparnisse tatsäch-

lich mit Rauchgasprüfern erzielt werden können, mögen die
beiden Diagramme (Fig. 11 u. 12) dienen, welche die mit
Eckardts Rauchgasprüfer erzielten Erfolge veranschaulichen.

Fig. 11 zeigt das Diagramm eines Rauchgasprüfers
vom ersten Tage, an dem der Apparat in einem Betriebe
arbeitet, in dem der Heizer bisher nach seinem Gefühl die
Luftzufuhr bestimmt hat. Der mittlere Kohlensäuregehalt beträgt etwa 4%, die Anlage arbeitet demnach, wie

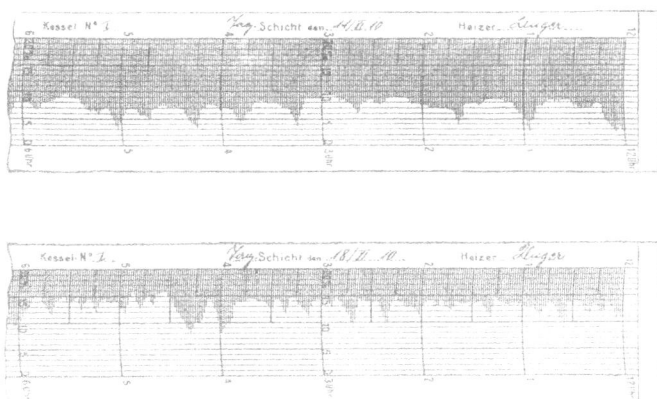

Fig. 12.

unten noch näher ausgeführt werden wird, mit einem absoluten Kohlenverlust von etwa 45%. Das zweite Diagramm,
das einige Tage später, nachdem sich der Heizer mit dem
Apparat bereits vertraut gemacht hatte, abgenommen ist,
zeigt dagegen schon einen mittleren Kohlensäuregehalt
von etwa 12%, was einem absoluten Kohlenverlust von nur
15% entspricht. Der Kohlenverbrauch ist somit nach Aufstellung des Rauchgasprüfers um etwa 30% geringer geworden.

Die Ergebnisse der Analysen lassen wichtige Schlüsse
auf den Zustand der Feuerung zu. Ist der Gehalt an Kohlensäure niedrig, so ist die Luftmenge, welche durch die Feuerung strömt, zu groß; daher zu große Wärmeverluste durch
die abziehenden Rauchgase. Die Größe des Luftverbrauchs

zur theoretisch nötigen Luftmenge kann man aus der Rauch-
gaszusammensetzung nach folgender Formel berechnen,
worin O den Sauerstoffgehalt und N den Stickstoffgehalt
der Rauchgase in Prozenten bedeutet. Der Luftüberschuß ist:

$$L = \frac{21}{21 - 79\,\dfrac{O}{N}}.$$

Besonders wertvoll werden aber die Ergebnisse der
Rauchgasuntersuchung erst dann, wenn man gleichzeitig
die Temperatur derselben bestimmt, weil sich aus Zusammensetzung und Temperatur der Gase annähernd der Wärmeverlust in Prozenten berechnen läßt, welchen die abziehenden
Rauchgase verursachen. Die Rauchgastemperatur ist natürlich an verschiedenen Stellen der Feuerungsanlage sehr verschieden und muß die für die Verlustberechnung entscheidende Temperatur vor dem Schieber vorgenommen werden.
Die Messung hinter dem Schieber soll nur ein Notbehelf
sein, da man hier immer etwas zu niedrige Werte findet.

Man kann auch die Temperatur der Heizgase am Ende
des Verbrennungsraumes mittels eines Dürrschen Luftpyro-
meters und am Ende des letzten Kesselzuges vor dem Rauchschieber mit einem Quecksilberthermometer gleichzeitig
messen.

Die Wirkungsweise des Dürrschen Pyrometers beruht auf der Ausdehnung einer in einem Porzellankolben ein-
geschlossenen Luftmenge. An diesen Kolben schließt sich
eine Kapillarröhre aus Kupfer, durch welche die im Kolben
befindliche Luft mit dem Innern einer Glocke in Verbindung
tritt. Die Glocke taucht in Paraffinöl und ist ähnlich einer
Wage aufgehängt, so daß Volumänderungen der Luft im
Kolben sich durch Heben und Senken der Glocke bemerkbar
machen. Der Wagebalken trägt in gleicher Höhe mit dem
Aufhängepunkte ein Zahnsegment, dessen Drehung auf einen
Zeiger übertragen wird. Das Pyrometer wird vor dem Gebrauch einer bekannten Temperatur ausgesetzt und der Zeiger
durch Ansaugen mit Hilfe eines Gummischlauches eingestellt.
Darauf wird, nachdem der Gummischlauch durch einen Hahn
verschlossen ist, der Porzellankolben in den zu untersuchenden

Feuerraum gebracht. Der Unschädlichmachung des Einflusses der Barometerschwankungen und der Außentem-
peratur auf das Pyrometer dient ein Kompensator. In dem
U-förmig gebogenen Glasrohr, welches an dem einen Ende
offen ist, an dem geschlossenen Ende in eine Erweiterung
ausläuft, wird unter dem Einfluß der in der Erweiterung ein-
geschlossenen Luft eine Säule aus Paraffinöl hin und her
verschoben. Bei richtiger Angabe des Pyrometers muß daher
das Niveau im freien Schenkel, den jeweiligen Verhältnissen
entsprechend, stets auf den Zustand gebracht werden, von
welchem bei Berechnung der Skala ausgegangen ist und der
erreicht ist, wenn der Ölspiegel im freien Schenkel in gleicher
Höhe mit einer hier angebrachten Marke steht. Ein Sinken
des Niveaus unter dieser Marke gibt an, daß die Lage der
Glocke infolge Temperatur- oder Barometerstandswechsel
sich geändert hat. In diesem Falle muß man, um Fehler zu
vermeiden, durch Ansaugen von Luft mittels des auf dem
Deckel angebrachten Hahns die Spannung im Barometer-
kasten vermindern, bis das Niveau der Flüssigkeit wieder mit
der Marke zusammenfällt. Ähnlich wird verfahren, wenn das
Öl im Kompensator über die Marke steigt. Man soll auch das
Pyrometer während der Versuche durch das vorerwähnte
Quecksilberthermometer kontrollieren.

Der Apparat ist wegen seiner bequemen Ablesung sehr
zweckmäßig, ist zuverlässig und empfindlich.

Von der auf dem Rost entwickelten Wärmemenge werden
durchschnittlich im Kesseldampfe nutzbar gemacht: 60—72%.

Es gehen verloren:

in der Asche und Schlacke . . . . . 2—15%
in unverbrannten Gasen (Ruß) . . . 3—4%
durch Leitung und Strahlung in die um-
    gebende Luft . . . . 7—6%
in den zum Schornstein abziehenden
    Gasen (Schornsteinverlust) . . . . 28—16,5%   40—28%

Auf dem Rost erzeugte Wärme . . . . . 100—100%

Wie aus der vorstehenden Aufstellung hervorgeht, ist
die Hauptsache, den Schornsteinverlust (V) herabzu-

drücken, und zwar berechnet man diesen Wärmeverlust durch die Abgase nach folgender Formel:

$$V = C \frac{T - t}{K}.$$

Hierin bedeutet T die Temperatur der Abgase, t die der Kesselhausluft, K die in den Abgasen gemessenen Kohlensäureprozente und C ein von der Art der Brennstoffe abhängiger Hilfswert. Man kann setzen $C = 0,66$ für magere Steinkohle und Koks, 0,71 für gasreiche Steinkohle und muschlige Braunkohle und 0,76 für erdige Braunkohle.

Aus der Formel ergibt sich, daß bei gleichem Kohlensäuregehalt der Rauchgase die Schornsteinverluste mit steigender Abgastemperatur wachsen. Es muß also das Bestreben des Heizers sein, die Feuerung so zu leiten, daß die Rauchgase mit möglichst niedriger Temperatur die Feuerungsanlage verlassen, daß sie also ihren Wärmeinhalt möglichst vollständig an den Kessel abgeben.

Als günstig kann eine Temperaturdifferenz des Dampfes und der abgehenden Rauchgase von 75 bis 100^0 angesehen werden (Mohr a. a. O. S. 55).

Weiter auf die Rauchgasuntersuchungen einzugehen, dürfte dem Zwecke der vorliegenden Schrift nicht entsprechen, sollte doch nur klargelegt werden, daß auch die Kontrolle der Rauchgase an ihrer Erzeugungsstelle zu den Mitteln gehört, die Rauchplage einzudämmen und auch den Nichtfachmann so weit in die Art dieser Kontrollen einzuführen, daß er den Vorschlägen und Arbeiten des Ingenieurs mit Verständnis folgen kann. Die Anstellung von Versuchen überlasse man lediglich dem Fachmann, da dazu eine gewisse Übung und auch Erfahrung gehört, wenn man brauchbare Mittelwerte erzielen will. Eine Rolle spielt die mehr oder weniger regelmäßige Dampfentnahme, das Speisen der Kessel und der Zeitpunkt der vorzunehmenden Messungen. Kurz vor dem von Zeit zu Zeit nötigen Schüren der Roste ist infolge der vorgeschrittenen Vergasung und Verdampfung des Wassergehalts im Brennstoff der Gehalt an CO_2 und O in den Rauchgasen am höchsten. Während des Schürens treten naturgemäß Störungen im Verbrennungsprozesse ein und ist dies die ungeeignetste Zeit zur Vornahme von Messungen. Nach dem Schüren ist der Gehalt an CO_2 gesunken, er steigt jedoch wieder mit zunehmender Vergasung.

Zum Schluß sei an dieser Stelle noch an einer Tabelle gezeigt, in welchem Maße die Temperatur die Entwicklung der Rauchgase beeinflußt.

Wir sehen aus der Tabelle, daß die einer jüngeren Entstehungsperiode angehörenden Braunkohlen, Torf, Holz infolge ihres größeren Wasser- und geringeren Kohlenstoffgehaltes eine geringere Verdampfungsfähigkeit und geringere Rauchentwicklung haben als Steinkohle.

		Steinkohle			Braunkohle			Torf durchschnittlich	Holzabfälle 20 %/$_\bullet$ H_2O
		gute	geringe	Koks	muschlige (Böhm.)	erdige			
						Briketts	Prov. Sachs.		
1 kg Brennstoff	verdampft Wasser kg	7—9	6—8	5—7	3—5	4,5	2,2-3,0	2,5-3,5	2,5-3,0
	entwick. Rauchgase kg	22,0	14,0	20,5	15,7	15,7	11,0	10,6	12,7
	Kubikm. bei 0°	17,0	10,6	11,5	12,0	12,0	8,7	8,2	9,8
	200°	29,5	18,4	19,9	20,8	20,8	15,1	14,2	17,0
	250°	32,6	20,3	22,0	23,0	23,0	16,7	15,7	18,8
	273°	34,0	21,2	23,0	24,0	24,0	17,4	16,4	19,6
	300°	35,7	22,3	24,2	25,2	25,2	18,3	17,2	20,6

Luftuntersuchungen.

Rauchdichte. Im Jahre 1895 erschien der Bericht eines in Manchester eingesetzten Ausschusses, welcher die Frage zu prüfen hatte, ob mit den bekannten technischen Mitteln die Rauchplage zu beseitigen sei. In diesem Bericht wird zunächst unterschieden:

dicker schwarzer Rauch,

mittelstarker Rauch,

schwacher Rauch,

rauchfrei,

und sind ihm, damit auch andere Beobachter an anderen Orten und zu anderen Zeiten mit diesen Ausdrücken übereinstimmende Vorstellungen verbinden, Photographien als

Anhalt beigefügt, die ungefähr ein Bild der verschiedenen Rauchstärken geben sollen. (Ich folge hier im wesentlichen der Veröffentlichung von Prof. Jurisch, »Über die Beseitigung der Rauchplage in Städten« im »Gewerblich-Technischen Ratgeber«, V. Jahrg., Heft 20, Verlag A. Seydel, Berlin.)

Aus den Angaben des Berichtes, und auch aus den eigenen früheren Untersuchungen, die Jurisch in Widnes angestellt hat, ergeben sich ungefähr folgende Stufen:

1. Der dicke schwarze Rauch enthält etwa 12 bis 16 Volumprozent Kohlensäure, bis zu 2,5 Volumprozent Kohlenoxyd und Teerdämpfe, welche sich zu Ruß verdichten.

2. Der mittelstarke Rauch enthält ungefähr 7 bis 12 Volumprozent Kohlensäure und nur geringe Teermengen.

3. Der schwache Rauch enthält etwa 3 bis 8 Volumprozent Kohlensäure und nur noch Spuren von Teerdampf.

4. Rauchfreie Schornsteingase können ohne Analyse nicht beurteilt werden, weil jeder äußerlich sichtbare Anhalt fehlt. Doch nimmt man vielfach an, daß die vollständige Verbrennung nur durch einen so großen Luftüberschuß herbeigeführt ist, daß die abziehenden Gase nur etwa 0,5 bis 4 Volumprozent Kohlensäure enthalten.

Das Verfahren, die Rauchdichte durch Inaugenscheinnahme der betreffenden Schornsteine festzustellen, ist für Städte, welche gegen die Rauchplage vorgehen wollen, überaus empfehlenswert. Jeder Straßenpolizeibeamte, wie überhaupt jeder Laie, kann ohne weiteres feststellen, ob der Schornstein dicken schwarzen Rauch oder mittelstarken usw. und wie lange ausgestoßen hat. Bei einiger Übung erhält der Beobachter eine selten täuschende Sicherheit in der Beurteilung der Dichte des Rauches.

Ist also im allgemeinen die Bestimmung der Rauchstärke nach vorgenanntem Verfahren dann genügend, wenn es sich darum handelt, festzustellen, ob die Rauchplage an einem bestimmten Orte tatsächlich in dem geklagten Umfange vorhanden ist, so wird es bei Feststellung einer diffusen Rauchplage versagen.

In allen diesen Fällen muß die Rauchdichte gemessen werden, und zwar sind sechs Methoden der Rauchmes-

sung möglich, über deren zweckmäßigste von Fall zu Fall
zu entscheiden wäre. Diese sechs Methoden sind:

1. Bestimmung der Rußmenge während einer bestimmten
   Zeit.
2. Bestimmung einer gewissen Gewichtsmenge Ruß und
   deren prozentuale Beziehung auf die Gewichtsmenge
   der verbrannten Kohle.
3. Bestimmung der Dichte oder des Gewichtes des Rußes,
   der in dem Einheitsvolumen der Rauchgase enthalten ist.
4. Es wird nur die Dichte bestimmt und diese mit einer
   festzusetzenden Skala verglichen.
5. Bestimmung der Farbe des Rauches.
6. Bestimmung der Durchsichtigkeit oder der Schwarz-
   färbung des Rauches.

Muß man sich für eine der vorgenannten Methoden in
einem bestimmten Falle entscheiden, so hat man zu prüfen,
ob das in Aussicht genommene Verfahren auch folgenden
Anforderungen entspricht:

1. Die Rücksichtnahme beim Vergleich der Schornsteine
   untereinander oder mit der Rauchskala soll möglichst
   weitgehend sein.
2. Die Methode muß leicht anwendbar und einfach zu
   handhaben sein.
3. Auf alle Fälle muß sie genaue Resultate liefern.
4. Man muß den Rauch von einem Standpunkte außerhalb
   der Fabrik messen können und muß die Messung
   auch von einem nicht besonders vorgebildeten Beobachter ausgeführt werden können.

Ein sehr brauchbares Verfahren, die Stärke der Rauchbildung durch Beobachtung nach einer bestimmten
Skala zu ermitteln, wandte die von dem preußischen Handels-
minister eingesetzte Kommission zur Prüfung von Einrichtungen und Feuerungen zur Rauchverminderung bei Dampfkesseln (Bericht bei Rudolf Mosse, Berlin 1894, erschienen) an.

Zur Feststellung der Stärke der Rauchbildung
durch Beobachtung diente ein photometrischer Apparat,
mit dessen Hilfe die jeweilige Intensität einer durch den

Rauch geschwächten Lichtquelle durch Vergleich mit einer Normalkerze gemessen wurde. Zur Kontrolle wurde auch die Schornsteinmündung unmittelbar beobachtet, während Versuche, die Rauchstärke auf photographischem Wege darzustellen, erfolglos waren.

Für die Beobachtung der Rauchstärke wurde in fast allen Fällen der Abzugskanal zwischen dem zu untersuchenden Kessel und dem Schornstein gewählt. Als Photometer diente ein nach Professor Dr. Leonhard Weber von Franz

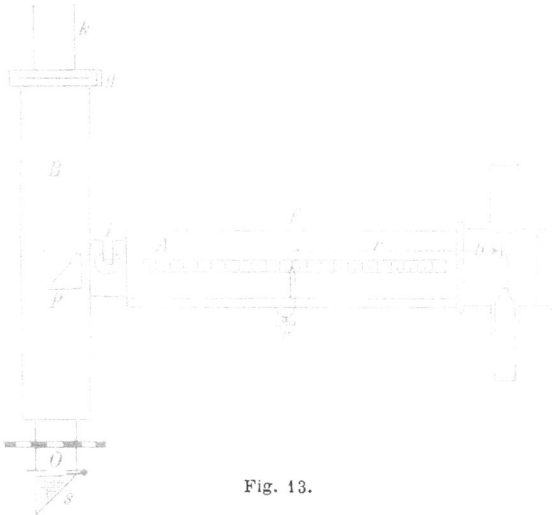

Fig. 13.

Schmidt & Haensch, Berlin, gebauter Apparat (Fig. 13), der im wesentlichen folgendermaßen konstruiert ist: Eine in einem Lampengehäuse befindliche Normalkerze b wirft ihr Licht durch eine Milchglasglocke f nach einem Lummer-Brodhun-Prisma p, welches im Kreuzungspunkt der vertikalen Röhrenachse B und der Längsachse des wagerecht liegenden Rohres A angebracht ist. Das Prisma zerlegt das von der Normalkerze und der hinter dem Rauchkanal angebrachten Lichtquelle herrührende Gesichtsfeld in zwei zueinander konzentrisch liegende elliptische Flächen. Das Auge blickt durch die Öffnung O. Die Milchglasscheibe steht mit einem von außen angebrachten Schieber *v* mit Skala *r* in Verbindung und kann beliebig in *A* verschoben werden. Während der Verschiebung von der Lichtkerze nach dem Prisma nimmt man folgende Erscheinungen wahr: einen dunklen Kern in heller Hülle, einen hellen Kern in heller Hülle und einen hellen Kern in dunkler Hülle.

Zur Bestimmung der Intensität einer Lichtquelle ist die Milchglasscheibe so lange nach links oder nach rechts zu schieben, bis Kern und Hülle gleich hell erscheinen.

Die Beobachtung der Rauchstärke erfolgte kontinuierlich; den Ablesungen der jeweiligen Schieberstellungen wurde die Zeit beigeschrieben, um bei der graphischen Darstellung der Rauchkurven beobachten zu können. Je nach dem Stande des Schiebers auf der Skala bedeutete dies unstatthafte Rauchentwicklung bis Rauchlosigkeit.

Durch die Beobachtung mit dem Photometer wurde nachgewiesen, daß der Rauch erst 40 bis 55 Sekunden nach der Wahrnehmung im Fuchs der Schornsteinmündung entquoll.

Die Firma B. J. Hall & Co. in London hat nach dem »Engineering« vom 4. Juli 1913 ein neues Instrument zur Bestimmung der Dichte des den Schornsteinen entströmenden Steinkohlenrauches auf den Markt gebracht, welches es Carboskop nennt. Da es zum Unterschied von anderen ähnlichen Instrumenten den Schornsteindurchmesser berücksichtigt, so ist es möglich, Schornsteine von verschiedenen Durchmessern untereinander und mit einem solchen von normaler Weite zu vergleichen.

Der Apparat besteht aus einem kleinen Fernrohr, welches mit einer drehbaren Scheibe versehen ist, die eine gewisse Anzahl von Zellen trägt, die verschieden stark berußte Gläser enthalten, wobei jedes Glas aber nur die Hälfte der betreffenden Zelle verdeckt. Durch Drehen der Scheibe kann jede beliebige Zelle in die optische Achse des Fernrohres gebracht werden, so daß der Rauch, den man durch den unbedeckten Teil der Zelle sieht, mit dem benachbarten berußten Glase verglichen werden kann. Auf diese Weise läßt sich jenes Glas ermitteln, das in seiner Färbung der jeweiligen Rauchstärke am besten entspricht. Der Gradierung des Instruments ist als Einheit eine Rauchdicke von 1 Fuß engl. (0,3048 m) zugrunde gelegt, die in einer Schicht von 20 Fuß (6,0959 m) Dicke 80% des darauf fallenden Lichtes durchläßt, die Gläser aber sind nach Vielfachen dieser Einheit numeriert. Rauch, der beispielsweise mit Glas Nr. 20 übereinstimmt, entspricht einer 20 Fuß dicken Schicht des Normalrauches, und wenn seine wirkliche Dicke z. B. 5 Fuß beträgt, dann ist seine Dichte viermal so groß wie die des Normalrauches.

Das Gewicht des Rußes kann ebenfalls bestimmt werden, und zwar durch Bestimmung der Rußmenge in einer Einheit des Normalrauches und Multiplikation dieser Menge mit der Dichte des betreffenden Rauches, die durch das Instrument festgestellt worden ist.

Ein anderes Verfahren zum Messen der Rauchdichte von Fabrikschornsteinen empfiehlt Dr. J. S. Owens. Er bedient sich einer Rauchskala, die darauf beruht, daß man mit ihr die größte Rauchdichte und ihre längste Zeitdauer messen kann.

Die praktische Ausführung der Methode beruht darauf, daß man die Durchsichtigkeit des Rauches vergleicht mit kalibrierten Rauchgläsern. Jedes dieser Rauchgläser entspricht einem bestimmten Grad von Rauchdichte in einer Skala. Als endgültiges Resultat der Messung gilt die mittels des Rauchglases bestimmte Rauchdichte, dividiert durch den Schornsteindurchmesser.

Von außerordentlicher Bedeutung für die Anwendbarkeit des Owensschen Verfahrens ist eine sorgfältige Ausführung der Skala, die neben Vermeidung gewisser Irrtümer entscheidend für die Erfolge ist. Sonst ist das Verfahren denkbar einfach und kann von jedem Laien angewendet werden.

Einen kleinen optischen Apparat zur Bestimmung der Durchsichtigkeit des Rauches von Fabrikschornsteinen beschreibt Dr. S. Queens in der Zeitschrift »Der Mechaniker« (1912, Nr. 11). Voraussetzung für die Anwendbarkeit des Apparates ist, daß man den Durchmesser der Schornsteinmündung kennt. Im übrigen entspricht die Einrichtung des Apparates fast durchweg dem »Carboskop«

(S. 126). Die Dichte des Rauches wird gefunden, wenn man
den Quotienten aus Lichtdurchlässigkeit und Schornsteindurchmesser bestimmt. Diese Bestimmungsweise kann aber
Veranlassung zu sehr großen Fehlern geben, wenn der Rauch
derart von der Sonne beschienen wird, daß er einen Teil des
Sonnenlichtes in der Richtung des Beobachters reflektiert, und
müssen daher die erhaltenen Ergebnisse stets den jeweiligen
atmosphärischen Verhältnissen entsprechend korrigiert werden.

Von allen Methoden, die Rauchstärke zu messen, hat
wohl die weiteste Verbreitung das

Ringelmannsche Verfahren zum Messen der
Rauchstärke industrieller Feuerungsanlagen gefunden
und dies mit vollem Recht. Das Verfahren zeichnet sich bei
der höchstmöglichsten Genauigkeit durch große Einfachheit
aus; es berücksichtigt den Standpunkt des Beobachters, den
Einfluß des Windes und die Art der Schätzung. Die Stärke
des Rauches ebenso wie die durch ihn hervorgerufene Belästigung der Nachbarn der betreffenden Feuerungsanlage
finden dabei in einem bestimmten Koeffizienten ihren Ausdruck. Das Verfahren ist eingehend in der empfehlenswerten
Zeitschrift »Rauch und Staub« (1. Jahrg., Nr. 7) beschrieben
und folge ich hier im wesentlichen den dort gemachten Ausführungen.

Professor Max Ringelmann, Paris. hat sich für die Bestimmung der Färbung des Rauches eine Vergleichs-Farben-
skala (Fig. 14) konstruiert, die auf folgendem Prinzip beruht:

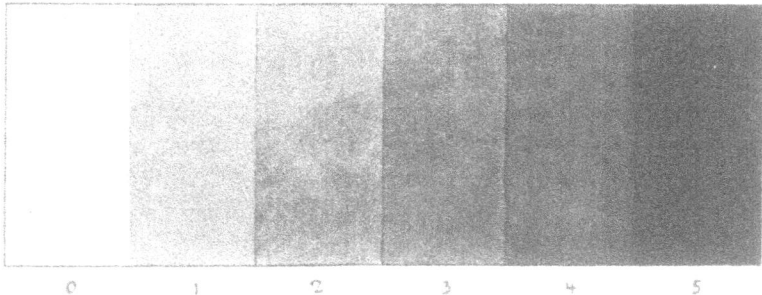

0   1   2   3   4   5

Fig. 14.

Der Farbenton wird durch ein Netz aus senkrecht aufeinander stehenden, mit schwarzer Tusche gezogenen Strichen von bekannter Stärke erzeugt. Dieses Strichnetz, das aus kleinen, mit mehr oder minder starken schwarzen Linien umrahmten weißen Vierecken besteht, wird senkrecht vor dem Beobachter in einer solchen Entfernung befestigt, daß dieser von dem rasterartigen Netz den Eindruck einer gleichmäßigen Färbung empfängt.

Die Skala wird zweckmäßig auf einem Pappendeckel befestigt und an einem ruhigen Ort (Winde höchstens von Westen oder Osten) in einer Entfernung von 80 bis 100 m vom Schornstein und möglichst in einer Linie mit diesem und dem Beobachter aufgestellt. Die Entfernung des Beschauers ist natürlich abhängig von seinem Sehvermögen und beträgt allgemein etwa 15 m von der Skala, die sich auch mit seinem Auge in gleicher Höhe befinden soll. Der Beobachter muß stets der Sonne den Rücken zukehren, damit er nicht durch das Licht geblendet wird und den Rauch nicht im durchfallenden Licht sieht.

Der Rauch muß an der Mündung des Schornsteins selbst oder in einer Entfernung vom Schornstein, die dem Durchmesser der Schornsteinmündung gleich ist, beobachtet werden. Da der Wind die Größe der austretenden Rauchwolke und ihre Färbung beeinflußt, so schaltet man auf diese Weise die Wirkung des Windes tunlichst aus.

Während der Beobachter mit der Uhr in der Hand den Rauch mit der Skala vergleicht, notiert er alle halbe Minute den Grad der Rauchstärke. Hierzu verwendet man am besten karriertes Papier, auf welchem die Minuten in Abständen auf der Abszisse, die Rauchstärke auf der Ordinate eingetragen ist.

Die Karten sind mit fortlaufenden Nummern zu versehen, und nach diesen Nummern wird die Dichte des Rauches angegeben. Bei jedem Versuch ist die Windgeschwindigkeit zu notieren, da sich nur die bei gleicher Windstärke erhaltenen Ergebnisse vergleichen lassen.

Die Farbenskala (Fig. 14) geht von Schwarz zu Weiß und umfaßt fünf Farbenstufen, die aus einer Mischung von

Weiß und Schwarz in folgenden Verhältnissen hergestellt werden:

Nr. 0 besteht aus 0 Teile schwarz und 5 Teilen weiß,

» 1	»	» 1	»	»	» 4	»	»
» 2	»	» 2	»	»	» 3	»	»
» 3	»	» 3	»	»	» 2	»	»
» 4	»	» 4	»	»	» 1	»	»
» 5	»	» 5	»	»	» 0	»	»

Die den schwarzen Strichen zu gebende Stärke bestimmt man in folgender Weise: Bezeichnet S die Fläche des Vierecks a, b, c, d (Fig. 15), die aus einem viereckigen weißen Teil n, m, f, c von der Fläche s und dem schwarzen Flächenrest d, a, b, f, m, n besteht und durch die beiden zueinander senkrecht stehenden Striche t und t' von gleicher Stärke $dn = bf$ gebildet wird. Als Beispiel sei Skala 4 angenommen, die vier Schwarz und ein Weiß enthalten soll, oder

$$s = \frac{S}{5}.$$

Die Seite $n \cdot c$ ist demnach:

$$\sqrt{s}.$$

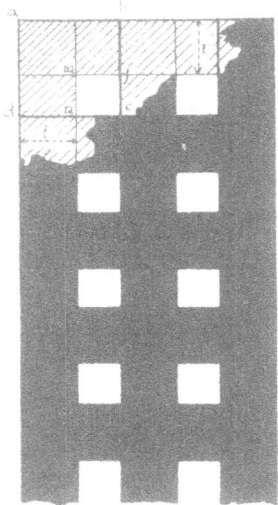

Fig. 15.

Ist in der Zeichnung, die zur Herstellung des Klischees für die Skala dienen soll, $ab = 10$ mm, so ist

$$s = \frac{100}{5} = 20 \text{ qmm}$$

und die Seite

$$n\,c = \sqrt{20} = 4,4721 \text{ mm}.$$

Für dieselbe Seitenlänge von 10 mm findet man in gleicher Weise die Seiten der schwarzen Vierecke und aus der Differenz der Seitenlängen der beiden Vierecke die Stärke der

Striche für die verschiedenen Abstufungen des Farbentons
der Skala, wie dies folgende Tabelle zeigt:

Nummer der Skala	Seite des weißen Vierecks in mm	Dicke der schwarzen Striche in mm
0	10,00	0,00
1	8,94	1,06
2	7,75	2,25
3	6,32	3,68
4	4,47	5,53
5	0,00	10,00

Um zu vermeiden, daß der Beobachter sich zu weit von
der Farbenskala aufstellen muß, um den Eindruck einer
gleichmäßigen Färbung zu erhalten, hat Ringelmann durch
Versuche festgestellt, daß Vierecke mit Seitenlängen $ab =$
2,5 mm genügen. Natürlich nimmt man dann auch nur den
vierten Teil der in der letzten Spalte der vorstehenden Tabelle
angegebenen Werte. Wie wesentlich der Unterschied hinsichtlich der Entfernung des Standpunktes des Beobachters
ist, ersieht man daraus, daß er bei einer Seitenlänge $ab = 10$ mm
20 m von der Skala entfernt stehen muß, gegenüber einer
Entfernung von etwa 5 m bei 2,5 mm Seitenlänge.

Sollen mehrere Versuchsreihen ausgeführt werden, so
empfiehlt sich, für jede Färbung eine größere Anzahl von
Exemplaren anzufertigen, deren Seitenlänge dann aber mindestens 10 cm betragen soll.

Es empfiehlt sich, während der Versuche durch einen
in der Nähe der Feuerung aufgestellten zweiten Beobachter
das Auflockern der Schlacke, das Beschicken mit Brennmaterial, das Reinigen des Rostes usw., kurz alles notieren
zu lassen, was bei der Prüfung einer Feuerung in Betracht
kommt.

Die Ermittelung der durchschnittlichen Rauchstärke geschieht in der bekannten Weise graphisch oder rechnerisch.

Herr Ingenieur Stange in Teplitz-Schönau führt für
laufende Untersuchungen das Taschen-Kagnoskop von
Otho mit. Dasselbe besteht aus einer runden Scheibe mit
einem Loch in der Mitte. Auf der Scheibe sind in Segmenten

9*

die verschiedenen Abtönungen der Rauchskala verzeichnet. Durch Beobachtung der Schornsteinmündung durch das Loch und Vergleichen mit den Segmenten auf der Scheibe erhält man ebenfalls Anhaltspunkte für die Rauchstärke.

Sehr energisch geht außer München und Dresden auch die Stadt Hannover gegen die Rauch- und Rußplage vor und bedient sich zur Notierung von Stärke und Dauer des Rauches eines ungemein praktischen Formulars, das leicht zu handhaben und außerordentlich übersichtlich ist. Die Stärke des Rauches und seine Dauer werden in das Formular graphisch eingetragen, so daß man sofort die tatsächlichen Verhältnisse übersehen kann. Dadurch, daß der Beobachter auf dem Formular auch seinen Standpunkt angeben muß, von dem aus er die Beobachtungen gemacht hat, sind seine Angaben stets nachzukontrollieren.

Hinsichtlich der auf dem Formular angegebenen Rauchstärkenskala sei bemerkt, daß bis 3 noch zulässig, 4 bis 5 dagegen unzulässig sind.

Die Untersuchung der Luft erstreckt sich jetzt meist nur auf ihren Gehalt an Ruß und schweflige Säure, wozu mitunter noch die Bestimmung des Sonnenlichtes kommt.

Für die Bestimmung des in der Luft enthaltenen Rußes bedient man sich folgender Verfahren:

Ansaugung großer Mengen und genaue Wägung der angesaugten Rußmengen; Auffangemethoden und Filtermethoden.

Der Nachteil der Ansaugung großer Luftmengen liegt in der Kostspieligkeit des Verfahrens, während bei der Auffangemethode die Luftmenge, aus der der Niederschlag gewonnen wird, nicht bestimmt werden kann. Man wird sich daher häufig darauf beschränken müssen, diese als Ergänzungsverfahren zu verwenden.

Während bei der Auffangmethode auch die größeren Rußflocken aufgefangen werden können, bringt die Filtermethode in der Hauptsache nur die feinen flugfähigen Teile zur Darstellung. Dies ist jedoch kein großer Nachteil, da vor allem die feineren Flocken in die Atmungsorgane gelangen, somit den Menschen schädlich sind.

Rauchstärken:

0 nichts	
1 kaum sichtbar	3 mittelstark
2 deutlich sichtbar	4 stark
	5 sehr stark } unzulässig

von ——— noch zulässig

Firma:

Lage:

Beobachtet am: .... den .... ten .... 191— von .... Uhr ..... Min. bis .... Uhr .... Min. von .... Uhr .... Min. von ....

Wetter:

Standpunkt: ....

Minuten:	0½	1	2	3	4	5	6	7	8	9	10	11	12	13	14	15	16	17	18	19	20	21	22	23	24	25	26	27	28	29
Schornstein I	5 4 3 2 1																													
Schornstein II	5 4 3 2 1																													
Schornstein III	5 4 3 2 1																													
Schornstein IV	5 4 3 2 1																													

Die Filtermethode wurde zuerst von Renk nach Rubners Vorgehen ausgebildet, und zwar unter Anwendung entweder einer Renkschen Kapsel mit Wasserstrahl oder einer Luftpumpe. Der Nachteil der Wasserstrahlmethode ist ihre Kostspieligkeit und ihre Gebundenheit an einen bestimmten Ort; beides Nachteile, die bei der Anwendung der Luftpumpe fortfallen. Ascher benutzte statt der Luftpumpe zu seinem Apparat (S. 150) Blasebälge, die sich auch bestens bewährt haben.

Das Resultat, d. h. die Schwärzung des Filterpapiers durch den Ruß aus der das Filter passierenden Luft wird durch Vergleich mit einer Rußskala bestimmt. Sehr bekannt ist die Rußskala von Ascher. Es werden sechs annähernd im Farbenton gleichmäßig aufeinander folgende Farben, die eine Skala von zartem Grau-Weiß bis zum kräftigen Schwarz darstellen, auf einen Papierstreifen aufgetragen und das geschwärzte Filterpapier mit dieser Skala verglichen. Diese Skala ist einfach und erfolgreich, während die Orsische Skala, bei welcher in absolutem Alkohol aufgeschwemmte Rußmengen auf geleimtes Papier aufzubringen sind, den Nachteil hat, daß es oft nicht gelingt, die Rußmenge gleichmäßig auf dem Papier zu verteilen.

Zur Bestimmung der Durchschnittswerte wird bei der Ascherschen Skala eine Aufrechnung gemacht, in der die Zahl der Beobachtungen enthalten ist, ferner die durchschnittliche Windstärke und der Durchschnitt der Rußnummern, wobei die zwischen zwei Nummern der Skala liegenden mit $\frac{1}{2}$ (z. B. $2\frac{1}{2}$) bezeichnet werden.

Bei der Bestimmung der schwefligen Säure wird die Schwefelsäure gleichzeitig mitbestimmt, was aber deswegen kein Fehler ist, weil die in der Luft enthaltene Schwefelsäure, falls nicht Schwefelsäurefabriken usw. in der Nähe sind, aus der schwefligen Säure der Kohle stammt.

Die schweflige Säure wird heute fast ausschließlich nach dem Verfahren von Dr. Hurdelbrink, Chemiker der städtischen Gasanstalt in Königsberg i. Pr., dadurch bestimmt, daß sie zugleich mit der Schwefelsäure in einem Glasturm von 730 mm Höhe, der zu drei Viertel mit Glasperlen gefüllt

1/4 n.G.

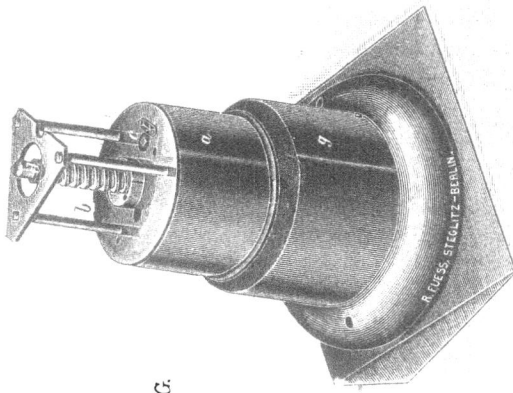

1/4 n.G.

Fig. 16.

ist, durch welche Luft durch eine Jodlösung streicht und absorbiert wird, wobei sie zu Schwefelsäure oxydiert. Die so erhaltene Schwefelsäure wird als Bariumsulfat durch Wägung bestimmt.

Das zu dem Versuch nötige Wasserquantum bestimmt sich danach, daß zu jeder Bestimmung je 14 Tage lang täglich 10 bis 12 Stunden Luft durch den Turm gesaugt wird. Stündlich sollen 125 l den Turm passieren, die durch eine Gasuhr gemessen werden. Der Apparat bleibt, einmal ausgeprobt, sich selbst überlassen und bedarf bloß zeitweiser Aufsicht, um Jod und Wasser nachzugeben.

Die Helligkeit wird nach dem von R. Fueß in Berlin-Steglitz konstruierten Esmarchschen Sonnenschein-messer bestimmt (Fig. 16); ein Apparat, in dem sich ein photographisches Papier vor einem feinen Lichtspalt vorbei-bewegt. Der Papierstreifen liegt auf einer Walze, die durch ein Uhrwerk getrieben wird und sich in Spiralen im Laufe einer Woche herabsenkt. Alle acht Tage wird das Uhrwerk wieder aufgezogen. Der Apparat muß aber vorher ausge-probt werden, da er ab und zu stillsteht, ein Fehler, der bei längerem Vertrautsein mit dem Apparat vermieden werden kann. Zur Aufstellung braucht man ein flaches, nirgend beschattetes Dach, da der Apparat freistehen muß.

g ist der feststehende Teil mit dem lichtempfindlichen Papier und dem Uhrwerk, welches sich in einer Kapsel a be-findet; h der drehbare Teil mit dem Lichtspalt; i die Mit-tagslinie (für die Zahl 24); c eine Öffnung zum Aufziehen des Uhrwerks und b eine Spannfeder.

Die internationale Gesellschaft zur Bekämpfung der Rauch- und Rußplage hielt im März 1912 in Lon-don eine Versammlung ab, in der beschlossen wurde, eine Standardmethode zur Bestimmung der Verunreini-gungen der Luft aufzustellen, die folgende Bedingungen erfüllen sollte: 1. Angabe der Luftverunreinigung in Gramm pro cbm. 2. Die Verunreinigungen müßten in solcher Weise gesammelt werden, daß sie analysiert werden könnten. 3. Die Methode müßte so einfach wie möglich sein, vorausgesetzt, daß Bedingungen 1. und 2. erfüllt bleiben.

Nach Durchprüfung aller bisher bekannten Methoden
der Untersuchungen der Luft auf Verunreinigungen wurde
beschlossen, die Methode von Professor Cohen in Leeds anzuwenden, die bereits während des Winters 1910/11 in London
zur Zufriedenheit ausprobiert war. Die nachfolgende Fig. 17 gibt
den Cohenschen Apparat nach dem Gesundheitsingenieur (1903,
S. 146) wieder. Er besteht aus einem runden, oben offenen
Gefäß (Öffnung etwa 1,50
qm groß), das in einem
eisernen Rahmen befestigt
ist. Das Gefäß selber ist
auf seiner ganzen Oberfläche
emailliert und wird, um ver-
gleichende Bestimmungen
zu ermöglichen, nur in einer
Größe angefertigt. Am
trichterförmig zugespitzten
Ende des emaillierten Ge-
fäßes ist eine ca. 10 l fassende Flasche angebracht,
in die bei Regenwetter die
Niederschläge mit den Verunreinigungen hineinfließen
und bei Trockenwetter mit
gemessenen Mengen Wasser
hineingespült werden. (S.

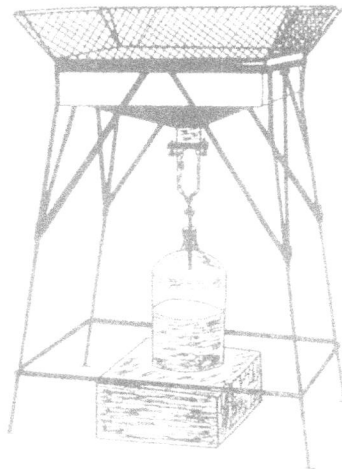

Fig. 17.

a. S. 177.) Ein Drahtgitter hindert, daß Vogelexkremente in
den Apparat gelangen können.

Die Rückstände werden nach einheitlichen analytischen
Methoden (S. 177) untersucht, und zwar werden die Unter-
suchungen auf gesamtsuspendierte Stoffe, unlösliche Stoffe,
lösliche Stoffe, flüchtige und nicht flüchtige gelöste Stoffe,
Sulfat, Ammoniak und Chloride ausgeführt. Mit Hilfe dieser
Methode ist beispielsweise für London festgestellt worden,
daß auf die englische Quadratmeile 500, 420 resp. 650 t feste
Stoffe entfielen.

Diese Untersuchungen wurden in folgenden englischen
Städten weiter fortgesetzt: London, Liverpool, Manchester,

Glasgow, Birmingham, Newcastle, Keithly, Bradford, Hull,
Leicester, Malvern, Plymouth usw.

Meines Wissens wurden Luftuntersuchungen zum Zwecke
der Bestimmung des Grades der Verunreinigung der Luft
durch Rauch und Ruß zum ersten Male in größerem Maßstabe und in wissenschaftlich einwandfreier Weise in Manchester vorgenommen. Es haben allerdings schon früher
Untersuchungen der Luft zu gleichem Zwecke stattgefunden;
doch haben diese auf die wissenschaftliche Behandlung der
Rußfrage nicht den Einfluß ausgeübt wie die Luftuntersuchungen in Manchester. Das »Air Analysis Committee« in Manchester machte aber seine Arbeiten der Öffentlichkeit nicht in genügendem Umfange bekannt, so daß,
namentlich für Deutschland, diese wichtige Quelle für alle
die Verbesserung der Luft betreffenden Fragen verloren ge-
gangen wäre, wenn nicht der damalige Kreisassistenzarzt
Dr. Ascher in Königsberg i. Pr., jetzt Kreisarzt in Berlin,
sich der Aufgabe unterzogen hätte, die Luftuntersuchungen
in Manchester in der »Deutschen Vierteljahrsschrift für öffentliche Gesundheitspflege (39. Bd., 4. Heft, 1. Hälfte, Verlag
Friedrich Vieweg & Sohn, Braunschweig) eingehend zu besprechen und gebe ich nachstehend das Wesentlichste aus der
sehr wichtigen Ascherschen Arbeit wieder.

Die von dem Air Analysis Committee in Manchester sich
gestellte Aufgabe bestand darin, zu untersuchen:

1. Die Zusammensetzung der Luft in dicht bevölkerten
   Bezirken, verglichen mit der in dünner bevölkerten
   und in Vororten.

2. Die Beziehung zwischen atmosphärischen Unrein-
   heiten, Krankheit und Sterblichkeit.

3. Die Menge Rauch und schädlicher Gase, die
   a) Wohnhäusern,
   b) dem Gewerbebetriebe zuzuschreiben sind.

4. Der Charakter der Luft während des Nebels.

Nachdem man erkannt hatte, daß die schweflige Säure
ein charakteristisches Merkmal der Kohlenverbrennung ist,
untersuchte man mit Hilfe des abgebildeten Apparates (Fig. 18)
zunächst die Luft auf ihr Vorkommen.

Der Apparat besteht aus einer Glasröhre (A) von ½ Zoll (12,7 mm) Durchmesser, welche, in die freie Luft hinausragend, an beiden Enden offen und horizontal befestigt ist. Einem Glasturm (B), 30 Zoll (762 mm) hoch, 1¼ Zoll (31,75 mm) dick, der am unteren Ende in eine feine Röhre ausgezogen ist. Am unteren Ende sowie an der entgegengesetzten Seite am oberen Ende des Turmes befinden sich zwei kleine Seitenröhren, die mit A, bzw. durch eine Schlauchleitung mit dem als Aspirator dienenden gewöhnlichen nassen Gasmesser (C) verbunden sind. Der Gasmesser hat ein Uhrwerk und eine Reihe von Zifferblättern, welche die angesaugte Luftmenge auf $1/_{100}$ eines Kubikfußes registrieren. Der Turm ist bis zu etwas über 25 mm (1 Zoll) unterhalb des oberen

Fig. 18.

Randes mit Glaskügelchen gefüllt, während am oberen offenen Ende ein Hahntrichter durch einen genau passenden Kork eingeführt ist.

Die Ausführung des Experiments beschreibt Ascher folgendermaßen:

Gegen 250 ccm einer Lösung von Wasserstoffsuperoxyd in Wasser, enthaltend gegen 1 mg aktiven Sauerstoffs in jedem Kubikzentimeter, wird in den Hahntrichter gegossen, von wo sie auf die Glaskügelchen herabtropft — ungefähr ein Tropfen in der Sekunde. Die Flüssigkeit fließt am unteren Ende der Röhre durch die Spitze und fällt in eine Flasche. Ein Tropfen Flüssigkeit, der ständig die Spitze füllt, verhindert wirksam den Eintritt der Luft von unten her. Vor dem Beginn der Untersuchung läßt man die Flüssigkeit einmal durch-

laufen und gießt sie dann wieder in den Hahntrichter. Wenn
das Gewicht aufgewunden ist, wird das Zifferblatt abgelesen
und die Scheibe in Bewegung gesetzt. Bei einer Schichthöhe
der Kügelchen von 20 Zoll und mit einem Gewicht von 20 Pfund
können 20 Kubikfuß in einer Stunde aspiriert werden. Einmal
in Bewegung gesetzt, braucht der Apparat keine weitere
Überwachung, bis entweder das Gewicht den Boden erreicht
hat oder die Lösung von Wasserstoffsuperoxyd aus dem
Trichter herausgelaufen ist. Die hierzu nötige Zeit ist leicht
festgestellt, so daß man keine Zeit verliert, um nach dem
Apparat zu sehen.

Für die Untersuchungen, welche im September 1891
begannen und ununterbrochen bis Ende August des folgenden
Jahres dauerten, wurden vier Stationen eingerichtet: Owens
College, Hulme, Town Hall und Ordsal. Das Ergebnis war,
daß der Höchst- und Mindestgehalt von Schwefel, der in der
Luft Manchesters und Salfords, ausgedrückt in Milligramm
SO_3 auf 100 Kubikfuß Luft, in jedem Monat durchschnittlich vorhanden war, betrug:

	Owens College	Hulme	Town Hall	Ordsal
Höchstgehalt . . .	8,5	9,6	10,5	12,5
Mindestgehalt . .	2,5	3,5	3,3	3,5

Bei dem Befund von Ordsal macht Ascher allerdings
mit vollem Recht ein großes Fragezeichen. Sollte dieser hohe
Schwefelgehalt tatsächlich das Ergebnis genauer Untersuchungen sein, so wäre es sehr erwünscht gewesen festzustellen, worauf dies zurückzuführen ist.

Der Durchschnittsgehalt an Schwefel für jeden Monat,
erhalten aus dem Durchschnitt aller Bestimmungen, ausgedrückt wie vor, beträgt für

	Owens College	Hulme	Town Hall	Ordsal
Durchschn. November-April	6,4	7,8	9,25	9,4
» Mai-Oktober . .	2,7	3,9	2,8	4,2

Auffallend ist der hohe Durchschnitt in den Sommermonaten in Ordsal. Der größten Gehalt an SO_3 enthält die
Luft im Monat Dezember mit seiner außerordentlich starken
häuslichen Feuerung. Ein zweiter Hochstand findet sich

dann in den Monaten März und April, was wahrscheinlich auf den größeren Feuchtigkeitsgehalt der Luft in dieser Jahreszeit zurückzuführen ist. Der Einfluß von Wind und Nebel auf den Gehalt der Luft an schwefliger Säure geht auch aus einer weiteren Tabelle der Ascherschen Ausführungen hervor, nach der am 6. März 1891, einem sehr klaren windigen Tage, in Owens College der Höchstgehalt nur 0,28 betrug, während er am 27. Februar im Innern der Stadt (Town Hall) während eines Nebels 7,40 betrug.

Für diejenigen, welche ähnliche Untersuchungen vornehmen wollen, bringt Ascher folgende für die SO_2-Bestimmungen wertvolle Regeln:

1. Die Schläuche mit Draht befestigen; das Ende der Glasröhre frei im Freien enden lassen.

2. 200 ccm H_2O_2-Lösung durchlaufen lassen, so einstellen, daß pro Sekunde ein Tropfen durchgeht; sinkt die Flüssigkeit zu sehr, so muß die durchgegangene Flüssigkeit wieder aufgegossen werden, während ein Kölbchen darunter steht.

3. Nach Beendigung des Versuches zweimal mit der H_2O_2-Lösung auswaschen.

4. Notiert muß auf der (zugekorkten) Flasche werden: a) Datum, Anfang und Ende des Versuches; b) durchgesaugte Luftmenge; c) Windrichtung.

5. Bei klarem Wetter 100 Kubikfuß (2,83 cbm), bei trübem Wetter 50 Kubikfuß durchsaugen, bei einer Geschwindigkeit von 20 bis 25 pro Stunde.

6. Eine Bestimmung wöchentlich etwa einmal gleichzeitig an allen Stationen machen, andere soviel als möglich, namentlich bei nebligem Wetter.

7. Auch die Dichte des Nebels, beurteilt nach der Sichtbarkeit benachbarter Gegenstände, sein Charakter (Geruch nach SO_2, Ruß usw.), seine wagerechte oder senkrechte Verteilung ist von großem Wert.

In allen Fällen Datum und Beobachtungszeit notieren. Die Gummischläuche vor dem Gebrauch eine Stunde in verdünnter Natronlauge kochen, gründlich mit Wasser und zum Schlusse mit sehr verdünnter Salzsäurelösung auswaschen.

H_2O_2 : 10 volumproz. (das gewöhnliche medizinale) zehnfach verdünnt; es darf weder Niederschläge noch Trübungen geben, wenn etwas HCl und einige Tropfen Baryumnitrat zugesetzt werden. Es darf auch auf dem Trichter oder im Turm keinen Niederschlag hinterlassen; ein Niederschlag würde die Anwesenheit von freiem Baryt beweisen.

Der Turm soll fast bis zur Höhe des höheren seitlich abgehenden Glasrohres gefüllt werden, und zwar mit Glasstücken von Erbsengröße, die von einem festen Glasstabe gebrochen werden. Einige kleine Glasperlen am unteren Ende und vor der Zutrittsöffnung des zuführenden Glasrohres sind von Vorteil. Keine Glassplitter.

Ablagerungen aus der Luft wurden von Schnee, von den Dächern der Treibhäuser und von den Blättern der im Freien wachsenden Pflanzen nach folgender Methode gesammelt: Es wurden möglichst bald nach dem Schneefall die obersten Schichten einer bestimmten Fläche gesammelt, geschmolzen und der SO_2-Gehalt, manchmal auch der Gehalt an Chlorwasserstoffsäure (HCl) bestimmt. Von da ab ist täglich von derselben Fläche Schnee zu entnehmen, so daß der Niederschlag von SO_2 und die festen Bestandteile gemessen werden können.

Auf diese Weise konnte man, wie Ascher schreibt, berechnen, daß während eines dreitägigen Nebels auf eine englische Quadratmeile in der Nachbarschaft des durchaus nicht im schlechtesten Teile Manchesters belegenen Krankenhauses etwas mehr als $1\frac{1}{2}$ Zentner Schwefelsäure niedergeschlagen wurden, während es in der Nähe von Owens College über vier Zentner waren. An dieser letzten Stelle wurde auch der Niederschlag von mehr als 13 Zentner Ruß und ungefähr $\frac{1}{2}$ Zentner Salzsäure festgestellt.

Ferner wurden schwarze Ablagerungen (Blacks, Ruß) von zwei Wochen (Februar) auf den Glasdächern von Kew-Gardens usw. und aus der Watte, mit der die Luft für das Unterhaus filtriert war, untersucht, wobei der hohe Bestandteil an öligen Stoffen auffallend ist. Diese großen Mengen öliger Bestandteile (Kohlenwasserstoffe) sind auch der Londoner Luft eigen und erklären den Charakter des berüchtigten Nebels dieser Stadt.

Charakteristisch für die Zusammensetzung dieser Niederschläge ist die Analyse von ähnlichen Niederschlägen in Chelsea.
Sie enthielten:

Kohle 39,00%
Kohlenwasserstoffe (CnHm) . . . . . 12,30 »
Organische Basen . . . . 2,00 »
Schwefelsäure . . . . 4,33 »
Salzsäure . . . . 1,43 »
Ammoniak . . . . 1,37 »
Metallisches Eisen und magnetische
Oxyde . . . . 2,63 »
Andere mineralische Bestandteile, be-
sonders Silikate und Eisenoxyd, Was-
ser nicht bestimmt . . . . 31,24 »

Endlich waren zur Bestimmung der Niederschläge die
Blätter von Bäumen vor Beginn des mehr nebligen
Wetters, nach einer regenfreien Periode von 14 Tagen, ge-
sammelt.

Die Schwefelsäure betrug häufig 6 bis 9%, die Salzsäure
5 bis 7% des ganzen Niederschlages.

Sehr praktisch erscheint mir das in Manchester für die
Schnee- und Regenanalyse benutzte Formular, dessen sinn-
gemäße Anwendung bei gleichen Untersuchungen in Deutschland durcháus angebracht ist:

Datum	Ort	Blacks in grains auf den Quadrat-Yard	Chlorine Teile pro Million	SO₂ Teile pro Million	Windrichtung	Bemerkungen über Wetter

Etwas besonderes haben die Beobachtungen über die
Verschiedenheit in der Luftklarheit nicht ergeben.
Ausgeführt wurden diese Beobachtungen täglich mittags,
indem man vom Turm der Stadthalle gewisse in verschiedenen
Himmelsrichtungen belegene gut bekannte Gebäude, deren
Entfernungen bekannt waren, aussuchte. Eingetragen wurden
die entferntesten eben sichtbaren Punkte und mit den meteoro-
logischen Beobachtungen verglichen.

Zur näheren Bestimmung der in der Luft vorhandenen organischen Massen bediente man sich folgender Methode: Durch eine Röhre, in der Glaswolle in nicht zu dicker Packung (6 bis 8 Zoll lang) liegt, wurden 200 Kubikfuß Luft — 500 bei klarem Wetter, 100 bei Nebel — gesaugt, wobei organische Massen und ein wenig schweflige Säure zurückgehalten werden. Die Glaswolle wird in eine saure Lösung von Kaliumpermanganat von bekannter Konzentration gebracht und unmittelbar darauf mittels Pipette ein aliquoter Teil entnommen und titriert. Unter Wiederholung nach 1, 6 und 20 Stunden wird die dem Kaliumpermanganat entsprechende, zur Oxydation verbrauchte Menge Sauerstoff berechnet. Darauf Digerierung bei 50° C für eine Stunde, um eine weitere Reduktion zu bestimmen. Zum Schluß wird eine bestimmte Menge mit einem Überschuß von Alkali destilliert, um Ammoniak zu bestimmen und dadurch den in den organischen Massen vorhandenen Stickstoff. Was bei 50° C nicht oxydiert wird, kann vernachlässigt werden.

Regeln hierfür:

1. Permanganatlösung (0,395 g in 1 l), Schwefelsäure (1 : 3 Wasser). Davon gleiche Teile in einen mit Glasstopfen versehenen Zylinder und da hinein die Glaswolle.

2. a) Man stelle die Menge einer Standardlösung von Ferroammoniumsulfat fest, die genügt, um 10 ccm Permanganat direkt nach Einbringen der Glaswolle und Umrühren mittels Glasstabes zu entfärben.

b) Desgl. 10 ccm entnommen (nach Umrühren) nach 1 Stunde.

c) Desgl. 10 ccm entnommen (nach Umrühren) nach 6 Stunden.

d) Desgl. 10 ccm entnommen (nach Umrühren) nach 24 Stunden.

e) Desgl. 10 ccm entnommen nachdem der Rest der Lösung 1 Stunde bei 50° C digeriert ist.

Zum Schluß muß der N-Gehalt bestimmt werden, indem man 50 ccm der Flüssigkeit mit Kalilauge neutralisiert, destilliert unter Hinzufügung einer gleichen Menge alkalischer

Permanganatlösung (200 g festes KOH und 8 g Kaliumpermanganat zu 1 l Wasser) und bestimmt das Ammoniak
im Destillat durch Neßlersche Lösung.

3. Die Ferroammoniumsulfatlösung wird hergestellt durch
Auflösen von 4,9 g des Salzes in 1 l Wasser; sie soll äquivalent
dem Permanganat sein.

Bei den Untersuchungen ist festzustellen, ob die organische
Substanz schnell zersetzlich und somit fäulnisfähig und schädlich ist, oder ob sie aus verhältnismäßig unschädlichen Partikeln
von Staub und Ruß besteht.

Von einer Messung des Sonnenscheins hat man in
Manchester Abstand genommen, weil es auf
die Bestimmung der gesamten Helligkeit ankam.
Diese Bestimmungen wurden an 15 verschiedenen Stellen der
Stadt und der Vororte vorgenommen, und zwar nach der
Methode von Angus Smith, die darauf beruht, daß aus einer
Mischung von Jodkalium und verdünnter Schwefelsäure Jod
durch Licht bei Gegenwart von Sauerstoff oder atmosphärischer
Luft freigemacht wird. Das freigewordene Jod wird gemessen.

Für die Ausführung sind folgende Regeln zu empfehlen:

1. Lösungen: a) Lösung von KJ (20 g pro l); b) Lösung
von H_2SO_4 (11,85 g pro l); c) Lösung von Natriumthiosulfat
(12,7 ccm), um gerade 10 ccm von d) zu entfärben; d) $1/100$
Normallösung von Jod (1,27 g J pro l). Als Indikator kann
man Stärkelösung benutzen.

2. Ausgewählte Flaschen mit Glasstopfen von gleicher
Wandstärke. In diese mischt man 10 ccm der Lösung a) mit
10 ccm von b) kurz vor der Benutzung. Die Flasche wird
auf einer weißen Platte von sechs Zoll im Quadrat nach Eintritt der Dunkelheit bis zum Eintritt der Dunkelheit des
nächsten Tages aufgestellt; dies wird täglich wiederholt.
Wenn die Jodbestimmung nicht bei künstlichem Licht vorgenommen werden kann, dann ist die Flasche bis zum nächsten
Morgen dunkel aufzubewahren.

3. Die freigewordene J-Menge ist ein Maß für das während
des Tages vorhandene Licht. Es wird in die Flasche von der
Lösung c) bis zur Entfärbung hineingetropft, die Menge

sehr genau an der Bürette abgelesen. Das Ergebnis mit 5 multipliziert, gibt die freigewordene J-Menge in Milligramm auf 100 g der ausgesetzten Lösung. Tägliche Feststellung und gleichzeitige Notierung des Wetters; namentlich Dunst und Klarheit der Luft genau zu notieren.

4. Wenn die Lösungen c) und d) aus reinen Stoffen hergestellt und dunkel aufbewahrt werden, verändern sie sich nicht sehr. d) kann monatelang auf diese Weise in verstopfter Flasche bewahrt werden. c) muß auf d) so oft als möglich — z. B. wöchentlich einmal — eingestellt werden; wenn zu schwach befunden, müssen die Ergebnisse berichtigt und die Lösungen frisch hergestellt werden.

5. Für Vergleiche ist es durchaus notwendig, einen nach allen Seiten, besonders nach Süden, offenen Platz zu wählen. In der Regel soll ein Hindernis von x Fuß Höhe nicht näher liegen als x Yard.

6. Flasche und Platte müssen rein gehalten werden; es muß jede Vorsicht gewahrt werden, um die Ergebnisse Tag für Tag und Monat für Monat vergleichbar zu machen.

7. Wenn die Lösung friert, muß das Ergebnis verworfen werden. Man vermeidet das Frieren, wenn man die Lösung früh statt abends aussetzt.

Wichtig sind auch Bestimmungen der freigewordenen J-Menge in ununterbrochenem Sonnenschein für eine Stunde (mittags), an verschiedenen Orten und Höhen.

Die freigewordene J-Menge ist innerhalb gewisser Grenzen dem empfangenen Lichte proportional.

Die Lichtmessungen haben u. a. die altbekannte Tatsache bestätigt, daß die Stadtluft viel ungünstiger ist als die Landluft, besonders in bezug auf Klarheit während längerer Zeiten eines hohen und ruhigen Barometerstandes, in denen eine zu geringe horizontale Bewegung der Luft vorhanden ist, um die Verunreinigungen zu entfernen.

Erwähnt sei noch, daß auch in Manchester festgestellt ist, daß der Hausfeuerung der größere Anteil an den über den Städten lagernden Rauchwolken zukomme als der Fabrikfeuerung.

Die in umfangreichster Weise vorgenommenen Beobachtungen über

die Natur und die Verteilung des Nebels sollten vor allem über drei Punkte Aufklärung geben: Die Dauer des Nebels, seine Ausdehnung sowie seine Dichte und seinen Geruch.

Die aus den Beobachtungen gezogenen Schlüsse waren nach Ascher folgende:

1. Die Nebel begleiten fast stets ein gleichmäßiges oder gleichmäßig steigendes Barometer, besonders bei gleichzeitig starkem Temperaturabfall.

2. Örtlich beschränkte Nebel kamen meist in der Nachbarschaft der Wasserläufe vor — bei gleichmäßiger Klarheit der übrigen Stadt.

3. Namentlich die eigentliche City war gewöhnlich mehr von Nebeln frei als ihre Nachbarschaft, besonders bei kurzdauernden.

4. Gleichzeitige Beobachtungen in Liverpool und London zeigten, daß die Londoner Nebel mehr schweflige Säure enthielten als die in Manchester, wenn auch unbedeutend, während Liverpool — wohl infolge der Seewinde — weniger Nebel, insbesondere weniger schädliche und eine klarere Luft hat.

Die letztere Tatsache beweist den großen Einfluß des Windes, wie auf die Rauchentwicklung, so auch auf die Nebelbildung.

Über den Einfluß der Stadtluft von Manchester auf das Tier- und Pflanzenleben siehe auch die auf Seite 138 angegebene Quelle.

Daß Deutschland in der Behandlung der Rauch- und Rußfrage in den letzten Jahren so außerordentliche Fortschritte gemacht hat, daß es ebenso, wie in der Frage der Behandlung der Abwässer, England und die Vereinigten Staaten, die bisher auf diesen Gebieten an der Spitze marschierenden Länder, weit überholt hat, verdankt es einigen wenigen Männern, welche sich in uneigennütziger Weise mit der namentlich für die Volksgesundheit so überaus wichtigen Frage der Unschädlichmachung der unsere Luft vergiftenden Rauchmengen beschäftigten und den Praktikern den Weg wiesen.

auf welchem sie, wenn auch nicht von heute auf morgen, ihr Ziel, die rauchfreie Verbrennung, namentlich der Stein- kohlen, erreichen werden. Einer der verdienstvollsten For- scher auf dem Gebiete der Rauch- und Rußfrage ist der Kreisarzt Dr. Ascher in Berlin, welcher mit als einer der ersten für die Sanierung unseres Luftmeeres eingetreten ist. Auf seine allerdings stark angegriffenen Untersuchungen über den Ein- fluß der Rauchgase auf die menschliche Gesundheit soll näher an der gegebenen Stelle dieses Buches (S. 226 u. f.) eingegangen werden, hier soll nur auf seine und seiner Mitarbeiter Tätig- keit hinsichtlich der Untersuchung der Luft von Königsberg i. Pr. hingewiesen werden.

Für die Untersuchung der Königsberger Luft auf schweflige Säure und Ruß wurde, wie Dr. Hurdel- brink in dem 1. Bericht der Kommission zur Bekämpfung des Rauches in Königsberg berichtet, die Luft durch eine Wasser- strahlpumpe angesogen, wobei die Luft folgenden Weg nehmen mußte: Zunächst passierte die Luft ein Filter, welches ur- sprünglich aus einem mit Asbest gefüllten Allihnschen Rohr bestand. Da dieses Filter aber zu wenig Luft durchließ, wurden statt der Asbeströhrchen zweiteilige Kapseln mit gutem Erfolge angewandt. Die Kapseln hatten oben einen Lufteingang, unten einen Luftausgang, und in der Mitte hielten die überfassenden Ränder ein Papierfilter. Die Menge des Rußes wurde nicht gewichtsanalytisch bestimmt, sondern nur die Rußmengen untereinander nach der Schwärzung der Filter verglichen, wie sie während derselben Zeit auf den verschiedenen Stationen aus annähernd denselben Luft- mengen erhalten wurde.

Aus dem Filter gelangte die Luft in drei mit Jodlösung als Absorptionsmittel für schweflige Säure gefüllte Drechselsche Flaschen. Die Jodkaliumlösung bestand aus 100 g J und 150 g KJ im Liter, welche mit Wasser verdünnt wurde. Zu- nächst gelangte die Luft in eine Flasche, welche 20, und dann in zwei Flaschen, welche je 10 ccm dieser Lösung enthielten. Die erste Flasche müßte etwa alle zwei Tage mit 5 ccm Jod- lösung nachgefüllt werden, da der Luftstrom Jod und Wasser aus den Flaschen nimmt. SO_2 entwich hierbei aber nicht mit, da es durch die Jodlösung vollkommen absorbiert wurde. Nachdem das Jod durch Eindampfen entfernt war, wurde die Schwefelsäure in Bechergläsern (aus Jenenser Glas) in salzsaurer Lösung mit wenig Chlorbarium ausgefüllt. Zum Eindampfen und Füllen soll aber kein Gas verwendet werden, weil dadurch große Fehler verursacht werden können; am besten ist eine Spiritusflamme. Später wurde diese Versuchsanordnung etwas geändert und noch später wurden die Flaschen durch einen Apparat ersetzt, der leichteres Ausfällen der Jodlösung und leichteres Nachfüllen von Jod und Wasser gestattet. Endlich gelangt die Luft durch einen Gasmesser in die Wasserstrahlpumpe. Vor dem Gasmesser war eine Flasche mit Eisenspänen eingeschaltet, um die Joddämpfe zurückzuhalten und den Gasmesser zu schonen.

Da das Verfahren, die Schwefelsäure mit Hilfe von Bariumsalzen zu bestimmen, an und für sich schon nicht sehr genau ist, so wird dieser Fehler durch den Umstand, daß die Bariumsalze mit gewogen werden, noch größer. Ferner ist zu berücksichtigen, daß die Luft vorher, wie bereits ausgeführt, filtriert wurde, wobei sie 18 bis 20% ihrer schwefligen Säure verlor. Die Filtrierung hatte den Zweck, die festen Bestandteile der Luft zurückzuhalten, insbesondere den Ruß, in dem sich nicht unbeträchtliche Mengen von schwefliger Säure befinden. Auch die Messung der Luft durch den Gasmesser ist nicht ganz einwandfrei, da die Luft im ausgedehnten Zustande unter etwa 50 cm (Wassersäule) Minusdruck gemessen wird, mithin die Messung um 5% ($^{50}/_{1000}$) zu niedrig ausfallen wird. Allerdings ist das aber für Gasmesser an sich kein großer Fehler.

Zur Untersuchung des Schnees in Königsberg wurden vier gleich große weithalsige Flaschen mit Schnee gefüllt. Die eine Probe wurde einige Meilen nördlich der Stadt auf freiem Felde in der Nähe der Ostseeküste entnommen, die andern drei an verschiedenen Stellen der Stadt. Der Höchstgehalt an schwefliger Säure im Schnee betrug für einen Liter Schnee in Milligramm:

	SO_2	bzw. SO_3			SO_2	bzw. SO_3
1. Flasche	0,42	0,52	3. Flasche		4,40	5,50
2. »	6,70	8,40	4. »		2,90	3,60

Die Entnahme von liegendem Schnee ist nicht zu empfehlen, und die Ergebnisse hieraus sind immer mit Vorsicht aufzunehmen. Besser ist schon die Aufstellung etwa ein Quadratmeter großer Glasflächen, aus denen man reinen, zu Schätzungen für den Rußgehalt einer Stadt geeigneten Schnee erhalten kann.

Viel zuverlässiger als Regen- und Schneeuntersuchungen, die vielleicht nur für die Erreichung eines betimmten Zweckes von Nutzen sein können, ist die Bestimmung der Luft durch große Mengen angesaugter und gemessener Luft, namentlich, wenn die Ansaugung regelmäßig und an passend ausgesuchten Stellen geschieht.

Einem Vorschlage des Kreisarztes Dr. Ascher entsprechend, wandte sich im Winter 1909 der bekannte Hygieniker der Universität Göttingen, Herr Professor E. v. Esmarch, an eine Anzahl von Hygienikern und hygienischen Instituten mit dem Ersuchen, Untersuchungen über den Rauch- und Rußgehalt ihrer Städte anzustellen und die Resultate ihm zuzusenden, welche er dann zu einer vergleichenden Übersicht zusammenstellen und für die Dresdener Hygiene-Ausstellung 1911 verwenden wollte.

Das Ergebnis der Anfrage war, daß sich sofort etwa dreißig Hygieniker bzw. Direktoren hygienischer Institute bereit erklärten, die gewünschten Untersuchungen vorzunehmen.

Diese Versuche sollten unter möglichst gleichen Bedingungen vorgenommen werden, um so einen Vergleich derselben untereinander zu ermöglichen. Zum Auffangen des Rußes sollten Papierfilter genommen werden, durch welche in kurzer Zeit immer 500 Liter Luft durchgesogen werden sollten. Die Luftansaugung erfolgte durch einen von Dr. Ascher angegebenen Apparat, der von ihm u.a. in der »Gesundheit« (1909, Nr. 20) genauer beschrieben ist. Der Apparat besteht in der Hauptsache aus zwei Bälgen, die durch eine bewegliche Zwischenwand miteinander verbunden und mit federnden Ventilklappen versehen sind. Die Zwischenwand wird durch eine Kurbel von Hand in eine senkrecht hin und her gehende Bewegung versetzt, wodurch Luft angesaugt und ausgeblasen wird.

Da bei einer bestimmten Geschwindigkeit jede Kurbel-
umdrehung eine bestimmte Menge Luft ansaugt, so kann diese
durch ein von der Kurbelwelle angetriebenes Zählwerk gemessen werden. Die Luft passiert hierbei ein in einem ab-
nehmbaren Trichter mit Flansch und Schrauben festgeklemmtes
Papierfilter, das der gleichmäßigen Messungen wegen immer von
der gleichen Art sein muß und dessen Schwärzung einen Schluß
auf die Rußmenge zuläßt.

Soll statt des Handbetriebes der Apparat mit maschineller
Kraft betrieben werden, so wird er mit drei Winkeleisen befestigt und eine Riemenscheibe benutzt.

Diese Apparate arbeiten, wie v. Esmarch (Rauch und
Staub, Mai 1911, Nr. 8) festgestellt hat, bei langsamer, am
besten durch ein Metronom oder eine Sekundenuhr zu regelnder
Umdrehung der Kurbel ganz exakt, so daß die automatisch
durch ein am Apparat angebrachtes Zählwerk abzulesende
Zahl der durch das Filter gesogenen Liter Luft auch den tatsächlichen Verhältnissen entspricht und bei 500 Litern die
Fehler nur wenige Liter betragen, die ohne weiteres vernachlässigt werden können.

Da die Ansaugung der 500 Liter Luft nicht mehr als
6 Minuten erfordert und es sich empfiehlt, nur bei sehr reiner
Luft 1000 Liter anzusaugen, so ist die Kraftanstrengung
nicht allzu groß. Meist werden täglich drei Proben genommen,
morgens, mittags und abends, um ein gutes Durchschnitts-
ergebnis zu erzielen.

Professor Hahn, Freiburg i. Br., ist der Apparat zu
voluminös; auch hält er es für bedenklich, da er mit den
üblichen Laboratoriumsmitteln nicht geeicht werden kann,
daß man sich entweder auf die Eichung des Fabrikanten verlassen oder diese in einer Gasanstalt erst kontrollieren lassen
muß.

Dem Vorwurf, daß der Apparat zu voluminös, eigentlich
wohl zu hoch sei, tritt Ascher mit der zutreffenden Angabe
entgegen, daß die Höhe von 770 mm absichtlich gewählt
sei, um dem Untersucher einen bequemen Stützpunkt zum
Auflegen des linken, den Ansatz des Trichters erfassenden
Armes bzw. der Hand zu geben.

In allen Städten, welche der Esmarchschen Anregung folgten, wurden täglich drei Luftentnahmen, morgens 8 Uhr, mittags 12 Uhr und abends 6 Uhr, vorgenommen. Die Apparate waren überall möglichst frei an einer windgeschützten Stelle aufgestellt. Hierin lag aber eine Fehlerquelle, da man, um ein Durchschnittsbild von dem Rußgehalt der betreffenden Stadt zu gewinnen und lokale Einflüsse zu vermeiden, die Apparate an verschiedenen Stellen der Stadt hätte aufstellen müssen.

Die geschwärzten Filter wurden mit der Ascherschen Skala (S. 134) verglichen und danach numeriert. Verbunden hiermit waren meteorologische Notizen über Temperatur, Wind, Niederschläge usw. Herr v. Esmarch stellte dann die ihm von den einzelnen Untersuchern zugesandten Resultate zu nebenstehender Tabelle (a. a. O. S. 248) zusammen, indem er durch Addieren der einzelnen Rußzahlen und Dividieren durch die Anzahl der Untersuchungen Durchschnittswerte ermittelte.

Die erheblichen Unterschiede zwischen den verschiedenen Untersuchungsstellen sind mit einer gewissen Vorsicht zu beurteilen, vor allem wegen der verschiedenen Entnahmestellen, die gewiß oft von Einfluß auf die mehr oder weniger starke Schwärzung der Filter gewesen sind, wie schon oben angedeutet wurde. Anderseits lassen die hohen Winterzahlen deutlich den Einfluß der Hausfeuerungen auf den Rußgehalt der Luft erkennen.

Nach dem Luftansaugungsverfahren arbeitet auch der Apparat, den Ingenieur W. Sedlbauer in München nach den Angaben von Professor Hahn, Freiburg, konstruiert hat und der allgemein unter der Bezeichnung

Hahn-Sedlbauerscher Aspirator zur quantitativen
Staub- und Rußbestimmung

bekannt ist. Er besteht im wesentlichen aus einer zweizylindrigen Pumpe mit Zählwerk, die durch einen Elektromotor mittels Akkumulatoren betrieben wird (Fig. 19). Der Apparat wird von der Firma Dr. Bender & Dr. Hobein, München, hergestellt.

Stadt	März	April	Mai	Juni	Juli	August	September	Oktober	November	Dezember	Januar
Berlin	—	—	—	—	1,40	—	—	—	—	1,76	—
Beuthen . . .	—	—	3,08	3,36	3,57	3,57	2,83	—	—	4,97	—
Bonn	—	—	0,70	1,00	0,79	0,85	—	—	0,74	—	1,90
Bremen	—	—	2,03	—	2,83	—	—	—	—	2,58	—
Chemnitz . . .	—	—	—	—	2,31	—	—	3,21	—	3,60	—
Cöln	—	—	—	—	2,29	—	—	—	—	2,42	—
Danzig	1,83	—	—	—	1,26	—	—	—	—	2,90	—
Dresden	—	—	—	—	1,02	—	—	—	—	2,93	—
Frankfurt a. M.	3,61	0,91	—	—	1,28	0,98	—	—	—	2,22	—
Freiburg i. B. .	—	—	—	—	1,14	—	—	—	—	2,21	—
Gelsenkirchen .	3,85	2,92	—	2,90	—	—	2,84	—	—	2,70	2,80
Göttingen . . .	1,20	0,33	—	—	0,83	—	—	—	—	1,93	1,72
Graz	—	—	—	—	1,34	—	—	—	—	2,38	—
Halle a. S. . . .	—	—	—	2,05	3,31	2,13	—	—	—	3,05	—
Hamburg . . .	—	—	—	—	1,49	2,45	—	—	—	2,12	—
Hamm	2,09	—	—	—	1,97	—	2,16	1,80	—	2,77	2,50
Jena	—	—	—	—	—	—	—	—	—	1,84	—
Kiel	2,14	—	1,32	—	1,04	—	—	—	—	2,61	—
Königsberg i.Pr.	—	—	—	—	0,18	0,40	0,41	—	—	1,58	—
Krakau	—	—	—	—	—	—	—	—	—	1,63	—
Leipzig	3,44	2,17	—	—	1,00	—	—	—	—	2,69	—
Meran	—	—	—	—	—	—	—	—	—	1,70	—
Mühlheim . . .	—	—	—	—	—	—	—	—	—	1,70	—
München . . .	3,12	2,46	—	—	1,49	—	—	—	—	—	—
Straßburg . . .	1,08	1,12	—	—	0,90	—	—	—	—	—	—
Tübingen . . .	0,44	—	—	—	0,06	—	—	—	—	0,50	—
Wien	—	—	—	—	—	—	—	—	4,39	4,25	4,05

Ein kleiner Schwachstrommotor mit 4 Volt Spannung und 0,6 Amp. Stromverbrauch treibt mittels Schnecke und Schneckenrad zwei oszillierende Saugpumpen an. Diese Pumpen bestehen aus einem Zylinder, in welchem ein gut schließender Kolben hin und her bewegt wird. Der Antrieb mittels Kurbel ist derart, daß der Pumpenzylinder, welcher auf einer Lagerplatte mit Drehzapfen befestigt ist, die drehende Bewegung des Kolbens mitmacht. Die Platte, auf welcher die

Lagerplatte der Pumpe schleift, besitzt zwei Bohrungen; durch eine derselben wird die zu untersuchende Luft bei der Aufwärtsbewegung des Kolbens aus einem gemeinschaftlichen Rohre gezogen und hernach beim Abwärtsgange desselben durch die zweite Bohrung ausgestoßen. An das gemeinschaftliche Saugrohr wird durch einen Gummischlauch der Filter angeschlossen und hierdurch die Luft durch den Filter gesogen. In die Antriebsschnecke des Motors greift mittels Schneckenrades ein Zählerwerk ein, welches die Um-

Fig. 19.

drehungen des Motors und dadurch die durchgesaugte Luftmenge anzeigt. Der Aspirator stellt im Gehäuse einen Zylinder von 20 cm Höhe und 17 cm Durchmesser dar, wiegt mit vier Akkumulatoren etwa 7 kg, ohne Akkumulatoren etwa 3½ kg. Der Apparat ist also wesentlich handlicher als der von Ascher.

Das Zählwerk ist mit der Uhr geeicht und bleibt der Eichungswert nur solange maßgebend, als keine zu großen Widerstände vorgeschaltet werden.

Für die Luftentnahme bei der Untersuchung auf Gase ist an dem Kästchen für die Akkumulatoren eine Vorrichtung angebracht, die ein besonders rasches Aus- und Einschalten und somit eine sehr allmähliche Luftentnahme auch in kleinen Mengen von 10 bis 25 ccm erlaubt.

Die Größe der auf einmal entnommenen Luftmenge kann beliebig gewählt und jederzeit abgelesen werden und wird folgendermaßen berechnet:

Die Zahl der Umdrehungen multipliziert mit dem Eichungswert gibt die Luftmenge in Kubikzentimetern. Zur Bestimmung der schwefligen Säure bedient sich Professor Hahn runder Glaskölbchen von 110 ccm Inhalt. Das Kölbchen wird beschickt mit 10 ccm $\frac{n}{2500}$ Jodlösung, die aus $\frac{n}{10} =$ Jodlösung durch Verdünnen mit 2 proz. Jodkalilösung hergestellt ist; die gelbe Flüssigkeit wird durch einige Tropfen Stärkelösung tiefblau gefärbt und unter fortwährendem leichten Umschütteln in Mengen von 25 bis 50 ccm (1 bis 2 Zahlen am Zählwerk) Luft hindurchgeleitet, bis Entfärbung der Flüssigkeit eintritt, wobei zwischen den einzelnen Luftentnahmen je 10 Sekunden geschüttelt wird.

Für die Berechnung gilt:

$$10 \text{ ccm } \frac{n}{2500} \text{ Jodlösung} = 0{,}0441 \text{ ccm } SO_2.$$

Der Apparat wird auch mit Vorteil bei der Bestimmung von in der Fabrikluft enthaltenen Abgasen verwandt und sind namentlich nach Verbesserung der Lehmannschen titrimetrischen Methode durch Hahn außerordentlich günstige Erfolge erzielt worden.

Für die Rußbestimmung schlägt Hahn folgendes, von ihm im »Gesundheitsingenieur« (31. Jahrg., Nr. 11) beschriebene Verfahren vor:

Ein gewogenes Kollodiumwattefilter wird mit feinstem Ruß in einem Apparat in Methylalkohol gelöst. Aus dieser Lösung werden sofort mit gleichen Teilen Methylalkohol und Kollodiumlösung (1,5 : 100) Verdünnungen hergestellt, die z. B. 1,0; 0,5; 0,25 mg in 10 ccm enthalten. In eine Renksche Kammer wird nunmehr eine Filtrierpapierscheibe eingespannt und auf diese nach kräftigem Umschütteln eine der Verdünnungen gegossen. Die Filtration kann, nachdem die Flüssigkeit mehrere Minuten gestanden hat, durch leichtes Ansaugen mit dem Munde an dem Schlauchansatzstück der Kammer befördert werden. Die Kammer muß während der Filtration

vollkommen eben gestellt sein.   Die Scheibe wird nach beendeter Filtration, falls nötig, noch nach Renk in 1 proz.
Zaponlackamylazetatlösung fixiert und ist dann zum Vergleich mit den durch Versuche unter natürlichen Bedingungen
gewonnenen Rußfilterscheiben fertig.

Für eine weitere zahlenmäßige Angabe für die Stärke der
Färbung gibt Professor Hahn (a. a. O.) folgendes Verfahren an:

Man schneidet den gefärbten Kreis aus den Standard-
scheiben aus und untersucht ihn auf dem Farbkreisel mit Hilfe
einer Mischung von Schwarz und Weiß, indem man auf Grund
einer Kreisteilung bestimmt, wieviel Schwarz man zum Weiß
zumischen muß, um die gleiche Färbung zu erhalten. Hahn
hat sich zu diesem Zwecke eines kleinen, in jeder Spielzeug-
handlung erhältlichen kleinen Elektromotors bedient, und mit
einer Schwarzscheibe mit mattem Belag, einer Weißscheibe,
mit dem gleichen Filtrierpapier wie das zur Rußfiltration
benutzte überzogen, beide von 7 cm Durchmesser, beide mit
radiärem Einschnitt versehen und dadurch gegeneinander
verschieblich. In die Mitte wird dann die zu untersuchende
Scheibe von 5 cm Durchmesser gelegt, mit Hilfe eines Akkumu-
lators der Kreisel zum Rotieren gebracht und möglichst im
Dunkelzimmer bei Beleuchtung mit einem Auerbrenner und
vertikal gehaltener Scheibe bestimmt, welcher Ausschnitt
von Schwarz (in Kreisgraden) der 1 mg-, 0,5 mg-, 0,25 mg-
Scheibe entspricht. Man kann also auf diese Weise, wenn
man später eine durch Luftuntersuchungen gewonnene Rund-
scheibe in derselben Weise bestimmt hat, ihr je nach der Größe
der Schwarzbeimischung, die sie erfordert hat, einen Milli-
grammwert beilegen. Allerdings geht das Unterscheidungs-
vermögen unter den oben genannten Versuchsbedingungen
auch nur bis zu 5 oder 10 Grad.

Für die Eichung können auch unter natürlichen Bedingungen gewonnene Rußbilder benutzt werden, deren Rußgehalt durch Wägung bestimmt wird.

Der Hahnsche Apparat hat den Vorteil, daß man ihn ohne
jede Aufsicht nach Einschaltung beliebig lange arbeiten
lassen kann, besonders, wenn er für konstanten Strom konstruiert ist und den Nachteil, daß die Förderung von 500 Litern,

die beim Ascherschen Apparat nur sechs Minuten erfordert,
etwa ¾ bis 1 Stunde in Anspruch nimmt, doch ist dieser Nachteil in keiner Weise ausschlaggebend für die Frage der Wahl
eines Aspirationsapparates.

Professor Renk (Direktor des Dresdener hygienischen
Instituts) benutzt zur Aspiration der Luft eine große Luftpumpe, die bei jedem Stoß 5 Liter liefert. Da im allgemeinen
jetzt zur Luftuntersuchung 500 bis 1000 Liter Luft verwandt
werden, so erfordert der Renksche Apparat eine ziemlich beträchtliche Körperanstrengung, wenn dreimal täglich hundert
Stöße ausgeführt werden müssen. Außerdem wurde durch
Versuche festgestellt, daß die Schwärzung der Rußblätter
im Vergleich zu den Apparaten von Ascher und Hahn stets
etwas geringer ausfällt, was wahrscheinlich darauf zurückzuführen ist, daß beim Rückstoß die Pumpe wieder feine Teilchen
Ruß von dem Papier wegschleudert.

Soll nur der in der Luft suspendierte Ruß bestimmt
werden, bedient man sich jetzt fast allgemein der

Aspiration der Luft durch Papierfilter. Da die
Wägung des in der Luft vorhandenen Rußes wegen seiner
geringen Menge unmöglich ist, ist der Rubnersche Vorschlag,
die Schwärzung einer Papierfilterfläche als Maßstab für die
in der Luft vorhandene Rußmenge zu benutzen, empfehlenswert. Man erhält auf diese Weise, wenn man die Filterblätter
in eine allseitig gut geschlossene und nur mit einer Aspirations-
öffnung versehenen Metallkapsel, wie sie Renk zweckmäßig
angegeben hat, einspannt, auf dem runden Ausschnitt der
Kammer eine Schwärzung, die je nach dem Rußgehalt vom
leichten Gelbgrau bis zum deutlichen Schwarz variiert. Saugt
man eine bestimmte Luftmenge alltäglich zu bestimmten
Stunden am gleichen Orte hindurch, so erhält man Rußbilder,
die sich ohne weiteres untereinander vergleichen und den
Einfluß der verschiedenen Witterungsverhältnisse und Heizungen erkennen lassen.

Rubner saugt zur Bestimmung des Rußgehaltes ein
bestimmtes Luftquantum durch ein Papierfilter. Das Ansaugen der Luft geschieht mittels einer einfachen Wasserstrahlpumpe, das Messen der Luft mittels eines trockenen

Gasmessers. Die während zwölf oder vierundzwanzig Stunden gesammelte Niederschlagsmenge wird berechnet mit Hilfe einer Vergleichsskala. Renk benutzt für den Vergleich eine Mischung von Ruß und Öl von bekanntem Gehalt, welche, in einer keilförmigen Flasche betrachtet, eine Farbenskala von wechselnder Durchsichtigkeit ergibt.

Während die vorbeschriebenen Apparate nach dem Aspirationsverfahren arbeiten, dessen wesentlichste Nachteile darin bestehen, daß es schwierig ist, in kurzer Zeit eine größere Menge Ruß anzusaugen, daß ferner nicht allein der Ruß, sondern auch der in der Luft schwebende Staub mitbestimmt wird und daß es häufig unmöglich ist, Aspirationsapparate an verschiedenen Stellen einer Stadt aufzustellen, was notwendig ist, wenn man sich ein klares Bild über die diffuse Rauchplage machen will, arbeitet das

Liefmannsche Verfahren nach dem Prinzip der Sedimentierung und ist allgemein unter der Bezeichnung Auffangsystem bekannt. Von allen Auffangverfahren hat sich das des Privatdozenten Dr. Liefmann in Halle a. S. am besten bewährt, weshalb an dieser Stelle unter teilweiser Benutzung seines empfehlenswerten Werkes (Über die Rauch- und Rußfrage insbesondere vom gesundheitlichen Standpunkte und eine Methode des Rußnachweises in der Luft) näher darauf eingegangen sei.

Da Liefmann es mit Recht nicht für richtig hält, den Ruß aus der Menge des verbrannten Brennmaterials zu berechnen, die der Schornsteinmündung entströmende oder in der Luft diffus schwebende Rußmenge sich aber nicht immer messen läßt, so bleibt nur noch ein Drittes übrig: den Ruß zu bestimmen, wenn er sich aus der Luft wieder niederschlägt. Dieses Vorgehen bezeichnet man als Auffang- oder Sedimentierverfahren, wobei zwischen aktiver und passiver Sedimentierung zu unterscheiden ist, je nachdem man den von selber niedersinkenden Ruß bestimmt oder ihn auffängt, wenn er durch Niederschläge zu Boden gerissen wird.

Während man beim Aspirationsverfahren nur feststellen kann, wieviel Ruß in einer ganz bestimmten Höhe in der Luft vorhanden war, liefert das Sedimentierverfahren Rußteilchen, die aus ganz verschiedenen Höhen stammen, geben also in ihrer Gesamtheit einen Wert für die ganze Rußmenge, die sich in der Atmosphäre befand; man erhält also gute Durchschnittswerte.

Die Anwendung des passiven Sedimentierverfahrens empfiehlt sich nicht, namentlich weil die Niederschläge zu unregelmäßig eintreten.

Der aktive Sedimentierungsprozeß besteht nun darin, daß man im Freien auffangende Instrumente aussetzt und über eine gewisse Zeit hin den von selbst sich niederschlagenden Ruß sammelt und bestimmt. Das Sammeln bei Niederschlägen ist dabei zu vermeiden.

Als Auffanggefäße benutzte Liefmann flache Trichter (Fig. 20), deren Größe so bemessen war, daß die von dem

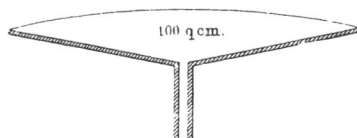

100 qcm.

Fig. 20.

oberen Rand umsäumte Öffnung eine Kreisfläche von 100 qcm darstellte. Je größere Schalen verwendet werden, desto vorteilhafter ist es, da dadurch etwaige Versuchsfehler kleiner werden.

Die Frage war nun, wie diese Schalen aufzustellen waren, um zu verhindern, daß infolge bestimmter Luftbewegungen nicht die ganze für die Fläche in Frage kommende Rußmenge aufgefangen wurde.

Liefmann verwendet zwei Schalen von oben angegebener Größe, deren Innenflächen mit einer klebrigen Ölschicht (s. S. 163) bestrichen sind, um den Ruß festzuhalten. Die eine dieser Schalen wird wagerecht, die andere schräg aufgestellt. Die letztere ist beweglich und richtet sich durch eine Wetterfahne nach der Windrichtung.

Für die Orte der Aufstellung dieser Schalen gelten dieselben Grundsätze wie bei den anderen Verfahren, d. h. die Apparate sollen nicht in der Nähe stark rauchender Schornsteine stehen und, falls nicht eine besondere Aufgabe zu lösen

ist, nur im Stadtinnern. Vor allem soll man den Punkt in
der Stadt wählen, der voraussichtlich den höchsten diffusen
Rauchgehalt hat, ehe er von einer lokalen Rauchquelle beeinflußt wird. Es wird dies meist ein Punkt sein,
den der vorherrschende Wind erst erreicht, nachdem er
schon die meisten Rauchquellen passiert hat und den man
ohne weiteres aus dem Stadtplan entnehmen kann. Da man
die Untersuchungen über die Rauchplage zumeist dann vornehmen wird, wenn sie am empfindlichsten ist, also im Winter,
muß man natürlich die Windverhältnisse dieser Jahreszeit
berücksichtigen. Angenommen, A (Fig. 21) sei ein Stadtge-
biet, und die vorherrschende Wind-
richtung sei Südwest, dann muß sich
am Punkte NO am meisten Ruß
sammeln, weil der Wind dort die
größte Anzahl Rauchquellen passiert hat. Wäre Südwestwind die
einzige in Betracht kommende
Windrichtung, dann wäre NO der
gesuchte Ort des maximalen Rußgehaltes. Da aber auch andere
Winde wehen, so muß der gesuchte
Ort mehr zum Zentrum liegen,
aber auf der Linie C—NO, wenn
die anderen Windrichtungen annähernd untereinander gleich
häufig sind. Man wird also einen zur Untersuchung geeigneten Ort dann finden, wenn man auf einem möglichst
freien Platze, der zwischen dem Zentrum und der Peripherie
in entgegengesetzter Richtung zu der des vorherrschenden
Windes liegt, den Ruß sammelt. Meist kann man, ohne
größere Fehler zu begehen, die Untersuchung am Rande
des inneren Stadtkerns anstellen, und zwar an der Stelle,
die der vorherrschenden Windrichtung gerade entgegenge-
setzt liegt.

Hinsichtlich der Höhe, auf welcher die zum Sammeln
des Rußes nötigen Apparate aufgestellt werden sollen, empfiehlt sich die Dachhöhe, weil hier die Luftströmungen und
demgemäß auch die Rußverteilung gleichmäßiger sind als

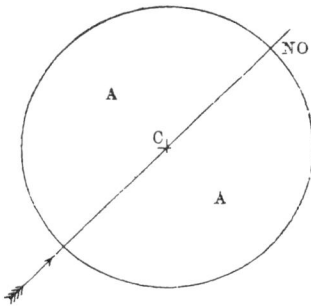

Fig. 21.

zu ebener Erde. Anderseits muß bei Untersuchung in Dachhöhe darauf geachtet werden, daß in dem betreffenden Hause
nur Koks verfeuert wird und daß mindestens alle benachbarten
Rauchquellen nicht in der vorherrschenden Windrichtung
liegen.

Die bei den Untersuchun-
gen zu verwendenden Ap-
parate gibt die nebenstehen-
de Fig. 22 wieder. Auf einem
Fuße *F*, der zur Anbringung
des Apparates dient, liegt eine
kleine Platte *P*, von der aus
vier dünne Streben ausgehen,
die das Dach *D* halten. Grund-
platte und Dach werden durch
eine drehbare Achse *A* durch-
bohrt, die in der Mitte eine
kleine Vorrichtung zum Halten
einer Glasschale *G* trägt. Oberhalb des Daches ist an der Achse
die Windfahne befestigt (s.
S. 159), die groß genug ist,
um auch bei leichtem Winde
ein Hin- und Herspielen zu
garantieren. Bedingung ist
eine genau wagerechte
Aufstellung des Appa-
rates.

Vielleicht ist es zweck-
mäßiger, den Apparat ohne Bedachung zu verwenden, um zu
verhüten, daß sie einen Teil des Rußes, der sich auf der exponierten Schale niedersetzen könnte, abfängt. Nach den
Erfahrungen von Liefmann ist diese Gefahr allerdings recht
gering, weil die Flugrichtung des Rußes infolge seines geringen Gewichtes fast stets eine sehr schräge ist. Immerhin vermindert das Dach die auf der Schale niederfallen-
den Rußmengen und dürfte es daher, wie es auch Liefmann
teilweise tat, besser sein, den Apparat ohne Bedachung zu

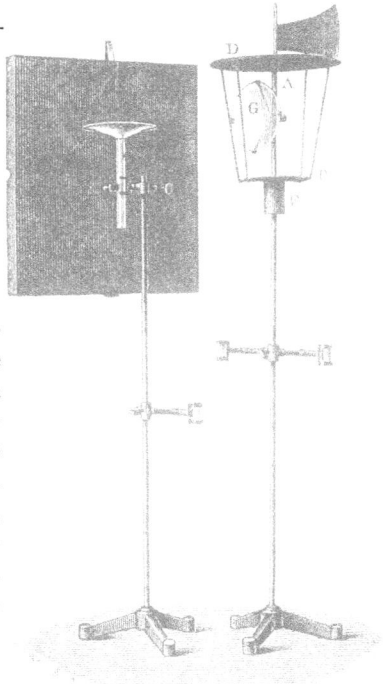

Fig. 22.

benutzen. Neben dieser vertikal exponierten Schale steht, wie unsere Abbildung zeigt, das Gestell mit der ebenso großen horizontal gelagerten.

Die Bestimmung der Rußmenge durch Wägung ist auch bei dem Liefmannschen Verfahren unmöglich, da hier ebenfalls nur geringe Rußmengen in zwölf oder vierundzwanzig Stunden aufgefangen werden, deren Gewicht nur nach Bruchteilen eines Milligramms zu zählen ist. Aber selbst wenn eine Wägung der Rußmengen möglich wäre, würde sie schon deshalb ungenaue Resultate liefern, weil die andern in der Luft enthaltenen festen Bestandteile, d. h. der Staub, sich ebenfalls niederschlagen und demgemäß mitgewogen werden. Da der Staub aber schwerer ist wie der Ruß, so würde eine Wägung des gesammelten Rußes ein ganz falsches Resultat ergeben. Liefmann wendet daher bei der Bestimmung des Rußes ein kolorimetrisches Verfahren an, weil dafür die charakteristische und lebhafte Eigenfarbe des Rußes spricht, weil man ferner den Ruß nicht von anderen Staubteilen trennen muß, was häufig unmöglich ist, weil man weiter Rußteilchen bestimmen kann, die nicht mehr exakt wägbar sind und weil endlich das Verfahren in einfacher Weise schnell zum Ziele führt.

Natürlich hat jedes kolorimetrische Verfahren auch Nachteile, die vornehmlich darin bestehen, daß der Untersucher von subjektiven Momenten sich in einer gewissen Abhängigkeit befindet, namentlich aber, daß es schwierig ist, den Ruß in irgendeiner Flüssigkeit gleichmäßig zu verteilen. Letzteres ist deswegen von so großer Bedeutung, weil es darauf ankommt, welche Färbung die zu bestimmende Menge eines Stoffes einer gewissen Flüssigkeitsmenge verleiht. Es kann daher nur ein solches kolorimetrisches Verfahren angewandt werden, das es ermöglicht, den Ruß in irgendeiner Flüssigkeit so fein zu verteilen, daß dadurch eine homogene Farbe der Rußaufschwemmung erzielt wird.

Ebenso sei darauf hingewiesen, daß es kein absolut genaues kolorimetrisches Verfahren gibt. Das ist aber auch bei den praktischen Zwecken, die der Rußnachweis verfolgt, überflüssig. Es handelt sich immer nur darum, eine für praktische Zwecke geeignete Methode anzuwenden, die es erlaubt, mit einfachen Mitteln und möglichst mühelos den Grad einer Rauchplage zu bestimmen und bei Untersuchungen an verschiedenen Orten vergleichbare Resultate zu liefern.

Am einfachsten gestaltet sich ein kolorimetrisches Verfahren, wenn man die aufgefangene Rußmenge nach ihrer Verarbeitung mittels einer Vergleichsskala, die genau bekannte Rußmengen enthält, bestimmen kann. Da es hauptsächlich darauf ankommt, die schwarz färbenden Bestandteile des Rußes zu bestimmen, erscheint es am besten, möglichst reinen Ruß mit hohem Kohlenstoffgehalt zur Herstellung der Skala zu verwenden, den man am besten durch Verbrennen von chemisch reinem Naphthalin erhält.

Wichtig ist, die Skala mit der gleichen Flüssigkeit herzustellen, in der man später den Ruß bestimmen will. Am leichtesten gelingt eine Ölsuspension und hat Liefmann diesen Stoff nicht nur zur Anfertigung der Skala und zur Verarbeitung des gesammelten Russes verwendet, sondern die exponierten Schalen damit bestrichen. Damit durch die Eigenfarbe der Flüssigkeit die Farbe der Rußsuspension nicht beeinflußt wird, empfiehlt es sich, ganz wasserklares Öl zu benutzen.

Die feine, auf den Glasschalen befindliche, mit Ruß und Staub durchsetzte Ölschicht wird mit Äther entfernt und in einen Mörser gebracht. Nach dem Verdunsten des Äthers wird mit recht wenig Öl der Ruß möglichst fein verrieben, dann bis auf eine bestimmte Flüssigkeitsmenge nachgefüllt und diese Verreibung darauf in ein Kolorimeterröhrchen gebracht. Letztere müssen stets gleichweite Röhren von 1 cm Durchmesser mit Glasstöpsel und flachem Boden sein.

Besondere Sorgfalt beansprucht die Herstellung der Vergleichsskala. Reinster, bei 100° getrockneter und geglühter Naphthalinruß wird gewogen und mit Öl im Mörser fein verrieben. Die Verdünnungen werden so angestellt, daß die Skala von $1/10$ bis $5/10$ mg reicht. Indem man die Flüssigkeitsmenge, die man zur Suspension verwendet, vermindert, kann man noch Mengen von $1/25$ mg nachweisen, und indem man den Ruß in größeren Mengen Öl verteilt, auch größere Werte bestimmen.

11*

Da auch die Beleuchtung auf die Farbe etwas von Einfluß ist, empfiehlt Liefmann, die Röhrchen entweder hinter einer Mattglasscheibe oder bei gewöhnlichem diffusen Tageslicht am Fenster zu betrachten. Durch Zusatz von etwas Quarzsand oder von feinen Glasperlen in die Röhrchen und Proben erleichtert man ein späteres Aufschütteln, was notwendig ist, weil der Ruß, der nicht auflösbar ist, sich nach einiger Zeit auch in Öl absetzt. Unbedingt notwendig ist dies aber nicht.

Sobald man sich eine Skala aus reinstem Naphthalinruß hergestellt hat, gestaltet sich also der Nachweis der auf den Schalen aufgefangenen Rußmengen folgendermaßen:

1. Abspülen der Rußölschicht mit Äther in einen Mörser hinein.
2. Verjagen des Äthers im Trockenschrank, Zusatz von $\frac{1}{2}$ ccm Öl und Herstellung einer möglichst feinen Suspension.
3. Zufügung einer bestimmten Menge Öl, so daß eine schwarze Farbe bestehen bleibt. Vermischen und Einfüllen des Ganzen oder eines Teiles in ein Kolorimeterröhrchen und Vergleichen mit den Skalenröhrchen.
4. Berechnen auf 5 ccm Öl und die gefundene Rußmenge mit 100 multiplizieren.
5. Übertragung der auf zwei Schalen gefundenen Rußmenge auf 100 qcm bzw. 1 qm.

Liefmann hat festgestellt, daß bei diesem Verfahren die Fehlergrenze 0,05 mg nicht übersteigt. Diese Fehlergrenze erscheint im ersten Augenblick nicht unbedeutend, bedenkt man aber, daß es eine absolut exakte Bestimmung des Rußes nicht gibt, und daß es auf den Nachweis so geringer Rußmengen auch nicht ankommt, da doch nur eine größere Versuchsreihe über die Luftverhältnisse an einem Orte Auskunft geben kann, so werden sich die nach der einen oder andern Seite gemachten Fehler immer ausgleichen. Jedenfalls liefert das vorstehend eingehend beschriebene Liefmannsche Verfahren, wenn man g e n a u u n d s o r g f ä l t i g den Ruß verreibt und die Farbe prüft, trotz mancher dagegen erhobener

Einwendungen, so gute Resultate, daß sein allgemeiner Gebrauch in der Praxis nur empfohlen werden kann.

Auch bei lokaler Rauchbelästigung bietet, falls der Ruß wirklich als der störende Bestandteil des zugeführten Rauches auftritt, dieses Verfahren die Möglichkeit einer zahlenmäßigen Bestimmung des Rußes und ist der Versuch, eine lokale Rauchbelästigung nachzuweisen, gegenüber dem Nachweis einer diffusen, verhältnismäßig einfach.

Zunächst muß man sich auch wieder über die Windverhältnisse an dem betreffenden Orte und über die daselbst herrschenden allgemeinen Rauchverhältnisse unterrichten. Befindet sich nämlich schon ohnehin viel Rauch und Ruß in der Luft, so kann eine bestimmte Rauchquelle nicht für den ganzen Schaden verantwortlich gemacht werden.

Man muß dann zwei Untersuchungen vornehmen, und zwar einmal zu einer Zeit, in der der Schaden stiftende Schornstein nicht raucht, und das zweite Mal, wenn er raucht. Zu diesem Zwecke wird am Fenster eine horizontale und eine vertikale Scheibe, welch letztere aber nicht drehbar zu sein braucht, da es sich hierbei nur um eine bestimmte Windrichtung handelt, von je 100 qcm Größe ausgesetzt und nach einer bestimmten Stundenzahl die abgelagerte Rußmenge bestimmt.

Das Liefmannsche Verfahren ist aufgebaut auf das Verfahren von Heim, der die Sammlung von Rußproben einfach in der Weise vornimmt, daß er flache Schalen aussetzt, die mit etwas leicht karbolisiertem Wasser angefüllt werden. Der Ruß, der sich in diesen Schalen absetzt, wird dann mit diesem Wasser bis zur endgültigen Untersuchung in gewöhnlichen verschlossenen Flaschen aufbewahrt. Das Verfahren ist also sehr einfach, ist aber kaum imstande, einige Fehlerquellen zu vermeiden, die durch meteorologische Einflüsse, und zwar durch den Wind, verursacht werden. Hierbei ist weniger an das seltene Vorkommen gedacht, daß der Wind Teile des auf dem Wasser schwimmenden Rußes wieder fortwehen kann, als daran, daß die Bewegung der Luft dem Ruße eine von der Vertikalen mehr oder weniger abweichende Flugrichtung verleiht, und dann die horizontal

aufgestellten Schalen nicht mehr die ihnen adäquate Rußmenge auffangen können.

Auch hinsichtlich der Bestimmung des Ortes für die
Sammlung des Rußes ist die Liefmannsche Angabe (S. 160) der
Heimschen vorzuziehen. Heim meint, daß man in verschiedenen
Stadtteilen Proben sammeln müsse, was auch zunächst zutreffend erscheint. Und doch kommt man, nach Liefmann, auf
diese Weise nicht zu richtigen Zahlen, denn bestimmt man
zunächst den Ruß an der Peripherie im Norden, Osten, Süden
und Westen der Stadt und darauf den im Zentrum, so erhält
man, wenn man den Durchschnitt der über der Stadt schwebenden Rußmenge berechnet, mehr die Verhältnisse an der Peripherie, als die im Innern der Stadt herrschenden. Auch wenn
man auf jede Untersuchung an der Peripherie eine im Innern der
Stadt folgen läßt, erhält man, wegen der ständig schwankenden
und unsicheren Resultate, die man von den Außenteilen der
Stadt erhält, infolge des Einflusses, den die verschiedenen
Windrichtungen auf den Rauch bes betreffenden Stadtteils
ausüben, keine zutreffenden Zahlenwerte.

Heim hat ebenfalls davon abgesehen, die Rußmenge durch
Wägung zu bestimmen und bediente sich hierzu gleichfalls
eines kolorimetrischen Verfahrens. Sein Verfahren ist aber
im Gegensatz zum Liefmannschen recht kompliziert. Es ist
eine Verbindung einer mikroskopisch-volumetrischen Bestimmung mit einem gewichtsanalytischen Verfahren. Er
trennt zunächst den Ruß so gut wie möglich teils chemisch,
teils auch mechanisch von den anderen Staubteilen, und
da dies nur unvollkommen gelingt, schätzt er dann unter dem
Mikroskop das Volumverhältnis des bei Trennung in dem
Ruß-Staubgemenge noch übrig gebliebenem Rußes zu dem
des Staubes und setzt das Resultat dieser Schätzung bei einer
darauf folgenden Wägung ein.

Praktisch gestaltet sich sein Verfahren folgendermaßen:

1. Auffangen des Rußes in mit Wasser teilweise gefüllten Schalen.

2. Sammlung des Wassers und des niedergeschlagener
   Rußes aus den Schalen in Flaschen.

3. Entleeren in große Porzellanschalen, Entfernen grober Teile.
4. ½ Stunde Kochen in fünfprozentiger Kalilauge.
5. Neutralisieren und ½ Stunde in Säure kochen.
6. Filtrieren und Waschen, bis das Filtrat nicht mehr sauer abläuft.
7. Mikroskopierung des Rückstandes auf dem Filter und Angabe, wieviel Volumprozente auf dem Filter Ruß sind und wieviel auf andere Stoffe entfallen.
8. Entwässern des Rückstandes mit Spiritus und Äther, Trocknen eine Stunde lang bei 105 bis 110⁰, im Exsikkator erkalten lassen und wiegen.
9. Von dem Gewicht den Prozentteil abziehen, der sich bei der Mikroskopierung nicht als Ruß erwiesen hat.

Der Hauptnachteil dieser Heimschen Methode ist die Hineintragung eines subjektiven Momentes, nämlich die Schätzung des Verhältnisses des Rauches zu anderen Teilen. Auch gegen die mikroskopische Bestimmung des Rußes läßt sich der Einwand erheben, daß dabei eine Übertragung von Volumverhältnissen auf Gewichtsbestimmungen stattfindet.

Für die kolorimetrische Bestimmung hat Heim verschiedene Stoffe angewandt, indem er Ruß mit Xylol oder Alkohol oder Benzol und Wasser zusammenbrachte und durch Schütteln dieser Mischung mit feinem Quarzsand eine homogene Suspension erzielen wollte. Er gab aber seine kolorimetrischen Versuche wieder auf, weil er der so allgemein nicht zutreffenden Ansicht war, daß bei höherer Prozentuierung als 1 : 10000 die Erkennung von Farbenunterschieden immer schwieriger wird und weil es ihm nicht gelang, ein annähernd richtiges Ergebnis aus den Abstufungen des Rauchgraus zu schätzen. Beide Einwände sind zu wiederlegen, wenn auch zugegeben werden muß, daß das kolorimetrische Verfahren kein absolut genaues ist, für die praktische Anwendung aber genügend genaue Resultate gibt.

Die Rußmenge kann aufs genaueste dadurch bestimmt werden, daß man sie durch Erhitzung im Sauerstoff-

strome verbrennt und das Volumen der entwickelten Kohlensäure feststellt, welches im Verhältnis zur Rußmenge sehr
groß ist.

Die Gewinnung von Ruß in mit einem Asbest-
pfropfen versehenen Porzellanröhren oder Röhren aus dickem
Glas hat sich nicht immer bewährt. Die »Kommission zur
Prüfung von Einrichtungen und Feuerungen zur Rauchverminderung bei Dampfkesseln« (Berlin 1894, Rudolf Mosse)
verwendete folgenden Apparat zur Rußgewinnung: Die Gase
treten durch ein Porzellanrohr, welches weit genug ist,
um ein Verstopfen zu verhüten, durch einen Schlauch in
eine Wasserflasche, wo sie gezwungen werden, zur Ablagerung
des Rußes das Wasser zu passieren. Die Gewinnung des
Rußes sollte durch Filterung erreicht werden. An Stelle
der bisher als Aspirationen dienenden Wasserflaschen, die
ihres geringen Inhalts wegen unbequem waren, wurde ein
etwa 450 l enthaltender Kessel konstruiert, welcher die Gase
beim Ablassen seiner Wasserfüllung ansaugte. Da die Saug-
leitung schon nach Abzug von etwa 200 l verstopft wurde und
der Kessel seine Dienste versagte, wurde an Stelle der Wasserflasche ein Apparat eingeschaltet, welcher Schichten von
Glaswolle mit zwischenliegender Drahtgaze erhalten hat. Die
Ausscheidung des Rußes erfolgte mit dieser Vorrichtung vollständig; die Glaswolle blieb in der obersten Schicht weiß,
während sie sich nach unten zu intensiv schwarz färbte.
Leider waren die Kosten dieses Apparates, der für jeden
Versuch ersetzt werden mußte, zu groß, um mehrfache Ruß-
bestimmungen vorzunehmen.

Einen äußerst praktischen Apparat zur Ermittlung des Säuregehalts der Luft in der Umgebung von
Rauchgasen hat der Forstrat C. Gerlach in Tharandt konstruiert und u. a. in Heft 3 der von Professor Dr. H. Wislicenus,
Tharandt, herausgegebenen »Sammlung von Abhandlungen
über Abgase und Rauchschäden« beschrieben. Mit dem
Gerlachschen Rauchluftanalysenapparat oder auch
kurz Rauchanalysator genannt, soll ermittelt werden:

   1. ob und welche Mengen schweflige Säuren oder anderer
      saurer schädlicher Gase von einer bestimmten und

namentlich kontinuierlich wirkenden Rauchquelle dem benachbarten Walde zugeführt werden und

2. ob und in welcher Weise die Konzentration dieser schädlichen sauren Gase mit der Entfernung von den Rauchquellen abnimmt.

Die Versuche Gerlachs hinsichtlich des zweiten Punktes haben bisher Resultate ergeben, die nur ganz allgemein die Annahme zulassen, daß die sauren Gase mit der Entfernung von einer oder mehreren Rauchquellen abnehmen. Dabei ist gerade die Säureabnahme mit der Entfernung von der Rauchquelle von großer Bedeutung bei Rauchschadenermittlungen und Gutachten hierüber wegen der Verteilung von Rauchschadenersatzgeldern auf mehrere Rauchquellen mit verschiedenen Säuregehalten und in verschiedenen Entfernungen von den betreffenden Waldbeständen.

Aus den Versuchen geht hervor, daß die schweflige Säure keinesfalls proportional der Entfernung von der Rauchquelle an Konzentration abnimmt.

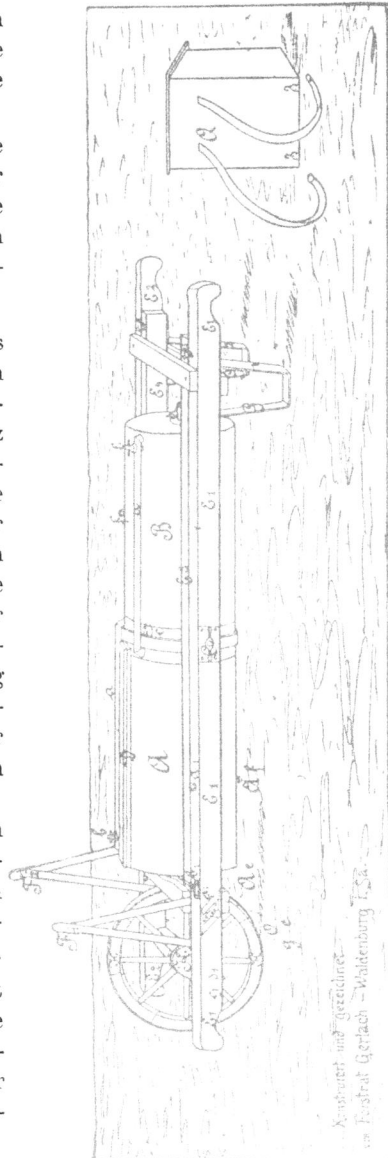

Fig. 23.

Um zu brauchbaren Resultaten zu kommen, schlägt
Gerlach vor, die Versuche mit zwei ganz gleich normierten
Analysatoren gleichzeitig in derselben Windrichtung (von der
Rauchquelle) und mit gleich großen durchgesaugten Luft-
mengen vorzunehmen.

Fig. 23 zeigt den Gerlachschen Rauchanalysenapparat zu-
sammengeschlagen und zum Transport bereit, während ihn
Fig. 24 aufgestellt und in Tätigkeit zeigt.

Der Apparat besteht aus folgenden Hauptteilen:

Einem Doppelaspirator A und B, welcher um die Achse C
drehbar und in dem Schiebeblockgestell E_1 bis E_4 hängt. Einem
an A angebrachten Wasserstandsrohr mit Literskala D. Einem
Schiebebockrad H, welches in E_1 und E_2 bei c_1 und c_2 einge-
lagert ist. Einem großen durchbohrten Gummistopfen J
(mit Glasröhrchen · usw.), verbunden mit drei Stück Luft-
einsauggummischläuchen K_a, K_b und K_c. Einem mit Glas-
scheibe versehenen Blechkasten L_a und L_b. Einem Lufteinsaugtrichter M_1 mit Aufhängehaken N_1. Einer Windfahne O und
einem Instrumentenkasten Q.

Der Apparat ist leicht zu transportieren, genügend stabil
und einfach zu handhaben. Während der Tätigkeit des Apparates ist man stets in der Lage, die Luftströmungen, Windrichtungen und damit die Richtung der Rauchschwaden kontrollieren zu können.

Zur Aufstellung des Analysators sucht man sich einen
tunlichst ebenen Platz aus, in dessen Nähe reines Wasser
leicht geschöpft oder sonstwie herbeigeschafft werden kann.
Ist dies nicht möglich, dann wird das eine der beiden Aspiratorgefäße, am besten B, vorher mit reinem Wasser gefüllt, welchem
Zwecke die mit Paßdeckel versehene Öffnung B_c dient.

Die Aufstellung des Apparates geschieht in folgender
Weise:

Zunächst wird die an E_2 angeschnallte Fahnenstange
abgenommen, die beiden Wirbel a_3 a_4 beiseite gedreht, der
ganze Apparat an den Handgriffen beim Rad aufgehoben
und dieses herausgenommen. Nun zieht man den Vorstecker A_e
(Fig. 23) heraus; der Doppelaspirator wird sich infolge des
gefüllten, jetzt unteren schweren Gefäßes B lotrecht einstellen,

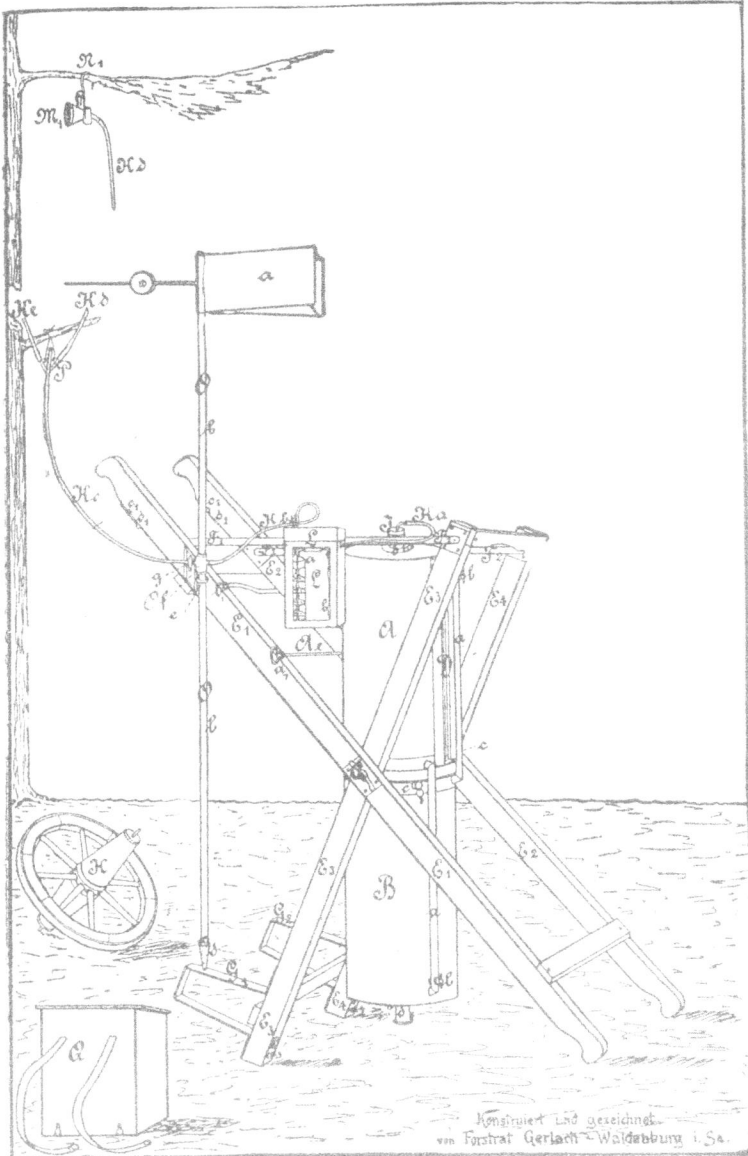

Fig. 24.

während die inneren Holme E_3 und E_4 sowie die Scheren F_1 und F_2 durch Heraus- bzw. nach Obendrücken das Gestell sägebockartig auseinandergehen lassen, bis diese Scheren angespannt sind und das Gestell fest stehen kann. Nunmehr wird durch Einschieben des Vorsteckers A_e (Fig. 24) durch die Ösen bei E_{1a}, E_{2a} und A_f der Doppelaspirator wieder arretiert und durch entsprechendes Rücken oder Unterschieben von Unterlagen unter die Gestellfüße der derart aufgestellte Analysator möglichst allseitig lotrecht und die Holme E_1 und E_3 tunlichst genau in die Richtung zur Rauchquelle eingestellt.

Die mit Windfahne O_a und Lufthahn O_f versehene Fahnenstange O_b wird in die Metallöse O_e gelegt und in den im Gestellfuß G_1 zuvor eingeschraubten Glasbecher O_d mit ihrer Stahlspitze O_c eingesetzt. Nunmehr wird man nochmals durch Abloten genau feststellen, ob die Fahnenstange allseitig lotrecht steht, damit sie möglichst wenig Reibungen ausgesetzt und daher tunlichst leicht drehbar ist. Hierauf wird der Doppelaspirator um 180° gedreht, so daß das gefüllte Gefäß B desselben nach oben zu stehen kommt und durch Einstecken des Vorsteckers wieder gehalten wird. Alsdann werden die nachfolgenden Teile folgendermaßen angebracht bzw. eingeschaltet:

Der mit durchgehendem, oben gebogenem Glasröhrchen mit Gummischlauchstück versehene Gummistopfen J wird an Stelle des herauszunehmenden massiven Stopfens im Gefäßhals B_d fest eingedrückt und dieser Verbindungsgummischlauch K_a mit dem Ausgangsröhrchen der Woulfschen Flasche L_b im Blechkasten L durch Überziehen verbunden. Letzterer, d. i. der die Absorptionsgefäße enthaltende Kasten, wurde vorher mit Hilfe eines an der Rückwand befindlichen breiten Blechhakens über die Gestellschere F_1 festgehangen und über das Eingangsröhrchen des Absorptionsgefäßes L_a der Verbindungsgummischlauch K_b einerseits gezogen, während das andere Ende dieses letzteren über das rechtsseitige Lufthahnröhrchen des Lufthahnes O_f gezogen wird. Weiterhin wird dann über das linksseitige Lufthahnröhrchen wiederum ein Gummischlauchstück K_c einseitig gezogen, welches am anderen

Ende mit dem dreiteiligen Lufteinsaugröhrchen P verbunden wird. Letzteres kann dann in beliebiger Höhe angebunden oder einfacher in die am oberen Ende des Holmes E_s eingeschlagene Drahtöse eingeschoben werden und nimmt dann noch zwei oder drei verschiedene lange Lufteinsaugschläuche K_d und K_e auf, welch letztere an besonders konstruierten Aufhängehaken N_1, N_2 in beliebiger Höhe aufgehangen werden können. Alle diese Schlauchverbindungen müssen ebenso wie der Stopfen J hermetisch abschließen. Hat man dann noch den jetzt nach unten gerichteten Gefäßhals A_d mit dem freigewordenen massiven Stopfen wasser- und luftdicht verschlossen, so kann der Analysator in Tätigkeit gesetzt werden. Auch die an den die Aspiratorgefäße verbindenden Druck- bzw. Verbindungsrohren A_a und B_a befindlichen Verschlußhähne A_b und B_b müssen stets geschlossen sein, bevor der Analysator in Tätigkeit gesetzt wird.

Um die Tätigkeit des Analysators zu erklären, nehmen wir an, daß das obere Gefäß A mit Wasser gefüllt sei, was ja durch Umlauf aus B leicht herzustellen wäre. Wird jetzt Verschlußhahn B_b etwas aufgedreht, so muß durch Abfließen des Wassers durch das Druckrohr B_a aus A im letzteren ein luftleerer Raum entstehen, welchen die äußere atmosphärische und mit Rauchgasen durchsetzte Luft durch Eindringen in die Lufteinsaugtrichter M_1 und M_2 und die Gummischläuche K_d, K_e, K_c, K_b und K_a und Passieren des Lufthahnes O_f, Absorptionsapparat L_a und Woulfsche Flasche L_b durch das gebogene Glasröhrchen im Stopfen J zu füllen sucht. Hierbei muß diese mit Rauchsäure geschwängerte Luft auch die im Absorptionsapparat genau abgemessene Reagenzlauge passieren und werden dadurch diese Säuren gebunden werden.

Um diese Säurebindung tunlichst ausgiebig gestalten zu können, gehört zuerst die geeignetste Reagenzlauge und sodann eine angemessen lange und intensive Berührung der Rauchluft mit der Reagenzflüssigkeit bei genügender Menge derselben dazu. Für die hier hauptsächlich in Frage kommenden SO_2 bzw. SO_3 hat sich bisher die Bromitlauge (d. i. eine etwa 5 proz. Lösung reinster Pottasche, welcher Brom bis zur zarten Gelbfärbung zugesetzt wird) nach Wislicenus am besten

für die quantitative Analyse bewährt. Die Menge der durch
diese Reagenzflüssigkeit geströmten Rauchluft wird durch die
während des Funktionierens des Apparates aus dem oberen
nach dem unteren Aspiratorgefäß abfließenden Wassermenge
bestimmt, und die letztere kann ihrerseits ohne weiteres an
dem mit Litereinteilung versehenen Wasserstandsrohr D abgelesen werden. Bezüglich der Füllung des Absorptionsgefäßes L_a ist zu bemerken, daß je nach dessen Größe die
Menge der Reagenzflüssigkeit bemessen werden muß. Gerlach verwendet jetzt den 40 bis 50 ccm Lauge fassenden Wis-
licenusschen Apparat, muß aber trotzdem noch zur Sicherung
etwaigen Überwerfens oder Übersaugens von Lauge eine
Woulfsche Flasche L_b anschließen. Dieses Überwerfen der
Lauge findet dann leicht statt, wenn infolge der mehrfachen
Widerstände, welche der nachströmenden Außenluft durch
das Absorptionsgefäß und namentlich die darin befindliche
Reagenzlauge entgegengestellt werden, die im wasserleeren
Teile des Aspiratorgefäßes enthaltene Luft dünner ist als die
äußere. Aber auch bei zu starkem Wasserabfluß und damit
erhöhter Heftigkeit der nachströmenden Luft hat Gerlach oft
ein Übersaugen bzw. Drücken der Reagenzlauge bis in das
Aspirationsgefäß beobachtet. Durch die Woulfsche Flasche
wird dies natürlich unmöglich gemacht und ist damit eine
unkontrollierbare Verminderung der genau gemessenen Lauge
ausgeschlossen. Das stoßweise Nachströmen der Außenluft
wird dadurch beseitigt, daß der Hohlraum der aus gezogenem
Stahlrohr hergestellten Fahnenstange gewissermaßen als Wind-
kessel funktioniert, dessen Innenwände zur Sicherheit mit
Spirituslack überzogen sind.

Aus vorstehend Gesagtem geht die Wichtigkeit der Handhabung des Wasserabflußhahnes (A_b bzw. B_b) für die Tätigkeit
des Analysators und die damit zu erzielenden Resultate hervor. Ob ein angemessener Wasserabfluß und damit sach-
gemäßes Rauchluftnachströmen stattfindet, erkennt man durch
die in den Absorptionsapparaten sich einstellende kochende
Bewegung der Reagenzlauge. Die kochende Bewegung muß
stetig, gleichmäßig und ruhig sein.

Über den Gebrauch der Windfahne und deren Wirkung ist das Nachstehende zu sagen: Bevor die Fahnenstange mit der Fahne am Gestell eingesteckt wird, wird der sehr empfindliche Messingzylinder, mit den beiden Ansatzmessingröhrchen, des Lufthahnes über den fest an der Fahnenstange befindlichen Innenmessingzylinder dieses Hahnes geschoben und das linke Ansatzröhrchen des äußeren Messingzylinders mit dem darüber gezogenen Gummischlauch K_c in die Ausfräsung der Arretierungsvorrichtung O_g gelegt und durch Darüberdrehen des daselbst befindlichen Wirbels festgehalten. Hat man jetzt günstigen Wind, d. h. direkt von der zu prüfenden Rauchquelle auf den Analysator, so wird sich die Windfahne O_a dementsprechend einstellen, und damit werden die an den Lufthahnzylindern und der Fahnenstange vorhandenen Durchbohrungen korrespondierend übereinander zu liegen kommen; damit ist aber auch eine durchgehende Öffnung von den Lufteinlaßtrichtern M_1, M_2 usw. bis zum Aspirationsgefäß A verbunden und kann daher jetzt durch Aufdrehen des Hahnes B_b der Analysator in Tätigkeit gesetzt werden. Sobald sich aber der Wind dreht und damit die Windfahne O_a mit Stange O_b und der mit letzterer verlötete Innenzylinder des Lufthahnes O_f, so werden die Durchbohrungen oder Durchlaßöffnungen im Lufthahn verschoben und dadurch der Luftnachschub unterbrochen bzw. abgeschnitten und die Tätigkeit des Analysenapparates aufgehoben. Bei Wiedereinstellung der richtigen Windrichtung wird der Analysator wieder von selbst in Tätigkeit treten können. Sollten die Luftströmungen so schwach sein, daß sie die Windfahne mit Fahnenstange im Lufthahn nicht mehr zu drehen vermöchten, so soll man die Seitenröhrchen des Außenzylinders vom Lufthahn von den Gummischläuchen K_b und K_c befreien und ihn ganz ausschalten, die beiden Schläuche aber durch ein Glasröhrchen wieder verbinden. Die Windfahne wird dann auch durch eine schwache Luftströmung noch richtig eingestellt werden können.

Zu erwähnen ist noch, daß die Eingangsöffnung des Einsaugtrichters mit Gaze überspannt und innen die Trichterröhre mit Verbandwatte lose verschlossen ist, um das Eindringen von Fremdkörpern zu verhindern.

Hat man genügende Mengen Rauchluft durch die Apparate hindurchsaugen lassen (1 bis 3 cbm), kann der Versuch beendet und der Analysator abgebrochen werden.

Bis zur Vornahme der quantitativen Analysierung wird die Reagenzlauge im Zimmer in ein sterilisiertes und mit Glasstopfen versehenes Glasfläschchen umgefüllt. Um alle Niederschläge aus dem Absorptionsgefäß zu gewinnen, ist es erforderlich, das Gefäß zwei bis dreimal mit destilliertem Wasser nachzuspülen und Luft einzublasen. Die derart gesammelte Reagenzflüssigkeit einschl. des Nachspülwassers wird gut verstopft, der Glasstopfen und Flaschenrand mit Paraffin gut zugeschmolzen und über beides sodann eine Haube von festem Papier gebunden.

Der Apparat dient also nicht zur Bestimmung des in der Luft enthaltenen Rußes, der im Gegenteil von ihm abgehalten werden soll, als zur Bestimmung der aus einer bestimmten Rauchquelle in der Luft sich bildenden schwefligen und Schwefelsäure. Bisher ist der Analysator mit geradezu überraschend günstigen Erfolgen bei Forstschadenfeststellungen benutzt worden, was aber nicht ausschließt, daß er auch mit geringen Abänderungen in der Aufstellungsweise auf Dächern und anderen Standorten aufgestellt und mit gutem Erfolge benutzt werden kann.

Während ich auf die in Deutschland gebräuchlichsten Luftuntersuchungsapparate genauer eingegangen bin, seien in den folgenden Zeilen einige, namentlich in England verwendete, kurz besprochen.

Der Aitkensche Staub- und Rußzähler. Auf diesen früher viel verwendeten Apparat näher einzugehen, lohnt sich deswegen nicht, weil die Verunreinigungen bzw. festen Bestandteile der Luft nicht so zur Abscheidung gebracht werden, daß sie nachträglich noch weiter untersucht werden können. Er wird meines Wissens heute nirgend mehr benutzt, war aber vor Jahren namentlich als Staubzähler sehr beliebt.

In England wird hauptsächlich mit dem

Auffangnpparat nach Professor Dr. Cohen (s. S. 137) und Dr. Des Voeux gearbeitet.

Über den Gebrauch des Apparates bestehen nach »Rauch und Staub« (3. Jahrg. Nr. 7) folgende Vorschriften:

a) Der Rußsammler ist genau horizontal und an einer Stelle aufzustellen, wo nicht durch den Rußfall benachbarter Schornsteine eine außergewöhnliche Menge Ruß aufgefangen wird.

b) Die das Wasser und die Niederschläge enthaltenden Flaschen müssen am Monatsende entfernt und durch sorgfältig gereinigte neue Flaschen ersetzt werden.

c) Vor Wegnahme der Flaschen zwecks Untersuchung des Inhalts muß die Sammelrinne mit dem bereits gesammelten Wasser ausgewaschen werden. Dabei kann eine Bürste von bestimmter Größe verwendet werden, um die anhaftenden Teile mit zu entfernen.

d) Durch die chemische Analyse ist besonders der Gehalt an teeriger Substanz und an freiem Kohlenstoff festzustellen.

Die Filtration geschieht, nach Kershaw, zweckmäßig in folgender Weise: Ein mit Glashahn oder Quetschhahn versehener Saugheber leitet das Regenwasser aus der Flasche auf eine Lage Filterpapier oder Asbest. Das Filterpapier oder der Asbest befinden sich in einem »Goochfilter«, der auf einer Flasche aufsitzt, die das gleiche Fassungsvermögen besitzt wie die Sammelflasche und in der ein nicht zu starkes Vakuum erzeugt wird. Nach Abfiltrieren des klaren Teils aus der Sammelflasche schüttelt man den trüben Teil und bringt ihn durch den Heber auf den Trichter. Schließlich wird die Sammelflasche mit einem Teil des Filters nochmals ausgeschwenkt und dieser Teil auch filtriert. Der Inhalt des Trichters wird mit destilliertem Wasser gewaschen, bei 105⁰ C getrocknet und dann gewogen, wobei die Gewichtszunahme die Gesamtheit der unlöslichen Stoffe ergibt. Nach Auslaugung des Trichterinhalts mit Schwefelkohlenstoff und nochmaligem Trocknen erhält man die Menge der teerigen Stoffe. Der Gewichtsverlust wird ermittelt durch Verbrennen des Trichterinhalts unter einem Luftstrom bis sämtlicher Kohlenstoff heraus ist. Der Rest gibt die in der Luft enthalten gewesenen Aschen- oder mineralischen Stoffe an.

Durch vollkommene Verdampfung von 250 g des Filtrats
erhält man Aufschluß über die Art der gelösten Stoffe, während durch Wiegen des trockenen Restes die Gesamtheit derselben bestimmt wird. Durch den Gewichtsverlust bei nicht
zu starker Verbrennung erhält man die löslichen organischen
Stoffe und in dem Gewicht des Restes die löslichen unorganischen. Aus diesem und den übrig gebliebenen Filtratmengen
kann man in bekannter Weise noch die Mengen der Sulfate,
Chloride, des Ammoniaks und des Kalkes bestimmen.

Erwähnt sei auch das nicht empfehlenswerte
Verfahren, mit klebrigem Öl bestrichene Glasplatten
zum Auffangen des Rußes auszulegen.

Zum Schluß sei noch das
Verfahren von Besmer erwähnt, welches darin besteht,
daß mit Wasser gefüllte zylindrische Glasgefäße von 10 cm
Durchmesser und 25 cm Höhe auf den Dächern hoher Häuser
in den verschiedenen Stadtteilen aufgestellt werden. Der Ruß
sammelt sich in diesen Gefäßen und wird durch Abdampfen
des Wassers und Wiegen bestimmt. Der in Äther lösliche
Teil stellt die teerigen Bestandteile dar, die von der Gesamtmenge abgezogen die Menge der eigentlichen festen Bestandteile ergeben.

Wie wir gesehen haben, gibt es eine ganze Reihe Verfahren,
den Ruß- bzw. Säuregehalt in der Luft zu bestimmen. Wir haben
aber auch weiter gesehen, daß allen Methoden Mängel anhaften,
die die wissenschaftliche Genauigkeit des Ergebnisses nach
irgendeiner Richtung, oft auch nach mehreren hin, beeinträch-
tigen. Um daher zu für die praktische Verwertung genügend
genauen Resultaten zu kommen, soll man stets eine ganze
Reihe von Versuchen anstellen und als Ergebnis den Durchschnitt herausziehen und ferner Kontrollversuche mit
irgendeinem andern Verfahren unternehmen. Selbstverständlich gelten diese Vorschläge nur für Feststellungen bei einer
diffusen Rauchplage, während bei der Feststellung des
Grades einer lokalen Rauchbelästigung meist zwei Untersuchungen genügen werden, von denen die eine vorzunehmen
ist, wenn die der Belästigung verdächtige Quelle raucht und
das zweitemal, wenn dies nicht der Fall ist.

Ferner sei nochmals darauf hingewiesen, daß man mit allen diesen Methoden als Resultat feststellen wird, daß

1. der Rußgehalt der Luft abhängig ist von der Windrichtung, auch wohl von der Feuchtigkeit; er ist im Zentrum der Stadt größer als an der Peripherie;

2. der Rußgehalt der Luft und der Gehalt an schwefliger Säure größer ist in den Wintermonaten wie im Sommer;

3. der Rußgehalt an Sonn- und Feiertagen nur eine unwesentliche Verminderung zeigt;

4. die Beeinträchtigung des Tageslichts parallel geht den gefundenen Rußmengen und

5. der Gehalt der schwefligen Säure mit der Dichte der Nebelbildung steigt.

Aus diesen Tatsachen läßt sich weiter die Schlußfolgerung ziehen, daß die Nebelbildung wesentlich beeinflußt wird durch die in der Luft vorhandenen Rauchbestandteile, und daß der Hausbrand wesentlich zur Verschmutzung der Luft beiträgt.

Bestimmung der Helligkeit des Tageslichts und der Durchsichtigkeit der Luft. Der Rauch und Ruß wirkt, wie bereits ausgeführt, auch insofern nachteilig, als er die Helligkeit herabsetzt und das direkte Sonnenlicht beeinträchtigt.

Zur Bestimmung der Lichtintensität empfiehlt sich das Verfahren, welches Professor Dr. Kister vom Hygienischen Institut in Hamburg bei den dort von ihm ausgeführten Rauch- und Rußuntersuchungen angewandt und über die er einen für die Beurteilung der Rauch- und Rußfrage überhaupt sehr wichtigen Bericht im »Gesundh.-Ing.« (Jahrg. 1909, Nr. 51 und 1910, Nr. 2) veröffentlicht hat.

Kister benutzte eine mit Glasstöpsel verschließbare Flasche aus weißem Glase, welche mit 20 ccm verdünnter Schwefelsäure (11,85 g H_2SO_4 pro l) und 20 ccm Jodkaliumlösung (20 g Jodkalium im l) gefüllt, auf einer weißen Kachel stehend, der Einwirkung des Tageslichts ausgesetzt wurde. Je nach der Intensität dieses wurde eine größere oder geringere

12*

Menge Jod ausgeschieden, welche mittels 1 : 100 Thiosulfat-
Lösung titrimetrisch bestimmt wurde.

Um die Fernsichtigkeit zu bestimmen, bedient man
sich wohl allgemein des Verfahrens, hochgelegene Punkte,
deren Entfernung bekannt ist oder leicht bestimmt werden
kann, vom Untersuchungsorte aus zu beobachten.

In Hamburg hat man zur Erleichterung der Bestimmungen solche Punkte auf einer Karte mit konzentrischen
Kreisen von je 1 km Entfernung markiert. Täglich ist, auch
unter Hinzuziehung anderer normalsichtiger Personen, festzustellen, welche in den verschiedensten Himmelsrichtungen
gelegenen Punkte mit unbewaffnetem Auge zu erkennen sind.

Hinsichtlich der Tageshelligkeit und der Durchsichtigkeit
der Luft haben die Hamburger Beobachtungen folgende Resultate ergeben: Zunächst zeigte sich, daß die Bestimmungen
der Helligkeit mittels Jodkalium durchweg parallel laufen den
mittels unbewaffnetem Auge bestimmten Durchsichtigkeiten
der Luft. Helligkeit und Durchsichtigkeit sind in den Sommermonaten erheblich größer als in den Wintermonaten, am
größten im Juni, am geringsten im Januar. Wie aus nachstehender Tabelle ersichtlich ist, entsprach einer Jodausschei-
dung von 27 mg die größte Durchsichtigkeit, die geringste
einer solchen von 0,1 mg. Die größte Durchsichtigkeit der
Luft betrug 6000 m, die geringste 100 m.

Monat	Durchsichtigkeit der Luft in m		Helligkeit des Tages- lichts in mg Jod	
	größte	geringste	größte	geringste
April 1908	5000	1000	15,8	4,4
Mai	5500	1200	17,2	6,6
Juni	6000	3000	27,0	11,1
Juli	5000	3000	27,0	8,1
August	5500	3000	20,0	7,8
September	5800	3000	13,7	7,2
Oktober	4500	1200	15,8	6,4
November	2600	500	10,2	4,2
Dezember	3000	100	9,8	0,2
Januar 1909	1700	100	5,4	0,1
Februar	3000	200	6,7	0,4
März	3200	800	8,0	2,5

Die höchsten und niedrigsten Werte der einzelnen Monate sind in der Tabelle S. 180 zusammengestellt.

Ein sehr anschauliches Bild geben auch die in der Quelle (Gesundheits-Ingenieur 1909, S. 747, Fig. 5 bis 8) abgebildeten photographischen Aufnahmen der Rauchwolken über dem Hamburger Hafengebiet darstellend.

Fig. 25 ist eine Aufnahme von Harburg aus während eines leichten Windstoßes aufgenommen, zu einer Zeit, als ein aufkommender Wind den dichten Rauchschleier in Bewegung brachte. Der Rauchschleier hat sich als Rauchwolke etwas gehoben, die darunter liegende Atmosphäre ist etwas durchsichtiger geworden; im Hintergrunde ist Hamburg eben sichtbar.

Die Fig. 26 bis 28 stellen interessante Rauchbilder aus Würzburg dar. Der Hinweis auf diese Rauchbilder genügt

Fig. 25.

Fig. 26.

Fig. 27.

zum Verständnis dafüı, daß der Stadt Tag und Nacht durch
die Strömung der Luft, die von dem Berg in das Tal geht,
die verdorbene Luft zugeführt wird. Namentlich veranschaulichen die Figuren, in welch unheimlicher Weise eine Gegend
durch den in ihrer Nähe befindlichen Bahnhof leiden kann.
Es ist ein unbestreitbar großes Verdienst von Professor
Rieger in Würzburg, der mir die Abbildungen freundlichst
zur Verfügung gestellt hat, in Denkschriften und auf andeıe
Weise das Gewissen der maßgebenden Behörden geschärft zu
haben.

Die Rußbestimmung geschah in Hamburg nach dem Verfahren von Liefmann, nach dem Filterverfahren (zunächst Papierfilter von Möller, dann von Rubner und schließlich nach verbesserter Renkscher Methode) und durch mit Wasser ge- füllte Schalen von 32 cm Durchmesser. Das letztere, sonst nicht empfehlenswerte Verfahren wurde nur angewendet, um über die Menge der aus näherer Umgebung der Rauchquellen stammenden gröberen Rußflocken Anhaltspunkte zu geben.

Die Bestimmung der schwefligen Säure in der Luft geschah, indem zunächst durch eine mit destilliertem

Wasser zu ein Drittel gefüllte Gaswaschflasche mittels Wasserstrahlpumpe in 24 Stunden 7 bis 10 cbm Luft gesaugt wurden. Das Wasser wurde in einen Kolben gebracht und dann mit etwa 10 ccm Phosphorsäure versetzt. Sodann wurde der Kolben mit einem seitlich gekerbten Korken, welcher in dem Einschnitt ein Blättchen jodsaures Kalistärkepapier trug, verschlossen und auf dem Wasserbade erwärmt. Bei Anwesenheit von schwefliger Säure wird der Papierstreifen blau gefärbt.

Bei der Untersuchung der Luft auf Schwefelsäure wurde in derselben Weise die Luft durch Wasser angesaugt. In diesem wurde nach dem Ansäuren mit Salzsäure die Schwefelsäure mittels Chlorbarium gefällt. Das Bariumsulfat wurde gewogen.

Die Untersuchung von Regen- und Schneewasser auf schweflige Säure und Schwefelsäure wird in derselben Weise ausgeführt. Kann die Bestimmung der schwefligen Säure quantitativ vorgenommen werden, so wird nach Erwärmen mit Jodlösung die entstandene Schwefelsäure gewichtsanalytisch bestimmt. Die nach der vorstehend genannten Methode gefundene Schwefelsäure muß bei der Bestimmung der schwefligen Säure in Abzug gebracht werden.

Bei der Untersuchung von Blättern auf schweflige Säure ging Kister in der Weise vor, daß von den Zweigen abgestreifte Blätter in einem 700 ccm-Kolben mit destilliertem Wasser übergossen und dann mit etwa 10 ccm Phosphorsäure versetzt wurden. Die schweflige Säure wird mit jodsaurem Kalistärkepapier nachgewiesen.

An dieser Stelle sei noch eines Apparates von Forstrat Gerlach-Tharandt gedacht, der den Ursprung der Rauchsäuren in den an Baumstämmen abfließenden Niederschlagswässern nachweisen soll und der unter der Bezeichnung

Gerlachs selbsttätiger Separator bekannt ist. Die nachfolgende Abbildung und Beschreibung des Separators ist Heft 9 der bekannten »Sammlung von Abhandlungen über Abgase und Rauchschäden« (Herausgeber Prof. Dr. Wislicenus, Verlag Paul Parey-Berlin) entnommen.

Zum Auffangen der schaft- bzw. stammabwärts fließenden
Niederschläge bediente sich Dr. Hoppe (Mitteilungen aus dem
Forstlichen Versuchswesen Österreichs, 21. Heft vom Jahre
1896) verzinnter Eisenblechkragen, welche um den Baum-
stamm wasserdicht angebracht waren, während Gerlach etwa
10 cm breite und etwa 1 mm dicke Bleistreifen dazu verwendet.
Diese Streifen werden 50 bis 80 cm über dem Wurzelstock
des Versuchsbaumes rings um den Stamm mit gebläuten kurzen
Tapeziererzwecken wasserdicht befestigt und wie eine Hut-
krempe nach aufwärts gebogen, so eine Wasserauffangkrempe
bildend (W_k Fig. 29). Diese Bleikrempen werden sodann am
Treffpunkt beider Bleistreifenenden röhrenartig zusammen-
gedrückt und unter diesen dadurch gebildeten Röhren Flaschen
untergestellt, welche die von den Bleikrempen aufgefangenen
Niederschlagswässer aufnehmen.

Gerlach hatte den Apparat bei seinen Versuchen an einer
18 m hohen amerikanischen Eiche (V_e) angebracht, an welcher
ein Fahnenmast F_m derart befestigt ist, daß er den stärksten
Winden genügenden Widerstand leisten und tunlichst wenig
schwanken kann. Das obere Ende trägt eine Windfahne, die
an einer aus Gasrohren hergestellten Spindel F_s befestigt und
letztere durch in den Mast geschraubte Schraubösen $Sö$ derart
hindurchgesteckt ist, daß sie sich ganz leicht drehen läßt.
Das untere in eine Stahlspitze auslaufende Ende der Fahnenspindel ruht in einem Glasbecher G_b, welcher, im starken
Blechfutteral sitzend, auf einen etwa 1,50 m über dem Boden
am Fahnenmast befestigten eisernen Konsolträger K_t auf-
geschraubt ist. Die Windfahne besteht aus Zinkblech mit
zwei Flügeln im Winkel von 20 bis 25^0 und Balancierstange,
entsprechend den Fahnen bei den meteorologischen Beobach-
tungsstationen. Oberhalb des Glastrichters G_b wird dann der
Sammeltrichter T_1 durch den die Fahnenspindel F_s umfassenden und mit Preßschraube versehenen Trichterhalter T_h derart an diese Spindel festgeschraubt, daß er den Drehungen
der Windfahne mit der Fahnenspindel F_s folgen muß. Der
Trichter T_1 hat im Querschnitt die Form eines Kreisflächen-
ausschnittes mit den beiderseitigen Bogenlängen SO bis WSW;
derselbe umfaßte damit die sämtlichen Windrichtungen, welche

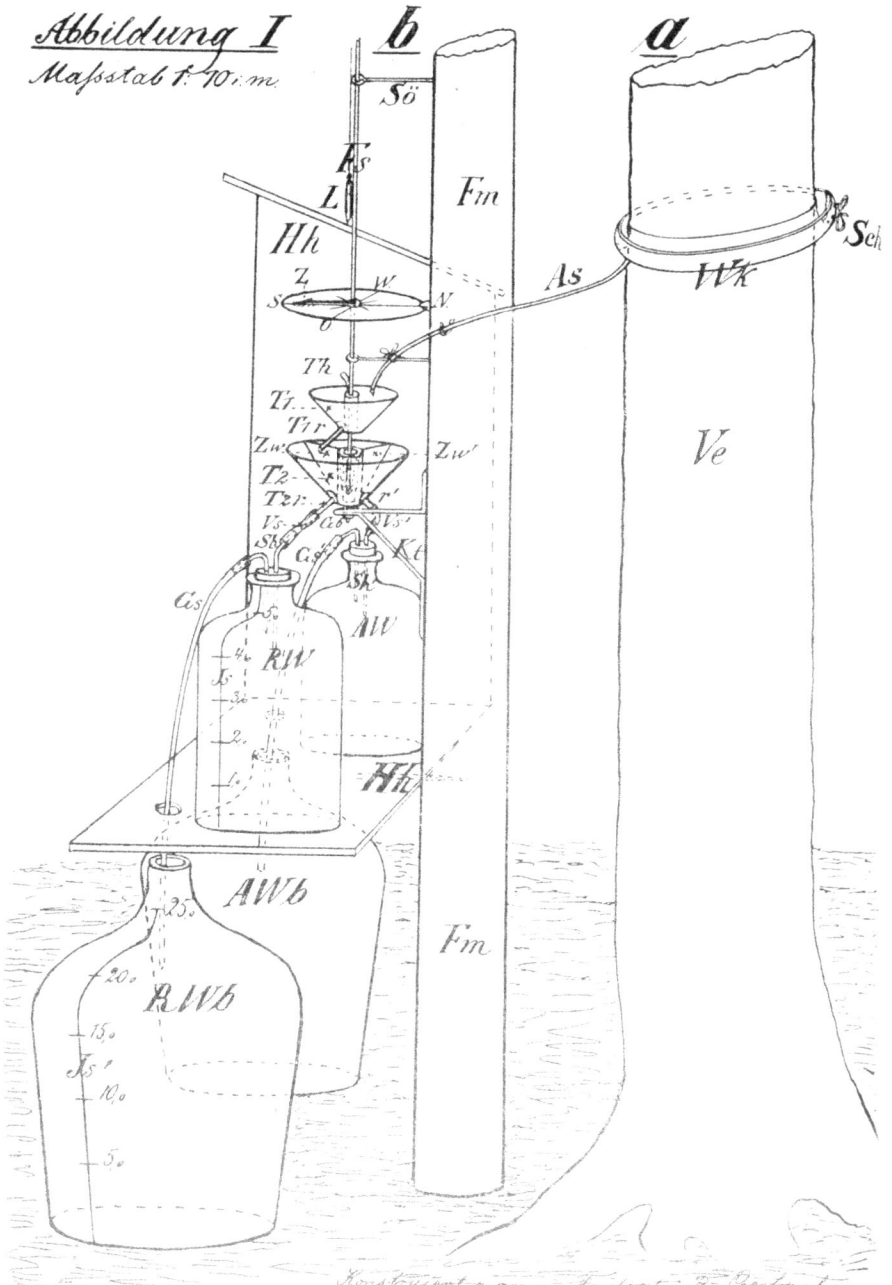

Abbildung I

Maßstab 1:10 i. m.

Fig. 29.

bei den Versuchen (Waldenburg in Sachsen) aus den rauchreicheren Rayons nach dem Aufstellungsort des Separators
wehen. Demselben wird also bei einer Einstellung nach SO-
Wind und sodann bei weiteren Drehungen der Windfahne über
S hinaus bis WSW sämtliches stammabwärts fließende Niederschlagswasser durch die Bleikrempe W_k und Wasserzuflußrohr
A_s zugeführt werden. Das an der äußeren Seite, und zwar in
der Mitte des Trichters T_1 angebrachte Ausgußrohr T_{1r} mit
Stutzen liegt an dem rechten Rand des zweiten Sammel-
trichters T_2, welch letzterer durch das in die Sammelflasche
RW gesteckte Trichterrohr festgehalten wird. Sämtliches in
Trichter T_1 laufende Wasser wird daher durch Trichter T_2
in die Sammelflasche RW geleitet. Dreht sich die Windfahne
mit Trichter T_1 weiter über WSW hinaus über N und O
wieder bis zu SO, so wird das Wasser durch den Trichter T_3
der Sammelflasche AW zugeführt. In die Flasche AW kommen also alle Niederschlagswasser aus der rauchärmeren Gegend.
Die Flaschen RW und AW fassen nur etwa je 4 l, da aber
größere Flaschen unhandlich sind, so werden noch zwei große
Gasballons RW_b und AW_b von je etwa 36 l Inhalt untergestellt, in die das überfließende Wasser aus den Flaschen
hineinfließt. Der ganze Apparat steht in dem Holzgehäuse H_h
mit aufklappbarem Deckel. Es empfiehlt sich, Flaschen und
Ballons mit Inhaltsskalen J_s zu versehen, damit man die Nieder-
schlagsmengen ohne weiteres ablesen und die Flaschen wieder
leeren kann.

Gerlach stellte mit gleich gutem Erfolge seine Versuche
sowohl an belaubten als auch an unbelaubten Bäumen an und
wird über die erzielten Ergebnisse auf S. 224 näher berichtet.

Ein wesentlicher Vorteil des Apparates besteht darin, daß
die stammabwärts fließenden Niederschläge selbsttätig nach
Rauchrayons gesammelt werden können, wodurch es möglich ist, vergleichbare Resultate zwischen raucharmen und
rauchreicheren Rauchschadengebieten zu erhalten. Aber auch
die Mengen der überhaupt an den Bäumen abwärts fließenden Niederschläge lassen sich mit dem Separator gleichzeitig
ermitteln, deren Säuregehalte ganz allgemein mit Hilfe von
Lackmuspapier festgestellt werden können.

Ein von Ost in Hannover angegebenes einfaches Verfahren, die schweflige Säure in der Waldesluft zu bestimmen, wurde von Wislicenus-Tharandt weiter ausgebildet und mit bestem Erfolge in den Waldungen bei Karlsbad (Böhmen) angewendet. Sogenannter »Molleton«, ein möglichst aschefreier, dichter Baumwollstoff, wird gründlich ausgewaschen, in Holzrahmen gespannt, mit Ätzbarytlösung getränkt und frei an den Versuchsstellen im Walde aufgehängt. Die Luftkohlensäure verwandelt den Ätzbaryt schnell in kohlensauren Baryt, der, weil im Wasser unlöslich, vom Regen nicht weggewaschen wird und schweflige Säure und Schwefelsäure unbedingt festhält. Nachdem die Lappen monatelang gehangen, wird der Absättigungsgrad, d. h. der Gehalt an schwefliger Säure und Schwefelsäure bestimmt; außerdem läßt sich auch die Berußung feststellen. Die in Karlsbad vorgenommenen umfassenden Untersuchungen zeigten, daß im allgemeinen der Berußungsgrad mit dem Absättigungsgrad parallel ging; auch ergab sich, daß die Forstschäden und die Resultate der Untersuchungen gut übereinstimmten.

Bemerkt sei noch, daß die betreffenden Zusammenstellungen auch interessante Anhaltspunkte für das Verhältnis zwischen den Rauchquellen, den Windverhältnissen und den Forstschäden ergaben. So konnte ermittelt werden, daß die den vorherrschenden Windrichtungen ausgesetzten Gelände den höchsten Absättigungsgrad zeigten.

Bei der chemischen Abgasanalyse handelt es sich namentlich um schweflige Säure, die metallische Pumpen angreift und undicht macht. Diesen Nachteil besitzt nicht eine von der Firma Franz Hugershoff in Leipzig in den Handel gebrachte messende Saug- und Druckpumpe, bei der alle wesentlichen Teile aus Glas hergestellt sind, während die Dichtungen Flüssigkeitsdichtungen sind und aus Quecksilber bestehen.

Bereits auf S. 108 u. f. ist der verschiedenen Rauchgasprüfer gedacht; hier sei noch ein von Dr. A. Schmidt in Zürich erfundenes

Meßgerät, um rasch die Kohlensäure in Rauch- und Gichtgasen zu bestimmen, kurz beschrieben, wel-

ches mir als durchaus praktisch brauchbar erscheint. Leider
habe ich nicht ermitteln können, ob der Apparat größere Verbreitung gefunden hat.

Eine größere Glashohlkugel ist mit einer kleineren durch
ein angeschmolzenes Glasrohr verbunden, das durch einen
Hahn in ihm dicht bei der großen Kugel abgeschlossen und
mit der größeren Kugel oder dem Freien verbunden werden
kann; außerhalb der kleineren Kugel ist ein zweiter, oberer
Hahn und ein Schlauchstutzen angeschmolzen. Durch einen
hier aufgesteckten Schlauch wird das Gerät mit der Gasquelle verbunden. Bei Kupolöfen werden die Gase durch
einen Trichter im Schacht gesammelt, die so den nötigen
Druck erhalten, um in die obere Kugel und das Rohr ein-
zutreten. Nach etwa 40 Sekunden ist die Luft vollständig
daraus verdrängt durch den Hahn bei der größeren Kugel
abgeblasen. Bei Rauchgasen geschieht das mit einer Kaut-
schukpumpe und 30 bis 40 Hüben. Der obere Hahn wird dann
geschlossen, der untere um 180° gedreht, so daß die untere,
größere Kugel, die ganz mit Kalilauge gefüllt ist, mit dem
Verbindungsrohr, das ein Meßgefäß bildet und eine Teilung
trägt, verbunden ist. Nun dreht man das Ganze so, daß die
größere Kugel oben ist und schüttelt leicht, womit die Kalilauge in das Meßrohr herunterfließt, während das Gas darin
aufsteigt. Dreht man wieder die größere Kugel nach unten,
so steigt das Gas wieder ins Meßrohr, und die Kalilauge läßt
man möglichst vollständig in die größere Kugel zurückfließen.
So wird die Kohlensäure sicher aus dem Gase ausgeschieden und
von der Kalilauge aufgenommen. Nun schließt man den Hahn
bei der großen Kugel durch Querstellen, taucht den bei der
kleineren Kugel, nachdem der Schlauch abgenommen ist, in
bereitstehendes Wasser und öffnet ihn, worauf eine der von
der Kalilauge aufgenommenen Kohlensäure entsprechende
Menge Wasser in das Meßrohr tritt. Die Oberfläche des ein-
gedrungenen Wassers bringt man auf gleiche Höhe mit dem
äußeren Wasserspiegel, schließt den Hahn unter Wasser und
stellt das Gerät wieder aufrecht. Der obere Hahn wird rasch
geöffnet, damit das in seiner Bohrung und im Schlauchansatz
enthaltene Wasser ebenfalls in das Meßrohr herabfließt. Der

Prozentgehalt des Gases an Kohlensäure kann dann an der Teilung abgelesen werden. Stellt man dann den unteren Hahn so, daß das Meßrohr mit dem Freien verbunden ist, so fließt das Wasser aus dem Meßrohr ab, und eine neue Probe kann vorgenommen werden.

Bevor man sich dahin einigte, die in der Luft enthaltene schweflige Säure zu bestimmen, untersuchte man den Rauch bzw. die raucherfüllte Stadtluft auf Kohlensäure, entsprechend der großen Menge, die durch die Verbrennung so vielen Kohlenstoffes entsteht. Indes zeigte sich bald, daß dieses Verfahren wegen der vielen anderen zur Kohlensäurebildung beitragenden Quellen, z. B. aus dem Pflanzenleben, sich nicht eignet. Daß auch die Bestimmung der schwefligen Säure nicht ganz einwandfrei ist, weil bei dem gebräuchlichen Verfahren (Bariumsulfatbestimmung) eine Trennung von der im Rauch ebenfalls vorhandenen Schwefelsäure nicht möglich ist und obgleich der zur Bildung der schwefligen Säure nötige Schwefel nicht in allen Kohlenarten gleichmäßig vorhanden ist, ist bereits gesagt; es sei aber hier am Schluß unserer Betrachtungen über die Luftuntersuchungen nochmals daran erinnert.

Der mitunter auch erforderliche Nachweis von Kohlenoxyd erfolgt nach Geheimrat Proskauer am sichersten durch den Tierversuch oder, falls dies nicht angängig, mit Palladiumchlorid.

Die Schäden des Rauches.

Die Schäden, welche der Rauch anrichtet, sind folgende:

1. Verschlechterung des Klimas.
2. Schäden an Bauwerken und sonstigen Gegenständen.
3. Schäden an Pflanzen.
4. Schädigung der menschlichen Gesundheit.

1. Die Verschlechterung des Klimas. Sieht man von ferne die über einer Stadt liegenden Rauchwolken (s. Fig. 25 bis 28), so kommt man unwillkürlich auf den Gedanken, daß eine solche, die Luft erfüllende Schicht von Verbrennungsprodukten der Steinkohle, mitunter auch der Braunkohle, die klimatischen Verhältnisse des Ortes wesentlich beeinflussen muß. Die

große Menge Wasser, welche bei der Verbrennung der Kohle
entwickelt wird und die sich mit den den Gebäuden entströmenden Wassermengen mischt, führt zu einem größeren
Feuchtigkeitsgehalt der Luft, dieser aber wieder zu häu-
figerer Nebelbildung. Die Nebelbildungen stellen aber,
ebenso wie die Verminderung der Sonnenscheindauer,
nicht nur in ästhetischer und wirtschaftlicher, sondern auch
in gesundheitlicher Beziehung einen Schaden dar. Die Nebelbildung und damit der Ausfall des Sonnenscheins verschlim-
mert sicher schon bestehende Katarrhe der Respirationsorgane.
Die Nebelbildung hindert dadurch, daß Ruß und Gase den
Kern für die Kondensation der Wassertröpfchen, und zwar
namentlich bei gleichzeitiger Windstille, abgeben, eine aus-
giebige Verteilung dieser Verunreinigungen in der freien Atmosphäre, und gerade dadurch wird die Wirkung dieser Verunreinigungen sicherlich eine konzentriertere. Allerdings hat
eine zu große Feuchtigkeitsansammlung in der Luft auch den
Vorteil der Erzeugung von tropfbaren Flüssigkeiten, welche die
Unreinigkeiten der Atmosphäre mit sich fortführen. Bevor es
aber hierzu kommt, werden sich die unreinen Ausdünstungen
der Stadt konzentrieren und zu jenen Ansammlungen führen,
die z. B. in Manchester in 1 cbm Luft 7,40 mg schweflige
Säure enthalten haben gegenüber 0,28 mg an einem klaren,
windigen Tage.

Zur Nebelbildung, also zur Wasserkondensation, gehören Kerne, welche die Rußteilchen ebenso wie Gasmoleküle
abgeben. Vor allem scheint die schweflige Säure imstande zu
sein, den zähen Stadtnebel hervorzurufen, der gerade in den
englischen Industriestädten so ungeheuer belästigend wirkt.
Der Kohlenrauch begünstigt also die Nebelbildung, und demnach wird, falls keine Rauchverhütungsmaßregeln getroffen
werden, bei steigendem Kohlenverbrauch die Zahl der Nebeltage zunehmen.

Die Vermehrung der Nebeltage trifft fast überall die
Wintermonate, ebenso die Verminderung des Sonnenscheins.
Die Zahl der Nebeltage in den Wintermonaten Dezember bis
Februar hat in London dauernd zugenommen, entsprechend
der Zunahme des Kohlenverbrauchs von 4882000 t im Jahre

1875 auf 6391000 t im Jahre 1889. Die Zahl der Nebeltage betrug in den Jahren

1870 bis 1875: 93.   1880 » 1885: 131.
1875 » 1880: 119.   1885 » 1890: 156.

Der in der Nähe Londons während vierzehn Tagen im Februar 1891 aufgefangene Nebelniederschlag betrug 11 kg für den Morgen und enthielt 42,5% Kohlenstoff.

Nach Shaw würden mit der Beseitigung des Kohlenrauches 20% des Nebels beseitigt. Die Nebel würden dann auch leichter von der Sonne zerstreut werden und weniger dicht sein. Von 1893 bis 1901 wurden in den Häusern von London eine halbe Million Gasöfen aufgestellt, und die Zahl der Nebeltage nahm um zehn im Jahre ab. In den Jahren 1902 bis 1911 kamen eine Million Gasöfen dazu. und der Nebel hielt London nur noch zehn Tage im Jahre unter seiner Herrschaft.

München hatte in den Jahren 1891 bis 1895 59 Nebeltage im Jahr, von 1901 bis 1905 aber jährlich deren 80.

Kister (Gesundheits-Ingenieur 1909, Nr. 51 und 1910, Nr. 2. Bericht über die in Hamburg ausgeführten Rauch- und Rußuntersuchungen) weist (s. nachstehende Tabelle) nach, daß Hamburg, gegenüber den zum Vergleich herangezogenen Städten, die meisten Nebeltage hat.

	Jahre	Mittlere Anzahl der Tage mit Nebel				
		Winter	Frühling	Sommer	Herbst	Jahr
Hamburg	1877—1885	52	22	10	45	130
	1887—1906	36,55	16,85	6,3	31,6	91.3
Berlin . .	1877—1885	10	1	1	5	18
	1887—1906	6,2	2,3	0,7	6,6	15,8
Breslau .	1877—1885	28	9	2	28	67
Kiel . .	1877—1885	31	15	8	23	77

Auch aus dieser Tabelle ersieht man wieder, daß die meisten Nebel in den Wintermonaten auftreten, was sicher nicht in dem Maß der Fall wäre, wenn die Ansicht einiger Forscher zutreffend wäre, daß an der Bildung der Stadtnebel vorwiegend der in die Luft gewirbelte Straßenstaub Schuld wäre.

Noch etwas läßt sich aber aus der Tabelle ersehen; nämlich, daß der H a u s b r a n d die Hauptschuld an der Rauchplage trägt und nicht die industriellen Feuerungen, die zu jeder Jahreszeit ein und dieselbe Menge Rauch in die Luft entsenden.

Die geringe Zahl der Nebeltage für Berlin und für Hamburg seit 1888 ist auf verbesserte Heizanlagen und behördliche Maßnahmen zurückzuführen, denn der Kohlenverbrauch stieg von 1 754 223 t im Jahre 1887 auf 3 240 588 t im Jahre 1905. In Hamburg verminderte sich die Zahl der Nebeltage von 442 in den Jahren 1886 bis 1890 auf 290 für die Jahre 1901 bis 1905.

Auch die in Hamburg vorherrschende trübe dunstige Atmosphäre führt K i s t e r zum Teil auf die Verbrennungsprodukte zurück.

A s c h e r (Verhütung von Rauch und Ruß in Städten. Aus: Weyl, Handbuch der Hygiene. 2. Bd. 1. Abt.) weist auf einen zweiten Nachteil hin, der durch den Nebel besonders begünstigt wird. Das ist die s t a r k e A b s o r p t i o n v o n L i c h t, die bis zur völligen Finsternis führen kann. Wie groß aber die gewöhnliche Absorption des Lichtes ist, geht aus der folgenden Tabelle hervor, die eine verhältnismäßig rauchfreie Stadt, wie Berlin, mit der 200 km östlich davon gelegenen Landstadt Samter vergleicht. Mögen auch die berechneten Zahlen nicht ganz fehlerfrei sein, so liegt es doch nahe, den Sonnenscheinausfall von Berlin — während Samter mit Ausnahme der Wintermonate einen Überschuß von Sonnenschein aufweist — auf Rechnung der großstädtischen R a u c h - und R u ß p r o d u k t i o n zu setzen.

%	Frühling		Sommer		Herbst		Winter	
	Ber-lin	Sam-ter	Ber-lin	Sam-ter	Ber-lin	Sam-ter	Ber-lin	Sam-ter
Bewölkung	61	64	57	55	66	69	76	72
Demnach zu erwartender Sonnenschein	39	36	43	45	34	31	24	28
Ermittelter Sonnenschein	30	39	43	52	18	32	9	20
Ausfall bzw. Überschuß an Sonnenschein . . .	− 9	− 3	0	+ 7	−16	+ 1	−15	− 8

Nach Kister beträgt die für Berlin berechnete Sonnenscheindauer 4456 Stunden, die tatsächliche durchschnittlich nur 1672 Stunden, also nur 37,6%. Letztere beträgt für Hamburg nur 1236 Stunden oder 28% des möglichen Sonnenscheins. Demgegenüber beträgt die tatsächliche durchschnittliche Sonnenscheindauer in Helgoland 1735, in Kristiania 1742 und in Rom 2408 Stunden. Selbstverständlich fällt auch die größte Zahl der sonnenlosen Tage auf den Winter.

Aber die Zählung der Sonnenscheinstunden scheint, nach Liefmann, noch nicht einmal imstande zu sein, einen guten Index des tatsächlichen Lichtverlustes in großen Städten abzugeben. Die gewöhnliche Methode, mit der diese Zählung vorgenommen wird, vermag kaum die feineren Abschwächungen des Tageslichtes zu registrieren. Es ist aber auch an nichtsonnigen Tagen die über einer Stadt lagernde Nebel- oder Dunstschicht imstande, nicht unerhebliche Lichtmengen zu verschlucken. Man hat gefunden, daß eine Nebelschicht von nur 80 mm Dicke imstande war:

11,1% der Lichtstärke einer Steinkohlengasflamme,
11,5% von Ölgaslicht,
14,7% des Azetylenlichtes,
20,8% des Gasglühlichtes und
26,7% des elektrischen Bogenlichtes
zu absorbieren.

Darin besteht eben der wesentliche Unterschied zwischen dem Wasserdampf und dem in feiner Form in der Luft verteilten flüssigen Wasser, daß letzteres unvergleichlich mehr Licht absorbiert. Rubner gibt an, daß im Jahr 1885 die Luft Berlins viermal mehr Licht verschluckte als die Umgebung. Auch der Umstand scheint von Wichtigkeit, daß von allen Strahlen des Spektrums am meisten die blauen, violetten und ultravioletten Strahlen zurückgehalten werden, denen gerade der bedeutendste hygienische Einfluß zugeschrieben werden muß. Die roten Strahlen scheinen den Nebel leichter zu passieren, und diese Tatsache wird daher zur Erklärung der eigentümlichen Farbe der dichten Londoner Nebel herangezogen, die man wegen ihres gelbrötlichen Schimmers als Erbsensuppennebel bezeichnet hat.

Der Einfluß, welchen Nebel und mangelnder Sonnenschein auf das Klima in den Städten ausüben, läßt sich kurz dahin zusammenfassen, daß es feuchter und damit auch kälter erscheint als außerhalb des Bereiches der rußigen Atmosphäre.

Lichtmangel kann zu gesundheitlichen Übelständen für den Menschen führen. Man spricht bei der Einwirkung des Sonnenlichtes auf unseren Körper von einem psychischen und einem somatischen Reiz. Für den ersteren nimmt man an, daß das Sonnenlicht eine anregende, heiter stimmende Wirkung auf den Menschen ausübt, während der somatische Reiz verschiedene Organe und Organsysteme beeinflußt, wobei in erster Linie der Reiz steht, den das Sonnenlicht auf unsere Haut ausübt.

Von den inneren Organsystemen, die durch das Licht beeinflußt werden, ist vor allem die Atmung zu nennen. Das Licht erzeugt eine Vermehrung der Sauerstoffaufnahme und der Kohlendioxydausscheidung.

Von steigender Bedeutung ist der heilende Einfluß, den das Licht auf eine Reihe parasitärer und nichtparasitärer Krankheiten auszuüben vermag. Erinnert sei an die Behandlung der Pocken nach Finsen und des Lupus mit Licht- und Röntgenstrahlen.

Groß ist auch die Anzahl der Lichtwirkungen, die eine mittelbare Bedeutung für unser Leben besitzen (z. B. Behandlung der Lungentuberkulose im Freien und Lichtbäder bei verschiedenen Krankheiten), und ist es besonders die Wärmewirkung der Sonnenstrahlen, die für die Gesundheitspflege von hervorragender Bedeutung sind. Sehen wir davon ab, daß fast jede Änderung in der anorganischen Natur auf die Wirkung der Sonnenstrahlen zurückzuführen ist, und denken wir zunächst nur daran, daß die Aufnahme der Kohlensäure durch die Pflanzen fast nur unter dem Einfluß der roten und gelben Strahlenarten geschieht und daß der blaue und violette Teil des Spektrums bei Pflanzen den sog. Heliotropismus erzeugt, der für das Wachstum der Pflanzen unumgänglich ist.

Bekannt ist auch die abtötende Wirkung des violetten und blauen Lichtes auf die niederen Pflanzenarten, vor allem der chlorophyllosen unter den Kryptogamen. Es ist keine Frage, daß diese bakterizide Fähigkeit des Lichtes in unserer Umgebung einen bedeutenden hygienischen Einfluß äußert.

Die Wirkungen des Lichtes auf den Organismus der Tiere sind noch ziemlich unerforscht. Man beobachtete, daß Embryonen unter Lichteinfluß rascher wuchsen.

Liefmann weist mit Recht darauf hin, daß es äußerst schwer ist, den Schaden zu bestimmen, den der Lichtmangel für den Menschen besitzt. Das, was man bisher über den Einfluß der Lichtentziehung auf den Menschen weiß, ist sehr wenig. Von großer Bedeutung scheint zu sein, ob der Lichtabschluß ein vollkommener oder ein teilweiser ist; doch scheinen die bisherigen Erfahrungen dafür zu sprechen, daß der Organismus sich einer teilweisen Lichtentziehung anzupassen vermag. Allerdings zeigen die durchweg eine blasse Hautfarbe besitzenden Bergleute, daß eine Beeinflussung des Organismus doch nicht ausbleibt.

Über den Einfluß schlechter Luft und von Lichtmangel auf das Pflanzenleben wissen wir, namentlich durch die Arbeiten O. Richters, daß solche Pflanzen eigenartige Veränderungen erfahren, indem einzelne Organe in der Entwicklung zurückbleiben, andere wieder eine abnorme Förderung erfahren.

Liefmann faßt die gesundheitsschädliche Wirkung einer Verdunkelung der Atmosphäre unserer Großstädte in folgenden drei Schlußsätzen zusammen:

1. Ein anregender, unsere Gemütsstimmung beeinflussender Reiz wird geschwächt und die Energie des Stoffwechsels, insbesondere was die Atmung anbetrifft, verringert.

2. Die Belichtung und Erwärmung des Bodens, des Wassers und der Luft wird im Bereiche der Stadt hintangehalten und auf diese Weise eine Reihe hygienisch wichtiger Prozesse beeinträchtigt oder unterdrückt.

3. Die chemische und bakterizide Wirkung der Sonnenstrahlen wird verringert und so die Wucherung der Bakterien, auch die der pathogenen, befördert.

2. Schäden an Bauwerken und sonstigen Gegenständen.

a) Schäden an Bauwerken. Der Schaden, den der Rauch an den Außenseiten der Gebäude anrichtet, wozu auch die Zerstörungen gehören, welche die schweflige Säure des Rauches in Bahnhofshallen, Tunnels usw. verursacht, ist zwar offensichtlich, so daß man annehmen müßte, schon diese Seite der Rauchplage hätte die Allgemeinheit schon längst aufrütteln müssen und auf energische Abhilfe dringen lassen. Weit gefehlt; wenn der Schaden nicht zu offensichtlich wird, wie beispielsweise beim Kölner Dom, dessen Fassade wiederherzustellen enorme Kosten verursacht, denkt niemand daran Abhilfe des Übels zu verlangen. Kaiser (Neues Jahrb. f. Mineralogie 1907. Über Verwitterungserscheinungen an Bauten) hat auf Grund sorgfältiger chemischer Untersuchungen festgestellt, daß es die im Rauche des Bahnhofes, der Zentralheizungen der Umgebung usw. enthaltene schweflige Säure ist, die das dolomitische Bindemittel des zur Fassade verwendeten Stubensandsteins auflöst. Derselbe Sandstein wurde beim Bau des Münchener Rathauses, am Ulmer Münster und am Schlosse zu Neu-Schwanstein verwandt. Untersuchungen dieser drei Bauwerke ergaben, daß das Münchener Rathaus zwar auch, aber weniger wie der Kölner Dom, unter den Einwirkungen der im Rauch enthaltene schwefligen Säure gelitten hat, beim Ulmer Münster war dies noch weniger der Fall, während auf Neu-Schwanstein überhaupt keine Einwirkung stattgefunden hatte.

Auch die berühmte Westminster-Abtei wird ein Opfer des Londoner Rauches. Beinahe jeder Stein in der Abteikirche zeigt einen ständig zunehmenden Verfall, hervorgerufen durch den zerstörenden Einfluß der verbrennenden Kohle. Vor mehreren Jahren war ein großer Teil der Nordfront infolge dieser Zerstörungen eingestürzt, deren Wiederaufbau außerordentlich hohe Kosten verursacht hat. Außer an der Westminster-Abtei zeigt sich die Wirkung des Schwefels auch in besonders erschreckender Weise an der St. Paulskathedrale. Man hat in Mauerproben bis zu 74% Gips gefunden, der nach Lage der Verhältnisse sich nur durch die Einwirkung schwefelsäurehaltigen Rauches bilden konnte. Besonders gefährlich wirkt in dieser Beziehung der Ruß als der hartnäckige Träger der Schwefelsäure. Alle Baumaterialien, die aus Kalziumkarbonat bestehen, unterliegen dieser Einwirkung, besonders stark die Serpentingesteine, da sie wasserhaltiges Magnesiasilikat enthalten, welches sehr schnell in Magnesiumsulfat übergeht.

In gleicher Weise ist die Einwirkung der Schwefelsäure schädlich auf die Wandmalereien (Fresken) an den Gebäuden. Diese enthalten in ihrem Pigment eine feine Beimengung von Kalziumkarbonat, welches durch die Schwefelsäure in Gips übergeht und sich dabei bis auf das zehn- bis zwölffache Volumen ausdehnt. Sogar der Untergrund der Malerei, welcher aus Kalk besteht, wird oft ebenfalls zerstört. Teerige und rußige Ablagerungen dagegen richten auf solchen Fresken, zum Unterschied von den sog. Öl- und Spritfresken, keine Schäden an, denn sie können ohne Beschädigung des Bildes durch geeignete Lösungsmittel (Methylalkohol, Toluol, das sog. Maler-Petroleum) entfernt werden.

Am augenfälligsten ist aber zunächst nicht der Schaden, der den Bauwerken durch Zerstörung ihres Materials zugefügt wird, als vielmehr die Verschmutzung und Verunstaltung der Fassaden durch den Ruß. Verrußt, schmutzig und verwaschen sehen unsere Bauten aus, so daß man sich oft wundern muß, wie Menschen an der Architektur dieser Bauten noch Gefallen finden können. Miets-, Geschäftshäuser und öffentliche Bauten haben das gleiche unästhetische Aussehen. Die Feuchtigkeit der Luft, die teerigen Bestandteile des Rußes, der Straßenschmutz kleiden die Häuser bald in jenes abscheuliche Grauschwarz, wie es namentlich für die inneren Stadtteile charakteristisch ist.

Gelingt es uns, in das deprimierende Häusergrau unserer Städte Licht und Farbe zu bringen, so haben wir gleichzeitig ein gut Teil zur körperlichen und seelischen Gesundung ihrer Bewohner beigetragen. Das schmutzige Grau der Häuserwände beleidigt nicht nur das Auge, sondern drückt den ganzen Menschen nieder.

Von großer Bedeutung ist auch die Frage nach den Kosten, welche den Bewohnern einer verrußten Stadt durch die Beseitigung der durch den Ruß entstandenen Verschmutzung eines Hauses entstehen. So schreiben Benner und O'Connor in »Rauch und Staub« (3. Jahrg., Nr. 8): Im Jahre 1905 schätzte Russell den Schaden, den London durch den Rauch jährlich erleidet, auf 26 Millionen Dollar, während er von anderer Seite schon vor Jahren auf mindestens 46 Millionen M. geschätzt wurde.

Als bedeutendster Posten figuriert in dieser Summe der Betrag von 10 Millionen Dollar für Waschen und Reinigen. Die Handelskammer von Cleveland berechnete den Schaden durch den Rauch im Jahre 1909 auf 12 Dollar pro Kopf oder 6 Millionen Dollar für die gesamte Bevölkerung. Der Rauchinspektor von Cincinnati, Nelson, schätzt den Rauchschaden auf 100 Dollar pro Familie, der von Chicago, Bird, auf 18 Millionen Dollar oder 8 Dollar pro Kopf. Der Chefingenieur des United States Bureau of Mines, Wilson, stellt auf Grund offizieller Umfragen fest, daß der Rauchschaden in den Vereinigten Staaten insgesamt 500 Millionen Dollar pro Jahr beträgt oder 17 Dollar für jeden Einwohner einer größeren Stadt.

Wenn diese ungeheuren Summen nun auch nicht ausschließlich den an Gebäuden entstandenen Schaden darstellen, so entfällt doch ein ganz bedeutender Prozentsatz davon auf das Reinigen von Gebäuden, welches infolge Verschmutzung durch Ruß notwendig war. So sind über 25% der Ausgaben für die Reinigung der öffentlichen Gebäude in Pittsburgh auf das Konto des Rauches zu schreiben. Wenn man bedenkt, daß für manche dieser Gebäude die Reinigung pro Jahr 75000 Dollar kostet, so kann man ermessen, was der Rauch der Stadt kostet. Die Kosten für Fensterreinigung sind in Pittsburgh an einem bestimmten Gebäude um 320 Dollar im Monat höher als vergleichsweise in New York oder Philadelphia. Auch die Kosten für Beleuchtung der öffentlichen Gebäude sind in Pittsburgh um die Hälfte größer als irgendwo anders infolge der dunstigen Atmosphäre. Es ist eine bekannte Tatsache, daß die Gebäude in Industriestädten öfters gereinigt und neu angestrichen werden müssen. Bei einer Firma in Pittsburgh macht dies pro Jahr 700 Dollar aus. Eine Entwertung der Grundstücke durch den Rauch wurde

im Jahre 1912 in Philadelphia festgestellt. Auch in Pittsburgh wurde eine Entwertung der Grundstücke bemerkt. In
manchen Stadtteilen, besonders in der Nähe der Mühlen und
Eisenbahnen, beträgt diese Entwertung bis zu 50%. Auch
die Vermietbarkeit von Häusern in der Nähe solcher Anlagen ist schwierig und meistens nur mit einem Mietsnach-
laß möglich, der oft 20% und mehr des normalen Miets-
preises beträgt.

Wenngleich für Deutschland analoge Untersuchungen
nicht vorliegen, ist es doch unbestreitbar, daß auch bei uns
der Wert von Grundstücken oder Wohnungen in der Nähe qual-
mender Schornsteine geringer ist als in Gegenden ohne diese, und
daß auch unser Nationalvermögen durch die Rauch- und
Rußplage in ähnlicher Weise geschädigt wird, wie es die beiden Autoren für einige Industriestädte in den Vereinigten Staaten nachgewiesen haben. Allerdings ist der Nachweis ziemlich
schwierig zu führen, immerhin ist er aber für die Feststellung
der Wertverminderung von Häusern und Wohnungen insoweit
einwandfrei möglich, als die Verminderung durch eine lokale
Rauchbelästigung herbeigeführt wird. Schwieriger ist es schon
bei einer diffusen Rauchplage. Was anderseits den Nachweis
anbetrifft, welchen Anteil Rauch und Ruß an den durch
Waschen und Reinigen der Fassaden, Fensterscheiben usw.
entstehenden Kosten haben, so wird man hier, ebenso wie
in den Vereinigten Staaten, hauptsächlich sich auf möglichst
genaue Schätzungen beschränken müssen, da selbst aus dem
Vergleich mit einer rußfreien Stadt infolge der Verschiedenartigkeit der örtlichen Verhältnisse (Straßenbefestigung, Größe
und Art des Verkehrs, Klima, Windrichtungen usw.) einwandfreie Schlüsse nicht gezogen werden können.

Den Abgasen von Lokomotiven ist wegen ihres
höheren Gehaltes an schwefliger Säure besondere Aufmerksamkeit zu widmen. Durch den Ruß der Lokomotiven
erwachsen nicht nur den Städten große hygienische und wirtschaftliche Nachteile, wie das Beispiel des Kölner Domes zeigt,
sondern auch die Kunstbauten (Tunnels) auf der freien Strecke
und die Vegetation in der Nähe des Schienenweges leiden
unter dem Rauch und Ruß der Lokomotiven.

Wie verfehlt der Grundsatz ist, einen Bahnhof mitten in der Stadt oder dicht an dem bebauten Teil derselben zu errichten, zeigen in recht drastischer Weise die Bahnhöfe verschiedener Städte (Berlin, Köln, Würzburg usw.), deren Nachbarschaft durch den Lärm der ein- und ausfahrenden sowie der rangierenden Züge und durch den von den Schornsteinen der Lokomotiven ausgehenden Rauch oft in unerträglichster Weise belästigt wird. In überaus charakteristischer Weise zeigt außer Fig. 26 bis 28 auch Fig. 30 die Schädigung des schönen Städtebildes der Stadt Würzburg durch die Maschinenhäuser der Eisenbahn und gleichzeitig, in welcher Weise die Nachbarschaft durch die Verschlechterung der Luft geschädigt wird. Die Abbildungen entstammen der 3. Denkschrift, welche der Vorstand der psychiatrischen Klinik in Würzburg, Prof. Rieger, über die Belästigung der Klinik durch den Bahnhof und über die Möglichkeit der Abhilfe (Neujahr 1905. Verlagsdruckerei Würzburg) verfaßt hat.

Unter der Zerstörung durch Schwefelsäure leiden vor allen Dingen die Sandsteine. Sie bilden kein homogenes Ganzes, sondern die einzelnen Quarzteilchen werden durch Bindemittel zusammengehalten, die meist Salze in kolloider Form sind. Auf diese wirkt die Schwefelsäure ein, zerstört den Zusammenhang zwischen den einzelnen Quarzteilchen und bildet lösliche Salze, die dann auf den Steinen auswittern.

Daß man bisher dem Einfluß des Lokomotivrauches bei Eisenbahntunnels wenig Aufmerksamkeit geschenkt hat, mag darauf zurückzuführen sein, daß bisher die Menge von Schwefelsäure, welche durch die Lokomotiven in die Tunnels geführt wird, unterschätzt wurde. In der »Tonindustrie-Zeitung« (1911, Nr. 110) wird nun aber nachgewiesen, daß es sich um ganz bedeutende Mengen Gips handeln kann, die sich in den Tunnelwänden bilden können. Nimmt man als durchschnittlichen Verbrauch einer Lokomotive auf 1000 km Fahrtlänge 16 t Steinkohlen an und setzt voraus, daß die Lokomotive 60 km in der Stunde zurücklegt, so würde sich der Kohlenverbrauch in der Minute auf 16 kg stellen. Unter der weiteren Annahme, daß die verfeuerte Kohle $3^o/_o$ Gesamt-

Fig. 30.

schwefel enthält und daß hiervon 2% als schweflige Säure durch
den Schornstein entweichen, während der Rest durch die ver-
bleibenden Rückstände gebunden wird, würden in jeder Minute
auf die Tunnelwandungen

$$\frac{2 \cdot 16}{100} = 0,32 \text{ kg S} = 0,64 \text{ kg } SO_2 = 0,80 \text{ kg } SO_3$$

einwirken können. Ist der Tunnel verputzt oder teilweise durch
Beton verstärkt, so finden die saueren Gase genügend Gelegen-
heit, den Kalk in Gips überzuführen. 0,32 kg Schwefel würden
1,36 kg wasserfreien oder 1,72 wasserhaltigen Gips bilden.

Bei der oben angenommenen Geschwindigkeit von 60 km
in der Stunde würde demnach die Durchfahrung eines 100 m
langen Tunnels 0,1 Minute Zeit in Anspruch nehmen. Durch-
fahren den Tunnel in 24 Stunden 20 Lokomotiven, so kämen
als Zeit für die Einwirkung der schwefligen Säure höchstens
zwei Minuten in Betracht. Es würden sich also täglich 2 · 1,72
= 3,44 kg Gips bilden können, was in 365 Tagen 1255,6 kg
oder auf jeden Meter Tunnellänge 12,5 kg Gips ausmachen
würde.

Bei den üblichen Tunnelprofilen wird man auf 1 lfdm
Tunnel ungefähr 20 qm Putzfläche rechnen können, für jeden
Quadratmeter Putz kommt also $\frac{12,5}{20} = 0,63$ kg Gips jährlich
in Betracht. Rechnet man, daß zu 1 qm Putz 30 kg Mörtel
notwendig sind und dieser ein Viertel Zement enthält, so kommen auf 7,5 kg Zement 0,63 kg Gips oder 8,3%.

Daß es sich tatsächlich um ganz bedeutende Angriffe handelt, bestätigt Prof. Rohland in der »Zeitschrift für angew.
Chemie« (1911, Nr. 42), in der er seine Beobachtungen über
Zerstörungen im Tunnel bei Hönebach, zwischen Eise-
nach und Bebra, der etwa um die Mitte des vorigen Jahrhunderts erbaut wurde, wiedergibt. Der Tunnel hatte ganz besonders durch die Angriffe der schwefligen Säure, die sich in grös-
serer Konzentration namentlich beim Verbrennen von Saarkohle
bildet, zu leiden. Der alte Kalkmörtel des Tunnels war in eine
klebrige, breiartige, leicht formbare Masse verwandelt. Diese
Beschaffenheit hatte er auf folgende Weise erhalten: Die
schweflige Säure, die den Lokomotiven entströmt, kondensiert

sich und oxydiert sich an der Tunnelwölbung zu Schwefelsäure, die an den Wandungen des Tunnels herabrieselt. Trifft
sie in den Fugen des Mauerwerks auf Kalkmörtel, so bildet
sie teils Kalziumsulfat, teils Kalziumhydrosulfat. Letzteres
wird durch viel Wasser in Kalziumsulfat und Schwefelsäure
zersetzt. Auf diese Weise wurde der Mörtel des Mauerwerks
vollständig zerstört.

    In »Rauch und Staub« (1. Jahrg., Nr. 9) hat der Englän-
der Percy Longmuir verschiedene Tabellen veröffentlicht
über die Zusammensetzung der Luft und des Wassers in englischen Eisenbahntunnels, die eine Bestätigung der Ausführungen Rohlands darstellen und deshalb an dieser Stelle, mit
Auswahl, wiedergegeben seien.

    Die in folgender Tabelle wiedergegebenen fünf Luftproben
veranschaulichen die verschiedenen Verhältnisse, welche innerhalb eines Zeitraums von zwei Stunden in dem Tunnel herr-
schten.

| Probe Nr. | 1 | 2 | 3 | 4 | 5 |
	Vol.-%	Vol.-%	Vol.-%	Vol.-%	Vol.-%
Säuren: CO_2, SO_2 usw....	0,23	0,16	0,08	0,24	0,18
Sauerstoff.........	19,94	20,33	20,05	19,64	20,10
Kohlenoxyd........	—	—	—	0,32	0,38
Kohlenwasserstoff.....	—	0,35	0,10	0,16	0,08
Wasserstoff........	—	—	—	—	—
Stickstoff.........	79,83	79,26	79,77	79,61	79,24

    Die Ergebnisse von Untersuchungen mit Wasserproben
aus demselben Tunnel sind in der folgenden Tabelle zusammengestellt.

Probe	Sulfate als SO_3 angegeben
Tunneleingang	0,0356 g im Liter
Tunnelausgang	0,2267 » » »
Stagnierendes Wasser	1,9431 » « «

    Alle Tunnels enthalten an den Wänden Rußablagerungen;
die Probe einer solchen Ablagerung ergab 2,83% Schwefel,
entsprechend 7,10% SO_3.

Von den Tunnelwänden eines anderen Tunnels wurden vier Proben von Ruß auf ihren Schwefelgehalt geprüft. Sie ergaben:

Nr. 1: 3,964% Schwefel, 9,94% SO$_3$.
» 2: 3,941% » 9,89% »
» 3: 4,206% » 10,55% »
» 4: 11,590% » 29,04% »

Nr. 4 stammt vom Tunneleingang. Die Steigung ist hier so stark, daß die Lokomotiven mit starkem Zug arbeiten, wobei die flüchtigen Verbrennungsprodukte entweichen. Die Proben 1 bis 3 stellen die normalen Verkehrsbedingungen dar.

Es dürfte sich empfehlen, analog dem englischen Vorgange, auch in Deutschland derartige Untersuchungen der Eisenbahntunnels systematisch vorzunehmen; man würde dann wohl bald sichere, praktisch verwertbare Aufklärung über manche bisher noch ungeklärte Fragen der Tunnelunterhaltung bekommen.

b) Über die Verwitterung einiger gesteinbildenden Mineralien unter dem Einfluß von schwefliger Säure hat u. a. auch Professor Kaiser-Gießen eingehende Versuche angestellt, die in »Rauch und Staub« (3. Jahrg., Nr. 10) veröffentlicht sind. Die wichtigsten Ergebnisse sind, kurz zusammengefaßt, folgende:

1. Die meisten gesteinbildenden Mineralien unterliegen der Verwitterung durch schweflige Säure. Am intensivsten werden zersetzt Nephelin, Olivin, Augit, Hornblende; am widerstandsfähigsten sind die Feldspate, Glimmer, selbstverständlich auch Quarz, und die Oxyde Titaneisen, Magneteisen, Roteisenstein. Marmor und Kalksteine verwittern schneller als Kalkspat und Aragonit.

2. Das Ziel dieses Verwitterungsprozesses ist die Fortführung fast aller Basen (mit Ausnahme vielleicht von Titansäure und eine Anreicherung von Kieselsäure).

3. Im Gegensatz zur normalen Verwitterung werden aus den Silikaten Eisenoxyd und Tonerde neben den Alkalien am intensivsten gelöst.

4. Die Verwitterungsprodukte der Silikate bestehen nicht
   wie bei der normalen Verwitterung vorwiegend aus
   Aluminiumkieselsäuren, Eisenoxydsilikaten, Alkali-
   karbonaten usw., sondern aus mehr oder weniger
   reiner Kieselsäure und aus Sulfiten und Sulfaten fast
   aller Basen.
5. Die Intensität der Verwitterung hängt eng zusammen
   mit der Struktur des Minerals bzw. Mineralaggregats.
   Besitzt es kapillare Hohlräume oder Spaltrisse, so
   wird es auch im Innern stark verändert. Da die
   Verwitterung am intensivsten den Spaltrissen entlang
   verläuft, so kann dadurch die Kohärenz des Minerals
   zerstört werden.
6. Schweflige Säure ruft mitunter ähnliche Verwitterungserscheinungen hervor wie die Agenzien aus der
   Thermalperiode der Gesteinsverfestigung.
7. Bei der Verwitterung durch schweflige Säure ent--
   stehen sowohl Sulfite als auch Sulfate. Bei trockenem Wetter herrscht wahrscheinlich die Sulfitbildung,
   bei Regenwetter die Sulfatbildung vor. Besonders bei
   Kalken, mitunter auch auf mehr oder weniger eisen-
   und aluminiumreichen Mineralien erfolgt unter Umständen eine Anreicherung von in Wasser schwer
   löslichen Sulfiten; es tritt Rindenbildung ein, die eine
   Verzögerung der Verwitterung bewirkt.

Diese Ergebnisse sind von großer Wichtigkeit, sowohl bei
der Ermittlung als auch bei der Beurteilung von Rauchschäden an Bauwerken.

c) Der Einfluß des Steinkohlenrauches auf die
Korrosion der Metalle. Derselbe englische Forscher (Percy
Longmuir, S. 206) hat die Verbrennungsprodukte der Kohle
zum Teil für die Korrosion der Metalle verantwortlich gemacht.

Er berichtet über einen Fall von Korrosion bei Messing,
wobei die zurückgebliebene Schicht 28,65% SO_3 enthielt.
Auch in dem gewöhnlichen Eisenrost fand er dann einen verhältnismäßig hohen Schwefelgehalt, wenn der Rost durch die
Einwirkung der Atmosphäre erzeugt war.

Auch Rostproben von Schienen sind verschiedenen Orts entnommen worden und findet man in nachstehender Tabelle (Aus: Rauch und Staub, 1. Jahrg., Nr. 9) einige typische Resultate zusammengestellt.

Probe	Schwefel %	Schwefel als SO_3 %
A	0,244	0,611
B	0,372	0,931
C	0,307	0,771
D	0,574	1,444
E	0,322	0,807

Diese Proben rühren von weit auseinanderliegenden Örtlichkeiten her und stammen von Schienen von im Betrieb befindlichen Hauptstrecken; mit Ausnahme von *D* lagen sie auf offener Strecke und in normaler Atmosphäre. *D* stammt von einem Einschnitt, der zu einem Tunnel führt; der etwas höhere Schwefelgehalt ist dabei beachtenswert.

d) Die Rauchplage an und auf unseren Flußläufen. Der bedeutende Aufschwung unserer Binnenschiffahrt, die immer größer werdenden Schiffsabmessungen mit riesigen Kessel- und Maschinenanlagen und die fast sprunghafte Vergrößerung der Schleppfähigkeit der Dampfer haben Übelstände zur Folge gehabt, die auf die Dauer immer unerträglicher werden. Dank des bedeutenden wirtschaftlichen Aufschwunges Deutschlands haben sich aber auch die an unseren Flußläufen liegenden Städte in den letzten Jahrzehnten gewaltig ausgedehnt. Orte, die früher einige Kilometer vom Fluß entfernt lagen, oder solche, die er gerade berührte, werden jetzt von ihm durchflossen, und der aus den Schornsteinen der Dampfschiffe entströmende tiefschwarze Rauch bedeckt wie eine Nebelwand die Uferstraßen und Uferpromenaden, dringt in die benachbarten Straßen und kann bei starkem Verkehr die ganze Stadt in eine diffuse Rauchschicht einhüllen. So hat sich die Rauchbelästigung nicht nur im Verhältnis der Zunahme der Schiffahrt, sondern auch im Verhältnis des Wachstums der Uferbevölkerung und der damit notwendig gewordenen Uferansiedlung vermehrt.

Die Städte sind durch die Rauchbelästigung erheblich geschädigt, da es nicht möglich ist einen Streifen Ödland oder minderwertigen Baugeländes auf beiden Ufern mitten im Stadtkörper zugunsten der Schiffahrt liegen zu lassen. Hierzu kommt noch die Schädigung der Volksgesundheit und die materielle Schädigung. Aber auch für die Schiffahrttreibenden selbst kann die starke Rauchentwicklung dadurch gefährlich werden, daß sie den Ausblick auf den Strom beeinträchtigt und somit zu einem großen Verkehrshindernis werden kann. Erinnert sei auch noch an die ästhetische Schädigung durch Beeinträchtigung schöner Landschafts- und Städtebilder (Fig. 28 u. 30).

Am Rheinstrom wurden in der Woche vom 11. bis 18. Aug. 1911 sowohl auf dem Strome selbst als an den Brücken in Koblenz, Köln und Wesel ständige Beobachtungen vorgenommen, die sich auf die Zeit, Stromstation, Name des Schiffes, ob Schrauben- oder Raddampfer, Zahl und geschätzte Menge des Anhanges und die Rauchstärke nach einer vierstufigen Skala erstreckten und wobei festgestellt wurde, daß besonders stark die großen Dampfer an der Rauchentwicklung beteiligt sind und dichter, schwarzer Rauch bis zu einer größten Zeitdauer von 8¾ Minuten beobachtet worden ist.

Die Hauptursache der starken Rauchentwicklung auf Dampfschiffen liegt wohl hauptsächlich darin, daß die meisten Dampfer billige, schlackenreiche Kohle verbrennen, die an und für sich schon zu den »stark rauchenden« gehört, wozu dann oft noch nachlässige Bedienung der Feuerung durch den Heizer kommt.

e) Die materiellen Schäden gewisser Erwerbskreise. Wunderbar sitzt es sich an schönen Sommertagen an den Ufern des Rheins, Erholung sucht der Großstädter an schönen Abenden vielfach in öffentlichen Gärten. Leider wird aber der Genuß und die Erholung oft genug verkümmert durch den umherfliegenden Ruß vorüberfahrender Dampfer oder Lokomotiven oder durch solchen aus benachbarten Fabrik- oder Küchenschornsteinen. Es gibt beispielsweise in dem verhältnismäßig rauchfreien Berlin Gärten, in denen man weder im hellen Anzuge sitzen, noch Speisen oder

Getränke zu sich nehmen darf; in solcher Menge wirbeln die Rußflocken in der Luft umher, setzen sich auf Kleider und Speisen fest und fallen in das Getränk. Daß diese Belästigung sich auch zu einem »Schaden« auswachsen kann, leuchtet ohne weiteres ein.

Den Hauptschaden erleiden aber durch die Rauchplage gewisse gewerbliche Unternehmungen, wie z. B. Wäschereien und kaufmännische Betriebe, die ihre Waren dem Publikum in freier Auslage zeigen müssen. Als Beispiel für die Größe dieses Schadens sei angeführt, daß die Großkaufleute von Chicago den Schaden, den sie durch den Rauch erleiden, für das Jahr 1909 auf mindestens 40 Millionen Dollar schätzten. In dieser Summe ist der Schaden an Privateigentum also noch gar nicht einbegriffen (s. auch S. 201).

Aus Chemnitz, der sächsischen Industriestadt, mit seinen etwa 50000 Haus- und 3000 Industrieschornsteinen wird berichtet, daß in der über dem Häusermeer stehenden Dunstwolke ein fortwährendes Herabsinken der schweren Ruß-(und Staub-) Teile stattfindet, daß die Räume am schmutzigsten sind, je tiefer sie liegen. Der Ruß (und Staub) zieht durch alle Fugen und Ritzen und wird besonders in verkehrsreichen Verkaufsräumen am unangenehmsten empfunden.

In der Sitzung der Gesundheitskommission zu Insterburg vom 7. Juni 1909 wird u. a. darauf hingewiesen, daß die von den dortigen Kleinbahnlokomotiven hervorgerufene Rauchplage einen solchen Grad erreicht hat, daß sie nicht nur in gesundheitlicher Beziehung zu erheblichen Bedenken Veranlassung gibt. Der Rauch zieht nicht nur durch den Stadtpark, sondern verpestet auch den ganzen neuen Stadtteil und macht vielen Häusern die Lüftung unmöglich, da sich beim Öffnen der Fenster die Häuser mit stinkendem Rauch, welcher die Brust beklemmt und die Wäsche verschmutzt, anfüllen.

Von Interesse ist auch, daß im Jahre 1913 ein

f) schädlicher Einfluß auf das Flugwesen festgestellt wurde. Am Niederrhein hatten Flieger bei sonst sehr günstigem heiterem Wetter jeden Ausblick und jede Richtung verloren, als sie mitten ins Industriegebiet kamen. Über manche Bezirke breitete sich eine so dichte Schicht von Rauch und Dunst, daß jede Orientierung unmöglich war und Notlandungen vorgenommen werden mußten.

g) Beeinflussung der Isolation elektrischer Fernleitungen durch den Rauch von Dampflokomotiven. Versuche, welche auf Anregung des schweizerischen Eisenbahndepartements an Isolatoren verschiedener Bauart vorgenommen sind, um festzustellen, ob die durch die Rauchwirkung eintretende starke Berußung der Porzellanisolatoren die Isolation der Leitungen beeinträchtigt und dadurch etwa eine Gefährdung der öffentlichen und der Betriebssicherheit herbeiführe, haben ein negatives Resultat ergeben im Gegensatz zu Erfahrungen in Amerika, wo erhebliche Störungen der Isolation der Fahrdrahtleitungen durch den Rauch der Dampflokomotiven festgestellt wurden.

Eine Klarstellung dieser Frage ist von großer Wichtigkeit für die Sicherheit des Eisenbahnbetriebes und dürfte es sich dringend empfehlen, noch dazu bei den vorgenannten einander entgegengesetzten bisherigen Ergebnissen, eingehende systematische Untersuchungen vorzunehmen.

3. Schäden an Pflanzen. Daß der Rauch eine höchst schädliche Wirkung auf das Wachstum der Pflanze ausübt, ist eine zwar feststehende Tatsache, die aber in noch weiteren Kreisen unbekannter ist als die sonstigen durch den Rauch verursachten Schäden. Man kann Wislicenus nur zustimmen, wenn er sagt (Über die Grundlagen technischer und gesetzlicher Maßnahmen gegen Rauchschäden. Verlag Paul Parey): Die Rauchschäden, d. h. im weiteren Sinne die Beschädigungen und Belästigungen der Nutzpflanzen und anderer Wertobjekte durch gewerbliche Abgase, Flugasche und Ruß, sind überall dort im Zunehmen begriffen, wo einzelne Industriewerkstätten oder ausgesprochene Industrieorte bzw. industrielle Ortsteile in ungünstiger Lage zu empfindlichen Pflanzenbeständen usw. sich weiter entfalten, ohne daß gleichzeitig besondere technische Verhütungsmaßnahmen getroffen werden. Anderseits sind die Rauchschäden unter besonderen Umständen in Abnahme begriffen, dort nämlich, wo sich solche industrielle Betriebe naturgemäß in günstigem Sinne umgestalten oder weiterentwickeln und dort, wo aus-

nahmsweise leistungsfähige Vorkehrungen zur Abwehr besonders getroffen worden sind.

Von allen Pflanzen sind es besonders die Koniferen, welche
von dem Rauche zu leiden haben. Sie sind es daher auch,
die in erster Linie aus dem Innern unserer Städte verschwinden. Am meisten gefährdet sind Pinus, Abies und Picea,
denen Thuja, Chamaezyparissus, Juniperus und Ilex folgen,
während sich der Toxus am besten hält.

Die im Winter, also zur Hauptproduktionszeit des Rauches, blattlosen Pflanzen scheinen weniger unter dem Rauche
zu leiden, während anderseits im Frühjahr das Wachstum der
jungen Blätter sehr zurückbleibt.

Die schädliche Wirkung kann eine direkte oder
eine indirekte sein, indem sowohl das direkte Sonnenlicht
als auch das diffuse Tageslicht durch den Rauch vermindert
werden und ferner, daß durch den Niederschlag von teerigem
Ruß auf die Blätter der Pflanzen diesen das Licht in empfind-
lichem Maße entzogen wird. Der Niederschlag des teerigen
Rußes auf die Pflanzenblätter wirkt dadurch tiefgreifend
schädlich, daß der Ruß die Eigenschaft hat, andere Substanzen
auf sich niederzuschlagen. Phenol, Kreosote, Säuren usw., die
im Ruß enthalten sind, wirken giftig auf die Pflanzen. Nach
Wislicenus soll die Schädlichkeit des Rauches, besonders
seiner schwefligen Säure, in der Herabdrückung der Transpi-
ration und der Assimilation liegen; nach Wieler an der Entkalkung des Bodens dadurch, daß die schweflige Säure sich
in Schwefelsäure umwandelt, mit dem Kalk des Bodens Gips
bildet und dieser ausgewaschen wird; nach J. B. Cohen an
der Vernichtung nitrifizierender Bakterien.

An dieser Stelle sei auch des Fluorsiliziums im Rauch
gedacht, welches nach den Feststellungen von Wislicenus
ein viel stärkeres Pflanzengift ist als die schweflige Säure.
Zur Untersuchung wurde der Friedrichsche Naßventilator und ein von Hempel vorgeschlagener Filtergraben
benutzt. Die schädlichen Gase werden zuerst in einer langen,
von oben nach unten geneigt geführten Röhre gekühlt, dann
in dem Naßventilator in innigste Berührung mit Wasser gebracht und schließlich in einem 265 m langen und 80 cm

tiefen Erdgraben ausgeblasen, der mit Klöppeln abgedeckt ist, auf denen zunächst Reisig, dann grobe Steine, dann kleine Steine und schließlich Sand oder Erde ausgebreitet ist. Die Wirkung des Filtergrabens besteht in der Absorption aller sauren Gase, verbunden mit einer bedeutenden Verteilung auf eine Länge von reichlich $1/4$ km.

Die von dem Forstmeister Grohmann in Nikolsdorf bei Königstein (»Erfahrungen und Anschauungen über Rauchschäden im Walde und deren Bekämpfung.« Aus: Wislicenus, Sammlung von Abhandlungen über Abgase und Rauchschäden. Heft 6) aufgestellte Rauchschadentheorie wird nicht durchweg anerkannt. Grohmann teilt die Rauchschäden ein in:

1. Ätz- oder Beizschäden; d. s. Schäden, die durch die ätzende Einwirkung der Säuren von außen her an unfertigen Pflanzenteilen hervorgerufen werden, und

2. Atmungsschäden, die infolge der Einatmung der Säuren im Innern der Pflanzenblattzellen entstehen, wodurch Störungen beim Pflanzenaufbau veranlaßt werden.

Beide Schädenarten können akut und chronisch auftreten.

Die Ätz- und Beizschäden ergaben folgende Resistenzreihe: Berechnet man die höchste Schadenklasse, die Fichte, mit 100, so ergibt sich: Lärche 20, Strobe 15, Kiefer 10 und Tanne 5. Die Resistenzreihe bei den Laubhölzern ist, mit der empfindlichsten an der Spitze: Kastanie, Linde, Ahorn, Eberesche, Esche, Rotbuche, Weißbuche, Schwarz- und Weißerle, Birke, Akazie und Eiche.

Die Eiche zeigt sich fast unempfindlich gegen die Ätzeinwirkungen.

Die Resistenzreihe hat keine allgemeine Gültigkeit, ändert sich vielmehr, namentlich beim Auftreten anderer Abgase.

Bei den Atmungsschäden ist die Resistenzreihe: Fichte, Tanne, Kiefer, Lärche. Für die Laubbäume gibt Grohmann keine Resistenzreihe an, da ihm kein Fall von nennenswertem

Schaden bekannt ist, der durch Eindringen von Säuren in die Blattzellen der Laubhölzer hervorgerufen ist.

Arthur G. Ruston (Leeds) kommt auf Grund eingehender Untersuchungen über die schädliche Wirkung des Rauches auf den Pflanzenwuchs zu folgendem Ergebnis:

1. Es ist durchaus möglich, die Schadenwirkung der Rauchentwicklung auf die Pflanzen zahlenmäßig darzustellen.

2. Die einzelnen Faktoren, welche bei der schädlichen Wirkung in Betracht kommen, sind:

    a) die Rauchwolken vermindern die Dauer und Intensität des für die Pflanzen nötigen Tageslichts;

    b) der teerhaltige Ruß bedeckt die Blätter und verstopft die Stomata;

    c) die Anwesenheit von freier Säure in der Luft beeinträchtigt ganz allgemein das Wachstum und die Fruchtbarkeit der Pflanzen;

    d) die freie Säure schädigt auch den Pflanzenboden, indem sie die Wirksamkeit der Bodenbakterien, vorzüglich der »nitrifizierenden«, beeinträchtigt.

Das Minimum des Unschädlichkeitsgrades der SO_2 tritt nach Stöckhardt und v. Schroeder für Nadelhölzer und speziell für Tanne und Fichte erst dann ein, wenn bei chronischer Einwirkung das Volummenverhältnis des Gehaltes an SO_2 zur atmosphärischen Luft sich wie 1 : 1 000 000 verhält oder ein Volumenprozent von 0,0001 vorhanden ist. Nach Wislicenus läßt sich aber auf experimentellem Wege erst bei einem Volumenverhältnis von 1 : 500 000 oder bei 0,0002 Volumprozent SO_2 in der Luft und bei chronischer Wirkung auf die genannten Holzarten eine Benachteiligung allerdings im Verlauf von nur einer ganzen Vegetationsperiode mit Sicherheit nachweisen. Andere Autoren gehen noch weiter zurück. Dauer der Einwirkung und Standortsverhältnisse der in Frage kommenden Fichten- und Tannenbestände sind jedenfalls von großem Einfluß. Gerlach hat nachgewiesen, daß selbst bei ganz niedrigen Konzentrationsverhältnissen die schweflige Säure mit der Zeit recht erheblich schädigen kann.

Grohmann (s. S. 214) hat festgestellt, daß die von ihm
ermittelten Rauchschäden namentlich durch Blaufarbenwerke,
Argentonfabriken, Ringofenziegeleien, Eisengießereien, Ma-
schinenfabriken, Emaillewerke, Bleichereien und Papierfabri-
ken verursacht wurden, und daß es sich empfiehlt, um die
Intensität der Rauchschäden zu begrenzen, wenigstens bei
größerem Waldbesitz, in den Forsten sog. Rauchzonen zu
bilden, die möglichst groß zu nehmen sind und deren Begren-
zungslinien dem topographischen Gelände der Gegend und
den vorhandenen Bodengüteklassen anzupassen sind.

Industrielle Werke in einem Gelände, das tief eingeschnit-
tene Talzüge und steile mit Wald bestockte, zu großer Höhe
in der herrschenden Windrichtung ansteigende Hänge aufweist, schadet den umliegenden Forsten mehr als dieselben
Industriezweige bei gleich starkem Betriebe in ebener Gegend.
Auf besseren Bodenklassen treten Atmungs- und Ätzschäden seltener und schwächer auf.

Alle Wachstumsstörungen und -stockungen können auf
die Vermehrung der Ätzschäden wirken durch
    a) schlechte oder fehlerhafte Kulturausführung,
    b) Anbau von Holzarten auf ungeeigneten Standorten,
    c) irgendwelche Verletzungen der Pflanzen oder Bäume,
    d) Eintreten ungünstiger Witterungsverhältnisse zur Zeit
       des Austreibens der Pflanzen.

Auch Gerlach weist auf den Schaden hin, welchen ein
verräucherter Fichtenwald macht. Es handelt sich hierbei
nicht nur um ethische und ästhetische Verluste, sondern um
recht fühlbare materielle. Diese Schäden bestehen in Verlusten
an Holzmassen- und Holzgütezuwachs, an Nutzrinde und
Reisig, an Bodengüte, in Verteuerung, mitunter sogar Un-
möglichmachung des Betriebes, des Forstschutzes, des Jagd-
betriebes usw.

Welchen ideellen und materiellen Schaden manche Industriestädte durch die überaus große, leicht vermeidbare Rauchentwicklung erleiden, dafür bietet die Stadt Chemnitz (Sachsen) ein geradezu klassisches Beispiel. Die Stadt mußte in
den Jahren 1890 bis 1896 von ihrem etwa 370 ha betragen-
den Gesamtwaldbesitz infolge der schädlichen Einwirkung des

Steinkohlenrußes 65 ha abtreiben lassen. Selbst in einer Entfernung von 3000 m vom äußersten Stadtumfange sterben infolge der Einwirkung des Kohlenrußes namentlich die älteren Fichten ab oder werden totkrank. Über die Zunahme der Schäden mit der Nähe der Stadt sagt der Jahresbericht der Stadt Chemnitz aus dem Jahre 1891: Während bei größerer Entfernung die von der Stadt abgekehrten Ränder der Fichtendickungen und Stangenhölzer die Einwirkung des Kohlenrauches kaum bemerken lassen, indem sie meist gut benadelt sind und die Benadelung ein leidlich frisches Grün zeigt, gewähren die gegen die Stadt zu freigelegenen Bestandsränder ein ganz anderes Bild. Hier ist die Benadelung eine dürftige, kurze, struppige, die Nadeln sind gelblich-grün gefärbt, vielfach rotspitzig oder stark gerötet; dabei ist der Höhen- und der Stärkezuwachs gering, ersterer sehr oft Null, da viele Bäume wipfeldürr sind. Die der Stadt näher gelegenen und dieser zugekehrten Ränder sowohl der Dickungen und Stangenhölzer wie der älteren Bestände gewähren einen überaus traurigen Anblick; sie sehen zumeist aus, als ob sie vom Feuer versengt seien. Selbst an den kaum anderthalb Meter hohen Fichtenkulturen ist die schädliche Wirkung des Kohlenrauches leicht bemerkbar.

Auch Karlsbad, dieses Welt- und Kurbad, wehrt sich mit aller Macht gegen die immer mehr zunehmende Rauchplage. Der Kohlenverbrauch in den größeren, 0,12 bis 3,30 km weit vom Walde entfernt liegenden Industrien wurde im Jahre 1901 auf etwa 661000 Meterzentner geschätzt und hat sich damit gegen das Jahr 1893 fast verdoppelt. Der Waldbesitz ist in vier Rauchschadenstufen eingeteilt: 1. schwache Beschädigung, Nadeln fahl, Benadelung dünn, in älteren Jahrgängen abgefallen; 2. mittlere Beschädigung, Bäume schwerkrank, Zweige vereinzelt, entnadelt, zum Teil verdorrt; 3. starke Beschädigung, einzelne Bäume von Rauch getötet, lückig durchräucherter Bestand; 4. teilweise Rauchblöße, Bestand ist, bis auf Reste, durch Rauch getötet.

Während im Jahre 1893 von den berücksichtigten 186,52 ha 153,05 ha in die erste und zweite Rauchschadenstufe und nur 33,47 ha in die dritte und vierte eingereiht wurden, entfielen im Jahre 1901 auf die erste und zweite Stufe 74,25 ha und auf die dritte und vierte schon 112,27 ha, und im Jahre 1909 gehörten die ganzen 186,52 ha durchweg der dritten und vierten Beschädigungsstufe an, so daß es ausgeschlossen ist, auf diesen Flächen weiter Nadelholz anzubauen.

Es stellen diese Forsten somit ein recht trauriges Experiment im großen über den den Waldbestand vernichtenden Einfluß der Rauchgase auf den Wald dar.

Ermittelt wurde, daß die den vorherrschenden Winden ausgesetzten Gelände den höchsten Absättigungsgrad zeigten, hingegen die vor diesen Winden geschützten, im Tale gelegenen Stellen die niedrigsten Absättigungsgrade (schweflige Säure und Schwefelsäure) aufwiesen. Auch ließ sich der schädliche Einfluß von unmittelbar von der Rauchquelle streichenden Talwinden gut nachweisen. Deutlich wahrnehmbar war, daß neben dem schädlichen Einfluß der Industrieunternehmungen auch die Rauchquellen der Stadt Karlsbad selbst eine nicht geringe Rolle spielen. Eine Tatsache, die bekanntlich ausnahmslos überall festgestellt wird.

Diese Übelstände bestehen, wie schon gesagt, vielerorts und zeigen, wie notwendig es für jede Stadtverwaltung ist, beizeiten Vorkehrungen gegen das Überhandnehmen der Rauchentwicklung zu treffen, ehe solche mit großen ideellen und materiellen Verlusten verbundenen Zustände eintreten, wie sie in Chemnitz vorhanden, und schwer ausrottbar sind.

Auch in Hamburg wird viel Steinkohle verfeuert und führt F. Erichsen das rasche Verschwinden der Flechtenvegetation im Weichbilde von Hamburg auf die unreine, mit schwefliger Säure geschwängerte Großstadtluft, welche die Flechten zum Absterben bringt, zurück. Besseren Widerstand leisten infolge ihres niedrigen Standortes die Erdflechten.

Auch die Landwirtschaft klagt in der Industriegegend sehr über die Schäden, welche ihnen durch die starke Rauchentwicklung zugefügt werden. Auch hier ist der Hauptübeltäter wieder die schweflige Säure.

Gelangt die schweflige Säure mit der Atemluft in das Innere der Pflanzenzelle, so verbindet sie sich zum Teil mit

den in den Säften gelösten chemischen Stoffen zu schwefel-
sauren Salzen, zum Teil wird sie auch zu Schwefelsäure umgewandelt; sie kann auch innerhalb der Zelle unverändert als
schweflige Säure erhalten bleiben. In jedem Falle aber wird
der Organismus der Pflanze durch das Eindringen der Säure
erheblich beeinträchtigt und in seinen Funktionen gestört werden und auch in irgendeiner Weise darauf reagieren. Zunächst
wird der Zustrom des Wassers und der Säfte zu der assimi-
lierenden Zelle behindert und bald vollkommen unterbunden,
wodurch die Pflanzenzelle plötzlich abstirbt. Durch diesen
plötzlichen Tod behält die Pflanzenzelle, welche durch die
Assimilation die zum Aufbau und zur Ernährung und Erhaltung neuer Massen notwendigen Stoffe schafft, keine Zeit
mehr, ihre Tätigkeit zu vollenden und die Produkte ihrer
Tätigkeit (Kohlenstoffverbindungen und fertige Stärke) an
die leitenden Gewebe abzugeben. Vielmehr bleiben — und
das ist ein deutliches Zeichen für die Raucherkrankung bei
der mikroskopischen Analyse — alle diese Stoffe sowie auch
der gesamte Zellinhalt in der abgestorbenen Zelle erhalten,
während bei der natürlich ausgelebten Zelle von diesem Zellinhalt nichts mehr zu finden ist, da er durch die leitenden
Gewebe zur Aufspeicherung als Reservestoff abwärts in Zweige,
Stamm und Wurzeln geführt wird.

Bei starken Säurewirkungen werden erhebliche Fleckenbildungen und ein schnelles Absterben der Blattsubstanz bewirkt. In einem solchen Falle spricht man von akuten
Rauchschäden. Wenn durch die Säure nur ein allgemeines
Zurückbleiben der Pflanzen ohne erhebliche Verfärbungen und
Fleckenbildungen hervorgerufen wird, nennt man die Erscheinungen chronische Rauchschäden.

In welcher Weise die Weingartenbesitzer durch den
Rauch belästigt werden, zeigt folgender Fall, bei dem es sich
um aus einem Kohlenbergwerk stammenden Rauch handelt.
Die Blätter und Beeren der umliegenden Weinberge sind stets
mit einer dicken Teerkruste überzogen. Die Beeren — besonders aber die Schalen — haben einen ekelerzeugenden
Teergeschmack. Die Kohle enthält auch Schwefel in Form
von Pyrit, welcher als SO_2 auf die Entwicklung der Pflanzen

und Beeren nachteilig wirkt, indem er das Chlorophyll zerstört. Hierdurch sind die Beeren statt grün, grau, ausgedörrt
und sauer. Der Mangel an Zucker zeigt sich auch in dem
niedrigen Alkoholgehalt, der nur 5% beträgt, während die
schwächsten Tischweine noch 7 bis 8% aufweisen. Außerdem
hat der Wein denselben Teergeschmack und Geruch wie die
Beeren.

Der Wert des Weines ist dadurch wesentlich herabgesetzt
und auch zur Branntweinerzeugung nicht zu gebrauchen, da
bei der Destillation die teerischen Bestandteile mitgerissen
werden. In dem vorliegenden Fall handelt es sich um eine
Fläche von 2800 qm und um eine Wertverminderung von 50%.

Die Rauchschäden, welche der Landwirtschaft durch
die industriellen Anlagen erwachsen, können sehr verschieden
sein, je nachdem im Rauch auch Mineralsäuren, Ammoniak,
Halogene usw. vorhanden sind. Neben den eigentlichen Abgasen können auch feste Beimengungen wie Kohle, Alkalien,
Salze, Metalloxyde usw. Schäden hervorrufen. Am empfindlichsten gegen Rauchschäden sind die Blätter, an welchen die
betreffenden pathologischen Erscheinungen auch mikrosko-
pisch erkannt und identifiziert werden können.

Sehr nachteilig kann auf stark befahrenen Strecken für
die Landwirtschaft der Lokomotivrauch werden, dessen
Gehalt an freier Schwefelsäure sich nach den Untersuchungen
von Rippert-Essen auf etwa $2\frac{1}{4}$ kg in der Fahrstunde be-
läuft. Nach demselben Forscher sind die festen Bestandteile
des Rauches nur dann schädlich, wenn sie lösliche, giftige oder
ätzende chemische Verbindungen enthalten, wie die löslichen
Verbindungen von Arsen, Zink, Blei, Kupfer- oder Schwefelverbindungen. Der Ruß des Steinkohlenrauches vermag wohl
eine mehr oder minder starke Beschmutzung und damit eine
gewisse Wertverminderung der landwirtschaftlichen und gärt-
nerischen Kulturpflanzen zu bewirken, er verursacht aber
keine Beschädigung der oberirdischen Pflanzenteile.

Die Behauptung, daß der Flugstaub die Spaltöffnungen
der Blätter verstopft, wodurch ein Ersticken der Pflanzen
bewirkt wird, weist Rippert an der Hand von mikrosko-
schen Untersuchungen zurück. Der Bau der Atmungsorgane

der Pflanzen läßt auch ein Eindringen fester Bestandteile gar nicht zu. Haselhoff untersuchte große Mengen Flugstaubmassen und fand bedeutende Mengen an Natriumchlorid, Natriumsulfid und Kalziumsulfid in manchen von ihnen. Doch lassen sich daraus nicht bindende Schlüsse über die gefährliche Wirkung dieser Stoffe auf die Vegetation ziehen, da Haselhoff die untersuchten Flugstaubmassen aus dem Fuchs unmittelbar hinter der Feuerung entnahm, während es bekannt ist, daß der Flugstaub auf seinem Wege durch den Schornstein und die Luft seine chemische Zusammensetzung wesentlich ändert, so daß die schädliche Wirkung bedeutend abgeschwächt wird. Rippert bestäubte bei seinen Versuchen Gefäßpflanzen und im freien Lande aufgegangene Buschbohnen künstlich mit einer starken Schicht Steinkohlenflugstaub und konnte feststellen, daß der Staub keinerlei nachteilige Wirkung weder auf die Blätter noch auf die Stengel äußerte und auch die Ausbildung der Blüten und Früchte nicht hinderte.

Durch Düngungsversuche stellte Rippert und auch Haselhoff fest, daß die Flugasche durch ihren Gehalt an Nährstoffen den Pflanzenwuchs sogar bedeutend förderten. Ich selbst habe Stiefmütterchen in Töpfe gepflanzt, nachdem ich die Gartenerde in den Töpfen mit Braunkohlenflugstaub gemischt hatte, und gefunden, daß die Pflanzen sich kräftiger entwickelten und kräftigere Blüten ansetzten als die Pflanzen in den Töpfen, deren Erde keine Flugasche beigemischt war. Dieselbe Erfahrung habe ich im freien Boden mit Kürbispflanzen gemacht.

Ebenso wird die Schädlichkeit des Flugstaubes auf die gewöhnlichen Futtergewächse, deren Ausnutzungswert dadurch geringer werden soll, vielfach überschätzt.

Die landwirtschaftlichen Kulturpflanzen sind bedeutend widerstandsfähiger als die empfindlichen Forstpflanzen, bei denen die Schädigungsgrenze bei einem Säuregehalt der Luft von 1 : 500000 liegt. Keimlinge von Getreidepflanzen und jungen Saaten können erheblich höheren Säurekonzentrationen ausgesetzt sein, ohne Schaden zu leiden. So vertrugen ohne jede Schädigung bei-

spielsweise junge Roggen- und Weizenpflanzen eine säure-
haltige Luft von 1 : 50000, Gartenbohnen nach Wieler eine
solche von 1 : 90000.

Rippert hat im rheinisch-westfälischen Industriegebiet
eine große Reihe von Luftuntersuchungen vorgenommen und
hierbei festgestellt, daß bei einer Entfernung von 600 m die
Rauchgase von Steinkohlenbergwerken schon so bedeutend
verdünnt werden, daß für landwirtschaftliche Kulturgewächse
selbst hier noch keine Gefahr für unmittelbare Beschädigung
des Pflanzenwachstums vorliegt.

Fast ausnahmslos kann man in den rauchbeschädigten
Pflanzen einen höheren Gehalt an Schwefelsäure feststellen,
als in gesunden, von Rauch nicht berührten Pflanzen, die in
derselben Gegend und auf gleichem Boden gewachsen sind,
und doch würde man häufig zu einem Trugschluß kommen,
wenn man umgekehrt sagen würde, die erkrankten Blätter
besitzen mehr Schwefelsäure als die gesunden, folglich sind
die ersteren an Rauchvergiftung erkrankt.

Man soll sich daher nie damit begnügen, nur die Pflanze
auf Rauchschaden zu untersuchen, sondern auch den Boden.
Erst dann kann man sicher feststellen, ob es sich in dem
vorliegenden Falle um eine Rauchschädigung handelt.

Ein großer Teil der bei der Verbrennung der Steinkohle
entweichenden schwefligen Säure gelangt in den Boden, den
Rippert sehr richtig als das hauptsächlichste Aufsaugungs-
mittel der sauren Gase in der Nähe industrieller Werke bezeichnet. Ähnlich liegen die Verhältnisse bei großen Städten,
wo erhebliche Mengen von Steinkohlen verbrannt oder große
Mengen schweflige Säure aus industriellen Betrieben in die
Luft entweichen.

Diese vom Boden aufgenommene Säure vermag mit der
Zeit den natürlichen Gehalt des Bodens an kohlensaurem
Kalk zu verändern. Die schweflige Säure wird durch den
Sauerstoff zu Schwefelsäure oxydiert, wodurch der kohlen-
saure Kalk in Gips (schwefelsaurer Kalk) übergeführt wird.
Bei weiterer Zunahme von schwefliger Säure wird der Gips
löslich und versickert in tiefere Bodenschichten. Auf diese
Weise wird eine Entkalkung der oberen Bodenschichten her-

beigeführt, wie sie ähnlich auch bei der künstlichen Düngung mit Kalisalzen stattfindet. Die Entkalkung des Bodens durch Ansammlung von Schwefelsäure kann dazu führen, daß der Kalk fast vollständig aus dem Oberboden verschwindet und die Reaktion des Bodens sauer wird, wodurch die Entwicklung eines normalen Pflanzenwachstums nicht mehr möglich ist.

Rippert fand auf Waldböden im rheinisch-westfälischen Industriegebiet in einem Falle:

	Kalk	Schwefelsäure
im Oberboden	Spuren und dazu	0,11 %
im Untergrund (50 cm)	Spuren und dazu	0,062 »

und in einem anderen Falle:

	Kalk	Schwefelsäure
im Oberboden	0,001% und dazu	0,095%
im Untergrund (50 cm)	0,001 » und dazu	0,14 »

Nach Wolff (Anleitung zur chemischen Untersuchung landwirtschaftlich wichtiger Stoffe. Berlin 1899) enthält ein normaler, nicht von Rauch getroffener Ackerboden:

im Oberboden 0,051% Schwefelsäure,
im Untergrund 0,027 »   »

Waldboden soll, da er nicht durch Düngung verbessert werden kann, normalerweise noch nicht einmal soviel Schwefelsäure enthalten.

Man kann aber durch den Kalkverlust verarmte und nicht mehr vegetationsfähige Böden im Laufe der Jahre durch erhebliche Kalkdüngungen wieder vegetationsfähig machen. Dies ist deshalb von besonderem Interesse, weil hieraus ersichtlich, daß nicht unter allen Umständen die Annahme berechtigt ist, die Vegetation wäre lediglich durch den Säuregehalt der Luft vernichtet worden.

Außer dem Mangel an Kalk kann oft auch ein Mangel an den übrigen Pflanzennährstoffen im Boden festgestellt werden. Derartig verarmte Böden spielen in Rauchschadenprozessen eine bedeutende Rolle, da aus dem schlechten Gedeihen der auf ihnen angebauten Kulturpflanzen gewöhnlich das Vorhandensein von Rauchschäden gefolgert wird.

Man findet sehr häufig die Ansicht vertreten, daß die tierischen und pflanzlichen Parasiten als eine Folgeerscheinung der Raucheinwirkung auftreten. Die Richtigkeit dieser Ansicht ist bis jetzt noch nicht einwandfrei bewiesen worden; wohl aber hat Freytag nachgewiesen, daß z. B. das Auftreten der Rostpilze auf dem Getreide in keinem ursächlichen Zusammenhange mit dem Einfluß der Rauchgase steht. Vielmehr können in der Bodenbeschaffenheit, sei es, daß er zu feucht oder zu einseitig oder ungenügend gedüngt ist, die Gründe für ein erhebliches Auftreten der Schädlinge liegen. Namentlich ist es die Nährstoffarmut des Bodens, die Erscheinungen verursacht, welche den Rauchschädenmerkmalen sehr ähnlich sind: als gelbliche, später braune Flecken und Ränder, helle, stellenweise weiße Verfärbungen und Krümmungen der Blätter.

Welche bedeutenden Mengen Rauchsäuren mit den von den Baumstämmen abfließenden Regenwässern in den Boden gelangen, hat Gerlach (Heft 9 der von Wislicenus herausgegebenen »Sammlung von Abhandlungen über Abgase und Rauchschäden«. Berlin 1914) mit Hilfe seines selbsttätigen Separators (s. S. 188) einwandfrei nachweisen können.

Die als Versuchsbäume dienenden Buchen erhielten die Rauchschwaden einer sehr bedeutenden Zellulose- und Papierfabrik. Sie waren in drei Gruppen geteilt, die etwa 80 bis 100 m voneinander entfernt standen. Die Analysenresultate waren folgende: Es fanden sich in

Gruppe I i. M. 0,04325 g SO_3 in 1 l Niederschlagswasser
    bei 1050 m mittlerer Entfernung,

Gruppe II i. M. 0,05235 g SO_3 in 1 l Niederschlagswasser
    bei 600 m mittlerer Entfernung,

Gruppe III i. M. 0,04495 g SO_3 in 1 l Niederschlagswasser
    bei 1375 m mittlerer Entfernung
der raucherzeugenden Fabrik von den Versuchsbäumen.

Die in den drei Gruppen gefundenen SO_3-Mengen sind sehr bedeutend gegenüber den von v. Schroeder und Reuß, (Die Beschädigung der Vegetation durch Rauch) in den Regenwässern bei Aachen gefundenen i. M. 0,0112 g im l; im großen Mittel wird der SO_3-Gehalt sogar nur zu 0,0042 g/l angegeben.

Es konnte durch das Sammeln der stammabwärts fließenden Niederschläge weiter festgestellt werden, daß bei besonders dazu geeigneten Versuchsbäumen im unbelaubten Zustande ganz enorme Niederschlagswassermengen, und zwar bis zu 122 l in 24 Stunden und ev. noch mehr abwärts laufen können, während im belaubten Zustande des Baumes nur bis zu 50 l in 24 Stunden abgelaufen waren. Es handelt sich demgemäß auch um nicht geringe SO_3-Mengen, die mit stammabwärts fließen.

Gerlach hat bei diesen Versuchen weiter festgestellt, daß die rauchkranke Erde anfänglich die Keimenergie zurückzuhalten scheint; namentlich bei Apfel und den Leguminosen, Wicke und Bohnen. Die letztgenannten Sämlinge entwickeln sich in der rauchkranken Erde auch langsamer und dürftiger als die gleichen Arten in der gesunden Erde, und ebenso verhält es sich mit der Lebensdauer der beiden Leguminosen, so daß sich dieselben auch bei diesen Versuchen als sog. Rauch-Merkpflanzen sehr gut bewährt haben.

Sehr erwünscht wären weitere und recht eingehende Versuche, namentlich zur Klarstellung auch darüber, ob Gerlachs Annahmen, daß die Fichte und Kiefer im ersten Jahr keinen sichtbaren Unterschied in der Entwicklung und Lebensdauer erkennen lassen; daß selbst im Rauchgebiet härtere Gräser sich wieder erholen und weiter wachsen, wenn das Begießen mit rauchsaurem Wasser aufhört; daß die Empfindlichkeit der Äpfelpflanzen gegen rauchkranke Erde und rauchsaures Wasser auch für ähnliche Obstsorten zutrifft; daß die Laubhölzer wegen ihrer glatten Rinde mehr als die Nadelhölzer unter ihrem eigenen Stammwasser zu leiden haben; daß die Vermutung, bei der langlebigen Belaubung der Nadelhölzer gehe die Blatt- bzw. Nadelvergiftung der Bodenvergiftung voran, während bei der kurzlebigen Nadeldauer der Lärche und dem alljährlichen Laubwechsel der Laubbäume die Bodenvergiftung bereits eingetreten sein kann, bevor die Rauchschäden an den Blättern nachweisbar sind, und daß die Verminderung der Wasseraufnahme- und Wasserverdunstungsfähigkeit rauchkranker Fichten auch für die anderen Nadelholzarten gilt, allgemein zutreffend sind.

Daß der Schnee in der gleichen Weise wie das Regenwasser wirken kann, ist klar. Um welche Massen es sich dabei
handelt, hat Eicke (Forstliche Wochenschrift Silva, Nr. 34,
1914) für das rheinisch-westfälische Industriegebiet nachgewiesen durch Untersuchungen, die er im Jahre 1913 nahe
bei der Stadt Essen und in deren Waldgebiet ausgeführt hat.
Der Schnee war 10 cm hoch gefallen und enthielt frisch an
der Peripherie der Stadt in 100 l 0,04 g, d. h. etwa 15 ccm
schweflige Säure. In einer Entfernung von etwa 3 km von
der Peripherie war der Gehalt an schwefliger Säure des Schnees
im und am Walde noch bedeutend höher, nämlich von 0,08 g
oder etwa 29 ccm abseits von der Hauptwindrichtung bis zur
Höhe von 0,39 g oder 137,5 ccm in der Hauptwindrichtung
am Acker vor einem alten Eichenbestande, der durch Rauchsäuren erheblich beschädigt war. Im Mittel betrug der Gehalt
des Schnees an Säuren des Schwefels auf Schwefelsäure berechnet etwa 0,05 g in 100 l Schnee auf 1 qm Fläche, d. h.
etwa 24 ccm schweflige Säure, die der Schnee aus der von
ihm durchfallenen Luftschicht herabgebracht hatte. Auf
einen Morgen umgerechnet (1 Morgen = 4 ha) bzw. auf die
über einen Morgen Fläche liegende Luft berechnet, wären das
etwa 127 g Schwefelsäure oder 61 l schweflige Säure.

    4. Schädigung der menschlichen Gesundheit.
Wie bereits in dem geschichtlichen Überblick über die Rauch-
und Rußfrage angedeutet (s. S. 1), ist es noch nicht lange
her, daß die Einsicht, Rauch und Ruß schade dem menschlichen Körper, in weiteren Kreisen bekannt geworden ist,
und sind es namentlich die mehrfach in ihren Schlußfolge-
rungen bestrittenen Forschungen Aschers, die der Er-
kenntnis von der Schädlichkeit dieser beiden Stoffe auf die
menschliche Gesundheit die Wege geebnet haben. Allerdings
hat sich seine ursprüngliche Annahme, daß die Lungentuberkulose durch die Einatmung von Rauch ungünstig
beeinflußt wurde, nicht aufrecht erhalten lassen, weil
die Lungen, welche eine starke Schwärzung durch Ruß und
Kohlenstaub aufwiesen, häufig frei von sichtbaren Krank-
heitserscheinungen waren und weil die Bergarbeiter eine
geringere Tuberkulosesterblichkeit zeigten als der

Durchschnitt der gleichaltrigen sonstigen Einwohner der gleichen Gegenden. So wies Dr. William Charles White, Pittsburgh, in einem Vortrage vor dem 15. Kongreß für Hygiene und Demographie darauf hin, daß die rauchige Atmosphäre in seiner Stadt nichts dazu beitrüge, die Tuberkulose zu fördern und die Wiederherstellung von dieser Krankheit zu verzögern. Gebecke kommt auf Grund seiner statistischen und experimentellen Studien gleichfalls zu dem Ergebnis, daß ein schädlicher Einfluß des Rauches auf die menschliche Gesundheit zwar sehr wahrscheinlich sei, daß aber aus der Sterblichkeitsstatistik der Lungenkrankheiten in den verschiedensten Ländern und Städten, die bei der Rauchplage in Betracht kommen, sich dies nicht erweisen lasse. Die Sterblichkeit an entzündlichen Krankheiten der Atmungsorgane scheint vielmehr fast überall in den letzten Jahren zurückgegangen zu sein. Auf einem ähnlichen Standpunkt steht Dr. Lubenau-Beelitz, der nach seinen experimentellen Untersuchungen den Kohlenruß für relativ ungefährlich für die Lungen hält. Obwohl der Ruß sich reichlich in den Bronchien, den Alveolen und den interstitiellen Geweben der Versuchstiere ablagerte, hatte er doch keinerlei nennenswerte Veränderungen der Lungen zur Folge. Hahn-Freiburg verlangt noch weitere Beweise für die Behauptung, daß Rauch und Ruß die Tuberkulose beschleunigten, und hält die diesbezüglichen Ascherschen statistischen Untersuchungen und experimentellen Tierversuche nicht für ausreichend.

Anderseits sprechen, nach Ascher, für den schädlichen Einfluß von Rauch und Ruß auf die Lungen folgende Tatsachen:

1. Die in vielen Kulturländern zu beobachtende Zunahme der Sterblichkeit an akuten Lungenkrankheiten war am stärksten in den industriellen, nicht in den landwirtschaftlichen Bezirken. Sie betrug unter den ersteren bei Säuglingen bis 600% im Verlaufe von 25 Jahren. Auch hier gibt es noch Unterschiede, indem in industriellen Gegenden mit stärkerer Rauchentwicklung (Kohlen-, Eisengegend) die Sterblichkeit höher ist als in solchen mit geringerer (Textilgegend). Unter den Kohlenarbeitern des Ruhrgebietes ist sie doppelt so hoch als

unter den gleichaltrigen Einwohnern des gesamten König-
reiches Preußen; in England ist sie unter Kohlenarbeitern,
Kohlenträgern, Kaminkehrern und Rußhändlern um ein Mehr-
faches höher als unter den Landarbeitern. Die Tuberkulose
verläuft in den Rauchgegenden schneller.

2. Die aus der Statistik gezogenen Schlüsse, daß Rauch
und Ruß eine Prädisposition für akute Lungenkrankheiten
und einen schnelleren Verlauf der Tuberkulose bewirken,
werden durch folgende pathologische Befunde bestätigt:
Kaninchen, die mehrere Wochen mäßige Mengen Rauch oder
Ruß einatmeten, bekamen auf die Einatmung von Mikro-
organismen eine akute Lungenentzündung, während Kontrolltiere dabei gesund blieben, ebenso verlief bei solchen Tieren
die Tuberkulose schneller als bei Tieren, welche keinen oder
weniger Rauch oder Ruß eingeatmet hatten.

Auch die Einatmung von schwefliger Säure beschleunigte
den Verlauf der Tuberkulose bei Kaninchen. Bei Meerschwein-
chen, welche durch Aufenthalt in einer Großstadt anthrako-
tisch geworden waren, verlief die Tuberkulose schneller als bei
Kontrolltieren.

Aus der Preisgabe der Förderung der Lungentuberkulose durch Rauch und Ruß ergibt sich aber
noch nicht die Unschädlichkeit dieser Stoffe für die menschliche Gesundheit. Vielmehr werden die durch Rauch und
Ruß der gewerblichen Anlagen und der Hausfeuerungen verursachten Luftverunreinigungen dadurch, daß sie eine gewisse
Dauer und einen gewissen Intensitätsgrad übersteigen, mittelbar oder unmittelbar zu Gesundheitsschädigungen Anlaß
geben. Diese Gesundheitsschädigung geschieht bestimmt in
der Weise, daß der Ruß auf den Schleimhäuten sich ablagert
und durch seinen Gehalt an teerigen Substanzen und Säuren
einen Reiz ausübt, der schließlich zu Schädigungen der Schleim-
häute der Atmungsorgane führt.

Auch die durch den Rauch bedingte vermehrte Nebelbildung wirkt gesundheitsschädlich. Je mehr Wasserdampf
der Rauch enthält, um so weniger vollständig verflüchtigt
er sich in der Luft, vielmehr kondensiert er sich zu nassen
Nebeln, welche alsdann die schweflige Säure oder die daraus

durch Oxydation entstandene Schwefelsäure sowie die Salzsäure absorbiert enthalten. In feuchter Atmosphäre wird viel
schneller und reichlicher Kohlenstaub in die Lunge aufgenommen als in trockener. Daß der Rauch und Ruß für die Nebel-
und Wolkenbildung von großer Bedeutung ist, haben wir
bereits gesehen (S. 193) und ebenso, daß sowohl hierdurch
als durch das erhebliche Absorptionsvermögen, das dem Ruß
als solchem zukommt, eine bedeutende Verminderung der
Sonnenscheindauer eintritt. Dem Licht kommt aber eine
hohe hygienische Bedeutung zu. Es verhütet Krankheiten
und trägt zu deren schnelleren Heilung bei. Die Sonne ist
die Quelle alles organischen Lebens auf der Erde, und jegliche
Lebensenergie stammt, wenigstens mittelbar, von ihr (siehe
S. 197).

An dieser Stelle sei auch nochmals auf die Schädlichkeit
der Kohlensäure und des Kohlenoxydes hingewiesen, die
namentlich auf die Atmungsorgane des Menschen außerordentlich schädlich wirken. Nach den Versuchen Cramers und
Rubners treten Störungen für den Menschen erst bei einem
Kohlensäuregehalt der Luft von 2,2 pro Mille ein. Am ge-
sundheitsschädlichsten wirkt aber die schweflige Säure. Sie
ist eines der wichtigsten Ursachen des Asthmas.

Durch die bahnbrechenden Arbeiten Aschers ist jedenfalls nachgewiesen, daß als Ursache für die Vermehrung der
Sterblichkeit an Luftröhrenentzündung und Lungenkatarrh, ebenso wie die Zunahme dieser Krankheiten
überhaupt bei allen Lebensaltern die Verschlechterung der
Luft in Großstädten und Industriegebieten durch Rauch
und Ruß mitanzusprechen ist. Schon Finkelnburg (Zen-
tralblatt f. allg. Gesundheitspflege 1882, Bd. 1) spricht sich
über die Ursachen, welche die Vermehrung der Sterblichkeit
an diesen beiden Krankheiten herbeigeführt haben, folgendermaßen aus: Die Sterblichkeit an Luftröhrenentzündung und
Lungenkatarrh ist in den Stadtgemeinden überhaupt — sowohl im ganzen preußischen Staat wie in der Rheinprovinz
— um mehr als das Doppelte größer als in den Landgemeinden; sie steigt zu ungewöhnlicher Höhe nicht wie die Lungentuberkulose in Städten mit Textilindustrie, sondern in den-

jenigen mit massenhaften Steinkohlenfeuerungen und
erreicht z. B. in Essen, Bochum, Duisburg und Dortmund die
höchsten Verhältniszahlen. In dem Zeitraume von 1875 bis
1879 starben in jeder der genannten Städte an jenen Krankheiten von je 100000 Einwohnern jährlich 100 bis 130, während in den Stadtgemeinden des Regierungsbezirkes Düsseldorf überhaupt das Verhältnis 40 bis 47, in den Landgemeinden
11 bis 14 betrug, in den Stadtgemeinden der gesamten Rheinprovinz 32 bis 36, in den Landgemeinden 7 bis 9.

Ascher hat die Ursache im Rauch gefunden und
nachgewiesen. Zur Erläuterung der nachstehenden von
Ascher aufgestellten und u. a. in »Weyl, Handbuch der Hyg.
II. Bd., 1. Abt.« veröffentlichten Tabellen sei folgendes angeführt:

Aus der preußischen Statistik der Todesursa-
chen für je 10000 Lebende in jeder Altersklasse ergibt sich,
daß mit Ausnahme weniger Altersklassen während der Jahre
1875 bis 1904 die Todesfälle durch Tuberkulose gesunken
und nichttuberkulose, vorwiegend akute Lungenkrankheiten gestiegen sind. Dasselbe Bild wiederholt sich etwas
abgeschwächt in den ländlichen Kreisen Ostpreußens, sehr
deutlich in den industriellen Kreisen Schlesiens und am auf-
fallendsten in den industriellen Kreisen des Rheinlandes. Die
größeren Zahlen weisen die Kreise Düsseldorf, Krefeld und
Essen auf.

In den nachstehenden Tabellen bedeutet T = Sterblichkeit an Tuberkulose und NT an den nichttuberkulosen Krankheiten.

In Preußen starben bei der Gesamtheit der Einwohner
berechnet auf 10000 Einwohner an

			T	NT
1875	bis	1879 . .	31	16
1880	»	1884 . .	31	20
1885	»	1889 . .	29	22
1890	»	1894 . .	25	28
1895	»	1899 . .	21	26
1900	»	1904 . .	19	27.

Setzt man bei den nichttuberkulosen Sterbefällen die Zahl 16 gleich 100, so ergibt sich für die einzelnen Perioden eine Steigerung auf 125, 137, 175, 162 und 168. Die Steigerung ist eine ganz gleichmäßig zunehmende, wenn man in Betracht zieht, daß die aus der Reihe herausfallende große Zunahme in der Periode 1890 bis 1894 auf die damals herrschende Influenzaepidemie (I. Influenzaperiode) zurückzuführen ist.

Daß in England, wo die Rauchplage zu einem großen Landesübel geworden ist, die Sterblichkeitsziffer noch höher ist, geht aus der für 1875 bis 1879 angegebenen Zahl hervor, nach welcher in dieser Periode auf je 10000 Einwohner 28 an Tuberkulose und 39 an nichttuberkulosen Krankheiten gestorben sind. Auch sonst zeigt die englische Statistik dasselbe Bild wie die preußische: Abnahme der Todesfälle an Tuberkulose und Zunahme derselben an nichttuberkulosen Krankheiten.

Daß diese Zunahme in Preußen hauptsächlich, aber nicht ausschließlich, die extremsten Altersklassen trifft, weist Ascher in der Tabelle S. 232 nach. Der Rückgang an NT für die Periode 1905 bis 1909 bei allen Lebensaltern, mit Ausnahme der Säuglinge und der mehr als 70 Jahre alten Greise, ist auf andere naheliegende Ursachen zurückzuführen als etwa auf den Einfluß einer beginnenden Rauchverminderung. Soweit sind wir leider noch lange nicht.

Die Sterblichkeit in deutschen Orten mit 15000 und mehr Einwohnern betrug in den Jahren 1898 bis 1902 im

	T	NT		T	NT
Januar	22	29	Juli	20	20
Februar	24	34	August	19	17
März	26	37	September . . .	18	16
April	26	31	Oktober	19	18
Mai	25	27	November . . .	19	22
Juni	22	23	Dezember . . .	20	28

Diese Tabelle ist auch um deswegen interessant, weil sie das Abflauen der NT-Todesfälle in den Sommermonaten — wo also infolge des fehlenden Rauches aus den Hausfeuerungen die Luft weniger mit Ruß geschwängert ist — und das An-

NT in Preußen nach Altersklassen berechnet auf 10 000 Einwohner.

Jahre	0–1	1–2	2–3	3–5	5–10	10–15	15–20	20–25	25–30	30–40	40–50	50–60	60–70	70–80	über 80
Männlich:															
1876—79	83,19	51,13	19,52	8,64	3,51	2,18	3,28	6,24	7,44	13,35	22,40	38,55	64,69	70,90	49,74
1881—84	116,27	69,50	27,45	12,08	4,99	2,27	3,81	7,66	8,17	14,16	25,92	47,50	81,67	92,56	62,53
1885—89	131,27	83,94	24,59	13,51	5,12	2,17	3,96	7,31	7,89	13,71	25,14	47,41	86,67	100,61	78,55
1890—94	177,93	108,43	38,90	17,35	6,45	2,19	4,96	7,52	7,92	13,77	27,94	50,03	114,52	153,56	145,88
1895—99	202,21	110,97	37,01	15,65	5,25	2,67	4,25	6,56	6,56	11,94	24,25	47,88	101,22	130,36	124,49
1900—04	218,18	122,38	37,14	15,65	5,38	2,73	4,65	6,37	6,95	11,65	24,26	50,27	107,73	147,32	152,07
1905—09	238,37	112,65	34,53	13,62	4,98	2,36	4,35	5,85	6,04	10,19	21,30	46,78	99,35	159,57	165,82
Weiblich:															
1876—79	69,06	50,86	19,84	9,47	3,56	2,25	2,50	3,40	4,71	6,91	11,30	24,27	48,87	51,95	36,56
1881—84	96,12	71,51	28,62	12,92	5,27	2,71	3,19	4,08	5,47	8,39	13,80	30,38	59,77	71,38	44,50
1885—89	109,98	82,44	32,26	14,73	5,43	3,03	3,13	3,98	5,30	8,39	13,19	29,42	64,80	76,99	63,88
1890—94	145,41	105,67	39,33	25,69	6,89	3,58	4,11	5,29	6,68	10,37	16,14	37,31	93,70	127,95	124,33
1895—99	162,92	109,61	37,32	15,65	5,68	3,21	3,38	4,77	5,79	8,64	13,39	29,84	77,80	110,41	111,13
1900—04	177,77	114,43	37,71	15,82	5,88	3,46	4,10	4,79	6,55	8,80	13,57	31,21	82,27	118,10	130,09
1905—09	194,17	107,79	34,47	13,95	5,50	3,10	3,76	4,55	5,53	8,06	11,89	27,89	74,96	128,20	149,47

schwellen in den Wintermonaten — den Heizmonaten — in überzeugender Weise zeigt.

Alle Versuche, die Zunahme der NT-Sterblichkeit auf andere Ursachen zurückzuführen, weist Ascher durch die Gegenüberstellung von Landwirtschaft und Industrie als nicht zutreffend zurück. Es betrug in den Jahren 1879 bis 1901 die NT-Sterblichkeit der Säuglinge in je sechs Kreisen der durchweg Landwirtschaft treibenden Provinz Ostpreußen durchschnittlich 4,3, während sie in je sechs Kreisen der Industriegegend Schlesiens 10,2 und der des Rheinlandes 12,6 betrug.

In den dreißig Jahren von 1875 bis 1905 hat sich in Preußen die Sterblichkeit an nichttuberkulosen Lungenkrankheiten fast um das Zweieinhalbfache vermehrt.

Es starben:

1875 . 42065 Einwohner, darunter 7723 Säuglinge,
1905 . 102550 » » 22076 »

In den Jahren 1898 bis 1907 kamen in ganz Preußen auf je 10000 Einwohner 27,16 an nichttuberkulosen Krankheiten Gestorbene; im industriereichen Regierungsbezirk Arnsberg betrug diese Zahl aber 34,40, überschritt also den Staatsdurchschnitt ganz beträchtlich. In den industrieärmsten Kreisen des Regierungsbezirks wurde mit Ausnahme von Arnsberg, wo der Jahresdurchschnitt 28,19 betrug, der Staatsdurchschnitt nicht erreicht, da die gleichen Zahlen für Meschede nur 26,99 und für Brilon sogar nur 24,50 betrugen. Anders in den drei industriereichsten Kreisen Dortmund-Land mit 36,88, Bochum-Land mit 35,89 und Gelsenkirchen-Land mit 37,55, sowie in den Städten Dortmund mit 39,34, Bochum mit 45,00 und Gelsenkirchen mit 49,22.

Auch bei dem Vergleich der Gemeinden von 15000 und mehr Einwohnern untereinander ist, wie nachstehende Tabelle zeigt, eine beträchtlich höhere NT-Sterblichkeit in den Industrieorten zu ersehen. Es starben in diesen Orten an akuten Erkrankungen der Atmungsorgane im Jahrzehnt 1895 bis 1904 im Durchschnitt 25,2, während die Durchschnittssterblichkeit betrug:

In Rheinland-Westfalen:

Aachen	31,6	Bocholt	44,0
Mülheim (Ruhr)	35,1	Herne	44,1
Bochum	39,6	Altenessen	44,6
Bottrop	40,2	Hamborn	44,6
Duisburg	41,3	Wattenscheid	45,3
Essen	41,4	Oberhausen	46,2
Dortmund	41,4	Borbeck	50,7
Gelsenkirchen	42,8		

In Oberschlesien:

Beuthen	31,7	Zabrze	62,3
Gleiwitz	31,7	Lipine	78,8
Königshütte	41,4		

Welchen Einfluß die Lage eines Ortes im Rauchgebiet hat, zeigt Ascher an den beiden fast gleichgroßen
Städten Hamm und Gelsenkirchen. Ersteres, am Ostrande
des Rauchgebietes gelegen, erhält den Rauch nur aus dem
Westen, während Gelsenkirchen im Zentrum liegt und den
Rauch von allen Seiten bekommt. Dementsprechend betrug auch
in den Jahren 1900 bis 1902 die NT-Sterblichkeit in Hamm
nur 30,6, gegen Gelsenkirchen, welches mit 57,4 Hamm um
87,5% überragte. Sehr bedeutend ist hier die Sterblichkeits-
zunahme an NT auch bei den Erwachsenen, was auf die vielen
Bergarbeiter in diesem Bezirke zurückzuführen ist. Diese
haben, wie aus nachstehender Tabelle hervorgeht, eine außerordentliche, 136% betragende Übersterblichkeit an NT gegenüber den anderen erwachsenen Personen Preußens, während
ihre Tuberkulosesterblichkeit dank ihrer guten Konstitution
und ihrer günstigeren sozialen Lage unter dem Durchschnitt
der gleichaltrigen Männlichen in Preußen bleibt. Es starben
an T bzw. NT:

Ruhrkohlenbergarbeiter (Mitglieder des Bochu-mer Knappschaftsvereins)	13,1	39,2
15- bis 60jährige männliche Preußen	28,8	16,5

Ähnlich liegen die Verhältnisse in England, wie aus nachstehender Tabelle hervorgeht:

Im Alter von 15—65 Jahren starben an	T	NT
Arbeiter auf dem Lande	18,8	18,6
Kohlenbergarbeiter	14,0	32,6
Kohlenträger	29,7	65,6
Kaminkehrer und Rußhändler . . .	37,1	43,1

Diese Tabelle ist noch lehrreich insofern, als sie nachweist, daß die Annahme, der **Kohlenstaub** sei ein **Schutz gegen die Tuberkulose**, ebensowenig zutrifft, wie die, daß es der **Ruß** sei.

Wie bereits erwähnt, ist das Sterblichkeitsverhältnis der Kohlenbergarbeiter besonders günstig. Ascher weist nach, daß das daher kommt, weil sie vorwiegend an akuten Lungenkrankheiten sterben. Die Sterblichkeit an allen Lungenkrankheiten zusammen ist aber bei ihnen größer als bei der gleichaltrigen männlichen Bevölkerung Preußens. Stets wird im Textilkreise die Tuberkulose, stets werden im Rauchkreise die akuten Lungenkrankheiten überwiegen. Im niederschlesischen Kreise Waldenburg zieht sich an der Stadt gleichen Namens nach Norden hin eine große Rauchmassen entwickelnde Kohlen- und Koksindustrie entlang; etwa 2 Meilen südöstlich liegen die bekannten schlesischen Weberdörfer Wüstewaltersdorf, Wüstegiersdorf usw. Auf 1000 Lebende läßt sich folgende Sterblichkeit feststellen:

$$\begin{array}{lcccc} & T & NT & T+NT & \frac{T}{NT} \\ \text{Textilgegend} \ . \ . \ 1,83 & 2,23 & 4,06 & 0,82 \\ \text{Rauchgegend} \ . \ . \ 1,77 & 2,93 & 4,70 & 0,60. \end{array}$$

Es war also selbst in dieser kleinen Entfernung die Sterblichkeit an den akuten Respirationskrankheiten in der Rauchgegend um 30% höher als in der Textilgegend, die natürlich auch nicht frei von Rauch ist. Man beachte ferner den kleineren Bruch $\frac{T}{NT}$ in der Rauchgegend als in der Textilgegend. Durch dieses Vordringen von NT ist jetzt die Sterblichkeit an

allen Lungenkrankheiten zusammen nicht in der Weber-
gegend höher, sondern in der Rauchgegend.

Ebenso wie in Schlesien liegen auch die Verhältnisse im
Regierungsbezirk Düsseldorf.

| Jahr | Auf 10 000 Lebende starben im Landkreise | | | | | | | |
| | Krefeld | | | | Essen | | | |
	T	NT	T+NT	$\frac{T}{NT}$	T	NT	T+NT	$\frac{T}{NT}$
1876	59,2	6,1	65,3	9,7	47,0	11,8	58,8	4.0
1880/81	48,7	14.8	63,5	3,2	42,1	33,7	75,8	1,2
1885/86	53,7	14,9	68,6	3,6	36,6	41,2	77,8	0,9
1890/91	38,3	28,1	66,5	1,4	29,8	44,8	74,6	0,7
1895/96	31,0	24,9	55,9	1,2	21,2	37,9	59,1	0,6
1900/01	23,7	25,0	48,7	0 9	19,1	50,5	69.6	0,4

Man beachte auch hier den immer kleiner werdenden
Bruch $\frac{T}{NT}$.

Es ist das Verdienst Aschers, durch Berechnung
des Quotienten $\frac{T}{NT}$ für alle Altersklassen und Jahr-
gänge augenfällig nachgewiesen zu haben, daß in ganz
Preußen, wie auch die Sterblichkeit nach Ort, Jahr, Altersklasse oder Geschlecht schwankt, der akute Verlauf der Lungenkrankheiten den chronischen verdrängt. R a h t s (Arbeiten aus
dem Kaiserl. Gesundheitsamt 1898, Bd. 14) wies dieselbe Erscheinung für das ganze Deutsche Reich und auch für England nach.

Da diese Erscheinung mit solcher Wucht gerade in den
industriellen Kreisen auftritt, so zieht A s c h e r folgenden
Schluß:

Die Zunahme der Sterblichkeit an den akuten Lungenkrankheiten muß bedingt sein durch eine Schädlichkeit,
welche zwar auch in Landwirtschaft treibenden Kreisen
in einer gewissen Vermehrung sich befindet, aber in ungleich
höherem Maße in industriellen Bezirken. Dieses Agens ist

nicht beschränkt auf die Stätte gewerblicher Arbeit, sondern macht sich, wie dies die Sterbeziffern der Greise und
Kinder beweisen, auch in deren Umgebung bemerkbar.

Dieses Agens kann nur der Rauch der Kohlenfeuerungen sein.

Natürlich treten auch andere Ursachen hinzu, wie Mehl-
staub und Gießereistaub, Erkältungen durch Hinaustreten in
die kalte äußere Luft von übermäßig heißen Arbeitsplätzen
vor Öfen oder Feuerungen, die zu Lungenentzündungen prä-
disponieren.

Schwarze Kohlenlungen findet man nicht nur bei den
Bergleuten der Steinkohlengruben, sondern auch bei Bäue-
rinnen, die einen großen Teil ihres Lebens in einer rauchigen
Küche zugebracht haben.

In den Lungen von Pittsburgher Einwohnern fand Dr.
Klotz folgende Mengen von Kohlenstoff:

10,6 g in den Lungen eines Mannes von 28 Jahren,
3,4 » » » » » » » 37 »
2,4 » » » » » » » 39 »
4,2 » » » » einer Frau » 37 »
2,6 » » » » » » » 44 »

Aschers Untersuchungen und Tierversuche haben folgendes Ergebnis gehabt, dem man im allgemeinen zustimmen
kann:

Die Sterblichkeit an akuten Lungenkrankheiten befindet
sich in einer ständigen Zunahme, am stärksten bei Kindern
und Greisen. Die Ursache dieser Zunahme ist die zunehmende
Verunreinigung der Luft durch Rauch, denn

1. war die Zunahme am stärksten in den industriellen
   Gegenden und nicht in landwirtschaftlichen. Sie betrug dort bei Säuglingen seit 1875 bis zu 600%.

2. Ist auch in den einzelnen industriellen Gegenden ein
   Unterschied zu bemerken, indem in Gegenden mit starker Rauchentwicklung die Sterblichkeit an akuten
   Lungenkrankheiten eine höhere ist, als in anderen industriellen Gegenden, z. B. Textilgegenden.

3. Ist die Sterblichkeit der Kohlenarbeiter an akuten Lungenkrankheiten eine sehr viel höhere (130%) als bei der übrigen gleichaltrigen männlichen Bevölkerung. Auch hier zeigen sich wieder Unterschiede, indem in Revieren mit vorwiegend einheimischer Bevölkerung die Sterblichkeit an diesen Krankheiten eine höhere ist als in Revieren mit mehr aus der Landwirtschaft zugezogenen Personen.

Hand in Hand mit der Zunahme der akuten Lungenkrankheiten geht eine Abnahme des Sterbealters der Tuberkulosen, d. h. ein schnellerer Verlauf der Tuberkulose.

Die pathologisch-anatomische Untersuchung hat in allerdings nur 18 Fällen gezeigt, daß bei Säuglingen dort, wo mehr Kohlenstaub in den Lungen war, sich häufiger Entzündungen fanden.

Das Tierexperiment hat ergeben, daß tuberkulöse Tiere, welche mehr Rauch einatmeten, durchschnittlich schneller starben als solche, welche weniger Rauch einatmeten. Es hat ferner ergeben, daß Tiere, welche mehrere Wochen mäßige Mengen Rauch eingeatmet hatten, durch die Inhalation von Aspergillus Lungenentzündungen bekamen, die Kontrolltiere aber nicht.

Aus diesen statistischen und pathologischen Untersuchungen zieht Ascher den Schluß:

Die Verunreinigung der Luft durch Rauch bewirkt eine Prädisposition für akute Lungenkrankheiten und beschleunigt den Verlauf der Tuberkulose.

Eine weitere Schädigung des Rauches ist die, daß er auch früher zur Arbeitsunfähigkeit führt, wie es sich aus den Statistiken der Invaliditätsversicherung zu ergeben scheint. Man kann dies vermuten aus der Statistik des Reichsversicherungsamtes, nach welcher im Durchschnitt des ganzen Reiches von 100 Rentenempfängern 7 über 70 Jahre alt waren, während dieser Durchschnitt bei den Knappschaftsvereinen nur 0- bis 1 mal erreicht wird; ebenso spricht das starke Hervortreten der Lungentuberkulose bei jüngeren Rentenemp-

fängern und als Invaliditätsursache in den jüngeren Jahren
dafür.

Zum Schluß sei noch auf die Schädigung hingewiesen,
welche der menschlichen Gesundheit durch die Flugasche
zugefügt wird und welche hauptsächlich darin besteht, daß
die Flugaschenteilchen in die Augen gelangen und hier unter
Umständen von sehr schädlichem Einfluß sein können. Die
in das Auge dringenden scharfen und spitzen Teilchen
von Flugasche können sehr schwere Entzündungen und sogar
Hornhautgeschwüre hervorrufen.

Ferner lehren alle Erfahrungen, daß das häufige Ein-
atmen von Staubteilen und insbesondere von Flugasche,
welch letztere sich durch die physikalische Beschaffenheit
scharfer und spitzer Teilchen und durch ihre Zusammensetz-
zung aus ätzenden Substanzen kennzeichnen, geeignet ist,
Schädigungen der Atmungsorgane herbeizuführen, wie Heiser-
keit, Katarrhe, Reizungen der Luftwege mit entzündlichen
Vorgängen und nicht minder die Dispositionen für Lungen-
erkrankungen zu erhöhen.

Daß die Flugaschenteilchen die Atmungsorgane angreifen,
ist wohl nicht von der Hand zu weisen, indessen fehlt noch
der Nachweis aus einer größeren Zahl von Ortschaften, daß
dort Katarrhe der Atmungswerkzeuge häufiger sind als in
Orten mit einer Rußplage. Solange dieser Nachweis nicht
geführt wird, muß man die Flugaschenplage gegenüber der
Rußplage als das kleinere Übel betrachten. Die Flugasche
kann sich infolge ihrer Schwere nicht solange schwebend in
der Luft halten und wird auch nicht in solcher Menge den
Schornstein verlassen wie der Ruß.

Ebenso wie Rauch und Ruß, schweflige Säure und Salzsäure können auch andere Gase und Dämpfe zu Beläsi-
zungen und Gesundheitsschädigungen der Anwohner Anlaß
geben; hierher gehören die Ausdunstungen namentlich der
chemischen Fabriken, der Poudrette- und Düngepulverfabriken,
der Zellulosefabriken, der Abdeckereien, der Knochenbrenne-
reien, der Leimsiedereien, der Schweinemästereien, Lackiere-
reien usw. Im Interesse der Anwohner wird daher zu fordern
sein, daß Gase und Dämpfe an der Entstehungsstelle abgefan-

gen und am Austreten ins Freie verhindert werden. Soweit
die abgeführten Gase und Dämpfe irgend verwertbar sind,
sollen sie verwertet und hierdurch unschädlich gemacht werden. In Fällen, wo eine Verwertung der Gase unmöglich ist,
sollen sie, soweit sie brennbar sind, durch Verbrennen vernichtet werden.

Die gesetzlichen, polizeilichen und privaten Maß-
nahmen zur Verhütung von Rauchschäden.

Die vermehrte Beachtung, welche seit einigen Jahren in
allen Kulturstaaten der Rauchplage gewidmet wird, hat den
unbestreitbaren Nutzen gehabt, daß durch die Maßnahmen,
welche seitens der Behörden und privater Gesellschaften für
Rauchbekämpfung getroffen wurden, bereits an vielen Orten
recht annehmbare Erfolge erzielt sind. Freilich ist noch viel
zu tun, denn das, was erreicht ist, stellt erst den Anfang von
dem dar, was erreicht werden muß. Ebenso kann nicht ver-
schwiegen werden, daß manche Vorschriften einen Schlag ins
Wasser bedeutet und zur Beseitigung des zu treffenden Übels
nicht das geringste beigetragen haben.

Die nachfolgenden Ausführungen werden sich vorwiegend
mit den zur Rauchfrage ergangenen Gesetzen, Verordnungen
usw. befassen und sich mit der theoretischen Seite des Luftrechts, entsprechend dem praktischen Zwecke des vorliegenden Buches, nicht beschäftigen. Ich will aber nicht unterlassen, auf das im Verlage von Carl Heymann-Berlin erschienene Werk des bekannten Vorkämpfers für ein deutsches
Luftrecht, Professors Dr. K. W. Jurisch, »Das Luftrecht in
der Deutschen Gewerbeordnung« hinzuweisen, in welchem er
u. a. in höchst beachtenswerten Darlegungen davon ausgeht,
daß bei der großen Zahl von Gewerbebetrieben, welche die
Luft verunreinigen, drei Interessenkreise unterschieden
werden müssen: Derjenige des Fabrikanten, Unternehmers
oder Kapitalisten, derjenige der Arbeiter und endlich derjenige der Nachbarn, welche nur in sehr bedingtem Sinne
als Unbeteiligte angesehen werden können. In der Tat werden die Interessen der letzteren durch das Entstehen und
den Betrieb der gewerblichen Unternehmung fast immer,

teils vorteilhaft, teils nachteilig, beeinflußt. Da diese drei
Interessenkreise vielfach übereinandergreifen, so muß ein
jeder von ihnen etwas eingezogen werden, damit sie neben-
einander bestehen können. Es gilt, die Eigentumsrechte und
die aus den Grundsätzen des Luftrechtes fließenden Rechte
in solcher Weise zu beschränken, daß beim Tausche ihrer
Träger die größtmögliche Befriedigung jedes einzelnen zum
Wohle des Staates erreicht wird.

Jurisch weist nach, daß unser Gewerberecht zugunsten
einer einseitigen Bevorzugung fiskalischer Interessen
in eine falsche Richtung gedrängt worden ist. Dies geschah,
weil das Gewerberecht bisher ausschließlich durch Juristen
bearbeitet worden ist, die, weil ihnen die technischen Dinge
fremd sind und daher nebensächlich erscheinen, geglaubt
haben, die technischen Grundlagen der Gewerbeordnung ver-
nachlässigen zu dürfen.

Die luftrechtlichen Bestandteile der Gewerbeordnung bilden nur einen Teil — allerdings wohl den praktisch wichtigsten — des Luftrechts; denn luftrechtliche
Bestandteile sind auch im Bürgerlichen Gesetzbuche,
im Bergrecht, im Baurecht, in den Gesetzen über das
Verkehrswesen und über öffentliche Gesundheitspflege
vorhanden. Einzelne Teile des Luftrechtes greifen über verschiedene Rechtsgebiete; z. B. wird über »Lüftung und Heizung« in der Gewerbeordnung, im Bergrecht und namentlich
im Baurecht gesprochen.

In den Staaten und auch in den Städten Europas sind
diese Gesetze außerordentlich verschieden. Diejenigen Staaten
und Städte, welche die strengsten Gesetze haben, weisen aber
durchaus nicht immer die reinste Luft auf. Wie überall, so
hat es sich auch hier gezeigt, daß nicht das Gesetz an
und für sich, sondern dessen praktische Ausführung
das Wichtigste ist. Wenn daher die die Ausführung des Gesetzes überwachenden Behörden namentlich nicht von der
Allgemeinheit unterstützt werden, so sind alle gesetzlichen Vorschriften auf diesem schon an und für sich schwierigen Gebiete ein Mißerfolg, ohne natürlich damit sagen zu
wollen, daß alle gesetzlichen Maßnahmen überhaupt wertlos

sind. Nur daran muß festgehalten werden, daß sich mit
allen gesetzlichen Vorschriften erst dann viel erreichen läßt,
wenn damit eine Belehrung und Erziehung der Allgemeinheit Hand in Hand geht.

Luft und Wasser sind nach deutschem Privat-
recht allgemeine Sachen, die außerhalb des Verkehrs stehen. An den allgemeinen Sachen Luft und Wasser
besitzt jede gebietsangehörige Person ein Gemeineigenrecht
zum Gebrauch. Diese Benutzung wird nur beschränkt durch
das eigene Bedürfnis, durch fremde entgegenstehende Privat-
rechte und öffentliche Interessen. Sie kann sich auf Aneig-
nung von Quantitäten allgemeiner Sachen oder Belastung
solcher mit wegzuschaffenden Abfallsubstanzen beziehen.
Während die erstere Betätigung nur bei Bewässerungen und
Wasserableitungen gewissen Schranken unterliegt, ist die letztere in Deutschland in vollem Umfange von der Gesetzgebung
des Reiches und der Einzelstaaten genau geregelt.

In Deutschland besitzen wir — leider — kein allgemeines Rauchverhütungsgesetz; haben aber doch gesetzliche Handhaben, um einer übermäßigen Rauchentwicklung entgegentreten zu können. Diese sind:

1. Privatrechtliche Bestimmungen des Bürgerlichen Gesetzbuches und zwar insbesondere die §§ 903 bis 907,
823, 862 und 1004. Namentlich kommen die §§ 906
und 907 in Frage.
2. Gesetze über die Genehmigung von gewerblichen und
Dampfkesselanlagen. §§ 16, 24, 25, 26, 51, 141 der
Gewerbeordnung.
3. Landesrechtliche Bestimmungen des Polizeiverordnungs-
rechtes.
4. Ortsstatutarische Bestimmungen.

Privatrechtliche Bestimmungen des Bürgerlichen Gesetzbuches. Hier handelt es sich namentlich
um Geltendmachung des Anspruchs auf Beseitigung der
Störung für Kosten des Störers und auf Unterlassung weiterer derartiger Einwirkungen, und zwar sind es namentlich
die §§ 906 und 907, auf welche sich derartige Klagen stützen.

Die Berufung auf den Paragraphen 907 des BGB., welcher lautet:

> Der Eigentümer eines Grundstücks kann verlangen, daß auf den Nachbargrundstücken nicht Anlagen hergestellt oder gehalten werden, von denen mit Sicherheit vorauszusehen ist, daß ihr Bestand oder ihre Benutzung eine unzulässige Einwirkung auf sein Grundstück zur Folge hat,

führt selten zum Ziel, wegen des das vorstehende Recht etwas einschränkenden § 906:

> Der Eigentümer eines Grundstücks kann die Zuführung von Gasen, Dämpfen, Gerüchen, Rauch, Ruß, Wärme, Geräusch, Erschütterungen und ähnliche von einem anderen Grundstück ausgehende Einwirkungen insoweit nicht verbieten, als die Einwirkung die Benutzung seines Grundstücks nicht oder nur unwesentlich beeinträchtigt oder durch eine Benutzung des anderen Grundstücks herbeigeführt wird, die nach den örtlichen Verhältnissen bei Grundstücken dieser Lage gewöhnlich ist.

Hervorgehoben muß noch werden, daß Einschränkungen der angezogenen Paragraphen des BGB. bzw. Abänderungen und Ergänzungen durch eine Reihe anderer Spezialgesetze wie Gewerbeordnung, Baugesetze, Berggesetze, Verkehrsbestimmungen usw. und Bestimmungen des öffentlichen Rechts eintreten. Dadurch wird, wie Wislicenus (Über die Grundlagen technischer und gesetzlicher Maßnahmen gegen Rauchschäden. Berlin 1908. Paul Parey) sehr zutreffend sagt, die Rechtslage sowohl für den Grundeigentümer, wie für den Gewerbetreibenden, sowie für die Gerichte und Behörden unklar, und es liegt in aller Interesse, daß diese Gesetzessplitter einmal zu einem organischen Luftgesetze zusammengefügt werden. Die größten Schwierigkeiten kommen in den speziellen Ausführungsgesetzen dort zutage, wo die unmittelbare Anwendung technischer Grundlagen nötig ist, und deshalb wird beispielsweise unsere Gewerbeordnung als etwas Unvollkommenes, Verbesserungsbedürftiges empfunden.

Der Rechtsweg ist übrigens, wenn sich der Klageanspruch gegen die Ausübung staatlicher Hoheitsrechte richtet (z. B.

16*

gegen störende Anlagen des Militärfiskus), unter allen Umständen nur zur Forderung geeigneter Abhilfsmaßnahmen,
nicht aber zur Forderung der Beseitigung einer Anlage zulässig. Und nach einer weiteren Konsequenz der staatlichen
Hoheitsrechte ist im Deutschen Reiche der Rechtsweg im
§ 907 ferner ausgeschlossen, wo eine ausdrückliche Genehmigung zur Errichtung einer Betriebsanlage von seiten der
zuständigen Landes- oder Bezirksverwaltungsbehörde erteilt
worden ist.

Sehr eingehend hat die Frage der Anwendbarkeit des
§ 906 Dr. jur. Hörig in seiner lesenswerten Schrift »Rauch,
Ruß, Geräusch und ähnliche Einwirkungen im § 906 des BGB.
und die zivilrechtlichen Ansprüche gegen sie« (Leipzig 1906.
Veit & Co.) behandelt.

Für die Praxis der Rauchbekämpfung ist also mit den
angegebenen Paragraphen des Bürgerlichen Gesetzbuches um
so weniger etwas anzufangen, als auch die Gerichte der Bestimmung, »die nach den örtlichen Verhältnissen bei Grundstücken dieser Lage gewöhnlich ist«, meist eine sehr weite
Grenze ziehen. Etwas, wenn auch nicht wesentlich günstiger, steht es hinsichtlich des Schutzes vor Rauch und
Rußbelästigung wenigstens insofern, als bei gewerblichen Anlagen eine Genehmigung erforderlich ist, mit der

Gewerbeordnung. § 16 der G.O. bestimmt, daß für
solche Anlagen, die durch ihre Lage oder die Beschaffenheit
der Betriebsstätte für die Besitzer oder Bewohner benachbarter Grundstücke oder für das Publikum überhaupt erhebliche Nachteile, Gefahren oder Belästigungen herbeiführen
können, die Genehmigung der nach den Landesgesetzen zuständigen Behörde erforderlich ist. Hierher gehören hauptsächlich: Gasbereitungs- und Gasbewahrungsanstalten, Glas-
und Rußhütten, Anlagen zur Gewinnung roher Metalle, Röst·
öfen, Metallgießereien, chemische Fabriken, Firnissiedereien,
Stärkefabriken mit Ausnahme der Kartoffelstärkefabriken,
Stärkesirupfabriken, Leim-, Tran-, Seifensiedereien, Knochen-
brennereien, Knochendarren, Knochenkochereien, Talgschmel-
zen, Schlächtereien, Gerbereien, Abdeckereien, Poudrette- und
Düngepulverfabriken, Strohpapierfabriken, Darmzubereitungs-

anstalten, Kalifabriken, Kunstwollefabriken, Anlagen zur Herstellung von Zelluloid, zur Verarbeitung von Teer und Teerwasser, Zellulosefabriken, Anlagen zum Trocknen und Einsalzen ungegerbter Tierfelle.

In Preußen bestimmen die §§ 109 und 110 des Gesetzes über die Zuständigkeit der Verwaltungsbehörden vom 1. August 1883, welche Behörde die Genehmigung zu erteilen hat. Nach § 110 ist der Bezirksausschuß zuständig bei: chemischen Fabriken, Anlagen zur Gewinnung roher Metalle, Röstöfen, Poudrette- und Düngepulverfabriken, Zellulosefabriken u. a. Im übrigen entscheidet der Kreis- bzw. Stadtausschuß und in den einem Landkreise angehörenden Städten über 10 000 Einwohnern, der Magistrat. Anhalt über die hierbei zu beobachtenden Gesichtspunkte geben die zu obigem Gesetz gehörigen Ministerialerlasse vom 15. Mai 1895 (Ministerial-Blatt S. 196), vom 9. Januar 1896 (M.-Bl. S. 9) und vom 16. März bzw. 1. Juli 1898 (M.-Bl. S. 98 u. 187).

Aus der Fassung des § 16 in Verbindung mit § 18 der Gewerbeordnung, ist nächstliegender Zweck der Genehmigung, Nachbarn und Publikum überhaupt vor erheblichen Nachteilen, Gefahren oder Belästigungen zu schützen. Die Behörde hat deshalb zu prüfen, ob solche Gefahren entstehen können und welche Vorschriften zum Schutze der Umgebung zu erlassen sind, und nur wenn dieser Schutz unmöglich ist, ist die Abweisung des Genehmigungsgesuches auszusprechen. Dabei nehmen die nach § 16 zu genehmigenden Anlagen insofern eine Ausnahmestellung ein, als das Maß der Verpflichtungen und des polizeilichen Einschreitens durch die Genehmigungsurkunde eingeschränkt wird.

Gegen genehmigte Anlagen kann, soweit es sich um Schädigungen der Anwohner oder des Publikums durch Rauch und Staub, durch Gase und Dämpfe, durch üble Gerüche, heftige Erschütterungen und Geräusche handelt, nicht von der Polizei, sondern, wie Roth (in Abel, Handbuch der praktischen Hygiene. 2. Bd. Jena 1913. Verlag Gustav Fischer) ausführt, nur von den Nachbarn auf Grund der §§ 906 und 907 BGB. im Wege der Zivilklage vorgegangen und Schadenersatz beansprucht werden.

Die Bestimmungen des § 16 können also zweifellos bei Neuanlagen gewerblicher Unternehmungen die Rechte des Nachbarn im hohen Maße schützen. Nun kann aber sehr leicht der Fall eintreten, daß erst nach erteilter Genehmigung bei dem Betriebe einer Anlage sich Übelstände herausstellen, die man nicht voraussehen konnte. In solchen Fällen ist ein Eingreifen der Behörden auf Grund der Gewerbeordnung nur nach § 51a zulässig, wenn überwiegende Nachteile und Gefahren für das Gemeinwohl bestehen. Unter solchen Umständen kann die Benutzung einer jeden gewerblichen Anlage durch die höhere Verwaltungsbehörde zu jeder Zeit untersagt werden. Doch muß dem Besitzer alsdann für den erweislichen Schaden Ersatz geleistet werden.

Der § 24 der Gewerbeordnung beschäftigt sich ausschließlich mit der Anlage von Dampfkesseln und macht auch hier die Genehmigung der nach den Landesgesetzen zuständigen Behörden zur Voraussetzung. Er lautet im wesentlichen:

Zur Anlegung von Dampfkesseln, sie mögen zum Maschinenbetriebe bestimmt sein oder nicht, ist die Genehmigung der nach den Landesgesetzen zuständigen Behörden erforderlich. — — — —

Die Behörde hat die Zulässigkeit der Anlage nach den bestehenden bau-, feuer- und gesundheitspolizeilichen Vorschriften, sowie nach denjenigen allgemeinen polizeilichen Bestimmungen zu prüfen, welche von dem Bundesrat über die Anlegung von Dampfkesseln erlassen werden. Sie hat nach dem Befunde die Genehmigung entweder zu versagen oder unbedingt zu erteilen oder endlich bei Erteilung derselben die erforderlichen Vorkehrungen und Einrichtungen vorzuschreiben.

Bevor der Kessel in Betrieb genommen wird, ist zu untersuchen, ob die Ausführung den Bestimmungen der erteilten Genehmigung entspricht. Wer vor dem Empfange der hierüber auszufertigenden Bescheinigung den Betrieb beginnt, hat die im § 147 angedrohte Bestrafung (Geldstrafe bis zu 30 Mark oder im Unvermögensfalle Haft) verwirkt.

Die vorstehenden Bedingungen gelten auch für bewegliche Dampfkessel.

Der ebenfalls hierher gehörende § 25 besagt, daß bei Veränderungen der Betriebsstätte eine neue Genehmigung erforderlich ist.

Die Geltendmachung des Anspruchs auf Beseitigung der Störung für Kosten des Störers ist für gewisse Ausnahmsfälle durch die Landeshoheitsrechte und vor allem durch § 26 d e r G e w e r b e o r d n u n g soweit beschränkt, daß er nahezu illusorisch geworden ist und kaum in Ausnahmsfällen zur Wirkung gelangt. § 26 der Gewerbeordnung entwindet dem Grundbesitzer das grundgesetzliche Recht der Klage auf Beseitigung der Störung vollständig, wenn die entscheidende politische Behörde nach ihrem Ermessen die Genehmigung erteilt hat oder in ihren Genehmigungsbedingungen nicht ausdrücklich eine wiederum für den Industriellen drückende gewerbepolizeiliche Kontrolle durch die Gewerbeinspektion und die Ergänzungsbefugnis der Bedingungen vorbehalten hat.

A u f G r u n d d e r r e i c h s g e s e t z l i c h e n B e s t i m m u n - g e n und Vorschriften ist also eine K l a g e gegen den rauchverursachenden Betrieb zwar m ö g l i c h , a b e r s c h w e r d u r c h - z u f ü h r e n . Nach den bisher vorliegenden Urteilen des Reichsgerichts und von Oberlandesgerichten kann man den allgemeinen Standpunkt der deutschen Rechtspraxis, soweit sie sich auf die zitierten Paragraphen des B G B . und der G.O. stützt, dahin zusammenfassen, daß das rauchverursachende Unternehmen nur verpflichtet ist, die nach dem Stande der Technik und Wissenschaft besten Abhilfseinrichtungen herzustellen. Ob dies tatsächlich geschehen ist, kann natürlich der geschädigte Grundbesitzer nicht feststellen, muß sich vielmehr auf das Urteil des Sachverständigen verlassen.

Diese Verhältnisse, noch mehr aber die Verfügungen der Verwaltungsbehörden, die in luftrechtlichen Angelegenheiten auf Grund der Gewerbeordnung ergehen, lassen eine baldige gesetzliche und einheitliche Regelung der ganzen Frage durch ein Reichsluftrecht (S. 279) als dringend wünschenswert erscheinen.

Preußen besitzt ebenfalls keine besonderen Gesetze, um die Rauchentwicklung aus industriellen und Hausfeuerungen zu beschränken. Trotzdem wird die Frage von den Behörden mit großer Aufmerksamkeit verfolgt, und bereits der auf S. 245 erwähnte Erlaß des Ministers für Handel und Gewerbe vom 15. Mai 1895 enthält wichtige Bestimmungen, die das Gebiet der Rauchplage berühren. Es heißt darin:

Nach alter Praxis pflegt bei Fabriken mit größeren Feuerungsanlagen vorgeschrieben zu werden, daß der Unternehmer verpflichtet sei, durch Einrichtung der Feuerungsanlage sowie durch Anwendung geeigneten Brennmaterials und sorgsame Bewartung auf eine möglichst vollständige Verbrennung des Rauches hinzuwirken, auch, falls sich ergeben sollte, daß die getroffenen Einrichtungen nicht genügen, um Gefahren, Nachteile oder Belästigungen durch Rauch, Ruß, usw. zu verhüten, auf Anordnung der Polizeibehörde solche Abänderungen in der Feuerungsanlage, im Betriebe sowie in der Wahl des Brennmaterials vorzunehmen, die zur Beseitigung der hervortretenden Übelstände besser geeignet sind. Die Beibehaltung dieser Genehmigungsbedingung empfiehlt sich nicht bloß im Interesse der Nachbarschaft, sondern ebensosehr des Unternehmers, dem in der Einrichtung der Feuerungsanlage und der Wahl des Brennmaterials freier Spielraum gewährt und infolgedessen die rasche Benützung technischer Fortschritte und günstiger Konjunkturen ermöglicht wird.

Bei genehmigungspflichtigen Anlagen bietet die sog. Rauchklausel eine wenn auch etwas umständliche Handhabe, um gegen den überhandnehmenden Unfug der Rauchbelästigung vorzugehen. Nach der »Anweisung, betreffend die Genehmigung und Untersuchung von Dampfkesseln« vom 16. Dezember 1909, § 16, III, sind in die Genehmigungsurkunde alle Bedingungen aufzunehmen, welche nötig erscheinen. Dabei ist allgemein zu fordern, daß die Wartung des Kessels nur zuverlässigen, gut ausgebildeten oder gut unterwiesenen männlichen Personen über 18 Jahre übertragen werden darf, die mit der bestimmungsgemäßen Benützung der allgemein vorgeschriebenen Sicherheitsvorkehrungen am Kessel vertraut und verpflichtet sind, bei der Bedienung des Kessels Rauch, Ruß oder Flugasche möglichst einzuschränken. In allen geeigneten Fällen, z. B. Nähe menschlicher Wohnungen, ist ferner zu fordern, durch zweckdienliche Einrichtung der Feuerungsanlagen sowie durch Verwendung geeigneten Brennstoffes und sorgsamer Wartung des Kessels auf eine möglichst vollständige Vermeidung von Rauch, Ruß oder Flugasche hinzuwirken, auch, falls dies nicht genügt, solche Abänderungen in der Feuerungsanlage und in der Wahl des Brennstoffes vorzunehmen, die den Übelständen abhelfen.

Das Anerkennenswerte dieser Bestimmung ist leider nur der Ausdruck des guten Willens, denn der Mangel jeder bestimmten Form wird kaum zur Erreichung des beabsichtigten Zieles beitragen. Außerdem sind nicht Kesselfeuerungen die hauptsächlichsten Rauchentwickler.

Auch das Gesetz vom 9. Mai 1872, dessen strenge Durchführung die Ministerialverordnung vom 9. März 1907 verlangt, gibt den Behörden die Befugnis, unfähige oder ununterrichtete Kesselwärter ohne Nachsicht zu entlassen und auf sachkundige ausgebildete Heizer zu dringen.

Bei nicht konzessionspflichtigen Anlagen wendet man sich zweckmäßig an die Polizei, die nach § 10, Titel 17, Teil 2 des »Allgemeinen Landrechts« einschreiten kann. Es heißt dort:

Die nötigen Anstalten zur Erhaltung der öffentlichen Ruhe, Sicherheit und Ordnung und zur Abwendung der dem Publikum oder einzelnen Mitgliedern desselben bevorstehenden Gefahr zu treffen, ist das Amt der Polizei.

Dieser Paragraph bedeutet für die Beseitigung der durch übermäßige lokale Rauchentwicklung hervorgerufenen Übelstände ein außerordentlich wichtiges und wirksames Mittel, mit dem sehr viel gearbeitet wird. Die Grundlage für ein polizeiliches Vorgehen auf Grund dieses Paragraphen bildet ein in jedem Fall einzuholendes ärztliches Gutachten, das die Gesundheitsschädigung bescheinigt.

Während wir also gegen die lokale Rauchbelästigung
ein Mittel besitzen, uns gegen wirkliche gesundheitliche
Schädigungen zu schützen, ist es sehr schwer gegen die diffuse Verunreinigung der Luft auf polizeilichem Wege etwas
zu erreichen. Hier ist am wirkungsvollsten das Vorgehen der
Gewerbe- und Bergbeamten bei der Konzessionierung genehm-
migungspflichtiger Anlagen, wie es vorstehend bereits angegeben ist.

Sehr unterstützt wird das polizeiliche Einschreiten
noch durch eine Entscheidung des Oberverwaltungsgerichts vom 2. Oktober 1908, nach welcher dies schon geschehen kann, wenn der Genuß frischer Luft verkümmert
wird.

Ein namentlich in England sehr beliebtes Mittel, die Rauchplage zu bekämpfen, sind Polizeiverordnungen. Der Erfolg dieser Verordnungen ist aber meist recht gering, und
man kann öfter die Beobachtung machen, daß in Orten mit
recht strengen polizeilichen Verordnungen gegen die Rauchentwicklung, der Erfolg gleich Null ist.

In Preußen kann die Polizei solche Verordnungen auf
Grund des Gesetzes über die Polizeiverwaltung vom 11. März
1850 erlassen, worin es heißt:

Zu den Gegenständen der polizeilichen Vorschriften
gehören:

a) bis e) . . . .,
f) Sorge für Leben und Gesundheit,
g) Fürsorge gegen Feuersgefahr sowie gegen gemeinschäd-
liche und gemeingefährliche Handlungen, Unternehmungen und Ereignisse,
h) Schutz der Felder, Wiesen, Weiden, Wälder, Baum-
pflanzungen usw.

Daß ohne Polizeiverordnungen meist mehr erreicht wird
als mit solchen, dafür ein Beispiel: Die vom Handelsministerium
seinerzeit eingesetzte Rauchkommission legte 1898 folgendes Gutachten vor:

Die Kommission hält es für zweckmäßig und ausführbar, daß Vorschriften, zunächst für die Stadt Berlin, er-

lassen werden, durch welche die Entwicklung schwarzen, dicken und langandauernden Rauches in den Feuerungsanlagen untersagt wird, und zwar vom 1. Januar 1900 ab. Trotzdem sich dem auch die wissenschaftliche Deputation für das Medizinalwesen angeschlossen hatte, ist eine solche Verordnung zum Glück nie ergangen, da die Verhältnisse in Berlin im allgemeinen günstiger liegen, als es dort verlangt wird. Jedenfalls wird ohne Polizeiverordnungen mehr erreicht als mit solchen. Namentlich würde es für jede Stadt leichter sein, die Luft rauchfrei zu erhalten, wenn sie sich dazu entschließen würde, die raucherzeugenden Industrien, Kraftzentralen, Gasanstalten, Wasserwerke an die Peripherie der großen Städte zu verlegen, und zwar so, daß sie zur Hauptwindrichtung abgekehrt liegen. Diese Maßnahme sowie eine vernünftige Bauordnung würde alle polizeilichen Eingriffe überflüssig machen.

Einige Jahre später wurde wieder eine Kommission gebildet, welche über Mittel und Wege zur Verminderung der Rauchplage beraten sollte. Die Arbeiten dieser Kommission haben dazu geführt, daß der Minister für Handel und Gewerbe die Landesbehörden anwies, darauf zu achten, daß die von der Kommission für die Rauchverhütung vorgeschlagenen Einrichtungen in allen Staatsbetrieben und in allen vom Staate beaufsichtigten Betrieben getroffen werden. Zur Aufklärung gab das Ministerium gleichzeitig eine Anweisung heraus, welche praktische Gesichtspunkte enthielt. Es hieß darin:

Es ist gegenwärtig nicht beabsichtigt, durch Polizeivorschriften gegen die Rauchplage vorzugehen; denn es ist zu hoffen, daß die Industriellen ihrerseits der Frage erhöhte Aufmerksamkeit schenken. Wenn indessen der Staat selbst in seinen eigenen Betrieben es sich ernsthaft angelegen sein läßt, die Mittel und Wege zur Abhilfe der Rauchplage zu zeigen, so dürfen die Industriellen jedenfalls nicht erwarten, daß die Rauchentwicklung aus ihren Betrieben in Zukunft gestattet sein wird; denn der Bericht der Kommission für die Prüfung der Rauchfrage hat gezeigt, daß sehr wohl Einrichtungen getroffen werden können, welche die Rauchplage einschränken, ohne dem Besitzer der Feuerungsanlage besondere Kosten zu verursachen.

In diesem Erlaß, der sich ausschließlich mit den durch die industriellen Feuerungen entwickelten Rauchmengen beschäftigt, wird, wenn auch nur andeutungsweise, darauf hingewiesen, daß nicht durch Polizeiverordnungen der Kern des Übels beseitigt wird, sondern durch geeignete technische Maßnahmen, wie sie von S. 309 an eingehender besprochen sind.

Im Gegensatz zu dem vorstehenden beschäftigt sich ein Erlaß des Ministers der geistlichen, Unterrichts- und Medizinalangelegenheiten vom 29. Oktober 1909 (M. Nr. 19788) ausschließlich mit der durch die Hausfeuerungen erzeugten Rauchplage. Der Erlaß ist auch um deswegen interessant, weil er ganz unverblümt ausspricht, daß durch Polizeiverordnungen die Übelstände kaum zu beseitigen sind. Ferner werden, meines Wissens hier zum ersten Male, die Staatsbehörden auf die Tätigkeit von Gemeinden und Vereinen auf dem Gebiete der Rauchbekämpfung empfehlend aufmerksam gemacht, und endlich wird darauf hingewiesen, daß bei der Verschiedenheit der örtlichen Verhältnisse eine Regelung der Frage der Rauchbekämpfung sich für die ganze Monarchie nicht empfiehlt (s. S. 295). Der an die Herren Regierungspräsidenten gerichtete Erlaß lautet:

Unter den Ursachen für die schlechte Beschaffenheit der Stadtluft nimmt die Beimengung von Ruß und Rauchgasen die erste Stelle ein. In den letzten Jahrzehnten ist zwar eine Verminderung der Rauchplage, soweit sie durch Kesselfeuerungen und ähnliche Betriebe bedingt wurde, dadurch erreicht worden, daß für Vervollkommnung dieser Feuerungen, Auswahl eines guten Brennmaterials (Anthrazit) und bessere Ausbildung und Beaufsichtigung der Heizer gesorgt wurde. Dagegen ist fast noch nichts für Verminderung der Raucherzeugung durch Hausfeuerungen geschehen. Dies ist um so bedauerlicher, als die Menge des Heizmaterials, das diese Feuerungen verbrauchen, erheblich größer ist als diejenige der Kohlen, die zur Heizung von Kesseln u. ä. dienen. Da die Hausfeuerungen unvollkommener eingerichtet sind als die Kesselfeuerungen, nützen sie

das Brennmaterial schlechter aus und erzeugen daher verhältnismäßig mehr Rauch und Ruß als Fabrikfeuerungen.

Diesen Übelständen auf dem Wege von Polizeiverordnungen entgegenzuarbeiten, erscheint wenig aussichtsreich.

Der Verein für öffentliche Gesundheitspflege in Hannover hat ein »Merkbuch in Sachen der Rauch- und Rußplage« (s. S. 257) und ein »Merkblatt für die zweckmäßige
Behandlung der Kohlen und Öfen« (s. S. 260) herausgegeben
und diese Druckschriften allen Hausbesitzern der Städte
Hannover und Linden durch Vermittlung des Polizeipräsi-
denten zugehen lassen.

Das Bestreben des genannten Vereins, durch Herausgabe belehrender Schriften die Rauch- und Rußplage zu
bekämpfen, ist .... als zweckmäßig anzuerkennen. Die
Druckschriften .... behandeln die Frage in einer für die
Stadt Hannover erschöpfenden und zweckmäßigen Weise.
Es dürfte sich empfehlen, in ähnlicher Weise auch an
anderen Orten vorzugehen. Die Herausgabe einer ähnlichen
Druckschrift für die ganze Monarchie erscheint mir allerdings nicht angängig, weil die klimatischen Verhältnisse
in den einzelnen Provinzen verschieden sind und die verschiedenen Gegenden und Städte in der Art der vorwiegend
benützten Öfen und Heizstoffe Unterschiede aufweisen. Dagegen würden Vereine für öffentliche Gesundheitspflege,
Wohnungshygiene und ähnliche für diese Frage zu interessieren sein, damit sie durch eine Kommission, in der ein
Hygieniker und ein Techniker nicht fehlen dürften, den
örtlichen Verhältnissen entsprechende Merkblätter und
Merkbücher abfassen lassen. Die Verteilung solcher Druckschriften würde bei der Bekämpfung der Ruß- und Rauchplage sicherlich von Nutzen sein.

Für die Abfassung solcher Druckschriften erscheinen
.... noch folgende Gesichtspunkte der Erwägung wert.

Im Merkblatt sollte auf die Gefährlichkeit des Feuer-
anmachens mit Petroleum hingewiesen werden, wenn dies
auch nichts mit der Rauchbekämpfung zu tun hat.

Im Merkbuch sollte auf die hygienische Bedeutung der
verschiedenen Ofenkonstruktionen eingegangen und die Gas-

heizung zwecks Verminderung der Rauchplage empfohlen werden.

Einsätze in Kachelöfen, die Dauerbrand gestatten, haben sich bewährt. Dauerbrandöfen an die Züge eines Kachelofens anzuschließen, ist dagegen nicht ratsam, weil hierdurch die Gefahr des Rücktretens von Heizgasen in das Zimmer wächst, zumal wenn während der Nacht die Lebhaftigkeit des Brandes durch Aschen- und Schlackenbildung abnimmt, und wenn der Schornstein nicht hinreichend vor Abkühlung und Windanfall geschützt ist.

Bezüglich der Größe der Öfen empfiehlt es sich, eine kurze Anleitung zur Berechnung der Heizkraft mit Rücksicht auf die Größe des Raumes und die Bauart des Hauses zu geben und den Hausbesitzern anzuraten, daß sie sich die Heizkraft des Ofens vom Lieferanten garantieren lassen.

Koks, der porös ist und ziemlich viel Wasser aufzunehmen vermag, sollte nach Maß, nicht nach Gewicht verkauft werden.

Am Schluß seines Erlasses ersucht der Herr Minister die Regierungspräsidenten, die vorgenannten Vereine auf diese Drucksachen aufmerksam zu machen und auch sonst auf tunlichste Verminderung der Rauch- und Rußplage in den Städten hinzuwirken.

Dieser Erlaß hat teilweise außerordentlich anregend gewirkt und in einer ganzen Reihe von Städten zu Maßnahmen gegen die Rauchbelästigung geführt. Ebenso haben die anerkennenden Worte des Ministers für das Vorgehen des »Vereins für öffentliche Gesundheitspflege in Hannover« allgemeinen Anklang gefunden, und sollte die Frage der Reinhaltung der Luft mal eine befriedigende und vollkommene Lösung im preußischen Staate finden, so ist dies in erster Reihe mit der bahnbrechenden, erfolgreichen Tätigkeit des genannten Vereins zu danken.

Leider haben sich die Staatsbehörden, soweit wenigstens öffentlich bekannt geworden ist, noch recht wenig mit zwei anderen lästigen Raucherzeugern beschäftigt, den Dampfschiffen und den Dampflokomotiven.

Für die Dampfschiffe bestehen allerdings mehrere Ministerialverordnungen, die teilweise allgemeine Aufforderungen an die nachgeordneten Behörden enthalten, der Rauchplage zu steuern, teils auch bestimmte technische Anlagen zu diesem Zwecke empfehlen.

In wie wenig genügender Weise aber bisher auf diese Frage eingegangen ist, dafür diene als Beispiel die »Rheinschiffahrtspolizeiverordnung« vom Jahre 1913, in deren § 17, Ziffer 3, in folgendem kurzen Satze die ganze Frage der Rauchverhütungsvorschriften erledigt ist:

> Die Führer von Dampfschiffen müssen oberhalb und unterhalb von Brücken die Beschickung der Feuer so rechtzeitig erfolgen lassen, daß unter den Brücken selbst eine starke Rauchentwicklung nicht stattfindet. Während der Durchfahrt durch Brücken ist ein Durchstoßen des Feuers oder Aufwerfen von Kohlen verboten.

Da diese Verordnung ihren Zweck, die Rauchbelästigung durch Dampfer zu mindern, natürlich nicht erfüllte, erließ der Oberpräsident der Rheinprovinz am 3. November 1913 eine neue Polizeiverordnung zum Schutze der Gesundheit der Uferanwohner und des reisenden Publikums, sowie zur Sicherheit der Schiffahrt auf dem Rheine, welche folgenden Wortlaut hat:

§ 1. Beim Schiffahrtsbetriebe auf dem Rhein ist die Entwicklung dichten, undurchsichtigen Rauches von längerer Dauer als zwei Minuten verboten.

Bei Dampfkesseln mit mehreren Feuerungen hat das Abschlacken der Roste derart zu erfolgen, daß immer nur ein einzelner Rost abgeschlackt und bis zur Abschlackung des nächsten Rostes eine Pause von mindestens 15 Minuten eingehalten wird.

§ 2. Zur Verminderung des Rauches haben die Schiffseigner die geeigneten Vorkehrungen zu treffen. Als solche kommen in Betracht: Sorgsame Wartung der Dampfkessel durch geeignetes Heizerpersonal, Einbau von rauchvermindernden Apparaten in die Kessel, Verwendung rauchschwacher Kohle, Vermeidung der Überanstrengung der Schleppdampfer.

§ 3. Übertretungen des § 1 dieser Verordnung werden, sofern nicht nach den Strafgesetzen eine höhere Strafe eintritt, mit einer Geldstrafe bis zum Betrage von sechzig Mark oder im Unvermögensfalle mit entsprechender Haft bestraft.

§ 4. Diese Polizeiverordnung tritt sechs Monate nach ihrer Verkündigung in Kraft.

Auch diese Verordnung geht um den Kern der Sache herum und ist namentlich in ihrem § 2 zu allgemein gehalten, um mit dauerndem Erfolge wirken zu können. Zu verkennen ist allerdings nicht, daß es schwierig ist in einer Polizeiverordnung bestimmt gefaßte Anordnungen zu treffen oder bestimmte rauchvermindernde Apparate vorzuschreiben, wie es z. B. in einem Runderlaß des Ministers der öffentlichen Arbeiten vom 29. Januar 1903 geschehen ist, worin er auf Grund der auf dem Rhein gemachten günstigen Erfahrungen für alle fiskalischen Dampfer die Anschaffung des Langer-Marcottyschen Apparates (s. S. 345) empfiehlt.

Mehr eingegangen ist auf diese Frage in der für die sächsische Elbe erlassenen Verordnung vom 22. Juni 1895 (siehe S. 277), durch welche die Besitzer der auf der Elbe verkehrenden Dampfschiffe angewiesen sind, bis zum 1. August 1895 an den Feuerungen ihrer Dampfkessel die zur Beseitigung erheblicher Rauch- und Rußbelästigung erforderlichen Maßnahmen zu treffen, wobei es ihnen überlassen bleibt, von den zur Verfügung stehenden Mitteln — Verwendung rauchfreier oder rauchschwacher Brennstoffe, geeignete Beschickung des Rostes, angemessene Rostbelastung, sachgemäße Regelung des Zuges — Gebrauch zu machen. Behandelt auch diese Verordnung die Frage der Rauchverminderung beim Dampfschiffbetriebe nicht erschöpfend, so doch jedenfalls eingehender als die preußische Rheinschiffahrts-Polizeiverordnung.

Wie in dem vorerwähnten Erlaß des Kultusministers vom 29. Oktober 1909 angedeutet, empfiehlt sich wegen der Verschiedenartigkeit der Verhältnisse in erster Reihe eine örtliche Bekämpfung der Rauchplage. Dieser Anregung sind denn auch schon eine Anzahl Städte gefolgt, und zwar mehrfach nach dem Vorbilde Hannovers, teilweise aber auch nur durch entsprechende Gestaltung der Bauordnung oder anderer feuerpolizeilicher Vorschriften.

Als mustergültig für die preußischen Städte ist das Vorgehen der Stadt Hannover anzusehen. Wesentlich unterstützt wurde die Stadt durch den dortigen »Verein für öffentliche Gesundheitspflege«, der im Jahr 1905 das »Merkbuch in Sachen der Rauch- und Rußplage« und das »Merkblatt für zweckmäßige Behandlung der Kohlen und Öfen« herausgab und, wie S. 253 bereits angegeben, verteilte.

Im Merkbuch werden die verschiedenen Kohlensorten besprochen und angegeben, welche Kohlenart in den einzelnen Öfen gebrannt werden soll. Interessant ist auch der Hinweis, daß die Ruß- und Rauchplage in Hannover in mindestens ebenso hohem Maße auf die Hausfeuerungen wie auf die Fabrik- und Großfeuerungen zurückzuführen ist, der Rußfall ihnen aber nahezu ganz zur Last fällt. Über die Brennstoffe führt das Merkbuch im wesentlichen folgendes aus:

I. Kohlen. Es kommen vier Hauptarten in den Handel: Gasflamm-, Fett-, Mager- und Anthrazitkohlen, außerdem gemischte Kohlen.

Die Gasflammkohlen sind leicht entzündlich, verbrennen mit langer, roter Flamme und entwickeln während des ganzen Verbrennungsvorganges starken Ruß, werden aber in Hannover aus alter Gewohnheit und Bequemlichkeit viel gekauft, worauf in erster Linie die Schwere der Rußplage in dieser Stadt zurückzuführen ist. Dabei wird der Heizwert dieser Kohlenart in den gewöhnlichen Öfen kaum halb so stark ausgenützt als derjenige geeigneterer Kohle. Ihre Verwendung zum Hausbrand bedeutet also auch einen großen wirtschaftlichen Verlust.

Die Fettkohlen sind leicht entzündlich, brennen sparsam und hinterlassen wenig weiße Asche ohne Schlacken. Auch die Ausnützung des Heizwertes in gewöhnlichen Öfen ist eine befriedigende, doch hat sie den Nachteil, daß sie bei der Entzündung ziemlich starken, allerdings bald verschwindenden Rauch entwickelt. Der Rußfall ist stets geringer wie bei der

Gaskohle. Sie dürfen für den Hausbrand nur in Nußkohlenform gekauft werden.

Die Magerkohlen (Salonkohlen) sind sehr heizkräftig, völlig rußfrei, jedoch schwer entzündlich, leicht schlackenbildend und von weicher Beschaffenheit. Die Verwendung dieser Kohlen zum Hausbrand ist solchen dringend zu empfehlen, die gewillt sind, die Kohlen bei der Lagerung und bei der Verfeuerung sorgsam zu behandeln. Namentlich sind folgende Vorschriften unbedingt zu befolgen:

1. Es dürfen nur gut gesiebte Stücke oder Nußkohlen eingekauft werden.
2. Die Kohlen müssen vorsichtig in den Keller getragen werden.
3. Das Zerkleinern der Stücke muß mit dem Beile geschehen, da man die Kohlen, um starke Grusbildung zu vermeiden, wie Holz spalten muß.
4. Beim Anzünden des Feuers sind nur Stückchen von höchstens Hühnereigröße zu verwenden.
5. Die Kohle darf im Feuer nicht angerührt werden.
6. Vorhandener Grus ist leicht anzufeuchten und nur auf starkes Feuer so zu werfen, daß etwa $\frac{1}{4}$ der Glut offen bleibt.

Die Anthrazitkohle hat dieselben Eigenschaften wie die Magerkohle, kommt aber für gewöhnliche Hausbrandzwecke schon wegen ihres hohen Preises wenig in Betracht. Dagegen ist sie ein hervorragendes Brennmaterial für die Heizung der Dauerbrandöfen, für solche amerikanischen Systems, überhaupt das einzige wirklich brauchbare.

Der Umstand, daß den meisten reinen Kohlensorten neben ihren guten Eigenschaften größere oder geringere Mängel anhaften, hat dazu geführt, Versuche mit einer Mischung verschiedener Kohlenarten zu machen. Hierbei sind besonders gute Ergebnisse mit den Mischungen von Fett- und Magerkohlen und von Fettkohlen und Koks erzielt. Diese liefern einen fast rußfreien Brand und besitzen alle Eigenschaften, die man von einer wirklich guten Hausbrandkohle verlangen muß. Der Bezug dieser Mischungen, deren Preis im Verhältnis zum Heizwert niedriger ist, kann daher allen Haushaltungen aufs angelegentlichste empfohlen werden.

II. Koks. Von den beiden im Hausbrand verwendeten Kokssorten, dem Gaskoks und dem Schmelzkoks, besitzt der letztere einen höheren Heizwert.

III. Briketts. Anthrazitbriketts verbrennen völlig rußfrei.

Steinkohlenbriketts eignen sich im allgemeinen nicht zum Alleinverbrennen; ihre Rauchentwicklung ist gering. Braunkohlenbriketts setzen Ruß nicht ab und verlangen wenig Zug.

In Windöfen sollte man ausschließlich die obengenannten Mischungskohlen verbrennen, die selbst in diesen primitivsten aller Öfen noch eine verhältnismäßig hohe Ausnützung des Heizwertes ergeben.

Für Regulierfüllöfen eignen sich am besten Fett- oder Magernußkohlen und die oben beschriebenen Mischungen. Diese Öfen müssen stets von oben angezündet werden. Nach gründlicher Reinigung des Rostes von Asche und Schlacke füllt man den Ofen etwa zu drei Viertel mit Kohle, legt dann das Anzündematerial darauf, zündet dieses an und wirft nun noch einige Schaufeln Kohle nach. Das Feuer entwickelt sich auf diese Weise allmählich nach unten, wobei Rauch und Gase durch die Glut und das Feuer hindurchtreten müssen und so zur völligen Verbrennung kommen, während sie beim Anzünden von unten unverbrannt durch den Schornstein entweichen und sich als Ruß zu Boden setzen.

In Grundöfen (Berliner Kachelöfen) verwendet man am besten Braunkohlenbriketts in der Weise, daß man den Feuerraum des Morgens voll Briketts schichtet und nach deren völliger Entzündung die Türen fest schließt.

Für Dauerbrandöfen nach sog. amerikanischen System kommt nur gute Anthrazitkohle in Frage und für solche nach dem sog. irischen System, außerdem andere Magerkohle, auch Koks, Braunkohle und Briketts, besonders aber ein Gemisch von Anthrazit-Eierbriketts und Koks.

Beim Einkauf von Kohlen sehe man auf gut gesiebte Ware, da grusige Kohlen nicht nur wenig heizergiebig sind,

sondern auch die Rauch- und Rußbildung wesentlich fördern.
Man beachte folgende Ratschläge:

1. Man·beziehe den Hauptwinterbedarf tunlichst schon im
   Sommer, dann sind die Preise am niedrigsten und die
   Kohlen am besten.
2. Man lagere die Kohlen im Keller derartig, daß stets
   ein Aufnehmen unmittelbar vom Boden möglich ist,
   ohne daß auf den Kohlen herumgetreten zu werden
   braucht.
3. Man kaufe Kohlen nur nach Gewicht, da zum Maßver-
   kauf fast ausschließlich die spezifisch leichten, stark
   rußenden Gasflammkohlen verwandt werden.
4. Man feuchte nur Grus und ganz feine Kohlen an, um ihr
   Durchfallen durch den Rost zu verhindern. . Das Anfeuchten anderer Kohlen ist von Übel.

Bei Anschaffung neuer Öfen wähle man ein System, welches sowohl für dauernden wie für zeitweisen Brand geeignet
ist. Der Dauerbrand ist deshalb mehr zu empfehlen, weil man
die Mühe und die Kosten des täglichen Anfeuerns erspart und
jederzeit gleichmäßig durchwärmte Zimmer hat, da die Wände
nicht auskühlen. Die Wartung solcher Öfen ist sehr einfach
und beschränkt sich meist auf eine ein-, höchstens zweimalige
Beschickung am Tage.

Dringend zu empfehlen ist es, die Öfen für die in Frage
stehenden Räume stets größer, resp. mit stärkerer Heizkraft
zu nehmen, als die Rechnung im Mindestmaß ergibt. Denn
ein kleiner Ofen muß bei kalter Witterung stets stark in Glut
gehalten werden, nützt sich dadurch vor der Zeit ab und
verwertet die Brennstoffe weniger gut.

Man findet wohl selten klarere und allgemeinverständ-
lichere Angaben über zweckmäßiges Heizen als in diesem
kleinen Merkbuch und bleibt es nur zu bedauern, daß sich
nicht auch andere unter der Rauch- und Rußplage leidenden
Städte oder deren Gesundheitspflegevereine bisher zur Abfassung und Verteilung einer gleichen Schrift entschlossen haben.

Das Merkblatt ist eine kurze, stichwortartige Wiedergabe
des Merkbuches und sei zur Nachachtung an anderen Orten
hier wörtlich wiedergegeben:

1. Kohlen beim Einschaufeln vom Lagervorrat stets dicht vom Boden aufnehmen. Grus nicht liegen lassen.

2. Nicht in den Kohlen herumrühren oder darauf treten.

3. Zerkleinern von weichen Kohlen (Magerkohlen, Salonkohlen) nur mit der scharfen Seite eines Beiles vornehmen, wie beim Holzspalten.

4. Anfeuchten der Kohlen nur bei Grus und stark grushaltigen Sorten anwenden, bei anderen Arten ganz zwecklos, meistens sogar schädlich.

a) Allgemeine Regeln für alle Öfen:

1. Vor dem Anheizen Rost und Aschkasten gründlich von Asche und Schlacke reinigen.

2. Zum Anheizen nur kleine Stücke von etwa Eigröße ohne Grus verwenden.

3. Feuer möglichst wenig anrühren, nur bei zusammenbackenden Fettkohlen nach Bedarf. (Zur Erzielung eines stärkeren Feuers.)

4. Bei voller Glut alle Türen und Regulier-Schrauben fest schließen.

b) Besondere Regeln für verschiedene Ofenarten.

A. Windöfen mit zwei Türen ohne Regulierschrauben — bestes Heizmaterial hierfür: Mischmengen von Fettnußkohlen mit Magernußkohlen oder mit Koks.

1. Anheizmaterial auf den Rost legen, anzünden, dann Kohlen aufgeben.

2. Zum Nachwärmen Steinkohlen-Briketts in das gut brennende Feuer legen und Türen schließen.

B. Regulieröfen mit drei Türen und Hängerost — bestes Heizmaterial hierfür: Fett- oder Magernußkohlen und die bei A. angegebenen Mischmengen.

1. Von oben anheizen, d. h. Ofen dreiviertel mit Kohlen füllen, darauf Anheizmaterial legen, anzünden und einige Schaufeln Kohlen nachwerfen.

2. Nachfüllen nur in kleinen Mengen (2—3 Schaufeln), sonst schlechte Ausnutzung der Kohlen.

3. Mitteltür mit Hängerost stets geschlossen halten.

C. Dauerbrandöfen mit großem Füllraum und Reguliervorrichtungen — bestes Heizmaterial hierfür: Anthrazit, für irische Öfen auch Koks und Koks mit Eierbriketts gemischt.

1. Beim Anheizen alle Zugregulierungen auf stark stellen.

2. Anheizmaterial auf den Rost legen, anzünden, dann einige Schaufeln Kohlen aufgeben.

3. Wenn Kohlen in Glut, Füllschacht vollkommen füllen und erst, wenn nahezu niedergebrannt, erneute Füllung nötig.

4. Auch bei mildem Wetter Feuer nicht ausgehen lassen, Regulierung auf schwach stellen.

5. Bei Verwendung von Braunkohlenbriketts Zug völlig abstellen, etwas Asche auf dem Rost liegen lassen und stets nur wenige Stücke (6—10) aufwerfen.

D. Badeöfen, Küchen- und Waschküchenherde (bestes Heizmaterial wie bei B.). Anheizen wie bei A. (Windöfen), Kohlen stets nur in geringen Mengen nachwerfen.

Die Stadtverwaltung geht auch sonst der Rauch- und Rußplage energisch zu Leibe und läßt durch dem Stadtbauamt Unterstellte die Schornsteine beobachten. Über die Art, wie diese Beobachtungen geschehen, gibt am besten die für die Beobachtungsbeamten aufgestellte »Instruktion für die Beobachtung der Schornsteine« vom 16. August 1900 Auskunft. Dieselbe lautet:

1. Jeder mit Beobachtungen betraute Beamte erhält ein Verzeichnis der ihm zugeteilten Betriebe.

2. Jede Beobachtung dauert $\frac{1}{2}$ Stunde und sind in dieser Zeit die Rauchstärken alle $\frac{1}{2}$ Minute zu notieren.

3. Es sind jedesmal 1—4 Schornsteine zu beobachten, gleichgültig ob sie zu demselben oder zu verschiedenen Betrieben gehören.

4. Es sind vormittags und nachmittags je 3 Beobachtungen vorzunehmen, doch sind hierbei die Zeiten von $\frac{3}{4}8$ bis $\frac{3}{4}9$ Uhr vormittags, von $\frac{3}{4}12$—$\frac{1}{2}2$ Uhr mittags und von $\frac{1}{2}4$—$\frac{1}{2}5$ Uhr nachmittags ausgeschlossen.

5. In der Zeit von 11—1 Uhr hat sich der Beamte zum Eintragen der Beobachtungen und zu etwaigen Rücksprachen auf dem Stadtbauamte aufzuhalten.

6. Die Beobachtungen derselben Anlage sind umschichtig vormittags und nachmittags und auch an verschiedenen Wochentagen vorzunehmen.

Ausgenommen hiervon sind die im Verzeichnis bemerkten Betriebe, deren Beobachtung nur in den dort angegebenen Zeiten stattfinden soll.

7. Die Beobachtungen sind spätestens am nächsten Tage dem städtischen Ingenieur in Reinschrift vorzulegen.

8. Sieht der Beamte auf seinem Dienstwege, daß irgendein Schornstein, gleichgültig ob er in seinem Verzeichnis steht oder nicht, stark raucht, so ist sofort die Beobachtung vorzunehmen und hierüber dem Ingenieur Meldung zu erstatten.

9. Die Beobachtungen sind mit großer Gewissenhaftigkeit zu notieren, da sie ev. vor Gericht als Beweismittel dienen müssen.

10. Dem Beamten ist der Verkehr mit den Fabrikbesitzern sowie das Betreten der einzelnen Betriebe verboten.

Ist nun beobachtet, daß ein Schornstein länger als anderthalb Minuten hintereinander mit Rauchstärke 4 oder 5 geraucht hat, so wird an den Eigentümer vom Stadtbauamt das nachstehende Schreiben abgeschickt:

An..

..... Ihr .... Schornstein   während einer ½ stündigen

Beobachtung .... Minuten lang geraucht.

Wir geben Ihnen anheim, zur Abstellung der starken Rauchentwicklung die geeigneten Maßregeln treffen zu wollen.

Über das für die Beobachtung zu benützende Formular gibt S. 133 Aufschluß.

Ebenso wie Hannover geht auch die Stadt

Magdeburg sehr energisch gegen die dort vorwiegende Rußplage vor. Hier hat die Stadt selbst gemeinsam mit dem Verein für öffentliche Gesundheitspflege ein ausführliches Merkblatt verfaßt und verteilt, in dem sie sich zunächst ebenfalls über die verschiedenen für Magdeburg in Betracht kommenden Brennstoffe in ähnlicher und etwas ausführlicherer Weise wie das Hannoversche Merkbuch ausspricht. Für das Heizen sowie die Öfen und ihre Behandlung macht das Merkblatt im wesentlichen folgende Vorschläge:

— — — — — — — —

II. Das Heizen.

Jedes Brennmaterial bedarf zu seiner vorteilhaften Verbrennung einer gewissen Luftmenge. Wird zu viel oder zu wenig Luft zugeführt, so geht die Verbrennung unvollkommen vor sich, und es tritt Rauch-, unter Umständen auch Rußbildung, ein. Die Regelung des Luftzutritts ist also von großer Wichtigkeit. Nur beim Anmachen des Feuers soll die Feuertür offen gehalten werden, und zwar nur solange, bis die Kohlen ins Brennen geraten sind. Von da ab soll die Luft von unten durch den Rost zum Brennmaterial gelangen, deshalb muß die Feuertür geschlossen und dafür die Aschentür dem Zug des Ofens entsprechend mehr oder weniger geöffnet werden. Beim Schüren dürfen nur Aschenteile durch den Rost in den Aschenfall gelangen, nicht aber glühende oder unverbrannte Kohle- oder Brikettstückchen, die zur Verbreitung üblen Geruchs im Zimmer Veranlassung geben. Beim Nachlegen sollen die frischen Kohlen gleichmäßig auf dem Rost oder über die glühenden Kohlen verteilt werden. Es ist zweckmäßig, den hinteren Streifen des Rostes niedriger zu bedecken, damit der hier hindurchtretenden Luft geringerer Widerstand geboten und so möglichst eine Rauchverbrennung herbeigeführt wird. Grus ist nur in kleinen Mengen und etwas angefeuchtet aufzuwerfen, derart, daß nur ein Teil des Rostes oder der glühenden Kohlen davon bedeckt wird. Nach dem Durchbrennen der Kohlen ist der weitere Luftzutritt zu verringern und endlich durch Schließen und

Zuschrauben der Türen, ihrer Regulierschieber oder Rosetten **ganz aufzuheben.** Man erhält damit die Wärme im Ofen, **während bei** reichlichem Luftzutritt die Kohlen schneller aus-**brennen** und der Ofen sich von innen abkühlt.

Hinsichtlich der für das Verfeuern dieser Brennstoffe in den in Magdeburg zumeist gebräuchlichen Öfen wird auf die nachfolgende Tabelle verwiesen.

III. Öfen und ihre Behandlung.

Ofenarten	Als geeignete Brennstoffe zu erachten	Behandlung
a) Grundofen: Ganz aus Kacheln bestehend mit Feuer- und Aschentür.	Braunkohlen in kleineren und größeren Stücken. Briketts in größerem Format (Salon-Briketts).	Zu a und b. Bei Kohlen- oder Brikettfeuerung. 1. Feuerraum beim Anmachen mit Kohlen mittlerer Größe von hinten her vollzupacken, zerkleinertes Holz davorzuschichten, kleine Kohlen daraufzulegen, äußere Feuertür zu öffnen. Bei Briketts ist der Bedarf in größerer Menge (möglichst Tagesbedarf) mit Hohlräumen aufzuschichten, sonst wie vorstehend zu verfahren.
b) Windofen: Aus Kacheln mit eisernem Unterkasten; in diesem Feuertür, im Sockel Aschentür.	Wie vorstehend.	2. Nach dem Entflammen der Kohlen oder Briketts ist die Feuertür zu schließen und **nur** mit der Aschentür der Luftzutritt zu regeln. 3. Nach dem Durchbrennen der Kohlen oder Briketts ist die Aschentür zu schließen, einige größere Kohlen oder Briketts sind um Glut zu halten aufzulegen.

Ofenarten	Als geeignete Brennstoffe zu erachten	Behandlung
c) Einsatzofen (Gitterofen): Aus Kacheln mit eingebautem Feuerkasten mit Feuer- und Aschentür; bisweilen mit dritter oberer Fülltür.	Braunkohlen in nicht zu großen Stücken. Briketts in mittlerer Größe (Halbsteine). Koks bei höheren, aber nur mit Chamotte ausgesetzten Füllräumen.	Zu c und d. 1. Beim Anmachen zuerst kleine Menge Kohlen, Briketts oder Koks auf zerkleinertem Holz zur Entzündung zu bringen bei geöffneter Feuertür. 2. Sodann Nachlegen oder Vollwerfen, bei Koks zunächst nur wenig und erst nach eingetretener Glut bis oben vollwerfen. Feuertür geschlossen, Aschentür oder Rosette wenig geöffnet.
d) Regulier-Füllofen: Aus Eisen, Feuerraum m. Chamotte ausgesetzt, mit Füll-, Feuer- und Aschentür. (Als Abart ist der transportable Kachelofen anzusehen).	Braunkohlen in kleineren und mittleren Stücken. Briketts v. mittlerer Größe. Koks in Größe von 4 bis 6 cm (sog. gebrochener Koks).	3. Bei hohem Füllraum können Kohlen bis oben hineingefüllt werden, Holz und kleine Kohlen werden oben aufgelegt zur Entflammung gebracht, weil die Kohlen dann von oben nach unten abbrennen.
e) Dauerbrandofen: Aus Eisen ganz mit Chamotte ausgemauert, oft äußerlich mit Kacheln od. Fliesen bekleidet. Mit Feuer- und Aschentür und Füllklappe	Koks in Größe von 4 bis 6 cm. Anthrazit in Stücken von 3 bis 5 cm. Braunkohlen und Briketts in kleiner und mittlerer Größe	Zu e. 1. Entzündung wie vorstehend. 2. Nachlegen bei Koks und Anthrazit wie vorstehend, bei Kohlen und Briketts nur ¼ des Füllschachtes anfüllen. 3. Koks herunterbrennen lassen, schüren und Schlacke entfernen, sodann wieder bis oben nachfüllen. 4. Über Nacht und falls der Raum genügend durchwärmt erscheint, ist der Luftzutritt von unten ganz abzustellen und nur etwas Luft durch die Fülltür dem Brennstoff zuzuführen.

Im allgemeinen ist zur Beurteilung der Güte und Leistungsfähigkeit eines Ofens zu bemerken:

1. Die Heizfläche eines Ofens soll nie zu klein gewählt werden, um Überanstrengung, Verbrennen der Feuerungsteile und mangelhafte Ausnutzung des Brennstoffes zu vermeiden.

2. Die Höhe des Ofens soll die Hälfte der Raumhöhe im allgemeinen nicht überschreiten, da die untere Heizfläche für die Raumbeheizung am wirksamsten ist und die oberen Ofenteile nur die oberen Luftschichten erwärmen, übrigens auch schlecht zu reinigen sind.

3. Die Feuerstelle soll möglichst tief liegen, tief nach unten geführte Züge sollen die kalten Luftschichten am Fußboden schnell und gründlich erwärmen.

4. Alle Feuerungs- und sonstige Türen sollen dicht schließen und durch Bügel, Schieber oder Rosette ein beliebiges Einstellen des Luftzutritts zum Feuerraum gestatten.

5. Die Rauchabführung ist für die Heizwirkung aller Öfen von größtem Wert.

Dabei ist zu beachten: Wenn möglich, wäre für jeden Ofen ein besonderes Abzugsrohr (Russisches Rohr) zu bestimmen; höchstens dürfen drei Öfen eines und desselben Geschosses einmünden. Alle außer Betrieb befindlichen Öfen sind dicht geschlossen zu halten, da sie sonst den Zug der brennenden an denselben Schlot angeschlossenen Öfen ungünstig beeinflussen. Für Küchen- und Waschküchenherde ist ein reichlicher Querschnitt für Einmündung und Abzug des Rauches vorzusehen. Man sorge ferner dafür, daß Türen oder Schieber der Reinigungsöffnungen von russischen Rohren nicht nur im Dachboden, sondern auch unten im Keller dicht verschlossen gehalten werden.

6. Öfen für Dauerbrand sind besonders zu empfehlen, weil das tägliche Anheizen wie das Auskühlen des Raumes vermieden wird und sich trotz dauernden Betriebes eine Ersparnis an Brennstoff ergibt. Übrigens sind alle Öfen mit dichtschließenden Türen und Regulierschrauben, also auch Kachelöfen, für Dauerbrand geeignet. Die Wartung ist sehr einfach, da in den meisten Fällen eine einmalige, nur aus-

nahmsweise öftere Beschickung am Tage notwendig ist, um den Ofen wochenlang in Betrieb zu erhalten.

IV. Ratschläge allgemeiner Art.

3. Raucht der Ofen, so ist dies fast immer ein Anzeichen von Mängeln im Innern des Ofens (Rußablagerung in den Zügen, Verstopfung der Abzugsöffnung zum Schlot usw.); hier muß je nach der Ursache Hilfe des Töpfers, Maurers oder Schornsteinfegers in Anspruch genommen werden.

Vor Beginn der Heizung, zweckmäßig schon im Laufe des Sommers, muß gründliche Reinigung der Ofenzüge stattfinden, die im Laufe der Heizzeit je nach Bedürfnis ein- oder zweimal zu wiederholen ist.

4. Zur Vermeidung des Rauchens zufolge äußeren Anlasses genügt es im allgemeinen, den Schornstein mit einem Aufsatz zur Verhütung des Zurückstauens der Rauchgase in den Rauchkanal hinein zu versehen. (Saugköpfe, Hauben, Deflektoren verschiedener Einrichtung, wobei Verminderung des Rauchrohrquerschnittes zu vermeiden ist.)

9. Als besonders vorteilhafter Heizstoff ist das Leuchtgas zu erachten, da es weder Rauch noch Ruß erzeugt und stets in der jeweils erforderlichen Menge zur Verfügung steht. Seiner Verwendung zur Zimmerheizung stehen zwar noch die hohen Kosten im Wege, auch gewisse gesundheitliche Bedenken, die bei sachgemäßer Abführung der Verbrennungsprodukte jedoch fortfallen. Für Kochzwecke ist die Gasheizung nicht nur bequemer und sauberer, sondern auch erheblich billiger als jeder andere Brennstoff.

10. Die in der Neuzeit immer ausgedehntere Einführung der Zentralheizungen bildet ein ausgezeichnetes Mittel zur Verhinderung von Rauch und Ruß. Als Brennstoff gelangt hier zumeist Koks zur Anwendung, der als Kesselfeuerung die vorteilhafteste Ausnutzung gewährleistet.

Andere Stadtgemeinden versprechen sich von derartigen Belehrungsschriften weniger als von bestimmten baupolizeilichen Vorschriften. Als Beispiel sei hier die Stadt

Halle a. S. (s. a. S. 286) genannt, deren Baupolizeiordnung hinsichtlich der Rauchbelästigung zwei Paragraphen enthält:

§ 68.
Rauchbelästigung.

1. Alle Schornsteine müssen eine solche Höhe und Weite haben und die zugehörigen Feuerungen müssen so eingerichtet sein, daß gesundheitsschädliche Belästigungen durch Rauch, Ruß o. dgl. vermieden werden. Schornsteine für Fabriken oder sonstige größere Feuerungen, namentlich Backöfen, Schmieden u. dgl., sind mindestens 20 m über das umliegende Gelände aufzuführen.

2. Diesen Bestimmungen nicht entsprechende Anlagen müssen auf Verlangen der Polizeiverwaltung verändert oder beseitigt werden, sobald sich solche Rauchbelästigungen zeigen.

§ 94.
Schutzgebiete.

Unter Schutzgebiet wird dasjenige Baugelände verstanden, in welchem Anlagen, deren Betrieb durch Verbreitung schädlicher Dünste, starken Rauches oder ungewöhnlichen Geräusches Gefahren, gesundheitliche Nachteile oder Belästigungen des Publikums herbeizuführen geeignet sind, nicht errichtet werden dürfen.

Für die Begrenzung der Schutzgebiete ist der als Anlage beigefügte Stadtplan maßgebend.

Andere Städte gehen hinsichtlich ihrer baupolizeilichen Vorschriften zur Verminderung von Rauch und Ruß nicht einmal soweit wie Halle. So begnügt sich die »Baupolizeiverordnung für die Residenzstadt Cassel« mit folgenden Bestimmungen:

§ 46. 3. 8. Schornsteine sind so anzulegen und zu benutzen, daß die Gebäude und deren Umgebung durch Rauch und Ruß nicht gefährdet werden.

§ 47. Für Feuerstätten von erheblichem Umfange und für solche, deren Betrieb dauernd große Hitze erfordert, wie Sammelheizungen, große Koch- und Waschküchenherde, große Plättöfen u. dgl., können weitergehende Forderungen an die Feuersicherheit und die Schornsteinanlage gestellt werden.

Da Cassel zu den glücklichen Städten gehört, die nicht unter einer besonderen Rauchplage zu leiden haben, mögen diese Bestimmungen für die dortigen Verhältnisse auch genügen. Immerhin ist es empfehlenswert, für Neu- und Umbauten die Bedingung zu stellen, daß die Schornsteine die erforderlichen Querschnitte haben, daß nur eine begrenzte Anzahl Feuerstellen in einen Schornstein münden darf, daß Feuerstellen verschiedener Geschosse nicht an einen Schornstein angeschlossen und die Rauchrohre von Feuerungen eines Geschosses nicht in gleicher Höhe eingeführt werden dürfen.

Ähnlich wie in Cassel lauten auch die baupolizeilichen Vorschriften in Breslau. Doch wird hier, namentlich durch die Bemühungen des jetzigen Altmeisters der Schornsteinfegerinnung sehr viel durch Belehrung der Lehrlinge u. a. m. für eine Minderung der Rauchplage getan.

Auffallend ist es, daß in den Industriebezirken Preußens liegende Städte bis heute noch keine Vorschriften zur Rauchverhütung besitzen, wie z. B. Bochum, Cöln, Dortmund, Essen (Ruhr), Königshütte, Kattowitz usw., sondern sich recht und schlecht mit baupolizeilichen Vorschriften oben angegebener Art begnügen und bei industriellen Anlagen sich auf die von der zuständigen Behörde aufgegebenen Genehmigungsbedingungen verlassen.

Sehr lehrreich ist in dieser Beziehung die auf S. 280 u. f. abgedruckte, mir freundlichst zur Verfügung gestellte Tabelle, welche das Ergebnis einer Rundfrage über das Vorgehen gegen die Rauch- und Rußbelästigung in verschiedenen deutschen Städten darstellt.

In Bayern sucht man die Rauchplage zu bekämpfen durch Polizeivorschriften, welche in München (s. a. S. 272) und in anderen großen Städten des Landes erlassen wurden und welche sich auf die erwähnten Vorschriften des Bürgerlichen Gesetzbuches stützen.

Diese Polizeivorschriften gestatten den Behörden, die Größe und Höhe der Schornsteine zu bestimmen. Sie sind ferner befugt, Änderungen und Neueinrichtungen vorzuschreiben in Hinsicht auf die Beschränkung der Rauchplage. Das bayerische Baugesetz vom Jahre 1901 und dann die Bauvorschriften für München enthalten ebenfalls Bestimmungen über die Schornsteine. Ein Gesetz vom Jahre

1892 enthält Bestimmungen über die Dampfkesselanlagen, welche so ausgeführt sein müssen, daß die Rauchentwicklung soviel als möglich verhindert wird.

Durch Ministerialverordnung vom 2. August 1912 ist in Bayern erst das Reinigen der Fabrikschornsteine geregelt. Die Verordnung, welche seinerzeit namentlich von der »Zeitschrift des Bayerischen Revisionsvereins« lebhaft bekämpft wurde, besagt in der Hauptsache:

— — —. Den berechtigten Interessen wird jedoch in weitgehendem Maße Rechnung getragen, wenn Turmkamine, entsprechend der Ministerialentschließung vom 21. Februar 1910, auf Antrag der Besitzer von der jährlichen Untersuchung und Reinigung durch den Kaminkehrer befreit werden, sobald eine amtliche Untersuchung durch Sachverständige, sowie längere Beobachtungen ergeben haben, daß der Rußansatz durch Vorkehrungen zur Rauchverhütung auf ein geringes Maß beschränkt wird oder daß der natürliche Zug die Selbstreinigung des Kamins ermöglicht und hierbei die Gefahr der Selbstentzündung und ein erheblicher, die Nachbarschaft gefährdender und belästigender Auswurf von Funken und Ruß hintangehalten wird — — —. Mit der verantwortlichen Untersuchung ist der Kaminkehrer im Benehmen mit einem amtlichen Bausachverständigen zu betrauen. — — —

Die genannte Zeitschrift wandte sich, meiner Ansicht nach zu Unrecht, namentlich gegen den letzteren Satz, von dem sie befürchtete, daß die Wirkung der Ministerialentschließung in nicht geringem Maße von der Unbefangenheit und Selbstlosigkeit der Kaminkehrer abhängen würde. Diese Befürchtung scheint aber nicht eingetroffen zu sein, da alle ursprünglichen Klagen verstummt sind und die Verfügung auf alle Fälle Klarheit und Einheitlichkeit geschaffen hat.

München ist eine der wenigen Städte Deutschlands, die planmäßig für möglichste Reinhaltung der Stadtluft sorgen und zu diesem Zwecke eine besondere Organisation geschaffen haben.

Vor Jahren ist bereits eine ortspolizeiliche Vorschrift erlassen worden »zur Verhütung von Belästigungen und Gesundheitsgefährdungen durch Rauch, Staub und übelriechende Gase«, die im wesentlichen bestimmt, daß Feuerungsanlagen so eingerichtet und bedient sein müssen, daß erhebliche Belästigungen oder Schäden vermieden werden. Demgemäß darf der Rauch gewöhnlich nur in durchsichtiger Form den Schornsteinen entweichen, und die Entwicklung von andauerndem undurchsichtigen Rauch ist bei Strafe verboten. Die vorstehende Ausführungen behandelnden Paragraphen der ortspolizeilichen Verordnung vom 18. Dezember 1906 lauten:

I. Belästigungen durch Rauch, Ruß und Gase.

§ 1. Feuerungs- und Schornsteinanlagen müssen derart eingerichtet und instand gehalten und was sowohl die Art des Heizmaterials als die Feuerungsbeschickung anlangt, derart bedient werden, daß erhebliche Belästigungen oder Gesundheitsgefährdungen durch Rauch, Ruß oder schädliche Gase vermieden werden.

Der Magistrat ist berechtigt, für einzelne Straßenstrecken oder Stadtbezirke raucherzeugende Großbetriebe oder diejenigen Anlagen, welche nach § 16 der R.-Gew.-O. besonderer Genehmigung bedürfen, gänzlich auszuschließen.

§ 2. Der Rauch darf gewöhnlich nur in durchsichtiger Form den Kaminen entweichen. Die Entwicklung von andauerndem undurchsichtigen Rauch ist verboten.

§ 3. Vorstehende Vorschrift findet auch Anwendung auf Straßen-Dampfwagen, Lokomobilen, Dampfwalzen, Asphaltdarren, Asphaltschmelzkessel u. dgl.

§ 4. Jeder Unternehmer größerer Feuerungsanlagen ist verpflichtet, gewissenhaftes und geschultes Heizerpersonal zu verwenden. Die vom Magistrat angestellten heiztechnischen Sachverständigen haben das Recht, die Feuerungsanlagen periodischen Besichtigungen und Untersuchungen zu unterziehen, die Heizer zu prüfen und zu unterweisen. Diesen Beamten muß der Zutritt zu den Feuerungsräumen ohne vorherige Anmeldung jederzeit freistehen und ist denselben jede für den Vollzug der gegenwärtigen Vorschriften erforderliche Auskunft zu erteilen.

§ 7. Die Kosten für technische Untersuchungen der Anlagen sowie für Gutachten über vorzunehmende Änderungen haben diejenigen zu tragen, welche für die ungenügende Anlage oder den mangelhaften Betrieb verantwortlich sind.

§ 14. Zuwiderhandlungen gegen vorstehende Bestimmungen werden mit Geld bis zu 60 M. oder mit Haft bis zu 14 Tagen bestraft, insoweit nicht nach den allgemeinen Strafgesetzen eine höhere Strafe verwirkt ist.

Für den Vollzug sind verantwortlich:

bezüglich der §§ 1 mit 4 und § 7 die Inhaber der Anlagen bzw. die Betriebsunternehmer, insoweit es sich aber um Verfehlungen des Bedienungspersonals handelt, dieses letztere.

Die vom Magistrat angestellten heiztechnischen Sachverständigen haben das Recht die Feuerungsanlagen periodischen Besichtigungen und Untersuchungen zu unterziehen, die Heizer zu prüfen und zu unterweisen. Diesen Beamten muß der Zutritt zu den Feuerungsräumen ohne vorherige Anmeldung jederzeit frei stehen, jede gewünschte Auskunft ist ihnen zu erteilen.

Damit dem behördlichen Vorgehen von vornherein der häufig bereit gehaltene Vorwurf wirtschaftlicher Schädigung der Industrie oder bureaukratischer Behandlung der doch im Wesen technisch-wirtschaftlichen Fragen erspart bleibt, obliegt die Handhabung dieser ortspolizeilichen Vorschrift in der Hauptsache Technikern, und zwar sind im Stadtbauamt in der zurzeit dem städtischen Bauamtmann Karl Hauser unterstellten Abteilung ein Ingenieur, ein Techniker und zwei Feuerungsaufseher, die zugleich als Lehrheizer dienen, fast ausschließlich mit der Erledigung der anfallenden Aufgaben betraut. Ihnen liegt hauptsächlich die Überwachung der industriellen Feuerungsbetriebe wie auch kleinerer gewerblicher oder Hausfeuerungen ob; ferner die fachliche Anleitung der Heizer und die Kontrolle über ihre Tätigkeit.

Damit die Kontrolle rasch und gleichzeitig zuverlässig zu arbeiten vermag, ist in einem hochgelegenen Turmzimmer inmitten der Stadt eine Beobachtungsstelle eingerichtet und mit Telephon ausgerüstet, auf welcher in völlig unregelmäßigen

Zeitabständen je nach Bedürfnis und Witterung Beobachtungen der einzelnen Schornsteine angestellt werden, um sofort grobe Verstöße gegen die bestehenden Vorschriften festzustellen und durch telephonische Verständigung des Betriebsleiters oder des Heizers für sofortige Abhilfe Sorge tragen zu können; eine Einrichtung, die sich durchaus bewährt hat und bei den einzelnen Heizern und Kesselbesitzern das Gefühl, dauernd überwacht zu sein, hervorgerufen hat.

Als speziell technische Maßnahmen, die seitens der Heizaufsicht angeordnet werden können, sind zu nennen: Anwendung besonderer Rostkonstruktionen und rauchvermindernder Vorrichtungen, rauchschwachen Brennmaterials, die Anordnung hoher Schornsteine, Überwachung des Kehrwesens, Unterweisung der Heizer an Ort und Stelle usw. Von der Verhängung von Geldstrafen wird nur im äußersten Falle Gebrauch gemacht, wenn fortgesetzte Nachlässigkeit einwandfrei festgestellt ist. Mißstände haben sich bisher nicht ergeben.

In München sind 75% der in der Industrie anzutreffenden Rauchentwicklung durch unaufmerksame Feuerungsbedienung veranlaßt.

Durch das lokale Heizamt muß gleichzeitig eine ständige Kontrolle der Luft auf ihren Gehalt an Staub, Ruß und schweflige Säure vorgenommen und in regelmäßigen Zwischenräumen dem Publikum bekanntgegeben werden, um die weitesten Kreise für die Rauch- und Rußfrage zu interessieren. Letzterem Zwecke dienen auch gelegentliche Vorträge sowie Abhandlungen in der Tages- und einschlägigen Fachpresse.

In Württemberg bestimmt § 48 der allgemeinen Bauordnung, daß insbesondere bei gewerblichen Feuerungen die Anbringung einer rauchverzehrenden Vorrichtung verlangt werden kann. Außerdem bestehen in Stuttgart und einigen anderen Städten bestimmte Vorschriften über Verhütung von Rauch und Ruß.

In Sachsen hat man der Rauchfrage ständig sein Augenmerk zugewendet. Schon die allgemeine Bestimmung des § 358 des Bürgerlichen Gesetzbuches von 1865 sagt:

Dem Eigentümer ist nicht erlaubt, auf seinem Grundstücke Vorrichtungen anzubringen, durch welche dem benachbarten Grundstücke zu dessen Nachteile Rauch, Ruß usw. in ungewöhnlicher Weise zugeführt wird.

Ferner schreibt die Baupolizeiordnung für Städte vom 27. Februar 1869 in § 50 vor, daß ungewöhnliche Rauch- und Rußbelästigungen der nachbarlichen Grundstücke möglichst verhütet werden sollen.

Nach dem allgemeinen Baugesetz von 1900 muß bei der Errichtung von Gebäuden darauf Bedacht genommen werden, daß die Anwohner durch die Rauchplage nicht belästigt werden. Die städtischen Behörden können Vorschriften für die Errichtung von Fabriken erlassen und deren Errichtung in bestimmten Stadtteilen auch ganz verbieten. Alle Schornsteine müssen ungefähr gleich hoch sein. Die Verbindung von zwei Schornsteinen ist zu vermeiden.

Ein Erlaß vom Jahre 1890, die Dampfkessel betreffend, bestimmt, daß die Feuerungen so geführt werden müssen, daß möglichst wenig Rauch entwickelt wird. Bei Zuwiderhandlungen hat der Eigentümer innerhalb angemessener Zeit Abhilfe zu treffen, wie z. B. Erhöhung des Schornsteins, Abänderungen an der Feuerung, Wechsel des Brennstoffes usw. Diese Vorschriften gelten für alle größeren Städte Sachsens. Daneben bestehen aber noch besondere Vorschriften für die Hauptstadt Dresden, deren jetzige mustergültige, der Münchener gleichwertige Organisation ihren Ausgangspunkt wesentlich in folgender Verordnung des Stadtrates vom 11. Februar 1887 hat:

Alle gewerblichen und industriellen Feuerungen müssen so eingerichtet und betrieben werden, daß der Rauch keine sichtbaren Rußteilchen enthält. Wo eine solche Rauchentwicklung nur zeitweise und ausnahmsweise vorkommt, soll sie nicht länger dauern, als selbst bei bester Bedienung unvermeidbar ist.

Den Besitzern der Feuerungsanlagen wurde ein Zeitraum von zwei Jahren zugestanden um entsprechende Vorkehrungen zu treffen. Es wurde sodann ein Inspektor für die Feuerungsanlagen (Maschineningenieur) ernannt, welcher die Aufgabe hat, Zuwiderhandlungen zur Anzeige zu bringen, aber auch alle Beschwerden über ev. unpraktische oder lästige

Folgen der gesetzlichen Vorschriften entgegenzunehmen und den Besitzern und Betriebsleitern in jeder Weise an die Hand zu gehen. Diesem Beamten ist ein Lehrheizer beigegeben, welchem die Aufgabe zufällt, die nötigen praktischen Anweisungen zu geben. Außerdem sind die Beamten der Wohlfahrtspolizei angewiesen, ihr Augenmerk auf etwaige Rauch- und Rußbelästigungen zu richten und gegebenenfalls Anzeige zu erstatten.

Die Stärke und Dauer des Rauches wird an Hand der sechsteiligen Rauchskala (Fig. 14, S. 128) notiert und in die Liste der Feuerungsanlagen eingetragen.

Werden nach vorausgegangener Beratung bzw. Belehrung die Mängel nicht abgestellt, erfolgt nach Befinden Verwarnung und Bestrafung auf Grund des Ortsgesetzes.

Die Höhe und Lichtweite der Schornsteine gewerblicher und industrieller Feuerungen werden in bedenklichen Fällen von dem Inspektor nachgeprüft und etwaige Rauchverminderungsvorrichtungen gegebenenfalls empfohlen.

Über die Höhe und Lichtweite der Schornsteine für Hausfeuerungen besagt die Dresdener Bauordnung in § 123:

6. Die Höhe der Schornsteine ist den örtlichen Verhältnissen dergestalt anzupassen, daß Rauch- und Rußbelästigungen der nachbarlichen Grundstücke möglichst verhütet werden, weshalb in bedenklichen Fällen später eine entsprechende Erhöhung des Schornsteines und infolgedessen schon bei dessen Ausführung die Berücksichtigung der späteren Erhöhung angeordnet werden kann. Bei geschlossener Bauweise sollen die Schornsteine der Hintergebäude und Flügelbauten in der Regel so hoch geführt werden, daß sie die Firsten der umliegenden Hauptgebäude überragen.

12. Mit einem Schornstein dürfen zum Zwecke gemeinschaftlicher Rauchableitung nur soviel Feuerungsanlagen verbunden werden, daß auf jede gewöhnliche Stubenfeuerung eine Querschnittsfläche von 100 qcm und auf jede Küchenfeuerung 200 qcm lichte Schornsteinweite entfällt.

13. Die Schornsteine zu stärkeren als den gewöhnlichen wirtschaftlichen, sowie zu starken gewerblichen Feuerungen wie Bäckereien, Brauereien, Brennereien, Räuchereien, Töp-

fereien u. dgl. müssen je nach dem Feuerbetrieb eine größere lichte Weite und größere Höhe erhalten.

Ferner wird die ordnungsmäßige und vorsichtige Ausführung der Kehrarbeit der Schornsteinfeger überwacht.

Weiterhin unterstützt die Stadt die Bestrebungen des Töpfergewerbes zur Verbesserung der Hausfeuerungen durch mietfreie Überlassung von Räumen für die Versuchsanstalt der Töpfer und durch jährliche Beihilfe.

Wie in München, sind auch in Dresden die erzielten Erfolge sehr gut und beweisen dadurch, daß das Vorgehen dieser Städte richtig ist und daß hiermit bessere Erfolge erzielt werden, als mit Polizeiverordnungen, die nur Strafen androhen, statt zunächst belehrend und ermahnend einzugreifen. Viel wird schon erreicht, wenn auf die Vorteile der Verbrennung rauchschwacher Brennstoffe und auf die Gasheizung hingewiesen wird. Leider hindern noch viele Städte durch hohe Tarife und sonstige Erschwernisse die so wünschenswerte Verbreitung der Gasheizung.

Ebenso hat man in anderen sächsischen Städten den Kampf gegen die Rauchplage aufgenommen oder schickt sich wenigstens an, es zu tun.

Auch die Bekämpfung der Rauchbelästigung durch die Dampfschiffahrt auf der Elbe ordnet ein Ministerialerlaß vom 22. Juni 1895 in eingehender und brauchbarer Weise. In diesem Erlaß werden die Besitzer der auf der Elbe verkehrenden Dampfschiffe auf Grund der §§ 8 und 42 der Verordnung vom 5. September 1890, die polizeiliche Beaufsichtigung der Dampfkessel betreffend, angewiesen, bis zum 1. August desselben Jahres an den Feuerungen ihrer Schiffskessel die zur Beseitigung erheblicher Rauch- und Rußbelästigung erforderlichen Maßnahmen zu treffen, wobei es ihnen überlassen bleibt, unter den nachfolgend aufgeführten Mitteln zu wählen:

1. Verwendung rauchfreier oder rauchschwacher Brennstoffe, Lignite, lignitartige, gasarme Braunkohle, gasarme Braun- oder Steinkohle, Gemisch aus letzteren, Briketts aus gasarmen Kohlen, Koks und Anthrazit.

2. Geeignete Beschickung des Rostes durch Voraufgeben, nachdem das Feuer etwas zurückgeschoben ist, bei weiten Flammrohren das abwechselnde Beschicken der linken und rechten Seite, bei engen Flammrohren das abwechselnde Beschicken des Rostes und das Aufgeben von nur wenigem Brennstoff, dafür in kürzeren Zeitabschnitten.

3. Angemessene Rostbelastung. Als obere Grenze ist anzusehen bei Braunkohle 125 kg stündlich auf 1 qm Rostfläche, bei Steinkohlen 90 kg wie vor.

4. Sachgemäße Regelung des Zuges. Sie hat zu erfolgen, wenn eine Zugklappe vor dem Roste oder im Schornsteine angebracht und eine Vorrichtung zur künstlichen Zugregelung vorhanden ist:

a) beim Anheizen und zu Zeiten des größten Dampfverbrauches durch Benutzung des künstlichen Zuges;

b) beim Aufgeben des Brennmaterials durch Verminderung des Zuges, soweit als es angeht, ohne die Flamme zurückschlagen zu lassen;

c) gleich nach dem Beschicken durch Verstärkung des Zuges und

d) nachdem die Feuer durchgebrannt sind durch allmähliche Verminderung der Zugstärke bis auf das geringste Maß.

In Hamburg hat der »Verein für Feuerungsbetrieb und Rauchbekämpfung«, namentlich unter seinem verdienstvollen Oberingenieur Nies, die Rauchbekämpfung energisch und mit Erfolg in die Hand genommen.

In den übrigen Bundesstaaten des Deutschen Reiches liegen die Verhältnisse hinsichtlich der Rauchbekämpfung meist so wie in Preußen — soweit sie sich überhaupt um die wichtige Rauch- und Rußfrage kümmern.

Zum Schluß sei in der nachfolgenden Tabelle (s. S. 280 u. f.) das Ergebnis über eine im März 1904 veranstaltete Rundfrage über das Vorgehen gegen die Rauch- und Rußbelästigung in verschiedenen deutschen Städten wiedergegeben. Zu bemerken ist, daß die Verhältnisse in den meisten der angeführten Städte sich bis heute nicht geändert haben.

Die aus vorstehenden Zeilen und der Tabelle ersichtlichen Zustände in den hauptsächlichsten Bundesstaaten des Reiches zeigen, wie notwendig es ist, von Reichs wegen bestimmte Gesichtspunkte aufzustellen, nach denen mit gesetzgeberischen und technischen Vorschriften, den örtlich verschiedenen Verhältnissen in den einzelnen Staaten entsprechend, von letzteren einheitlich vorgegangen werden kann.

Die Grundlage für ein Vorgehen der Einzelstaaten muß ein Reichsluftrecht sein, und für das Vorgehen der Lokalbehörden müssen in den beiden größeren Staaten des Reiches — Preußen für Norddeutschland und Bayern für Süddeutschland — staatliche Ämter für Lufthygiene errichtet werden. Die Notwendigkeit der Errichtung solcher Ämter bedarf keiner anderen Begründung als der Worte Aschers, daß die Bekämpfung des Kohlenrauches, eine der wichtigsten hygienischen Aufgaben der nächsten Zukunft, nur dann einen Erfolg haben wird, wenn sie auf einer breiten wissenschaftlichen Basis ruht und die chemischen, meteorologischen, technischen und sozialen Verhältnisse in gleicher Weise berücksichtigt wie gesundheitliche. Diese Forderungen kann aber nur ein staatliches Institut erfüllen, ebenso wie die Abwasserfrage bei uns erst in Fluß gekommen ist und brauchbare Resultate zeitigte mit der Einrichtung und vielfach bahnbrechenden Tätigkeit des staatlichen »Instituts für Wasserhygiene in Berlin-Dahlem«.

In der ersten seiner beiden Denkschriften über das Luftrecht (Zwei Denkschriften über Luftrecht. Wislicenus, Sammlung von Abhandlungen über Abgase und Rauchschäden. Heft 4. Berlin 1910) weist der bekannte Vorkämpfer für ein einheitliches Luftrecht, Professor Jurisch, nach, wie infolge der Buntscheckigkeit unserer verschiedenen luftrechtlichen Vorschriften unsere Industrie gegenüber der englischen benachteiligt ist. Seine zu diesem Zwecke angeführten Beispiele sind so überzeugend, daß sie auch hier Platz finden mögen.

Nach dem großen »Alkaligesetz« von 1881 dürfen in England die Schornsteingase nicht mehr freie Säuren enthalten,

(Fortsetzung auf S. 290.)

Ergebnis der Rundfrage über das Vorgehen gegen die Rauch-

Stadt	Großbetriebe			
	Bestehende Verordnung		Aufsicht führende Behörde	
1	2	3	4	5
1. Barmen Polizei verwaltung	—	Bei Konzession von Kesseln wird in der Urkunde rauchschwacher Betrieb vorgeschrieben.	1 Ingenieur	des Bergischen Revisionsvereins hat die besondere Aufgabe, f. rauchschwache Betriebe zu sorgen seit 1902. Erfolg durch Gewerbinspektion anerkannt. Sonst keine Kontrolle.
2. Berlin Magistrat	—	—	—	—
3. Braunschweig Stadtmagistrat	Städt. Statut v. 28. VI. 83. Das Statut stützt sich auf das Gesetz betr. Bauordnung für das Herzogtum Braunschwg. v. 13. III. 99 § 41, 58, 99.	Alle Feuerungsanlagen von größerer Bedeutung, namentlich auch für gewerbliche Zwecke, Lokomobilen, Zentralheizungen sind so einzurichten und zu betreiben, daß Belästigungen nicht eintreten. Strafen: Geld bis zu 30 M., Haft bis zu 10 Tagen.	—	Regelmäßige Kontrolle findet nicht statt. Das Stadtbauamt ist zur selbständigen Durchführung seiner betr. Anordnungen befugt, ev. mit polizeilicher Hilfe.

und Rußbelästigung in verschiedenen Städten vom März 1904.

Art der Aufsicht 6	Kleinbetriebe und Hausfeuerungen 7	Bemerkungen 8
Nur nach Einlauf von Beschwerden wird geprüft, ob die Anlage zu §.16 u. 24 der RGO. gehört, nach entsprechender Aufforderung erfolgt ev. Bestrafung nach § 147² der RGO.	Meiste Rauchbelästigung rührte von Bäckern, Schmieden, Tischlern, Schlachtern her. Übelstände fast immer durch Erhöhen der Schornsteine u. sonstige Maßnahmen abgestellt. Bei Beschwerden wird der Kreisarzt gehört, ob Anlage gesundheitsschädlich. Wenn nein: Wird Beschwerdeführer auf Zivilklageweg verwiesen. Wenn ja: Einholung eines Gutachtens der Gewerbeinspektion bzw. d. städt. Baupolizei über zu machende Auflagen. Gesetz über d. Polizeiverwaltung vom 11. III. 50 und Landesverwaltungsgesetz v. 30.VII. 83 dienen zur Durchführung der Auflagen.	Besondere Vorschriften bestehen nicht. Von übermäßiger Rauchbelästigung kann nicht mehr gesprochen werden.
—	—	Besondere Vorschriften bestehen noch nicht.
Es wird nur bei Eingang von Beschwerden eingeschritten.	Vgl. Sp. 2 und 3.	Das Statut hat sich durchaus bewährt. Es wird vorgeschlagen, bei Neuschaffung eines Statuts auch Koksfeuerungen einzubeziehen.

| Stadt | Großbetriebe | | | |
| | Bestehende Verordnung | | Aufsicht führende Behörde | |
1	2	3	4	5
4. Breslau Städt.Bau-polizeiver-waltung	Polizeiver-ordnung des Polizeipräsi-denten vom 1. X. 74, in Kraft getre-ten am 1. XI. 74.	§ 1. Alle Feuerungs- und Schornstein-anlagen, für gewerb-liche oder andere Zwecke dienend, müssen so eingerich-tet werden, das Heizmaterial so be-schaffen sein und die Feuerungen so ge-wartet werden, daß der Rauch das Pub-likum nicht beschä-digt oder erheblich belästigt. § 2. Ältere Anlagen müssen bis zum 1. VI. 75 dem § 1 entsprechen. § 4. Strafen bei Zu-widerhandlungen gegen Inhaber oder mit der Wartung be-auftragte Personen 2—10 Taler oder ent-sprechende Haft.	—	—
5. Charlotten-burg Magistrat	—	Bei Konzession von Hochdruckkesseln wird in der Urkunde rauchschwacher Be-trieb gefordert.	—	—
6. Chemnitz Rat der Stadt	Bauordnung der Stadt.	§ 87. Höhe der Schornsteine so, daß Belästigungen nicht stattfinden können. § 98. Feuerungs-anlagen sind so ein-zurichten, daß die Verbrennung mög-lichst rauchfrei ist. § 100. Ergänzung, betr. neue Vorschrif-ten, Erfindungen etc.	—	—

Art der Aufsicht 6	Kleinbetriebe und Hausfeuerungen 7	Bemerkungen 8
—	Vgl. Sp. 3.	—
Eine Aufsicht findet nicht statt.	Da Privatfeuerungen meist Braunkohlenbriketts od. Koks benutzen, sind Vorschriften noch nicht nötig gewesen.	Irgendwelche Vorschriften bestehen nicht.
Die Bezirksbaukontrolleure haben über Beobachtungen u. Vorschläge Bericht zu erstatten.	Bauordnung der Stadt. § 87. Höhe der Schornsteine bei gewerblichen Anlagen, Bäckern, Schmieden mind. 22 m. Schornsteine sind 30 bis 100 cm über First zu führen, je nach Art des Daches.	—

Stadt	Großbetriebe			
	Bestehende Verordnung		Aufsicht führende Behörde	
1	2	3	4	5
7. Cöln Städt.Polizeiverwaltung. Der Oberbürgermeister	Preuß. Allg. Landrecht u. Gesetz über die allgem. Landesverwaltung v. 30. VII. 83 Bieten Handhabe zum Einschreiten	Bei Genehmigung von Hochdruckkesseln wird rauchschwacher Betrieb vorgeschrieben.	—	—
8. Dortmund Polizeiverwaltung	—	—	—	—
9. Dresden n. Z. d. V. d. I. vom 12. III. 04	Ortsgesetz erlassen v. Kgl. Ministerium vom 7. III. 87. S. a. S. 225.	Die Feuerungen müssen dem Stande der Technik entsprechend eingerichtet und erhalten werden. Der Betrieb muß ordnungsgemäß und sorgfältig sein. Brennstoff muß mittelgut sein.	1 städt. Ingenieur als Feuerungsinspektor. 1 städt. Heizungsaufseher.	seit 2. VII. 01. Auch als Lehrheizer tätig.
10. Düsseldorf Polizeiverwaltung, Oberbürgermeister	§ 147² der RGO.	Bei Übertretung der Konzessionsbedingung für Hochdruckkesselanlagen.	1 Ingenieur	des Baupolizeiamts stellt in erster Linie fest, ob polizeil. Einschreiten nötig
11. Elberfeld Baupolizeiverwaltung		Bei konzessionspflichtigen Anlagen entsprechende Bedingung in der Urkunde.	—	Dauernde Kontrolle findet nicht statt.
	Baupolizeiverordnung § 74.	Feuerungen und Schornsteine sind so einzurichten, daß Belästigungen nicht vorkommen.		

Art der Aufsicht 6	Kleinbetriebe und Hausfeuerungen 7	Bemerkungen 8
Zur Überwachung gewerbl. Anlagen ist in erster Linie die Ortspolizeibehörde berufen, die sich des Kreisarztes, Kreisbaumeisters u. Gewerbeinspektors als Sachverständige bedient.	Für nicht konzessionspflichtige Anlagen werden nach Gutachten der Gewerbeinspektion ähnliche Forderungen wie Sp. 3 gestellt. Bei solchen Anlagen dient ev. auch der Kreisarzt als Sachverständiger.	Es bestehen mit Unterstützung des Vereins der Industriellen u. des Rheinischen Dampfkessel-Revis.-Ver., Heizkurse der Stadt Cöln in den Gewerbl. Fachschulen.
—	—	Irgendwelche Vorschriften bestehen nicht. Es ist der Angelegenheit bereits näher getreten und schweben Verhandlungen.
Regelmäßige Beobachtungen u. auf Beschwerden. Eine Beobachtung dauert 1–4 Stunden, ununterbrochen notiert werden Rauchstärken 3, 4, 5. Jährliche Heizkurse durch die Gewerbeinspektion.	Ortsgesetz wie Sp. 2. Für Kleingewerbe wie bei Sp. 3, § 4 für Hausfeuerungen. Diese sollen durch ihre Bauart dauernd rauchfrei brennen. Sachgemäße Bedienung und Brennstoff nicht vorgeschrieben. § 4 hat keine Rückwirkung.	—
ist. Dann wird ev. Gutachten der Gewerbeinspektion und des Revisionsvereins eingeholt und nach der RGO. eingeschritten. In einzelnen Fällen auch d. Stadtarzt.	Bei nicht konzessionspflichtigen Anlagen werden die Zwangsmittel der Polizei nach Maßgabe des § 132 Preuß. Landesverwaltungsgesetz vom 30. VII. 83 angewendet.	Erfolg im allgemeinen befriedigend.
—	Polizeiverordnung § 74 wie unter Sp. 3.	Rauch- und Rußplage besteht nicht, infolge der verschiedenen Höhenlagen der Stadt und der dadurch auftretend. Luftströmungen. Ferner wird meist Magerkohle gebrannt.

Stadt	Großbetriebe			
	Bestehende Verordnung		Aufsicht führende Behörde	
1	2	3	4	5
12. Essen Polizeiverw.	—	—	—	—
13. Frankfurt a. M. Magistrat (Baupoliz.)	Bauordnung v. 27. III. 96 u. 15. III. 01 § 50, Ziff. 3.	Schreibt für größere Feuerungen besond. auch für Bäckereien und Konditoreien die Anlage besteigbarer Schornsteine von mind. 22 m Höhe vor, sowie die Herstellung von rauchverzehrenden u. rußfangenden Vorrichtungen oder die Verwendung rauchfreien Materials.	—	Besondere Kontrollbeamte sind nicht vorhanden.
	Polizeiverordnung v. 13. X. 91 u. 16. IX. 02. § 11.	Verbietet Errichtung od. Erweiterung von stark rauchenden Anlagen i. Wohnviertel. Bei Neuanlagen wird stets die Bedingung eines wirksamen Ruß- u. Funkenfängers vorgeschrieben (Löffler).		
14. Halle a. S. Polizeiverwaltung	Baupolizeiordnung v. 10. IV. 89 m. Nachtrag v. 20. VII. 98. S. a. S. 268.	§ 70. Alle Schornsteine müssen solche Höhe und Weite und die Feuerungen solche Einrichtung haben, daß Belästigung durch Rauch und Ruß vermieden wird. Schornsteine für Fabriken, Backöfen, Schmieden u. dgl. mind. 25 m über Terrain. § 78. Nicht entsprechende Anlagen sind auf Verlangen zu ändern oder zu beseitigen. In bestimmten Stadtteilen dürfen betr. Anlagen nicht errichtet werden.	Beobachtung der Vorschriften durch Organe der Polizeiverwaltung, wozu auch bautechnische Beamte gehören. Besonders geregelte Kontrolle findet nicht statt.	

Art der Aufsicht 6	Kleinbetriebe und Hausfeuerungen 7	Bemerkungen 8
—	—	Irgendwelche Vorschriften bestehen nicht.
Baupolizeiliches Einschreiten erfolgt bei alten Anlagen nach Eingang begründeter Beschwerde.	Vgl. Sp. 2 und 3.	—
—	Vgl. Sp. 2 und 3.	—

| Stadt | Großbetriebe | | |
| | Bestehende Verordnung | | Aufsicht führende Behörde |
1	2	3	4	5
15. **Hannover**	Baupolizei-ordnung v. 1. XI. 13. S. a. S. 257.	Bei Genehmigung v. Hochdruckkesseln wird rauchschwacher Betrieb vorgeschrieb. § 45. 1. Feuerungs-anlagen sind so her-zustellen, zu erhalten und zu benutzen, daß sie jede außergewöhn-liche Belästigung durch Rauch und Ruß ausschließen.	—	Regelmäßige Kon-trolle der Groß-betriebe durch das Heizbureau des Stadtbauamts. Kontrolle u. Ein-wirkung auf die Inhaber durch die Gewerbeinspek-tion u. die städt. Polizeiverwal-tung.
16. **Magdeburg** Magistrat	Städt. Poli-zeiverwal-tung (Bau-polizei), Ver-ordnung v. 24. XI. 93. S. a. S. 264.	§ 62. Alle Schorn-steine müssen so hoch und so angelegt sein, daß Belästigung durch Rauch u. Ruß vermieden wird. Sonst müssen die An-lagen auf Verlangen d. Polizeiverwaltung verändert oder be-seitigt werden. Schornsteine müssen 30 cm über First od. 50 cm über Dach-fläche ragen. § 63. Bei Schorn-steinen für größere Feuerungsanlagen kann bestimmte Ent-fernung v. d. nach-barl. Grenze, größere Wangenstärke und außergewöhnl. Höhe verlangt werden.	—	Baupolizei.
17. **Mannheim** Bürger-meister-amt	—	—	—	—

Art der Aufsicht 6	Kleinbetriebe und Hausfeuerungen 7	Bemerkungen 8
Es finden regelm. Beobachtungen durch hierzu vorgebildete Baubeamte statt. Dauer je ½ Std. Rauchstärken werden alle ½ Min. graphisch aufgetragen. Bei Zuwiderhandlungen Ermahnung durch das Bauamt, falls ohne Erfolg, Bericht an die städt. Pol.-Verw. u. Einschreiten ders. mit Strafe v. 150 M.	Vgl. Sp. 3.	—
—	Vgl. Sp. 3.	
—	—	Irgendwelche Vorschriften sowie Aufsicht bestehen nicht. Der örtl. Gesundheitsrat gelangte auf Grund des 1899er Kongresses des V. f. ö. G. zur Erkenntnis, daß nach d. Stande der Technik Positives noch nicht zu erreichen sei. Die Stadtverwaltung habe sich bis jetzt zu einem Vorgehen nicht entschließen können.

Stadt	Großbetriebe			
	Bestehende Verordnung		Aufsicht führende Behörde	
1	2	3	4	5
18. München Magistrat	Ortspolizei- gesetz des Magistrates vom 11. IX. 91. S. a. S. 271.	§ 1 u. 2. Bei allen Feuerungen und Schornsteinen muß Einrichtung, Heiz- material u.Bedienung so sein, daß Rauch nicht in höherem Maße entweicht. § 5. Übergangsbe- stimmung mit zwei- jähriger Frist. § 6. Strafen: 60 M. oder 14 Tage.	1 Ingenieur, 1 Aufseher	vom Heizbureau d. Stadtbauamts.
19. Nürnberg Stadt- magistrat	Ortspolizei- liche Vor- schrift vom 5. II. 92.	Feuerungs- u.Schorn- steinanlagen, gleich- viel zu welchem Zweck sie dienen, sind so einzurichten, daß sie nicht be- lästigen.	—	Überwachung durch die städt. Baupolizei u. das Heizungsbureau. Ev. noch Revi- sionsvereine.
20. Stettin Magistrat	—	—	—	—
21. Stuttgart Stadt- schult- heißenamt	Ortspolizeil. Vorschriften betr. Fern- halten von Rauch vom 4. IX. 84. Polizeistraf- gesetz vom 27. XII. 71 Art 32 Ziff. 5, Minist.-Verf. v. 25. X. 99,	Inhaber oder Heizer v. Dampfkesseln u. gewerbl. Feuerungs- anlagen sind event. strafbar. dient zur Bestrafung m. Geld bis zu 60 M. oder 14 Tage Haft. schreibt die bekannte Bedingung für die Konzession bei neuen Kesselanlagen vor.	Früher: Städt. Bau- kontrolleure. Seit 1.V. 99 städt. Heiz- ingenieur, 1 Lehrheizer 1 Kommissar } nach Bedarf. Nebenstehende Verfügung ver- langt von Gewerbeinspektion und Revisionsingenieur Be- nachrichtigung d.Vorschriften bei Revisionen.	Nicht bewährt.

als mit 4 Grains SO_3 im Kubikfuß (9,154 g im Kubikmeter) äquivalent ist. Im Vergleich hiermit sind unsere Fabriken sehr viel schlechter gestellt. In den vom Reichsamt des In- nern herausgegebenen »Amtlichen Mitteilungen aus den Jahres- berichten der mit Beaufsichtigung der Fabriken betrauten Be-

Art der Aufsicht 6	Kleinbetriebe und Hausfeuerungen 7	Bemerkungen 8
Nach Einlauf von Beschwerden finden Feststellungen statt, darauf Bericht u. Gutachten m. Vorschlägen an den Magistrat, sowie Kontrolle der Ausführung der Magistratsauflage.	Es gelten die in Sp. 2 und 3 genannten Bestimmungen.	
—	Vgl. Sp. 2 und 3.	—
—	—	Irgendwelche Vorschriften bestehen nicht.
Einschreiten des städt. Iugenieurs erfolgt nur auf Grund von Anzeigen und Beschwerden.	Bei Kleingewerbe kommen dieselben Gesetze wie Sp. 2 u. 3 in Anwendung. Hausbrand ist jedoch ausgenommen. Kontrolle durch die Ortsfeuerschau.	—

amten« werden einzelne der den Unternehmern auferlegten Genehmigungsbedingungen veröffentlicht:

1884, S. 73: Die Röstgase der Schwefelkiesöfen einer Zellulosefabrik dürfen höchstens mit 0,005 Volumprozent schweflige Säure in die Atmosphäre entweichen.

19*

1886, S. 151: Die in die Esse eintretenden Gase aus Zinkblende-Rostöfen dürfen nicht mehr als 0,005 Volumprozent schweflige Säure enthalten.

Da 1 l schwefliger Säure 2,86 g wiegt, so dürfen in 100 l höchstens 0,005 l oder 0,0143 g schweflige Säure (SO_2) oder 0,143 g im Kubikmeter enthalten sein.

Aber die Verbrennungsgase von Steinkohle enthalten viel mehr schweflige Säure und sind garnicht beschränkt.

Nach den »Jahresberichten der Kgl. Preußischen Regierungs- und Gewerberäte« von 1891 (S. 271) dürfen die Abgase aus einem Verbrennungsofen für Schwefelwasserstoffgas nicht mehr als 0,02 Volumprozent SO_2 und nicht mehr als 0,01 Volumprozent Schwefelwasserstoffgas enthalten. Ferner heißt es ebendort (S. 350): Die Abgase aus den Kochern einer Zellulosefabrik dürfen mit höchstens 0,003 Volumprozent SO_2 aus dem Kondensator entweichen.

Für Glas- und Rußhütten hat der Ministerialerlaß zu § 16 der Gewerbeordnung vom 15. Mai 1895, Abschnitt 5a, folgendes festgesetzt:

Die bei der Verarbeitung von Natriumsulfat (Glaubersalz) auftretende schweflige Säure ist in hohe Essen zu leiten und so zu verdünnen, daß der Gehalt der Essengase an schwefliger Säure bei Anlagen in der Nähe menschlicher Wohnungen 0,01, im übrigen 0,02 Volumprozent nicht überschreitet. In der Nähe dichtbevölkerter Ortschaften ist die Benützung des Glaubersalzes überhaupt zu untersagen.

In diesem Erlaß sind die Grenzen angegeben, zwischen denen sich der Gehalt der Verbrennungsgase von Steinkohle an schwefliger Säure bewegt. Sie sind in Glashütten leicht einzuhalten, wenn man mit starkem Zuge und oxydierender Flamme arbeitet. Wenn man aber zu einem speziellen Zweck mit reduzierender Flamme arbeiten wollte, so könnte man die Vorschriften bei Benutzung von Sulfat nicht mehr einhalten, müßte vielmehr das teurere Karbonat anwenden.

Vorstehender Erlaß wurde unter dem Einfluß der englischen Luftgesetzgebung durch die »Allgemeine Verfügung vom 1. Juli 1898 (Min.-Bl. S. 187) in zufriedenstellender Weise abgeändert:

Die bei der Verarbeitung von Natriumsulfat (Glaubersalz) abziehenden Gase dürfen bei ihrem Eintritt in die Esse nicht mehr Säuren enthalten, als 5 g Schwefelsäureanhydrid (SO_3) im Kubikmeter entspricht. Die Ermittlung sämtlicher Säuren des Schwefels ist durch Absorption in Ätznatron und Titrieren zu machen. Nachher ist alles auf SO_3 zu berechnen.

In betreff der Fluorwasserstoffsäure wurde 1901 im Aufsichtsbezirk Anhalt-Dessau verlangt, daß die Schornsteingase einer Düngerfabrik nicht mehr freie Säuren enthalten, als mit 5 g SO_3 im Kubikmeter äquivalent ist. In demselben Jahre wurde einer Flußsäurefabrik im Aufsichtsbezirk Schleswig-Holstein die Bedingung auferlegt, daß die in den Schornstein gehenden Endgase nicht mehr freie Säuren enthalten, als mit 2 g SO_3 im Kubikmeter äquivalent ist.

Fabriken, die schon vor dem 12. Juni 1872 bestanden, sind frei von zahlenmäßigen Bestimmungen dieser Art.

Man kann Jurisch nur zustimmen, wenn er sagt, daß diese Beispiele genügen, um zu zeigen, wie buntscheckig und verbesserungsbedürftig das bei uns geltende Luftrecht ist.

In seiner zweiten Denkschrift empfiehlt Jurisch die Errichtung einer technischen Zentralbehörde als selbständiges technisches Reichsamt. Diese soll, wie es in England geschieht, regelmäßig Luftuntersuchungen vornehmen. Von ihr aus sollen alle Neuerungen rechtzeitig bekanntgegeben werden, da nach einer Entscheidung des Oberverwaltungsgerichts vom 25. Oktober 1886 (XIV, S. 213) der Unternehmer keinen Anspruch darauf hat, daß die Polizeibehörde ihm bestimmte Apparate oder Verfahrungsweisen als die geeignetsten bezeichne.

Über die Beschaffenheit der Schornsteingase haben wir bereits eine ganze Menge Vorschriften, die aber in Ministerialerlassen und in Konzessionsurkunden versteckt sind. Zudem sind sie in den verschiedenen deutschen Staaten ungleich und lasten auf den kleineren und neueren Fabriken schwerer als auf den großen alten. Eine reichsgesetzliche Regelung dieser Vorschriften ist notwendig und können nicht nur die Unterlagen hierzu von dem gewünschten Reichsamt geliefert, sondern der ganze Gesetzentwurf ausgearbeitet werden.

Auch für die Baupolizeibehörden der Bundesstaaten ergibt sich aus dem Luftrecht die Anregung zu einheitlichen Vorschriften, die am zweckmäßigsten vom Technischen Reichsamt ausgehen könnten.

Jurisch führt, und darin kann ich ihm nicht unbedingt folgen, viele Mängel in unserer Verwaltung auf die ausschlaggebende Stellung der Juristen in ihr zurück. Er schlägt vor, dem Technischen Reichsamt einen Technischen Gerichtshof anzugliedern, der als höchste technische Instanz im Namen des Reiches erkennt und ausschließlich oder überwiegend aus Technikern besteht. Wenn nötig, sollen ihm juristische Sachverständige als Berater oder Gutachter beigegeben werden. Er soll zuständig sein für alle Streitfälle des Gewerberechts, Bergrechts und Baurechts, einschließlich Luftrecht, Wasserrecht und sonstige technische Spezialrechte.

Im übrigen verweise ich auf die beiden Denkschriften.

Die Frage, ob für die Erledigung technischer Streitfälle die Errichtung besonderer Fachgerichtshöfe wünschenswert sei, wird bekanntlich vielfach diskutiert und je nachdem, ob Juristen oder Techniker hierüber ihre Meinung äußern und diese begründen, meist von den ersteren verneint, von den letzteren bejaht. Am gangbarsten scheint mir der Weg zu sein, bei den Verhandlungen über Streitfälle technischer Art unseren ordentlichen Gerichten Techniker als Beisitzer zuzugesellen.

Es würde weit über den Rahmen dieser Schrift hinausgehen, diese Ansicht und ebenso die über ein Technisches Reichsamt hier näher zu erörtern. Ich kann aber nicht wünschen, daß das Technische Reichsamt auch die lufthygienischen Fragen in dem von Jurisch gewünschten Umfange behandelt. Diese verlangen, ebenso wie die Abwasserfragen, eine Behörde, die auch die lokalen Verhältnisse berücksichtigen kann, und hierin kann nur eine Landesbehörde Ersprießliches leisten. Eine Reichsbehörde kann und soll bei der Verschiedenheit der Verhältnisse in den einzelnen Staaten und Landesteilen nur die Grundlinien festlegen und kann außerdem noch wissenschaftlich-theoretisch arbeiten, während ein Landesamt den Gemeinden, der Landwirtschaft und der Industrie direkt helfend und fördernd zur Seite stehen kann. Das letztere ist aber die Hauptsache. Daß es außerdem auch alle Einzelfragen und Grundlagen selbst wissenschaftlich in hervorragendem Maße bearbeiten muß, ist selbstverständlich. Wünschenswert wären natürlich mehrere Landesluftämter; da aber die kleineren Staaten sich eigene lufthygienische Ämter nicht leisten können, müßten sie an den beiden in Preußen und Bayern zu errichtenden mit beteiligt werden. Ob diese Beteiligung durch Reichsgesetz, als Zwang, diesen Staaten auferlegt wird oder ob ihr Beitritt ein freiwilliger ist, wäre noch zu erwägen. Ihre eigenen Interessen werden sie aber sowieso zum Beitritt nötigen.

Jedenfalls muß aus hygienischen und wirtschaftlichen Gründen tunlichst bald mit der Buntscheckigkeit unserer luftrechtlichen Bestimmungen ein Ende gemacht werden, ebenso wie mit den oft nur für den Verkäufer Erfolg habenden hunderterlei Mitteln und Mittelchen gegen die Rauch- und Rußplage. Dies kann aber nur geschehen durch die bereits erwähnten Landesanstalten für Lufthygiene. Und zwar müssen diese Institute selbständig und nicht ein Anhängsel eines anderen Instituts sein, wie schon von anderer Seite vorgeschlagen ist. Unsere Lufthygiene ist zu wichtig, als daß sie so nebenher mitbehandelt werden kann.

In der Landesanstalt sollen alle Fäden der Bestrebungen zur Bekämpfung der Rauchplage zusammenlaufen. Die Anstalt hätte sich u. a. mit allen Neuerscheinungen zu befassen; sie hätte Anregungen zu geben; sie hätte weiter die von privater Seite ins Leben zu rufenden Bestrebungen zu organisieren oder zu unterstützen oder die Anregung zu solchen Organisationen zu geben; sie hätte jene Verordnungen oder Gesetze vorzubereiten, welche einmal erlassen werden müssen, um der Rauchplage zu steuern. Die Anstalt hätte sich ferner mit der Bekämpfung der Rauchplage bei sämtlichen staatlichen Anlagen zu befassen, um so vorbildlich zu wirken; sie soll weiter eine Auskunftsstelle

für alle Fragen der Rauchbekämpfung werden; sie hätte Ausstellungen vorzubereiten, die vielleicht in Wanderausstellungen
übergehen könnten, um an verschiedenen von der Rauch- und
Rußplage bedrohten Orten aufklärend wirken zu können.
Sie hätte für zweckentsprechende Ausbildung und Aufklärung
der Bäcker, Schornsteinfeger usw. durch Abhaltung von Kursen
und Überwachung der betreffenden Fort- und Innungsfach-
schulen zu sorgen. Die Anstalt hätte Luftuntersuchungen vorzunehmen, anzuregen und die Ergebnisse zeitweilig zu ver-
öffentlichen. Zweckmäßig werden an den Hochschulen und
Bergakademien, vielleicht auch an bestimmten Maschinenbau-
schulen, Versuchskesselhäuser und Versuchsfeuerstätten errichtet. Die in denselben erzeugte Kraft und Wärme könnte
für die Zwecke der betreffenden Schule nutzbar gemacht
werden. Die Industrie und die sonstigen interessierten Kreise
könnten in diesen Kesselhäusern gegen Bezahlung bestimmte
Arbeiten zur Durchführung bringen lassen, wodurch gleichzeitig der Studierende in diese Materie eingeführt werden würde.
Die Anstalt hätte auch durch öffentliche Vorträge dem Laienpublikum die Wichtigkeit der Rauchfrage in allgemeinverständ-
licher Weise klarzulegen und Anregungen für zweckmäßige
Verwendung des Brennmaterials und Wartung der Hausfeuerungen zu geben. Sie soll den Städten und sonstigen Behörden
bei der Bekämpfung der Rauchplage mit Rat und Tat zur
Seite stehen. Vielleicht könnte mit der Anstalt auch eine
Abteilung zur Bekämpfung der Staubplage und des über-
flüssigen Straßenlärms verbunden werden.

Leider steht man staatlicherseits der Idee noch ziemlich
ablehnend gegenüber, da angeblich die bisherigen experimentellen Grundlagen noch nicht genügen, um darauf mit Aussicht auf Erfolg in einem staatlichen Institut arbeiten zu
können und die Materie außerdem sehr schwierig zu behandeln sei. Daß diese Bedenken nicht zutreffend sind, läßt sich,
wie aus den vorstehenden Andeutungen über die vom Institut
zu leistenden Arbeiten, die natürlich auf Vollständigkeit keinen
Anspruch machen, mit Leichtigkeit nachweisen, ebenso, daß
bei richtiger Organisation das Institut von Anfang an
reichliche Arbeit zu bewältigen haben wird.

Im Auslande liegen die Verhältnisse hinsichtlich der Rauchbekämpfung seitens Staat und Gemeinden meist ähnlich wie im Deutschen Reich, wie nachstehender Überblick über die Rauch- und Rußfrage in den bedeutendsten Industriestaaten Europas und in den Vereinigten Staaten von Nordamerika zeigt.

Österreich. Bereits im April 1891 wurde dem Abgeordnetenhause ein Antrag unterbreitet, wonach die Regierung zur Einbringung einer Gesetzesvorlage aufgefordert wurde, dahingehend, daß bei allen mit Feuerungen verbundenen industriellen Betrieben die Anbringung solcher Einrichtungen vorzuschreiben sei, durch welche die Entwicklung von Schwarzrauch verhindert wird. Dieser Antrag wurde abgelehnt und dafür eine Resolution angenommen, daß die Regierung alle Bestrebungen unterstützen möge, welche auf die Verbesserung der Feuerungsanlagen in Hinsicht auf die möglichst vollkommene Verbrennung des Heizmaterials abzielen. Der Antrag wurde nie wieder aufgenommen, und auch die Regierung kam von sich aus nicht mehr auf die Sache zurück, so daß Österreich ebenso wie Deutschland keine allgemeinen Landesgesetze gegen den Rauch besitzt. Anderseits enthalten einige medizinalamtliche Gesetze allgemeine Vorschriften, durch welche die lokalen Behörden in den Stand gesetzt werden, ihrerseits Vorschriften gegen übermäßige Rauchentwicklung aus Fabrikschornsteinen zu erlassen.

Der § 25 des Gesetzes vom 15. März 1883, eine Ergänzung der Gesetze über Handel und Gewerbe, bestimmt, daß für die Errichtung von Fabriken eine besondere Genehmigung erforderlich ist, wenn zum Betrieb der Fabrik Feuerungen, Dampfmaschinen oder Kraftmaschinen irgendwelcher Art erforderlich sind oder wenn zu befürchten ist, daß die Fabrik ihre Nachbarschaft belästigt oder schädigt durch Entwicklung von Rauch oder schädlichen Gasen.

§ 26 desselben Gesetzes bestimmt, daß bei den unter den vorigen Paragraphen fallenden Fabriken die Verwaltungsbehörden die Pflicht haben, den Betrieb zu überwachen und in Hinsicht auf die schädlichen Wirkungen alle nötigen Vorschriften zu erlassen. Besonders haben die Behörden Vorsorge zu treffen, daß Kirchen, Schulen, Hospitäler und andere Gebäude durch die Errichtung derartiger Fabriken nicht geschädigt werden.

Wie mir mitgeteilt wird, werden diese Vorschriften sehr strenge durchgeführt.

Ebenso haben einzelne Städte Vorschriften erlassen — meist in der Bauordnung enthalten —, die sich mit der Rauchfrage befassen. Hier sei namentlich auf Karlsbad und seinen tapferen Vorkämpfer, Ingenieur Stange, hingewiesen.

In Ungarn besteht nur ein Statut gegen die Rauchplage in der Hauptstadt Budapest, welches die obligatorische Verwendung von Rauchverzehrungsvorrichtungen in gewissen Kategorien von Fabriken, auf den Lokalschiffen usw. vorschreibt.

Sehr viel hat die in Wien seit 1906 bestehende »Österreichische Gesellschaft zur Bekämpfung der Rauch- und Staubplage« schon erreicht. Sie veranstaltet öffentliche Vorträge über die Gefahren der Rauch- und Staubplage, Ausstellungen, in welchen Materialien, Behelfe, Zeichnungen, Beschreibungen, Modelle usw. gezeigt werden; sie verbreitet die auf dem Gebiete der Feuerungstechnik und Rauchverminderung gewonnenen Erfahrungen und auftretenden Neuerungen unter den Mitgliedern der Gesellschaft; sie überwacht die fachtechnische Ausbildung von Heizern und die Kontrolle von im Betriebe befindlichen Feuerungsanlagen. Von großer Bedeutung ist die von der Gesellschaft geschaffene fachliche Zentralstelle, deren Aufgabe darin besteht, die vom hygienischen Standpunkte zu fordernde Rauchschwachheit industrieller Feuerungen durch eine wissenschaftlich rationelle Brennstoffausnutzung anzustreben. Ferner können sich Industrielle, die gewerbliche Betriebsanlagen auszuführen beabsichtigen, wegen der Wahl der Konstruktion der Feuerungsanlagen, der Wahl des Brennmaterials, sowie des Feuerungsbetriebes mit der Gesellschaft in Verbindung setzen.

In Frankreich wurde im Jahre 1894 eine technische Kommission niedergesetzt, um Mittel für die Bekämpfung des Rauches in Paris und in den großen Industriestädten des Landes ausfindig zu machen, die nach dreijähriger Tätigkeit zu dem Ergebnis kam, der Polizeipräfekt solle eine die Einschränkung der Rauchentwicklung aus den Fabriken fordernde Vorschrift erlassen. Seit dem 21. Juni 1898 untersagt denn auch eine Polizeiverordnung in Paris die Entwicklung eines zu schwarzen und dichten Rauches aus Industrieschornsteinen: Als Mittel dagegen fand man nur hohe Schornsteine und die Verwendung von magerer Kohle. Den Besitzern der Feuerungen wurde ein Zeitraum von sechs Monaten gelassen, um entsprechende Vorkehrungen zu treffen. Von einer strengen Durchführung der Vorschrift wurde aber abgesehen, weil man auf dem Standpunkt stand, daß es ein wirksames Mittel der Rauchverhütung überhaupt nicht gibt. Für das Anfeuern morgens und für das Nachschüren gestattet der Pariser Rauchinspektor eine Rauchentwicklung während dreimal so langer Zeit wie in London (S. 300). Trotzdem die Durchführung der Polizeiverordnung auf die größten Schwierigkeiten stößt — weigern sich doch sogar die verantwortlichen Leiter der städtischen Gebäude ihr nachzukommen —, ist eine wesentliche Besserung in der übermäßigen Rauchentwicklung festzustellen.

Belgien besitzt keine gesetzlichen Vorschriften gegen die vermeidbare Rauchentwicklung, sondern behilft sich damit, bei Errichtung genehmigungspflichtiger Anlagen entsprechende Vorschriften zu machen. Für den Rauch aus den Hausfeuerungen bestehen keine besonderen Bestimmungen.

Von den sonstigen Ländern und Städten des europäischen Festlandes sei noch erwähnt, daß in Amsterdam eine »Vereeniging tot bevording van rookorij stoken« besteht, die sich hauptsächlich mit den industriellen Feuerungen befaßt, da eine durch die Hausfeuerungen verursachte Luftverunreinigung infolge des billigen Gaspreises und der allgemeinen Verwendung rauchschwacher Brennmaterialien fast nirgends besteht. Da die staatliche Dampfkesselüberwachung in den Niederlanden einen viel engeren Wirkungskreis besitzt als die Dampfkesselrevisionsvereine in Deutschland, so füllt die vorgenannte Vereeniging durch ihre Tätigkeit eine bis dahin fühlbar gewesene Lücke aus.

Die Schweiz hat ebenfalls kein allgemeines Rauch-
bekämpfungsgesetz, wohl aber in einzelnen Städten dahin-
gehende Polizeiverordnungen. Vorbildliche ortsgesetzliche
Maßnahmen hat die Gemeindeverwaltung des Kurortes
Davos-Platz getroffen. In ihrer praktischen Durchführung
haben diese vor allem zu einer umfassenden Verwendung
von Gas für Koch- und Heizzwecke geführt. Das Gesetz
bewirkte, daß die stark rauchenden Kohlen in Wegfall kamen
und daß es möglich war, gegen mutwillige oder fahrlässige
Rauchbelästigung vorzugehen. Ferner wurden einige stark
rauchende industrielle Betriebe durch freiwillige Verständigung aufgehoben und die Neuerrichtung solcher gesetzlich
untersagt.

In Rußland soll der Reichsduma ein Gesetz zum sani-
tären Schutz der Luft vorgelegt sein, über dessen Inhalt aber
zurzeit Näheres nicht zu erfahren ist; außerdem bestehen auch
in einigen Städten, namentlich in den Ostseeprovinzen (Riga),
entsprechende Vorschriften.

Über die rechtlichen Verhältnisse hinsichtlich der Rauchplage in den übrigen europäischen Staaten des Festlandes habe ich Näheres nicht in Erfahrung gebracht. Es ist
aber wohl anzunehmen, daß auch in diesen Staaten Landesgesetze zur Verhütung von Rauch und Ruß nicht bestehen,
sondern nur Bauvorschriften und Vorschriften bei genehmigungspflichtigen Anlagen, welche die Rauchfrage mit
berücksichtigen.

Die ältesten Vorschriften gegen die Rauchplage besitzt
Großbritannien. Bereits im 14. Jahrhundert beschwerte
man sich bei der Regierung über die Rauchplage, und schon
im Jahre 1773, dann 1821 wurde dagegen durch gesetzliche
Maßnahmen vorgegangen. Die Grundlage für den heutigen
Stand der gesetzlichen Bekämpfung der Rauchplage ist die
im Jahre 1853 für London und 1866 für England erlassene
»Smoke prevention act«, in welcher bei Strafe verboten
wird, einen Schornstein länger als fünf Minuten rauchen zu lassen. Es gibt kaum ein anderes Gesetz, welches
so viele Hintertüren zu seiner Umgehung offen läßt und die
geradezu drakonischen Strafen zu vermeiden.

Eine der beliebtesten Umgehungen der »Act« ist, daß man von zwei miteinander verbundenen Schornsteinen mittels eines Schiebers bald den einen und bald den andern benützt.

Für Dampfschiffe besteht die Vorschrift, daß sie oberhalb London-Bridge keinen Dampf ablassen dürfen.

Trotz der rigorosen Bestimmungen entwickeln die englischen Schornsteine ebensoviel oder noch mehr Qualm als die deutschen, und der berüchtigte Londoner Nebel ist trotzdem noch ebenso schwarz und undurchsichtig. Allerdings hat die Zahl der Nebeltage ab- und die Sonnenscheindauer etwas zugenommen.

Hinsichtlich der Rauchbekämpfung kann man zurzeit dreierlei Gesetze unterscheiden:

1. die allgemeine Gesetzgebung,
2. die »Public Health Act von 1875« und
3. die lokalen Gesetze der einzelnen Städte auf Grund der »Public Health Act«.

Da die Befugnisse, welche den Lokalbehörden durch das letztgenannte Gesetz übertragen wurden, keine einheitlichen sind, wird in neuerer Zeit immer mehr die Forderung laut, daß die Gesetze gegen den Rauch von Grund aus umgestaltet und vor allem einheitlich für ganz England erlassen werden sollen. Die Hauptschwierigkeit in der Durchführung des Gesetzes besteht darin, daß infolge der hohen, im Gesetz für Übertretungen festgesetzten Strafen die Städte nur mit Widerstreben an die Aufgabe, das Gesetz auszuführen, herantreten. Es ist daher noch gar nicht ausgemacht, ob durch ein einheitliches, strengeres Gesetz tatsächlich mehr Bestrafungen und dadurch Abhilfe der Übelstände eintreten werden.

Nach dem allgemeinen Recht (common law) ist die Entwicklung von Rauch als schädlich zu betrachten, wenn nachweislich die Gesundheit, öffentliches oder Privateigentum geschädigt werden oder wenn die Lebensgewohnheiten des einzelnen dadurch beeinträchtigt werden. Obgleich auf Grund des allgemeinen Rechts Verurteilungen erfolgt sind, kann es doch nicht allgemein angewendet werden, weil dazu der Nachweis erforderlich ist, daß erstens der Schaden allein auf Rauch zurückzuführen ist, und daß zweitens die Rauchentwicklung aus einem ganz bestimmten einzelnen Schornstein kommt.

Die »Public Health Act von 1875« enthält in den Abschnitten 91 bis 98 allgemeingültige Vorschriften über die Rauchentwicklung. Diese Vorschriften und die ihnen ähnlichen der Lokalbehörden besagen, daß gegen die Rauchplage vorgegangen werden soll, sobald ein Schaden vorkommt. Am wichtigsten ist der Abschnitt 91 — Unterabschnitte 7 und 8 —, welcher besagt:

Jede Feuerstätte, welche nicht soweit wie möglich den entwickelten Rauch verbrennt und welche zum Betrieb von Dampfkesseln, Mühlen jeder Art, Färbereien, Brauereien, Ziegeleien, Gaswerken oder sonstigen Industrien dient, und jeder Schornstein (ausgenommen die Schornsteine von Privatwohnungen), welcher starken Rauch in solcher Menge entwickelt, daß dadurch Schäden eintreten, soll auf Grund dieses Gesetzes bestraft werden.

Ferner heißt es:

Wenn jemand wegen Entwicklung von Rauch angeklagt ist, soll das Gericht die Voraussetzung des Gesetzes nicht für gegeben erachten und die Klage abweisen, wenn genügend nachgewiesen wird, daß die Feuerstätte so gebaut ist, daß der Rauch, soweit als praktisch überhaupt möglich, vermieden wird.

Die übrigen einschlägigen Abschnitte des Gesetzes (92 bis 98) sind Ausführungsbestimmungen. Die Ausführung des Gesetzes wird im allgemeinen den Lokalbehörden übertragen, und wenn diese nicht genügen, dem Local Government Board. Doch beklagen sich die Vertreter der Rauchbekämpfung besonders darüber, daß letzteres nur selten seine Befugnisse ausübt und besonders ruhig zusieht, wie manche Lokalbehörden überhaupt nichts unternehmen, da diese befürchten, durch strikte Durchführung der Rauchvorschriften ihre besten Steuerzahler, die Fabriken, zu verlieren.

Für London, d. h. für die ganze Fläche der »Administrative County of London«, gilt »The Public Health London Act von 1891«, nach welchem der Grafschaftsrat einzugreifen hat, falls die Gemeinden ihre Pflicht versäumen.

Das Gesundheitsgesetz bestimmt:

Jede Feuerung, die zur Heizung von Dampfmaschinen dient, und jede Feuerung in Bade- oder Waschanstalten, Mühlen, Fabriken, Druckereien, Färbereien, Eisengießereien, Glasbläsereien, Destillieranstalten, Brauereien, Zuckerfabriken, Bäckereien, Gasanstalten, Wasserversorgungswerken sowie anderen zum Zwecke von Handel und Gewerbe dienenden Gebäuden (auch wenn eine Dampfmaschine darin nicht vorhanden ist) muß so eingerichtet sein, daß der entstehende Rauch verzehrt oder verbrannt wird.

Weitere Bestimmungen legen die Geldstrafen fest, welche für Wiederholungsfälle steigen, im allgemeinen jedoch so niedrig sind, daß sie große Betriebe nicht wesentlich abschrecken können. Die Lokalbehörden haben ihren Bezirk selbst zu überwachen und im Falle des Vorkommens von Belästigungen den Befehl zur Abstellung zu erlassen. Erfolgt diese nicht, so müssen sie beim Gericht Klage erheben, welches auch die Durchführung durch Strafen erzwingt. Die Rechte der Lokalbehörden sind also nur engbegrenzte. Eine Bestrafung hat nicht zu erfolgen, wenn der Besitzer des Betriebes nachweisen kann,

daß die Feuerung so gebaut ist, daß sie, soweit es in Anbetracht der Art des Fabrik- oder Gewerbebetriebes möglich ist, den entstehenden Rauch verzehrt, und daß die Feuerung von der damit betrauten Person stets richtig bedient worden ist.

Die guten Folgen, die man sich von dem Gesetz versprach, sind ausgeblieben, und hauptsächlich dieser Umstand veranlaßte einflußreiche und künstlerisch gebildete Kreise Londons im Jahre 1899 zur Gründung der »London Coal Smoke Abatement Society«, welche auf die öffentliche Meinung erzieherisch wirken und der Polizei behilflich sein will, Verstöße gegen »The London Public Health Act of 1891« zu verfolgen. Die Gesellschaft unterhält einen Rauchinspektor, welcher alle Fälle von starker Rauchentwicklung zur Anzeige bringt. Diese werden dann zunächst von dem von der Gesellschaft eingesetzten Exekutivkomitee geprüft, und dauert eine sehr starke Rauchentwicklung eine Zeitlang oder ist sie überhaupt als dauernde Belästigung anzusehen, so zeigt sie das Komitee den »Borough Councils« und den Behörden des betreffenden Stadtteiles an. Aber auch diese Bemühungen, eine strengere Handhabung des Gesetzes von 1891 herbei-zuführen, finden keine genügende Unterstützung, und im Jahresbericht von 1909 wird offen eingestanden, daß unter der Akte von 1891 Strafverfolgungen wegen Rauchbelästigung praktisch überhaupt nicht vorkommen. So wurden beispiels-weise im größten Fabrikstadtteil Londons, in West Ham, in 10 Jahren 3600 Fälle starker Rauchentwicklung angezeigt, von denen nicht einer verfolgt werden konnte, weil in der Akte das Wort »schwarz« steht und der Richter immer den wissenschaftlichen und technischen Beweis verlangte, daß die Farbe des Rauches tatsächlich schwarz sei.

Der »London County Council« machte deshalb den ver-geblichen Versuch, für die neue »General Powers Bill for 1910« das Wort »black« aus der Akte von 1891 auszumerzen. Ebenso unterstehen nach dem neuen Gesetz alle Regierungs-gebäude und solche Unternehmen den Beschränkungen in bezug auf die Rauchbelästigung, welche »Parliamentary au-thority« (parlamentarische Bestätigung) erhalten haben, wie z. B. die elektrischen Kraftstationen.

Von den Provinzstädten entwickelt die größte Rührigkeit die Stadt Glasgow. Maßgebend für die Verfolgung wegen Übertretung der Rauchvorschriften ist Abschnitt 31 der »Glasgow Police Act of 1892«, welcher lautet:

Einer Strafe von bis zu 40 sh. und für jede weitere Übertretung einer Strafe von bis zu 5 Pfund unterliegt jeder, der eine Feuerung benutzt oder benutzen läßt (aus-genommen Hausfeuerungen), welche Rauch entwickelt und für welche er nicht beweisen kann, daß er die besten Me-thoden und die größte Sorgfalt angewandt hat, um den Rauch zu vermeiden.

Zur Überwachung des Gesetzes unterhält die Stadt fünf Rauchinspektoren.

Manchester bestraft übermäßige Rauchentwicklung mit 10 Pfund. Es sind vier Rauchinspektoren angestellt. Die

Zeit, während welcher schwarzer Rauch entwickelt werden darf, beträgt durchschnittlich 2 Minuten für je 30 Minuten.

Liverpool unterhält drei Rauchinspektoren und stützt sich bei seinem Vorgehen auf Abschnitt 24 der »Sanitary Amendment Act of 1854«, erweitert und ergänzt in den Jahren 1882, 1902 und 1905. Das Gesetz trifft nicht nur die industriellen, sondern auch die Hausfeuerungen und die Schiffskessel. Die Geldstrafe beträgt bis zu 5 Pfund für jeden Tag, an dem die Schädigung auftritt bzw. fortgesetzt wird.

Alle diese örtlichen Gesetze werden in ihrer Anwendbarkeit und Wirksamkeit namentlich dadurch wesentlich abgeschwächt, daß sie, mit Ausnahme von Liverpool, immer nur die Bekämpfung des durch die Industrie erzeugten Rauches im Auge haben, und ferner dadurch, daß eine Bestrafung nicht erfolgen kann, wenn der Besitzer der Feuerung nachweist, daß er die beste Methode angewandt hat und die größte Sorgfalt, um den Rauch zu vermeiden.

Aber selbst, wenn es gelänge die im Gesetz berührten Feuerungen ganz rauchfrei zu machen, so wäre die Rauchbelästigungsfrage für England solange nicht gelöst, als dort die Kaminfeuerung, die unvollkommenste Verbrennung der Kohle und die vollkommenste Raucherzeugung, die man sich denken kann, vorherrscht. Ihr ist es zuzuschreiben, daß auch fabriklose Städte, wie Oxford, in den bekannten englischen Dunstkreis eingehüllt sind.

Die Vorschriften gegen den Rauch, welche von den gesetzgebenden Körperschaften der Staaten und Städte der Vereinigten Staaten von Nordamerika erlassen worden sind, haben große Ähnlichkeit, und zwar sowohl hinsichtlich ihrer Vielgestaltigkeit als auch der Nachlässigkeit ihrer Durchführung, mit den in Europa erlassenen Gesetzen.

Der Hauptgrund für die große Rauchplage, unter der Stadt und Land in den Vereinigten Staaten leidet, ist in der fast allgemeinen Verwendung der billig zu habenden, starken Rauch, aber wenig Hitze entwickelnden »bituminösen« Kohle zu finden.

Das Bundesbergamt wandte sich an die bedeutendsten Städte um Auskunft über die Belästigung durch Rauch und die Maßnahmen zu deren Bekämpfung.

Hierbei wurden die Städte in drei Gruppen eingeteilt:
a) mit weniger als 50000 Einwohnern,
b) mit 50000 bis 200000 Einwohnern und
c) mit mehr als 200000 Einwohnern.

Von den 240 Städten unter a) haben 12 entweder ein Ortsgesetz gegen Rauchbelästigung oder einen besonderen Beamten zur Überwachung der Feuerungen; von b) machen unter 60 Städten 17 mehr oder minder beachtenswerte Anstrengungen, und von den 28 Städten unter c) tun nur 5 nichts auf diesem Gebiete. Doch sind hierunter 3, in denen nur Öl verfeuert wird, also kein lästiger Rauch entsteht.

Drei Städte: Denver, St. Louis und Detroit, haben Ortsstatute, die auch die Rechte der Rauch und Ruß erzeugenden Werke wahren. Buffalo hat ein so strenges Gesetz, daß dessen Durchführung selbst dem Bergamt unausführbar erscheint. Das Gesetz sagt nämlich ganz allgemein, daß es als strafbar gilt, wenn irgend jemand Rauch oder Ruß in solchen Mengen entwickelt, daß dadurch der Allgemeinheit Schäden an Eigentum und Gesundheit entstehen. Newark droht Strafen für schwarze Rauchwolken an, läßt aber Übertretungen des Gesetzes zunächst straffrei, damit die Werke Zeit haben, ihre Feuerungsanlagen umzuändern.

New York bedroht auch die Erzeugung von Rauch mit Strafe, besitzt aber keine Vorschriften über die Gestaltung neuer Feuerungsanlagen. Wenn irgendeine Stadtbehörde es unterläßt, für ihren Bereich ein »Board of Health« zu ernennen, so fällt es dem »State Board of Health« zu, auch die Befugnisse eines »Local Board of Health« auszuüben. Die Boards nehmen die Klagen über Rauchbelästigung entgegen und prüfen sie. Sie können auch zwecks Überwachung und Nachprüfung jede Anlage betreten, in welcher Rauchschäden bekannt oder auch nur anzunehmen sind. Weigert sich der Besitzer einer Anlage, die Anordnungen zur Beseitigung der Rauchplage zu befolgen, so kann das »Local Board« diese Anordnungen auf Kosten des Besitzers selbst treffen. Boston und der Staat Massachusetts verbieten rauchende Schornsteine über einer bestimmten Größe. Die Überwachung erfolgt durch das staatliche Amt für Gas und elektrisches

Licht. Die Schornsteine werden nach ihrer Größe und den Feuerungen, deren Gase sie abführen, in Gruppen eingeteilt, und nach diesen Gruppen ist auch die Zulässigkeit der Raucherzeugung abgestuft. Diese Bestimmung kennt kein anderes Gesetz. Massachusetts .ist auch der einzige Staat der Union, welcher die »General Act von 1901« gegen die Rauchentwicklung angenommen hat. Dieses Gesetz verbietet die ununterbrochene Entwicklung von dichtem Rauch während mehr als vier Minuten oder während mehr als 12% der Zeitdauer von zwölf Stunden. Seither sind aber so viele Ausnahmen von dem Gesetz gestattet worden, daß es ein toter Buchstabe geworden ist. Sechs andere Ortsgesetze verbieten zwar den Rauch, nehmen jedoch gewisse Zeiten aus. In Providence sind Lokomotiven und Hausfeuerungen von dem Gesetze ausgenommen. In Cincinnati und Cleveland unterliegen Neuanlagen einer amtlichen Überwachung. Das Entweichenlassen von dichtem Rauch wird während zehn Minuten in der Stunde gestattet. Jede Rauchentwicklung, welche länger dauert, wird als Übertretung bestraft, wobei die Strafen bei Rückfälligkeit sich erhöhen. Ähnliche Ortsgesetze, teilweise mit den vorgenannten Ausnahmen, bestehen noch in einer ganzen Anzahl anderer Städte. Philadelphia läßt Rauch bis zu einer gewissen Dichte zu und bestraft die Überschreitung. Flußdampfer und Lokomotiven können von den Bestimmungen nicht getroffen werden. Jersey City besitzt ein Gesetz für Lokomotiven und eines für feststehende Anlagen. Zur Überwachung ist je ein Rauchinspektor angestellt. Die Erfolge Chicagos gehen weit über die der anderen Städte hinaus, trotzdem ist aber die Stadt noch außergewöhnlich rußig. Die Rauchverordnung für Chicago trat im Jahre 1903 in Kraft. Die Überwachung der Schornsteine erfolgt durch Rauchinspektoren. Für Neuanlagen bestehen eine Anzahl technischer Vorschriften, denen die bestehenden Anlagen nach und nach zu folgen haben, und besondere Vorschriften für die Bedienung handbeschickter Feuerungen.

Als einer Rauchübertretung überführt wird ein Schornstein betrachtet, aus dem länger als drei Minuten dichter

Rauch entsteigt. Wird das Feuer gereinigt oder in Gang gesetzt, so darf die Rauchentwicklung bis zu sechs Minuten dauern. Jede Übertretung wird mit nicht unter 10 und nicht über 100 Dollar bestraft. Der Fehler der ganzen Verordnung ist, daß sie es schwer macht, gegen den Rauch der Lokomotiven und Dampfboote vorzugehen. Gegen diese kann nämlich nur eingeschritten werden, wenn eine Rauchentwicklung in drei unmittelbar aufeinanderfolgenden Fällen innerhalb zehn Tagen festgestellt wird. Dies ist sehr schwer, weil die genannten Fahrzeuge nicht dauernd innerhalb der Stadt verkehren. Washington verbietet die Entwicklung dichten Rauches und nimmt Häuser, die ausschließlich Wohnzwecken dienen, hiervon aus. San Francisco besitzt keinerlei Verordnung in bezug auf Rauchentwicklung, da Dampf und Kraft fast ausschließlich unter Verwendung von Heizöl erzeugt wird.

Die Ergebnisse seiner Rundfrage veranlaßten das Bundesbergamt, bestimmte Gesichtspunkte aufzustellen, die bei Aufstellung ähnlicher Gesetze maßgebend sein sollen. Die wichtigsten dieser Gesichtspunkte sind:

Festsetzung, von welcher Beschaffenheit zulässiger Rauch sein soll und welcher Rauch das erzeugende Werk strafbar macht. Zur Rauchstärkenfestsetzung verwenden einige Städte Glas von bestimmter Färbung und darf keine Rauchwolke beim Austritt aus dem Schornstein dunkler sein, andere haben Farbentafeln (Ringelmann, S. 128), mit deren Hilfe die Farbe des Rauches nach gewissen Abstufungen festgestellt wird. Wichtig ist, daß jeder Feuerungsbesitzer solche Karten hat. Bei Festsetzung der zulässigen Rauchdichte sollen die örtlichen Verhältnisse berücksichtigt werden.

Von ausschlaggebender Bedeutung ist eine sorgfältige Planung der Feuerungsprojekte nicht nur, sondern vor allem eine dauernde Überwachung der Anlagen. Vielfach ergeben sich auch Mängel im Betriebe durch die unzureichende Platzgröße, auf der die Anlage errichtet ist, was namentlich dann in Erscheinung tritt, wenn die Anlage erweitert werden muß. Der Bewachungsdienst ist nur durch Beamte mit ausgiebiger fachlicher Schulung vorzunehmen, die darauf achten können, daß die Anlage dauernd in gutem Zustand erhalten und sachgemäß bedient wird. Das Schwergewicht der Tätigkeit der Aufsichtsbeamten soll in der gütlichen Überredung der Feuerungsbesitzer liegen, nicht in deren Bestrafung. Die besten Ergebnisse haben immer die Städte erzielt, welche Bürgerausschüsse zur gemeinsamen Arbeit mit dem Aufsichtsbeamten eingesetzt haben.

Diese Gesichtspunkte, so einfach und selbstverständlich sie sind, können nur allen staatlichen und städtischen Verwaltungen zur Nachachtung empfohlen werden.

Zum Schluß dieses Abschnittes sei noch folgendes bemerkt. Wenn auch im allgemeinen der Standpunkt als zutreffend erachtet werden muß, daß gesetzliche und polizeiliche Vorschriften die Rauchplage nie beseitigen werden, daß vielmehr die Selbsthilfe das beste Mittel bleibt, um gegen das Übel der Rauch- und Rußplage anzukämpfen, so muß doch gesagt werden, daß ein gelinder gesetzlicher Druck nicht nur dieser Sache förderlich, sondern für dieselbe notwendig sein dürfte. Allerdings verstehe ich darunter keinesfalls den Erlaß strenger Vorschriften und Gesetze mit sofortiger Androhung hoher Geldstrafen oder Vorschreiben ganz bestimmter Feuerungssysteme. Die Hauptsache muß fachmännische Belehrung und Warnung sein, und nur im äußersten Notfalle darf es zu einer Bestrafung kommen. Als mustergültig sei hier nochmals auf das Vorgehen von Hannover, Dresden, München und vielleicht auch von Magdeburg hingewiesen.

Einrichtungen und Anlagen zur Verhinderung von Rauch und Ruß.

Es gibt wohl kaum ein zweites Gebiet, dem sich die Industrie so zugewandt hat, als das der Herstellung von Einrichtungen und Anlagen, die die Entwicklung von Rauch und Ruß verhindern sollen. Es ist mir daher unmöglich im Rahmen des Umfanges dieses Buches alle Konstruktionen usw. anzuführen oder gar eingehend zu besprechen. Ich muß mich vielmehr darauf beschränken, einen allgemeinen Überblick zu geben, was auf diesem Gebiete zur Abhilfe schon vorgeschlagen ist, von den eigentlichen feuerungstechnischen

Einrichtungen aber nur einige Typen vorzuführen. Ich kann dies um so eher tun, als die Literatur gerade auf feuerungstechnischem Gebiete außerordentlich groß ist, und will ich nur auf das bestbekannte Werk des Vereins für Feuerungsbetrieb und Rauchbekämpfung in Hamburg, »Haier, Dampfkesselfeuerungen zur Erzielung einer möglichst rauchfreien Verbrennung«, hinweisen. Hier und überhaupt in allen Werken und Zeitschriften über Dampfkesselfeuerungen, ebenso in den Zeitschriften »Rauch und Staub« und »Feuerungstechnik« findet sich eine fast durchweg unvoreingenommene Beurteilung aller Feuerungseinrichtungen zur rauchschwachen Verbrennung.

Einen eigenartigen, technisch leicht, wirtschaftlich aber kaum durchführbaren Gedanken vertreten die Diplomingenieure Fichtl-Berlin und Lemberg-Plauen i. V. mit dem Plan der zentralen Rauchgasbeseitigung, den sie im »Gesundheits-Ingenieur« (1911, Nr. 22) eingehend darlegen und begründen.

Der Grundgedanke ist: Die Abgase aller Feuerstellen in einer gemeinsamen, in der Erde zu verlegenden Rohrleitung zu sammeln, mittels Kraftbetriebes nach einer Zentrale zu fördern und dort durch eine zentrale Rauchreinigungsanlage, wie solche bereits bestehen, streichen zu lassen, so daß diese nur Kohlensäure und Stickstoff in die Luft entsendet.

Daß eine derartige Anlage, die schon früher von dem Ingenieur Konta-Wien vorgeschlagen wurde, ausführbar ist, beweisen schon reichlich bestehende analoge Einrichtungen zur Absaugung von Gasen durch Rohrleitungen nach einer Zentrale, wo deren Unschädlichmachung erfolgt. Im Prinzip ist ein Unterschied zwischen diesen und der geplanten Einrichtung also durchaus nicht vorhanden.

Die zentrale Rauchgasbeseitigung muß aus vier voneinander trennbaren Teilen bestehen:

1. Die Hausanlage, worunter sämtliche nötigen Vorrichtungen zu verstehen sind, die die Ableitung der Gase innerhalb eines Gebäudes erheischen.

2. Das im Erdreich, im Zuge der Straßen zu verlegende Rohrnetz, welches die Rauchgase der einzelnen Gebäude zu sammeln hätte.

3. Das zentrale Maschinenhaus, welches, außerhalb der Stadt gelegen, zur Aufnahme der zur künstlichen Absaugung notwendigen Ventilatoren bzw. Exhaustoren nebst Antriebsmaschinen dient. Nötigenfalls müßten an mehreren Knotenpunkten der Stadt in unterirdischen Schächten einzelne Ventilatoren aufgestellt werden.

4. Die zentrale Filtrier-, Wasch- und Absorptionshalle, die, neben dem Maschinenhause befindlich, den abgesaugten und hergeleiteten Rauchgasen alle für das menschliche Wohlbefinden schädlichen Bestandteile nehmen müßte und nur z. B. Kohlensäure und Stickstoff in die Atmosphäre entsendet. Hiermit kann unter Umständen noch eine Möglichkeit zur Verwertung der etwa entstehenden chemischen Nebenprodukte vorgesehen sein.

Wie gesagt, technisch ist der Plan ausführbar, wirtschaftlich aber wohl kaum, da nicht nur die Anlage- sondern auch die dauernden Betriebskosten wegen der erforderlichen großen Kraftmengen ganz bedeutend sind. Anderseits steht diesen Kosten außer gesundheitlichen und ästhetischen Vorteilen noch eine große Brennmaterialersparnis gegenüber. Ein besonderer Vorteil der zentralen Rauchabsaugung durch Kanäle unter den Straßen einer Stadt wäre noch der, daß durch die damit verbundene Erwärmung des Straßenkörpers die rasche Beseitigung von Schnee erreicht und die Bildung von Glatteis verhindert würde. Dadurch könnten die oft bedeutenden Kosten für Schneebeseitigung und die Unbequemlichkeiten, welche das Streuen von Sand oder Asche verursacht, ganz oder doch zum größten Teile erspart werden. Auf alle Fälle wäre es zu wünschen, wenn über die wirtschaftliche Durchführbarkeit weitere Untersuchungen angestellt würden.

Ein ebenfalls radikaler und auch ebenso unwirtschaftlicher Weg zur Rauchverhütung ist, die Abgase der Feuerung durch eine Reinigungsanlage (Rauchwaschanlage) in den Schornstein zu leiten. Die Gase werden also gewaschen, bevor sie als gereinigte Luft dem Schornstein entströmen. In manchen Fällen könnte man dieses Verfahren den Dampfanlagebesitzern trotzdem zur Pflicht machen.

Eine solche Rauchwaschanlage ist in den Werken von Rowntree & Co. in York (England) ausgeführt worden. Die Kesselanlage umfaßt fünf Zweiflammrohrkessel von je 2,5 m Durchmesser und etwa 9 m Länge, die mit Überhitzern ausgestattet sind. Die Verbrennungsprodukte passieren eine Ekonomisergruppe und gelangen dann in die eigentliche Waschanlage, die aus zwei Teilen besteht. Im ersten Teil, in welchen die Gase mit einer Geschwindigkeit von nur 1,2 m in der Sekunde eintreten, werden sie von einem reichlichen Sprühregen von etwa 100° C getroffen, wobei die größten Rußteile ausgeschieden werden. Von hier gelangen die Gase in den zweiten Teil der Reinigungsanlage, der aus mehreren Unterabteilungen mit kaltem Sprühregen besteht. Der künstliche Zug eines Ventilators saugt die so gereinigten Gase an und fördert sie in die Außenluft. In 24 Stunden werden etwa 720 kg Ruß aus den Rauchgasen entfernt, entsprechend nahezu 1½% der verbrannten Kohlenmenge. Die Gasmenge, welche die Waschanlage stündlich passiert, beträgt in heißem Zustande etwa 69000 cbm; hierbei beansprucht die Waschanlage 30 bis 35 cbm Wasser in der Stunde.

Die vorbeschriebene Anlage hat mancherlei Nachteile, und ihr Betrieb ist mit nicht zu unterschätzenden Kosten verbunden, doch spielen diese dort, wo es durchaus auf Rußbeseitigung ankommt, keine ausschlaggebende Rolle.

Will man im Rauch enthaltene wertvolle Bestandteile wiedergewinnen, so bedient man sich ebenfalls Entwässerungsanlagen. Sehr bekannt sind die Rauchkondensatoren System Müller-Bomhard zum Kondensieren, Entsäuren und Reinigen von Abgasen zwecks Wiedergewinnung der darin enthaltenen wertvollen Bestandteile. Sie bestehen aus einem Rauchkondensator, in welchem die Rauchgase eine Drehbewegung erhalten und durch eine Flüssigkeit benäßt werden, wodurch die feinen Rußteilchen zu Flocken und Lappen zusammenkleben, mittels Zentrifugalkraft gegen die Kondensatorwände und in Vakuumräume geschleudert werden, um von hier aus durch die Flüssigkeit in außerhalb des Kondensators angeordnete Sammelbehälter gespült zu werden.

Im »Gesundheits-Ingenieur« (1914, Nr. 39) bespricht Diplomingenieur Gwosdz-Berlin einige Verfahren zur Reinigung von Rauch- und sonstigen Abgasen, auf welche hier kurz zurückgekommen sei.

Zur innigeren Durchmischung der zu waschenden Rauchgase mit dem Waschwasser hat man auch Apparate konstruiert, bei denen der Rauch durch einen Wasserschleier geführt wird, der durch einen umlaufenden Düsenkörper erzeugt wird. (Verfahren von W. L. Thomas in Wheatley bei Oxford.)

In den Fig. 31 bis 35 ist ein Apparat zur Rauchniederschlagung im Schornstein in Verbindung mit einem Rauchverhütungsapparat von Jakob Greis dargestellt. Die Einrichtung zur Rauchverhütung besteht aus einem auf der Feuertür angeordneten Schieber *a*, der an einem Gegengewicht *b* hängt, das mit der Kolbenstange *c* starr verbunden ist, jedoch mit dem Hebel des Dampfabsperrventils *d* in loser Verbindung steht. Vom Dampfkessel führt eine kleine Rohrleitung *e* zum Absperrventil *d*, und von diesem gehen die Rohrleitung *f* zur Dampfdüse *g* über dem Feuer und die Rohrleitung *h* zur Dampfdüse *i* unter dem Rost. Aus den Fig. 31 und 32 ist die Stellung der einzelnen Teile bei unmittelbar nach Beschickung geschlossener Feuertür ersichtlich. Vor der Beschickung befinden sich der Schieber *a* in seiner höchsten und das Gewicht *b* in seiner tiefsten Stellung; der Apparat ist also außer Tätigkeit. Durch Öffnen der Feuertür wird das Gegengewicht *b* und der damit verbundene Kolben gehoben und damit auch der Hebel des Dampfzuführungsventils *d* angehoben, so daß der Dampf aus dem Kessel durch die Rohrleitungen *e*, *f*, *h* und durch die Dampfdüsen *g* über dem Feuer und *i* unter dem Rost in Gestalt eines feinen Schleiers frei austreten kann. Die Kolbenstange des Bremszylinders *c* ist hohl ausgeführt und trägt im unteren Teile ein kleines Regulierventil *m*. Der Bremszylinderkolben hat Öffnungen zum Durchlassen der Bremsflüssigkeit, und unter dem Kolben ist ein Plattenventil angeordnet. Beim Hochziehen des Kolbens fällt das Plattenventil herunter und gibt die Öffnungen im Kolben für den Durchgang der Flüssigkeit

Fig. 31.   Fig. 32. (oben)   Fig. 33.   Fig. 34.   Fig. 35.

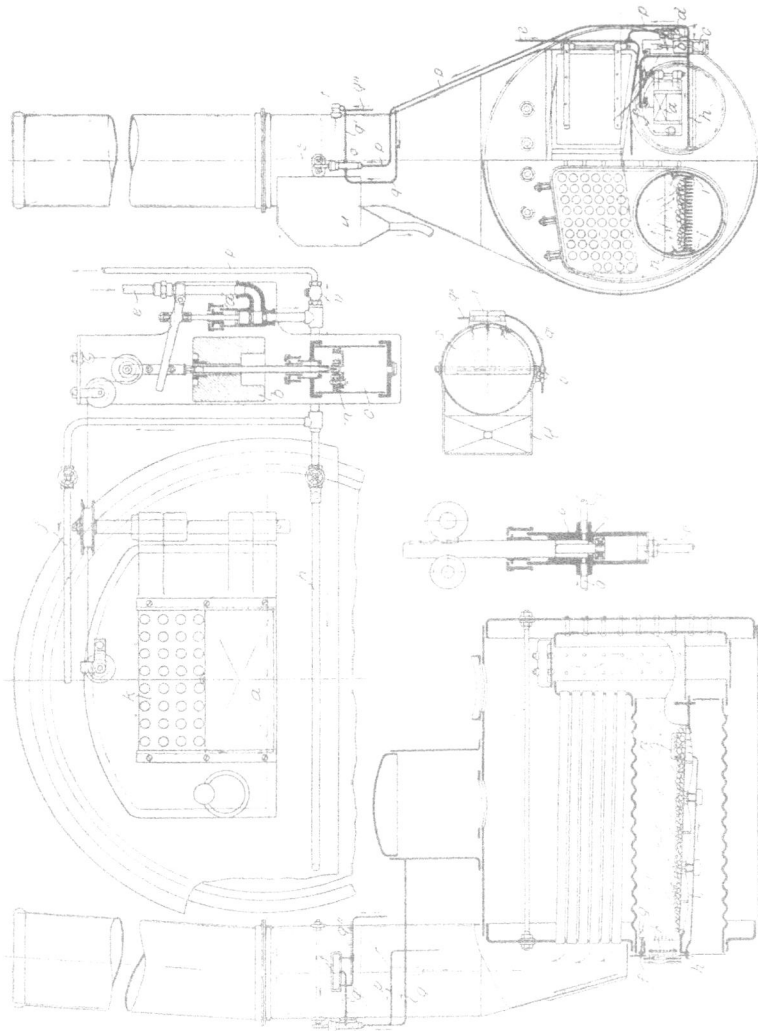

Fig. 31 bis Fig. 35. Rauchverhütungsanlage nebst Einrichtung zum Niederschlagen von in den Abgasen mitgeführten Ruß- und Flugaschenteilen.

Fig. 31. Längsschnitt durch den Kessel. Fig. 32. Vorderansicht und Teilschnitt. Fig. 33. Schnitt durch den Steuerzylinder. Fig. 34. Blick auf die Teilklappe und die Düsen. Fig. 35. Teilschnitt und Vorderansicht des Kessels.

frei. Wird nach dem Schüren des Feuers und Aufwerfen frischen Brennstoffes die Feuertür wieder geschlossen, so bleibt das Gewicht *b* infolge der hemmenden Wirkung der

Flüssigkeit im Zylinder c noch in seiner höchsten Stellung, während der Schieber a in die tiefste Stellung sinkt. Durch die so frei gegebene Öffnung in der Feuertür hat nun die Luft freien Zutritt zum Feuer, stößt aber auf die mit kleinen Löchern versehene heiße Schutzplatte k, gelangt in vorgewärmten Zustand und zerteilt den zu brennenden Brennstoff. Der durch die Dampfdüse g austretende Dampfschleier drückt die Frischluft auf das Feuer, und gleichzeitig werden die aufwirbelnden Kohlenteilchen und Rauchgase des frischen Brennstoffes mit dem Dampf und der Luft vermischt und verbrennen auf dem Feuer bzw. in den Feuerzügen. Der durch die Düsen i unter dem Rost eintretende Dampf soll diese Wirkung noch unterstützen. Sobald nun das Gegengewicht auf die Bremsflüssigkeit im Zylinder c zu wirken beginnt, schließt das Plattenventil die größeren Öffnungen im Kolben, und die Flüssigkeit muß durch die hohle Kolbenstange und das darin befindliche Ventil m aufsteigen, um durch die in der Kolbenstange befindlichen kleinen Austrittslöcher in den Raum über dem Kolben zu strömen.

Die mit diesem Rauchverhütungsapparat verbundene Einrichtung zum Niederschlagen der von den Abgasen noch mitgeführten letzten Ruß- und Flugaschenteile besteht aus:

1. einem kleinen mit zwei verschieden großen Bohrungen und den entsprechenden Kolben versehenen Zylinder o. Die Kolbenstange, die gleichzeitig als Kolben für die kleinere Bohrung des Zylinders o dient, ist so ausgebildet, daß der untere Teil als Ventil und der obere als Zahnstange benutzt wird (Fig. 33). In den Zylinder o führen von unten in die größere Bohrung die Leitung p und in die kleinere Bohrung die Leitungen q und q^1, während in der Trennungswand der beiden Zylinderbohrungen kleine Kanäle r angebracht sind;

2. im Schornstein ist nur eine Teilklappe s vorgesehen, welche durch ein Zahnrädchen mit der Zahnstange des Kolbens verbunden ist;

3. aus der rechtwinklig zum Zylinder o am Schornstein angebrachten kombinierten Wasser- und Dampfdüse t, die durch die Leitung q^1 mit dem Zylinder o und durch die Leitung q'' mit einem Wasserbehälter in Verbindung steht, und

4. aus dem auf der entgegengesetzten Seite der Wasser-
und Dampfdüse *t* in einem Ausschnitt der Schornsteinwand
angebrachten Wassersack *u*. Diese im Schornstein angebrachte
Einrichtung zur Rauchniederschlagung steht durch die Rohrleitung *p* mit dem Dampfabsperrventil *a* des Rauchverhütungs-
apparates in Verbindung und erhält außerdem Frischdampf
vom Kessel durch die Leitung *q*. Hier ist der Arbeitsvorgang
folgender:

Bei dem in Ruhe befindlichen Rauchverhütungsapparat
sind sämtliche Dampfzuführungen abgeschlossen und die Teilklappe *s* hat ihre senkrechte Lage, gewährt also den aufsteigenden Heizgasen ungehinderten Abzug durch den Schornstein. Sobald die Feuertür geöffnet wird, wird das Dampfabsperrventil *d* geöffnet, der Dampf kann also durch die Leitung *f* zur Düse *g* über dem Feuer, die Leitung *h* zu den Düsen *i*
unter dem Rost sowie zur Düse im Rostaufbau *n* und durch
die Leitung *p* zum Zylinder *o* gelangen, dessen Kolben infolgedessen in die Höhe gehoben wird, wodurch das Zahnrädchen der Teilklappe *s* gedreht und diese in die horizontale
Lage gebracht wird, so daß nun ein Teil der Rauchgase seinen
Weg durch den Wassersack nehmen muß und einmal die
Frischdampfleitung *q* und ebenso die Leitung q^1 zur Wasser-
und Dampfdüse *t* geöffnet werden. Der Dampf kann nun die
Leitungen *q* und q^1 und die Düse *t* durchströmen und in den
Wassersack austreten. Infolge der Saugwirkung des Dampfes
in der Düse *t* wird durch die Leitung q'' Wasser angesaugt,
das sich in der Düse mit dem Dampf vermischt und in Gestalt eines Dampfwassernebels quer durch den Schornstein
in den Wassersack austritt. Dieser schnell strömende, fein
verteilte Nebel trifft auf die mit den Heizgasen aufsteigenden
unverbrannten Rauch- und Rußteilchen sowie auf die etwa
noch mit ausgeworfene Flugasche und schlägt sie im Wassersack nieder, von wo die abgeschiedenen Teile durch ein Rohr
abfließen, während die gereinigten Gase wieder durch den
Schornstein in die Außenluft gelangen.

Dieses Waschen der ausströmenden Heizgase dauert immer
so lange, als einer der an den Kesseln angebrachten Rauch-
verhütungsapparate in Tätigkeit ist, denn die verschiedenen,

von den einzelnen Rauchverhütungsapparaten nach dem Zylinder *o* führenden Leitungen *p* sind unmittelbar unter dem letzteren zu einer einzigen Leitung vereinigt. Damit nun kein Rückschlag des Dampfes auf die außer Tätigkeit befindlichen Absperrventile *d* eintritt, wird in die Nähe dieser Ventile in jede Leitung *p* ein Rückschlagventil *v* eingebaut. Sobald sämtliche Ventile *d* geschlossen sind, beginnt der Dampf in der Leitung *p* zu kondensieren. Der durch Leitung *q* zuströmende Frischdampf erhält jetzt durch die in der Zwischenwand angebrachten kleinen Kanäle *r* seine Wirkung auf den großen Kolben und Zylinder *o* und drückt diesen abwärts, so daß die Ventilsitzfläche des kleinen Kolbens auf die Zwischenwand aufsitzt und auch die Dampfzuführung durch Rohr *q* abgesperrt wird und die Wirkung des Wasserdampfnebels aufhört. Sobald der Kolben sich abwärts bewegt, wird auch durch die Zahnstange die Teilklappe *s* wieder in die Offenstellung gedreht.

Der von Ed. Theisen-München hergestellte, weit verbreitete Theisen-Gaswascher hat in letzter Zeit auch zur Reinigung der Rauchgase aus Dampfkesselfeuerungen und von teerartigen Gasen aus Kanalöfen, um eine Schädigung naheliegender Kulturen zu vermeiden, steigende Verbreitung gefunden. Der Hauptvorzug des Theisenschen Zentrifugalreinigers ist die Möglichkeit, außerordentlich große Gasmengen bei geringen Abmessungen der Apparatur zu reinigen.

Das Prinzip der älteren Ausführung ist folgendes:

Im Innern eines konischen Gehäuses rotiert mit großer Geschwindigkeit eine zylindrische Trommel mit schraubenförmigen Längsflügeln, die an der Gaseintrittsseite als Saugflügel und am Gasaustritt als Druckflügel ausgebildet sind. Die Längsflügel, welche das zu reinigende Gas zentrifugierend ausschleudern, wirken der durch die Druckflügel erzeugten Strömungsrichtung des Gases in der Weise entgegen, daß sie die Waschflüssigkeit in Schraubenlinien, im Gegenstrom zum Gas, am Mantel entlang, zum Gaseintritt hindrücken. An der Innenseite des Mantels ist ein Drahtgeflecht eingebaut, das zur Aufrauhung und Führung der Waschflüssigkeit dient.

Die Gesamtanordnung der Anlage ist sehr einfach und bedarf keiner platzraubenden Vor- und Nachreiniger.

In neuester Zeit werden die Theisenreiniger als sog. Desintegrator-Gaswascher (Fig. 36 u. 37) ausgeführt, die mit wesentlich geringerem Kraft- und Wasserverbrauch arbeiten als die älteren Ausführungen. Die Theisen-Desintegratoren sind, wie sich durch jahrelangen Dauerbetrieb gezeigt hat, durchaus betriebssicher; alle umlaufenden Teile sitzen auf einer durchgehenden kräftigen Welle, die in zwei mit Wasserkühlung versehenen Lagern läuft und von einem mit dieser Welle direkt gekuppelten Elektromotor angetrieben wird. Durch die kräftige Durchwaschung und Durchspülung aller Apparateteile ist ein Verkrusten derselben ausgeschlossen.

Die Bedienung ist sehr einfach und erfordert nur wenig Aufmerksamkeit und keine ständige Mannschaft. Auch ist die Abnutzung und der Ölverbrauch auf das Mindestmaß beschränkt. Die Apparate werden bis zu einer Stundenleistung von 80 000 cbm pro Apparat gebaut.

Über die Beseitigung von Flugasche unter Nutzbarmachung ihrer noch brennbaren Bestandteile weist Gwosdz u. a. darauf hin, daß eine Anzahl preußischer und anderer deutscher Eisenbahnverwaltungen die in den Rauchkammern sich ansammelnde Lösche in Sauggasanlagen zum Antriebe von Dynamomaschinen mit gutem Erfolge ausnutzen.

Eine angeblich vielversprechende Verwendung finden aschereiche Brennstoffabfälle auch in sog. Schlackenschmelzgeneratoren, die nach Art kleiner Eisenhochöfen ausgeführt und betrieben werden. Trotz der hohen Windgeschwindigkeit, mit der hier gearbeitet wird, wird durch die hohe Temperatur ein an Kohlenoxyd reiches Gas erzielt. Das Verfahren soll infolge seiner großen Leistungen außerordentlich wirtschaftlich sein.

Das Verfahren von Friedrich Adolf Müller-Pankow eignet sich auch für Feuerungsrückstände mit wenig brennbaren Bestandteilen. Der größte Teil derselben wird auf dem Wege der nassen Trennung in Flüssigkeiten von verschiedenem spezifischen Gewicht wiedergewonnen. Die zerkleinerten Feuerungsrückstände werden nach drei verschie-

Fig. 36.

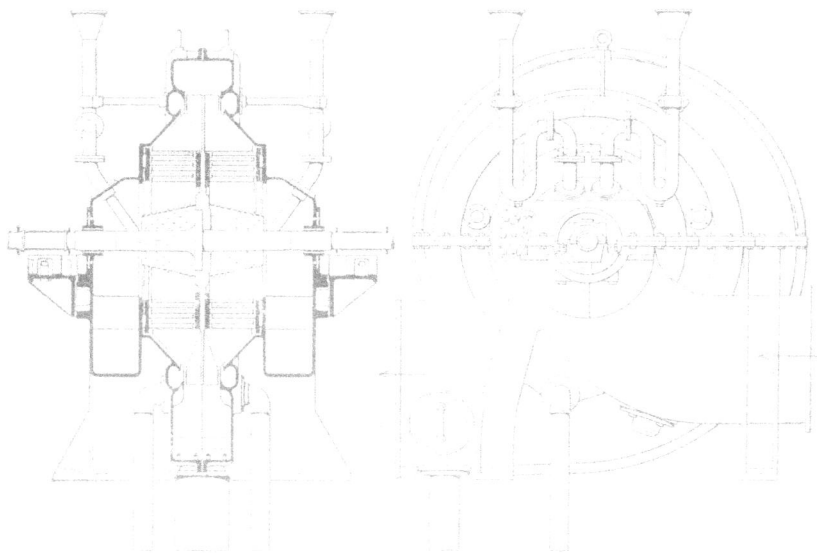

Fig. 37.

denen Korngrößen bis zu 50 mm Größe durchgesiebt und in konisch auslaufenden mit Rührvorrichtung versehenen zylindrischen Behältern naß getrennt.

Billiger ist immer die Abscheidung von Flugasche und Ruß auf trockenem Wege in gewöhnlichen Flugaschenfängern, deren Wirkung teils auf der Geschwindigkeit, die der Gasstrom beim Eintritt in eine kammerartige Erweiterung des Rauchkanals erfährt, teils auf der Abscheidung der festen Bestandteile durch in die Gaswege eingebaute Prallflächen beruht.

Anwendbar sind die Verfahren auch bei künstlichen Zuganlagen (Saugzug), welche, wie S. 357 ausgeführt, häufiger an die Stelle der Schornsteine treten, d. h. diese durch Gebläseeinrichtungen ersetzen. Lang behandelt in seinem S. 355 genannten Werke eingehend den künstlichen Zug und interessiert uns hier besonders, daß er Saugzuganlagen u. a. zur Unterstützung der Schornsteine heranziehen will, wenn der vorhandene Schornstein für verstärkten (forcierten) Betrieb nicht ausreicht und kein Platz zum Aufstellen neuer Schornsteine und Kessel vorhanden ist, wenn man zur Ausnützung minderwertiger, billiger Brennstoffe übergehen will, der vorhandene Schornstein aber nicht vergrößert werden kann, auch Platz und Zeit für Neubauten fehlt, wenn nachtraglich Vorwärmer, Staubsammler, Überhitzer eingebaut werden sollen und der vorhandene Schornsteinzug weder ausreicht noch Vergrößerungen oder Neubauten zur Verstärkung des Schornsteinzuges vorgenommen werden können und bei Rauchsammelanlagen für die Hausschornsteine ganzer Stadtviertel.

Das Abziehen und Fortschaffen der Flugasche wird dadurch erleichtert, daß man die Sohle des Aschenabfuhrkanals so hoch legt, daß man mit dem Aschenförderwagen möglichst bequem unmittelbar unter die Aschenabzugstutzen der Sammelkammern fahren kann.

Steht genügendes Druck- und Spülwasser zur Verfügung und braucht man mit der Abkühlung der Abgase durch das Spritzwasser nicht zu rechnen, so ist es in schwierigen Fällen ratsam, die Flugasche gleich im Innern des Fängers abzulöschen und mittels Wasserspülung aus dem Fänger in entsprechend angeordnete Abflußleitungen oder Sammelgruben zu leiten.

Enthält die Asche große Mengen von Kiesel- und Tonerde und bildet daher die Abzugstrichteröffnungen verstopfende Schlacke, so empfiehlt sich meist die Anwendung des

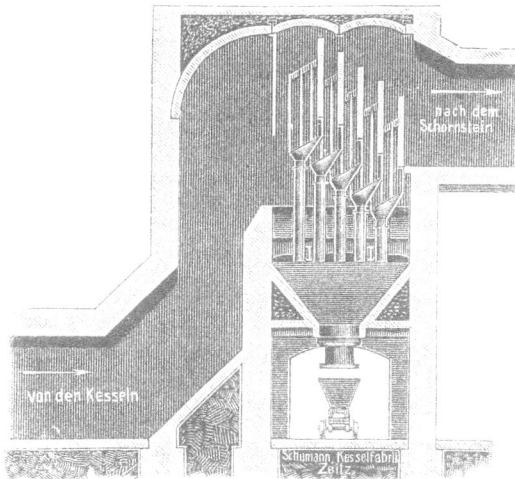

Fig. 38.

Flugaschenfängers Patent Müller mit selbsttätiger Abziehvorrichtung. Andere Hilfsmittel, wie z. B. Anordnung eines Umgehungsfuchses für die Rauchgase während der Schlackenbeseitigung, haben sich vielfach nicht bewährt.

Ein Flugaschenfänger, wie ihn die Zeitzer Dampfkesselfabrik G. Schumann baut, ist in Fig. 38 dargestellt. Die Einrichtung kann auf oder unter Flur angeordnet werden, gestattet bequeme Reinigung während des Betriebes, erfordert geringen Raum und läßt sich ohne Betriebsstörung mit Leichtigkeit in jede Anlage einbauen. Das Werk baut auch noch Flugaschenfänger älterer Art, auf die aber hier nicht weiter eingegangen werden kann.

Eine andere Flugaschenfänger bauende Firma, J. M. & A. Bartl in Cottbus, soll mit ihren Konstruktionen dauernd

gute Erfolge erzielen. Als Aschenabzugsvorrichtungen dienen
Klappen- oder Trommelapparate, welche eine staubfreie Ent-
leerung des Aschesammeltrichters während des Betriebes ermöglichen. Diese Apparate verhüten, daß durch plötzliches
Herabstürzen größerer Mengen glühender Asche die bedienen-
den Arbeiter verletzt werden.

Der Fänger bildet eine durch Erweiterung des Rauchkanals entstandene Kammer, in welcher schrägstehend neben-
und hintereinander Zellen so angeordnet sind, daß die Asche
wohl in die Zellen hineingelangen kann, aber nicht wieder
zurück. Der aus der Feuerung kommende Gasstrom wird so
geleitet, daß jeder einzelne schmale Gasstreifen viermal hintereinander gezwungen wird, seine mechanischen Bestandteile
in das Zelleninnere zur Abscheidung zu bringen. Die Abscheidung ist also sehr vollkommen.

Von süddeutschen Firmen sei hier noch das Werk A.
Hering in Nürnberg genannt, welches außerdem u. a. schmiedeeiserne Ekonomiser baut, die als Flugaschefänger ausgebildet,
einen dauernd gleichbleibenden hohen Nutzeffekt gewähren.

Um den Ruß und die Flugasche selbsttätig auszuscheiden,
bedient man sich mit bestem Erfolge auch eines auf die Schornsteinmündung aufzusetzenden Rußfangapparates. Bedenken, daß die Zugstärke im Schornstein darunter leidet, liegen
nach den Erfahrungen, die Geheimrat Lang-Hannover mit
einem Apparat der Rußfang-Compagnie in Berlin W. 50
(Fig. 39/40) gemacht hat, nicht vor. Fig. 39 stellt den Schnitt
und Fig. 40 das Schaubild eines von der genannten Gesellschaft gebauten Rußfangapparates dar.

Sehr gut bewährt hat sich auch der Ruß- und Funkenfänger mit drehbarem Schornsteinaufsatz der Aktiengesell-
schaft J. A. John in Erfurt und der Ruß- und Funkenfänger
sowie der Rauch- und Dunstsauger von J. Keidel in Lübeck.
Letztere werden namentlich viel bei Hausschornsteinen angewendet.

Schweflige Säure und Schwefelsäure lassen sich auf
trockenem Wege durch Überleiten über Alkalien (Kalk) von
den sauren Bestandteilen befreien, doch bietet es bei der starken Verdünnung der Schwefelsauerstoffverbindungen Schwie-

rigkeiten, die erforderliche Berührungsfläche mit den festen Stoffen zu schaffen.

Auf nassem Wege ist eine praktisch vollkommene Niederschlagung der schwefligen Säure möglich, aber der Kosten wegen wirtschaftlich meist unausführbar. Die Kosten des

Russfänger.

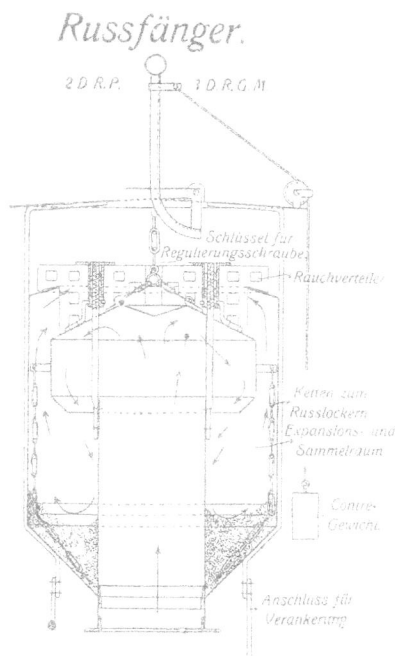

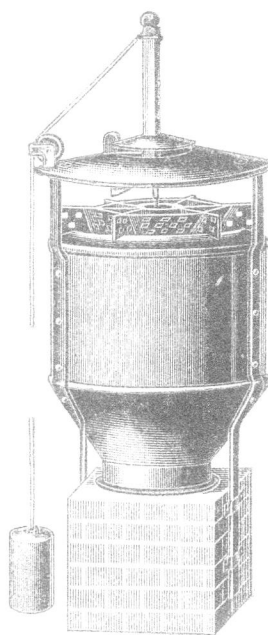

Fig. 39.　　　　　　　　　　　Fig. 40.

Waschens lassen sich durch Gewinnung der schwefligen Bestandteile da herabsetzen, wo für die Schwefelverbindungen eine unmittelbare Verwendung im Betriebe möglich ist, wie z. B. bei den Gasanstalten die Ammoniakgewinnung.

Nach dem Verfahren von Karl Burkheiser in Hamburg, werden die die schweflige Säure enthaltenden Verbrennungsgase in stetem Wechsel mit ammoniakhaltigen Destillationsgasen mit der gleichen Waschflüssigkeit in Verbindung gebracht. Diese Waschflüssigkeit bildet also einen Vermittler für die Reaktion der beiden an sie abgegebenen Körper und spart so die Mischung der Träger dieser Stoffe, und zum andern wird die Waschflüssigkeit mit der Aufnahme des Ammoniaks stetig von neuem neutral oder schwach alkalisch gemacht, so daß sie auf Grund ihrer erhöhten Aufnahmefähigkeit für Säure, die schweflige Säure trotz ihrer starken Verdünnung leicht aus den Abgasen aufnimmt. Die Bindung der in der einen Betriebsstufe aufgenommenen Säure durch das in der zweiten Stufe hinzutretende Ammoniak zu einem Salze das stetig ausfällt, frischt die Waschflüssigkeit immer wieder auf. Diese ständige Regenerierung ist für die praktische Durchführbarkeit des Verfahrens von größter Bedeutung.

Prof. R o h l a n d - Stuttgart behauptet, daß, da die schweflige Säure vom Wasser absorbiert wird, sie auch durch sein K o l l o i d t o n r e i n i g u n g s v e r f a h r e n entfernt werden könne. Das Verfahren besteht in folgendem: Bestimmte Tone besitzen im lufttrockenen Zustande kolloide Substanzen, die Hydroxyde des Aluminiums, Siliziums, Eisens und organische Stoffe. Sie bilden diese Kolloidkörper in Berührung mit Wasser aus, und durch die dabei stattfindende Ausflockung wird die Oberfläche des Tones stark vergrößert. Dadurch werden zahlreiche Grenz- und Trennungsflächen gegen die zu adsorbierende Flüssigkeit hergestellt, die der Sitz der Oberflächenenergie sind, und in denen sich Oberflächenspannung und Kapillarität betätigen. Diese engmaschigen Kolloidgewebe adsorbieren alle kompliziert zusammengesetzten Farbstoffe, Anilinfarbstoffe, pflanzliche und tierische Farbstoffe, alle Kolloide, Proteine, ungesättigte Kohlenwasserstoffe, Öle, Fette usw., die Anionen aus den kohlensauren, sauren und tetraborsauren Salzen vollständig, aus den phosphorsauren zum Teil; starke, auch üble Gerüche.

Die Tone sind durch hohen Glühverlust charakterisiert und enthalten außerdem Beimengungen von Natron, Mangan, Kohlensäure und Phosphorsäure.

Die technische Apparatur für das Verfahren ist einfach und leicht herzustellen, das Verfahren selbst billig. Nachdem die Rauchgase durch Wasser absorbiert sind, wird das Abwasser nach einem Schöpfwerk geleitet, wo ihm der Ton zugesetzt wird. Hierauf gelangt es nach zwei bis drei Absitz-becken, die mit Querwänden versehen und am Einfluß zwei, am Abfluß einen Meter tief sind. Zur Wartung des Apparates ist ein Arbeiter nötig, und für Kolloidton werden jährlich vielleicht M. 200 auszugeben sein. Hoffentlich werden bald Versuche in größerem Maßstabe angestellt, um die Bedenken, welche gegen die Brauchbarkeit des Verfahrens für die Ruß-beseitigung noch bestehen, zu beseitigen.

Die Rauchgase der gewöhnlichen Feuerungen enthalten meist auch Ammoniak, dessen Gewinnung etwa nach den bei der Gasreinigung üblichen Verfahren erfolgen könnte und daher in diesem Falle außerordentlich unwirtschaftlich wäre. Wie außerordentlich groß die Verdünnung des in den Feue-rungsabgasen enthaltenen Ammoniaks ist, geht aus den Unter-suchungen von Forster hervor, der im Ruß aus dem Schorn-steine einer Steinkohlenfeuerung nur 11,55% Ammoniaksulfat festgestellt hat.

Beseitigung der Kohlensäure aus den Rauch-gasen. Die Rauchgase dienen in industriellen Feuerungen bisweilen dazu, in Gasgeneratoren an Stelle von Wasserdampf die Temperatur zu erniedrigen, indem die in den Abgasen ent-haltene Kohlensäure durch Überführung in Kohlenoxyd dem Brennstoffbette eine gewisse Wärmemenge entzieht.

Mit Wasser vermischt, bieten sie im heißen Zustande auch die Möglichkeit, auf Kosten der in ihnen enthaltenen Wärme den für den Generatorbetrieb benötigten Wasserdampf zu er-zeugen.

Die in den Feuerungsgasen enthaltene Kohlensäure wird auch für die Herstellung reiner Kohlensäure nutzbar ge-macht.

Erinnert sei noch daran, daß man auf Schiffen die Ab-gase vielfach zur Ausräucherung und Desinfektion ver-wendet. Sie werden zu diesem Zwecke gewaschen, mit Des-infektionsstoffen beladen und durch Schlauchleitungen in die zu desinfizierenden Räume gedrückt.

Einige die Rauchentwicklung hindernde Feue-
rungs- und Rostkonstruktionen:

Die Sichertfeuerung besteht im Prinzip darin, daß ein
Strom von heißer Luft von oben her auf das Feuer trifft und
dadurch die Rauchbildung im Entstehen verhindert. Der Rost
besteht aus einem horizontalen Teil, auf welchem die eigentliche Verbrennung stattfindet, und aus einem schief ansteigenden Teil, auf welchem die Kohle vorgewärmt und entgast wird.
Beide Teile des Rostes sind gleichmäßig mit Kohle bedeckt,
welch letztere aus einem Vorratsbehälter in demselben Maße
nachrutscht, als die Verbrennung fortschreitet. Die zur Verbrennung nötige Luft tritt durch eine Feuertüre ein und kann
in gewöhnlicher Weise reguliert werden.

Die Eigentümlichkeit der Feuerung liegt in einer weiteren
Luftzuführung, welche im Aschenraum unmittelbar unter dem
horizontalen Rost beginnt. Die eintretende Luft wird zunächst
im Aschenraum selbst vorgewärmt und gelangt sodann auf den
ansteigenden Rost, wo sie die aus der Kohle entstehenden
Gase und rauchbildenden Bestandteile mit sich nimmt. Dieses
heiße Gemisch von Luft und brennbaren Gasen usw. nimmt
sodann seinen Weg entlang dem Feuergewölbe und tritt durch
bestimmte Öffnungen von oben her in das Feuer. Dieses schlägt
über den geneigten Rost hinweg und bewirkt dadurch die
schon erwähnte Entgasung der Kohle, wodurch in den eigentlichen Verbrennungsraum — auf dem horizontalen Rost —
überhaupt nur solche Kohle gelangt, die keinen Rauch mehr
bilden kann.

Die Sichertfeuerung ist in Karlsbad sehr verbreitet und
soll sich in bezug auf Rauchlosigkeit außerordentlich bewährt
haben.

Das Verfahren soll auch für Lokomotiven anwendbar sein.
Demselben Zweck dient auch die von Joseph Pollak in Fal-
kenau (Eger) vertriebene rauchverzehrende Lokomotiv-
feuerung. Die aus den Rauchröhren der frisch beschickten
einen Feuerbüchse austretenden Verbrennungsgase werden
mittels einer verschrenkbaren, sektorförmig ausgeschnittenen
Haube, die nur die Austrittsöffnung der in die zweite Feuerbüchse eingesetzten Rauchrohre unbedeckt läßt, zur Umkehr

gezwungen, so daß die Gase, zweckmäßig mit vorgewärmter Luft gemischt, in die bereits durchgebranntes Feuer enthaltende zweite Feuerbüchse gelangen, um nun in derselben vollständig zu verbrennen und durch die zugehörigen Rauchröhren rauchlos in den Kamin abzuziehen. Durch eine verschrenkbare Klappe können die beiden Feuerungen wechselweise gegen die gemeinsame vordere Rauchkammer abgeschlossen werden, so daß die durch die eingangs erwähnte Haube zur Rückkehr gezwungenen Rauchgase die zweite Feuerbüchse durchziehen müssen.

Feuerungsanlagen nach Patent Richard Groeger in Nagradowice. Die Erfindung bezieht sich auf Feuerungsanlagen, die durch künstlichen Zug mittels Gebläse getrieben werden und bezweckt eine Regelung der Luftmengen, entsprechend dem Zustande der Verbrennung, zu bewirken. Zu diesem Zwecke ist an Stelle des Schornsteins ein Sauger aufgestellt, der die aus den Zügen der Feuerungsanlage durch ein Rohr abgesaugten Verbrennungsgase durch die düsenförmig ausgebildete, wagerecht nach unten ausmündende Öffnung des Druckrohres in den Wasserbehälter einer Gasglocke leitet. In diesem ständig von einem Wasserstrome durchzogenen Behälter werden die festen Rückstände der Rauchgase niedergeschlagen und mittels Rohre oder Kanäle nach geeigneten Stellen zur etwaigen Gewinnung der nutzbaren Stoffe abgeführt. Die durch das Wasser nach oben steigenden gereinigten Gase sammeln sich unter dem Gasbehälter und werden von hier zur ferneren technischen Benützung fortgeleitet. Je nach der Belastung oder Entlastung der Glocke kann der Widerstand gegen die saugende und zugerzeugende Wirkung des Gebläses vergrößert oder verringert werden. Bei Verwendung einer derartigen Vorrichtung für mehrere Feuerungen ist das Rauchrohr mit mehreren Stutzen versehen, an welche die Züge der einzelnen Anlagen angeschlossen werden.

Der Torpedorauchverzehrer und Wärmeverteiler der Yorkshire Boiler Company, Ltd. in Leeds, besteht aus einem hohlen torpedoförmigen, aus feuerfestem Material aufgebauten Heizkörper, der hinter der Feuerbrücke im Flammrohr auf gemauerten Pfeilern ruht und durch die abziehenden

Gase erhitzt wird. Durch ein Rohr, das durch die Feuerbrücke und den Aschenraum bis vor die vordere Kesselwand geführt ist, kann die Luft in das Innere des Heizkörpers geleitet werden. Hier wird sie hoch erhitzt und tritt dann durch kleine Öffnungen im oberen Teil des Heizkörpers aus, dabei eine vollständige Verbrennung der Rauchgase bewirkend.

Eine eigenartige Rauchverbrennungseinrichtung für Innenfeuerungen hat neuerdings in England eine bemerkenswerte Verbreitung gefunden, dürfte aber für deutsche Verhältnisse zu kompliziert sein. Sie ist eine Clarksche Erfindung, die von der Clayburn Ingeneering Co. in Manchester in folgender Weise ausgeführt wird:

In den Seitengängen des Kessels sind Rohrschlangen untergebracht, durch die Luft hindurchgeht, wobei sie vorgewärmt wird und darauf in den Feuerraum gelangt. Ein Teil der erhitzten Luft gelangt in eine Überhitzerkammer, die im vorderen Teile des Feuerraums in Form eines U-Rohres untergebracht ist, derart, daß die Beschickung des Rostes durch sie nicht erschwert wird. Ein anderer Teil der Luft geht in eine im unteren Teil der Feuerbrücke gelegene Kammer. Weiter wird auch Luft unterhalb der ersten Rostreihe in den Aschenfang geblasen. Zweck dieser eigenartigen Verteilung der Luft ist eine vollkommene Verbrennung des Brenn-

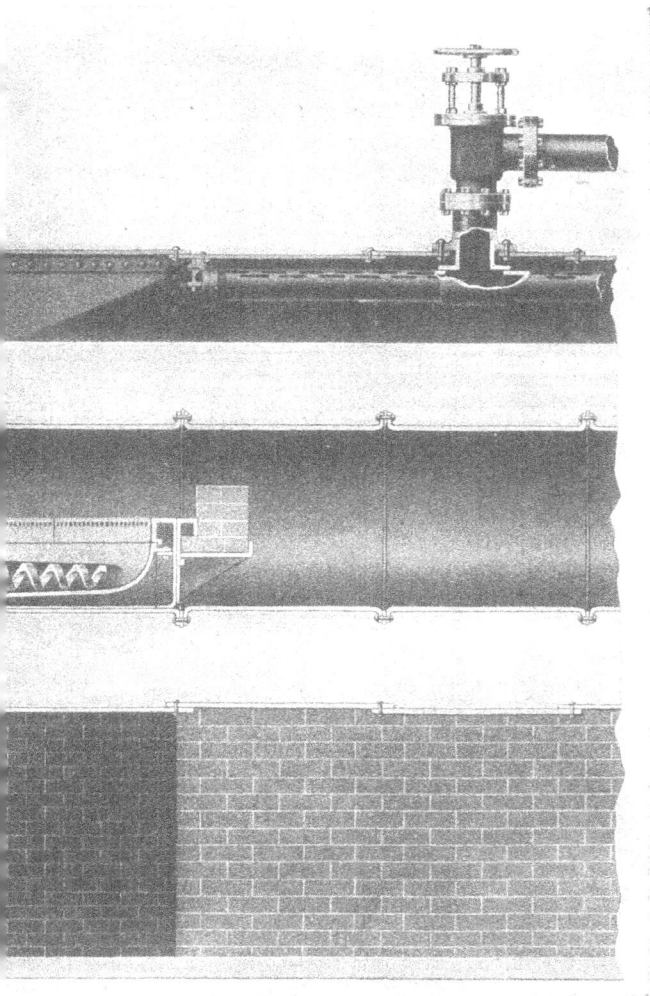

Fig. 41.

stoffes, wobei gleichzeitig die Möglichkeit gegeben sein soll,
ein sehr großes Kohlenquantum auf dem Rost zu verbrennen.
Mit dem neuen Apparat soll sich nach Angabe der Fabrikanten

eine Ersparnis an Brennstoff von 10 bis 20% erreichen lassen, was mir allerdings nicht recht wahrscheinlich erscheint.

Die von der White flame Fire Co. of Stirling auf den Markt gebrachten underfeed-Feuerungen beruhen im Prinzip darauf, daß die Kohle schon teilweise entgast ist, wenn sie die eigentliche Feuerung erreicht. Ein Behälter (hopper) an der Rückseite des Feuers, welcher mit einem beweglichen gasdichten Deckel versehen ist, enthält den Tagesbedarf an Brennstoff. In diesem Behälter nun wird die Kohle durch die Wärmestrahlung des Feuers schwach erhitzt und teilweise entgast. Die entstehenden Kohlenwasserstoffe müssen die ganze Schicht der schon im Feuer befindlichen Kohle passieren, wobei sie vollkommen verbrennen. Die teilweise entgaste Kohle tritt aus diesem Behälter heraus in das Feuer in dem Maße, als Kohlen verbraucht werden.

Absolut rauchfrei ist diese Feuerung nicht, denn bei Beginn des Feuers arbeitet sie natürlich wie eine gewöhnliche Kohlenfeuerung und mit allen Nachteilen derselben. Sobald aber das Feuer auf dem Rost und der Kohlenbehälter ihre Höchsttemperatur erreicht haben, tritt eine rauchfreie Verbrennung ein.

Ein Vorteil der Unterschubfeuerung besteht darin, daß man damit auch Kohlengrus und minderwertige Kleinkohle völlig rauchfrei verbrennen kann. Sie eignet sich besonders für Flammrohrkessel, Walzenkessel und kleinere Röhrenkessel. Da das Brennmaterial vollkommen ausgenutzt wird und fast keine brennbaren Bestandteile zurückbleiben, so tritt eine große Ersparnis an Material in Kraft. Die Unterschubfeuerungen erfordern wenig Bedienung und geringe Unterhaltungskosten, da die Beschickung mechanisch erfolgt. Der Abbrand ist sehr gering, da durch die zugeführte Luft stets Kühlung bewirkt wird.

Bei den von der Berlin-Anhaltischen Maschinenbau-Aktien-Gesellschaft Dessau gebauten patentamtlich geschützten mechanischen Unterschubfeuerungen (Fig. 41) wird die Kohle aus dem Fülltrichter und der unter demselben liegenden Retorte mittels einer Schnecke oder eines Schiebers unter die glühende Brennschicht auf den Rost geführt, so daß die entstehenden Gase die glühende Schicht durchstreichen müssen. Die Kohle steigt durch die nach hinten verengte Retorte gleichmäßig über den ganzen Rost. Der Raum unter der Retorte ist geschlossen und wird durch einen Ventilator mit Luft versehen. Die Bewegung der Schnecke geschieht mittels Schaltradantrieb, welcher von einer Transmissionswelle mittels Ex-

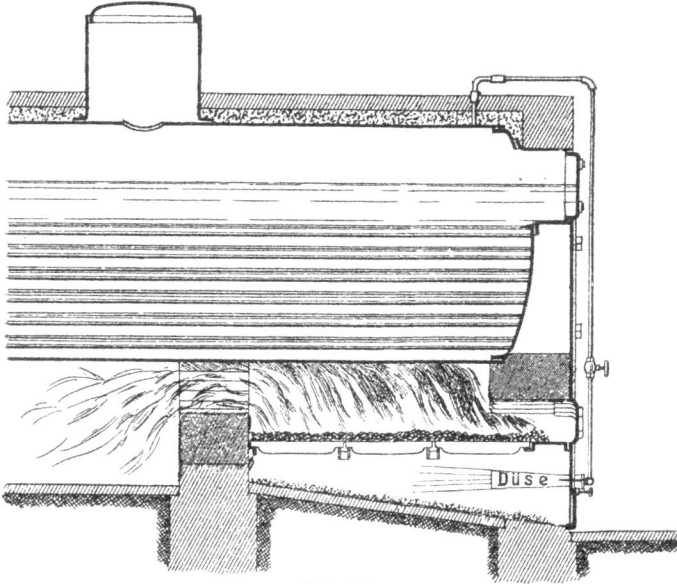

Fig. 42.

zenter angetrieben wird. Der Kraftverbrauch beträgt etwa $\frac{1}{2}$ PS pro Feuerung.

Die Thostsche Dampfstrahl-Unterwindfeuerung (Zwickau, Sa.) eignet sich zur Verfeuerung von Klar- und Feinkohle, Lösche, Kohlenschlamm, Koksrückstände usw.

Die Feuerung (Fig. 42) besteht im wesentlichen aus einem Planrost, welcher an seiner Oberfläche fast keine Spalten, dagegen kleine runde (ca. 3 mm Durchmesser), sich nach unten erweiternde Öffnungen hat. Aus dem Dampfraum des Kessels wird durch ein Röhrchen Dampf entnommen, der durch einige Düsen bläst und in Verbindung mit der dadurch angesogenen

Luft in den luftdicht abgeschlossenen Aschenfall gelangt, in welchem sich unter einem Druck von etwa 12 bis 25 mm Wassersäule eine feuchte Preßluft bildet, die durch die kleinen düsenförmigen Löcher des Planrostes beständig in das Feuer hineinbläst. Hierdurch wird dem Feuer ein zur Verbrennung erforderliches Luft- und Dampfgemisch zugeführt, welches durch den Rost in den Feuerraum tritt und bei lebhaft brennender Kohlenschicht Wasserstoffgas von bekanntlich sehr hoher Heizkraft bildet, ein lebhaftes Feuer mit langer Flamme bewirkend.

Die Bedienung der Feuerung ist einfach und die Dampferzeugung schnell und leicht. Die garantierte Kohlenersparnis beträgt 10 bis 20%.

Die Firma stellt auch unter dem Namen

Mischgasfeuerung eine andere Ausführungsart ihrer Unterwindfeuerung her. Die innere Einrichtung der Feuerung ist dieselbe wie vorstehend beschrieben, nur ist das Gebläse und die Abschlacktür anders ausgebildet als bei der Unterwindfeuerung.

Die Neue Treibelfeuerung soll nach den Reklameschriften der ausführenden Firma ökonomisch und rauchfrei arbeiten. Sie beruht auf dem Prinzip der zusetzenden Luftzuführung. Die bei größeren Rostflächen immerhin recht erhebliche Zusatzluft wird in vielen kleinen Strömen vor und hinter dem Rost zugeführt. Die Regulierung der Oberluftresp. Sekundärluftzufuhr erfolgt automatisch, gemäß dem Abbrand der Kohle und dem vorhandenen Zug entsprechend.

Auch die rauchverzehrende Sparfeuerung Bender-Dr. Lehmann (Ingenieur Carl Pyritz in Berlin W. 30) beruht auf dem Prinzip des Einblasens von überhitztem Wasserdampf in die Feuerung.

Charakteristisch ist für dieses System die Konstruktion der Düse, durch welche der Dampf in die Feuerung eingeblasen wird, indem die Öffnungen in einem Material angebracht sind, das praktisch feuerfest und nicht oxydabel ist. Die Löcher behalten ständig dieselbe Größe und lassen stets die gleiche für das Arbeiten des Rauchverzehrungsapparates als am zweckmäßigsten erkannte Menge Dampf hindurch.

Die Feuerung soll sich nicht nur im Fabrikbetriebe, sondern auch bei den Feuerungen der Lokomotiven und Dampfschiffe gut bewährt haben.

Die Reichsche Halbgas-Generatorfeuerung des Ingenieurs C. Reich in Hannover (Annenstr. 12) eignet sich für Dampfkessel, Zentralheizungen, Kalorifere, Trockenkammern, metallurgische, keramische und sonstige Öfen.

Das durch den oberen Fülldeckel (Fig. 43) *d* in den Schacht *a* eingebrachte Brennmaterial gelangt, stetig vorgewärmt, unten nahezu entgast, auf dem darunter befindlichen Knie-, Stab- oder gemischten Roste (Fig. 43) zur vollständigen Verbrennung.

Die für das Rostfeuer erforderliche Luft wird entweder automatisch durch einen Zugregler oder von Hand aus mechanisch, den jeweiligen Verhältnissen entsprechend eingestellt, unter den Rost geführt.

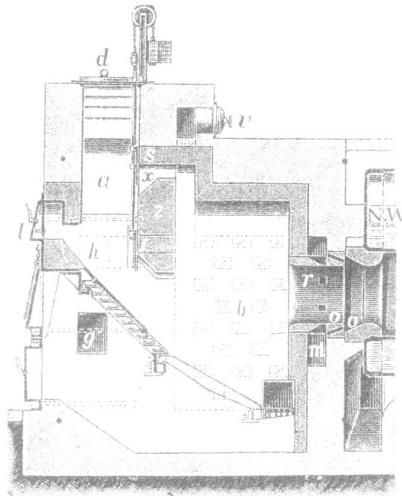

Fig. 43.

Die Flamme entwickelt sich hauptsächlich auf dem unteren Teile des Rostes, mischt sich dann im Raum *b* mit den in *a* fortlaufend und gleichmäßig erzeugten Gasen zu einem hocherhitzten Gasflammengemisch und tritt von hier aus in den Rundbrenner *r* ein. Diesem wird von außen durch das Ventil *v* und die seitlich liegenden, durch Leitung und Strahlung von innen her hoch erhitzten Generatorkammern *m* soviel sich dabei stark anwärmende Sekundärluft zugeführt, daß beim Austritt aus den schrägen Kanälen *o* des Brenners, die eine Wirbelung und innige Mischung beider Materialien bedingen, eine vollkommene Verbrennung ohne nennenswerte Rauchbildung eintritt.

Zwecks leichterer Reinigung wird entweder eine seitliche Reinigungstür oder ein Kipprost vorgesehen. Erstere gestattet die Reinigung der Feuerung auch während des Betriebes, bei letzterem jedoch nur bei niedergebranntem Feuer.

Um das Feuer nicht zu ersticken und um stärkerer Rauchbildung vorzubeugen, ist vor dem erstmaligen Anfüllen des Schachtes der Schieber *f* ganz herunterzulassen und nach geschehener Füllung vollständig wieder hoch zu bringen.

Als Brennmaterial sind alle nicht oder nur wenig backenden Brennstoffe von grober Körnung, Stücke oder Briketts geeignet, staub- oder grusförmige müssen mit diesen gemischt werden. Alle schwelgasfreien Brennstoffe wie Koks, Anthrazit, Holz- oder Torfkohle sind dagegen nicht zu empfehlen.

Das Prinzip der Goudronfeuerungen Patent Křidlo (V. A. Křidlo, Prag VII) liegt im vorangehenden Entgasen der an leicht flüchtigen, schwer brennbaren Kohlenwasserstoffen reichen Abfälle der Mineralölraffinerie, wodurch diese in Koks von geringem spezifischen Gewicht umgewandelt werden. Der erhaltene Koks bildet das Brennmaterial für den weiteren Betrieb der Feuerung. Das Anheizen geschieht mit einem anderen Brennstoffe.

Die Ten-Brink-Feuerung besteht im wesentlichen aus schrägem Planrost, der in ein schräg liegendes Flammrohr eingebaut ist. Die Flamme wird von unten nach oben dicht über den frischen Brennstoff hinweggeführt.

Für backende und stark schlackende Kohlen allein sind diese Feuerungen nicht geeignet; vielmehr muß mindestens ein Teil nichtbackender Brennstoff dazu gemischt werden.

Die Kowitzke-Feuerung (H. Kowitzke & Co., Berlin-Schöneberg) ist für alle Kesselsysteme, für Lokomobilen, Lokomotiven, und Brouilleurkessel anwendbar. Das Prinzip ist, Zuführung erhitzter Sekundär- oder Oberluft zu dem infolge mangelnder Sauerstoffzuführung Rauch entwickelnden Kohlenwasserstoffgasen. Die Regulierung der Oberluftzuführung bzw. die Einstellung der erforderlichen Verbrennungsluft geschieht je nach der Dauer und Stärke des Rauchens der Kohle. Die Bedienung der Reguliervorrichtung der Verbrennungsluft erfolgt automatisch durch Öffnen und Schließen der Feuertüren.

Der mechanische Feuerungsapparat »Cyclop« der gleichnamigen Maschinenfabrik in Berlin-Wittenau gestattet ebenfalls rauchschwache Verbrennung. Die Kohlen werden entweder von Hand oder auf mechanischem Wege in die Kohlentrichter des mechanischen Apparates gefördert. Von hier aus fallen sie durch ihr Eigengewicht in die Trommelgehäuse vor jedem Flammrohre. In den Trommelgehäusen bewegen sich fächerartig ausgebildete Speisewalzen, welche die Kohlen in beliebig von Hand einstellbaren Mengen auf die Wurfplatte vor die Wurfschaufel bringen. Vermittelst zweier starker Federn wirft die Wurfschaufel die vor ihr liegenden Kohlen auf den Rost und bestreut ihn gleichmäßig in drei Abschnitten, der augenblicklichen Federspannung entsprechend, welche eine Schalt- und Knaggenscheibe hervorruft, die von der Hauptantriebswelle des ganzen Apparates gedreht wird.

Eine große Feuerungstür ermöglicht die Feuerung von Hand und damit die Inbetriebhaltung der Kessel bei etwa eintretenden Störungen oder Reparaturen an dem mechanischen Apparate.

Thost - Simplex - Feuerung mit Dampfschleier (Fig. 44). Die Feuerung besteht aus der Stirnplatte mit dem Dampfschleiergebläse und dem Simplexapparat, aus dem Rost und aus der Thostschen Heißluftfeuerbrücke. Oberhalb der Feuertür ist das Dampfschleiergebläse angebracht, welches ein Gemisch von Dampf und Luft in Gestalt eines leichten, feinen Schleiers über das Feuer bläst. Das Rostsystem richtet sich nach dem zu verfeuernden Brennmaterial.

Das Wesen der Heißluftfeuerbrücke besteht darin, daß in die einzelnen, auf der Feuerbrücke aufliegenden Feuerbrückenroststäbe die Luft von unten einzieht, sich in diesen glühenden Stäben hoch erhitzt und dann aus den Düsenlöchern als hochüberhitzte Sekundärluft in den Feuerraum bläst. Hier vermischt sich die Heißluft mit den Rauch- und Feuergasen, bringt erstere zur Verbrennung und erzeugt durch diese Verbrennung eine lange, weiße, schöne Flamme, welche die Verdampfungsfähigkeit des Kessels erhöht. Die Regulierung der Heißluftmenge bewirkt der Simplexapparat, welcher sich selbsttätig beim Öffnen der Feuertür einstellt.

Für geringwertige Brennmaterialien wie Braunkohle, Torf und Lohe eignet sich die

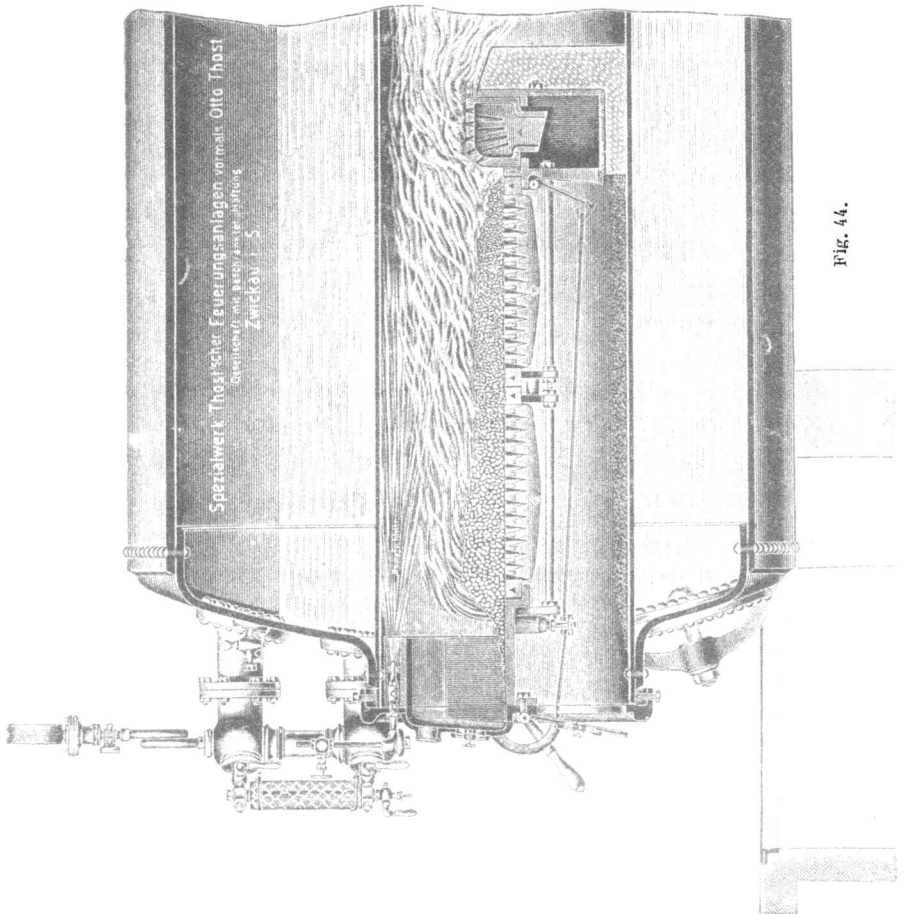

Fig. 44.

Thostsche rauchverzehrende Omnivorfeuerung. Die Vorteile dieser Feuerung sind im wesentlichen: mechanische Brennstoffzuführung und Rostbeschickung; vollkommener Ausschluß von kalter Luft, da die Feuertür nur als Abschlacktür benutzt wird; je ein Schauloch in der Abschlacktür sowie über den Stirnplatten ermöglichen eine bequeme Übersicht über das Feuer auf dem Rost und über die Flammenbildung in der über dem Rost liegenden Gaskammer; Regulierbarkeit des Luftzutritts. Die Omnivorfeuerung arbeitet mit verhältnismäßig wenig Zug, so daß die Flugaschenansammlung in den Flammrohren oder Zügen nicht bedeutend ist.

Von derselben Firma wird auch die auf S. 55 bereits erwähnte Cario-Feuerung mit Dampfschleier und Heißluftfeuerbrücke erbaut (Fig. 45), nachdem sie von dem Senior der Firma, Herrn Otto Thost, im Laufe der Zeit so verbessert wurde, daß dieselbe die Rauch- und Rußbelästigung tatsächlich verhindern und bedeutend an Brennmaterial sparen soll. Da die Abbildung außerordentlich verständlich ist, erübrigt sich eine nähere Beschreibung derselben.

Wo die Zugstärke des Schornsteins, sei es infolge unverhältnismäßig großer Rostbeanspruchung oder infolge der Verwendung klaren Brennstoffes, bei größerer Schichthöhe nicht ausreicht die zur rauchfreien Verbrennung erforderliche Luftmenge durch die Brennschicht zu saugen, erweist sich die Anwendung des Unterwindgebläses als vorteilhaft. Unterwindfeuerungen ermöglichen billiges Brennmaterial von kleinem Korn gut auszunützen. Mischt man der Verbrennungsluft Wasserdampf bei, so erzielt man außerdem eine Lockerung der Schlacken, weil der Dampf nicht nur die Roststäbe sondern auch die Brennschicht abkühlt.

Zu den Unterwindfeuerungen gehört außer den bereits besprochenen auch die Kridlofeuerung.

Fig. 46 stellt die Rostplatte dar, deren einzelne konische Düsen zu Gruppen vereinigt sind, wodurch je nach Bedarf eine freie Rostfläche bis zu 15% der totalen gewonnen wird. Die Folge der Gruppierung der Düsen erstreckt sich auf die Zuführung größerer Luftmengen, wodurch u. a. eine größere Menge Kohlen verbrannt und demgemäß auch mehr Dampf erzeugt wird.

Die Kridlofeuerung wird als Planrost (Fig. 47) oder für Brennstoffe, die sich auf letzterem nicht so rationell verbrennen lassen, wie Braunkohle, als Schrägrostfeuerung ausgeführt. Im letzteren Fall richtet sich die Neigung des eben-

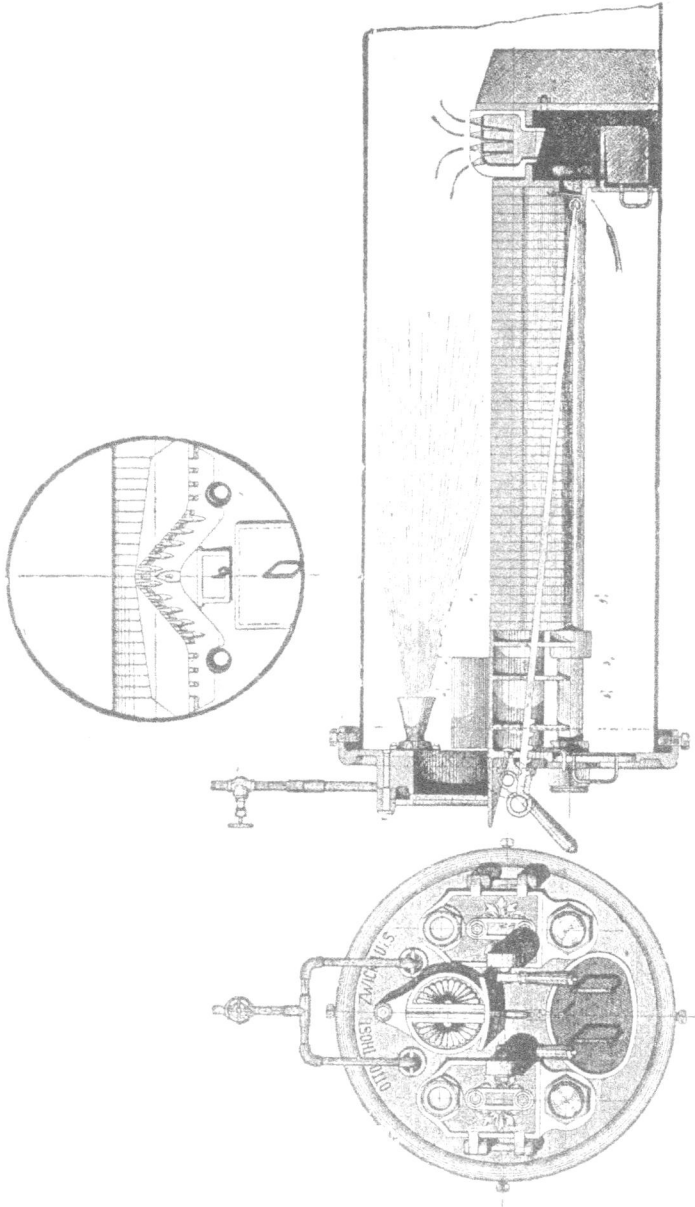

Fig. 45.

falls aus ebenen Rostplatten konstruierten Rostes nach dem zu verbrennenden Material. Bei der Schrägrostfeuerung

Fig. 46.

(Fig. 48) schließt sich an die geblasene Rostfläche, die allein für die Dampferzeugung wirksam ist, ein kippbarer Schlacken-rost an, auf welchem nur der Schornsteinzug wirkt. Von hier fällt die ausgebrannte Schlacke in den Aschenraum.

22*

Zur Erzeugung des Unterwindes dienen entweder Dampf-
strahlgebläse oder Ventilatoren; jedoch soll das Dampfstrahl-
gebläse im allgemeinen nur als Reserve dienen.

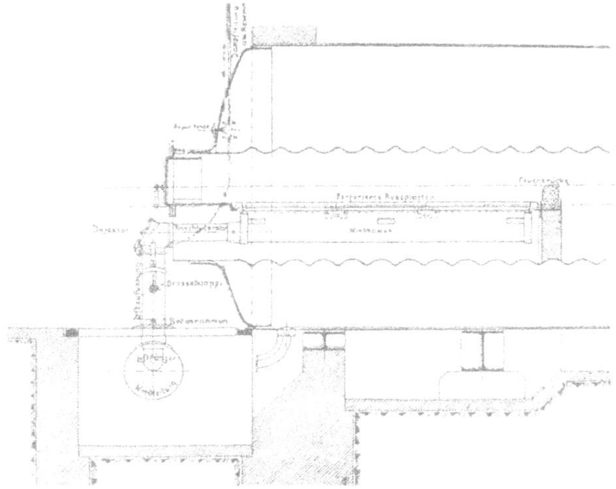

Fig. 47.

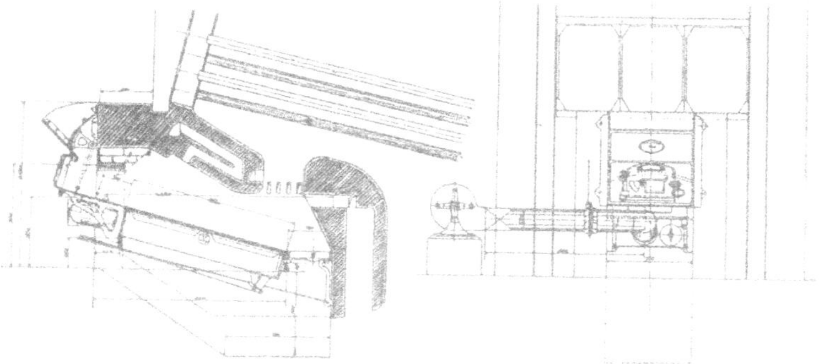

Fig. 48.

Eine auf feuerungstechnischem Gebiete sehr angesehene
Firma ist J. A. Topf & Söhne in Erfurt, auf deren vielseitige Feuerungskonstruktionen, namentlich für die Verwendung minderwertigen Brennmateriales, hier nicht näher

eingegangen werden kann. Als Beispiel möge die in Fig. 49 abgebildete

Topfsche Regulier-Schüttfeuerung dienen, bei der die Beschickung des Treppenrostes mechanisch von oben erfolgt.

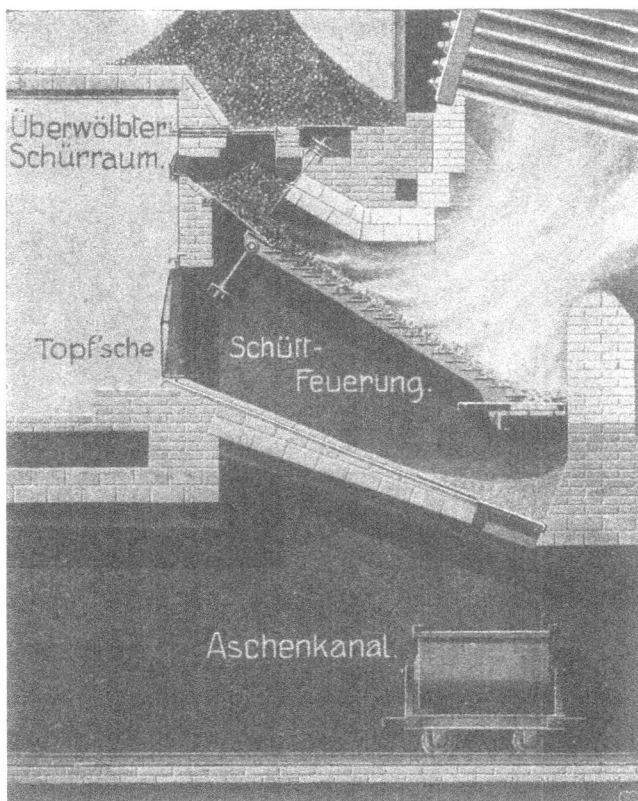

Fig. 49.

Die von der Firma Gebr. Koerting, A.-G. in Hannover, erbaute Körtingsche Rauchverhütungsvorrichtung Bauart Slaby eignet sich für ortsfeste Kesselanlagen, für Lokomotiv- und für Schiffskessel.

Die Wirkungsweise der Vorrichtung beruht im wesentlichen darauf, daß sich bei geöffneter Feuertür ein Dampfbehälter mit Kesseldampf anfüllt. Dieser Dampf betreibt nach Schließen der Tür unter Beimischung von direktem Dampf aus dem Kessel Strahlgebläse, die Frischluft ansaugen und ein Dampfluftgemisch von oben her auf die Kohlenschicht in den Feuerungsraum einblasen. Wenn der Inhalt des Dampfbehälters erschöpft ist, sind die Gebläse außer

Fig. 50.

Tätigkeit. Wird längere Zeit nicht nachgefeuert, wie es bei vorübergehender geringer Beanspruchung der Kesselanlage häufiger vorkommt, so bleibt auch die Vorrichtung selbsttätig abgestellt, bis wieder von neuem Brennmaterial aufgegeben oder nachgeschürt wird. Darin liegt ein Hauptvorteil dieser Bauart, weil hier jede Dampfvergeudung ausgeschlossen ist.

Die beiden Figuren 50 und 51, welche mir von der Firma Gebrüder Sulzer in Winterthur zur Verfügung gestellt wurden, zeigen in einwandfreier Weise den Effekt der

Unterschubfeuerungen. Die Firma
verwendet die in Fig. 41 auf S. 329
dargestellte Unterschubfeuerung. Die Fig.
50 zeigt einen Schornstein, an welchem
ein Kessel mit Unterschubfeuerung angeschlossen ist und daneben Anlagen, die
in gewöhnlicher Weise von Hand bedient
werden. Wie ersichtlich, arbeitet der
Schornstein — mit U bezeichnet — vollständig rauchlos.

Als zweiter Beweis diene die Fig. 51.
Es ist ein nach der Ringelmannschen
Rauchskala ermitteltes Diagramm über
Rauchbeobachtungen bei der Unterschubfeuerung an der Dampfkesselanlage der
Fabrik von Maggis Nahrungsmitteln in
Kempttal. Dieses Diagramm zeigt recht
deutlich, daß jeweils während der Ab-
schlackungsperiode und der nachfolgenden intensiveren Zuführung von Frisch-
kohlen kurze Zeit Rauchbeobachtungen
gemacht werden konnten, wobei zu bemerken ist, daß an dem fraglichen Schornstein drei Stück Zweiflammrohrkessel angeschlossen sind und die sechs Feuerröhren
selbstredend nach und nach abgeschlackt
wurden. Dies ist im Diagramm sehr hübsch
ersichtlich, indem während der Abschlack-
periode — von 10 Uhr 30 Minuten bis 11 Uhr
50 Minuten vormittags — entsprechend
den sechs Abschlackungen auch sechs
Rauchbeobachtungen auf dem Diagramm
zu sehen sind.

Nach den neuesten praktischen Ergebnissen scheint in naher Zukunft die
Unterwasserfeuerung eine größere Bedeutung zu erlangen, und ist es namentlich die Unterwasserfeuerung nach

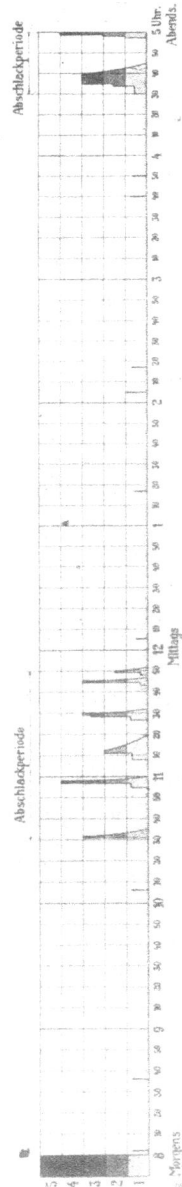

Fig. 51.

Brünler, welche eine weitere Verbreitung finden wird. — Während bei den gewöhnlichen Dampfentwicklern das Feuer seine Wärme durch die äußeren Kesselwände hindurch an das zu verdampfende Wasser abgibt, brennt bei der neuen Art von Kesseln das Feuer unmittelbar im Wasser, dieses verdampfend. Die Konstruktion der neuen Kessel und ihrer Feuerung stammt von dem deutschen Ingenieur Oskar Heinrich Ulrich Brünler.

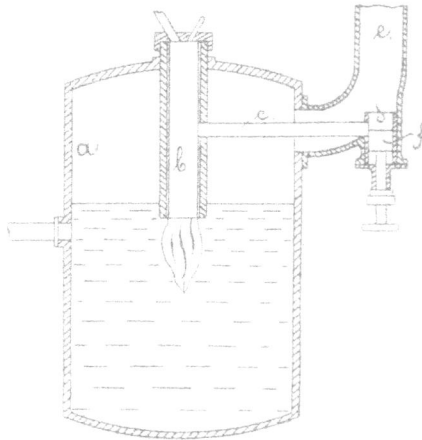

Fig. 52.

Fig. 52 stellt einen Dampfkessel mit geschlossener Feuerung, Patent Brünler, dar. Die Berührung der Flamme mit dem Wasser erfolgt nur in den oberen Schichten des Wassers, und ein Teil der Flamme wird durch ein an den Brenner angesetztes Zweigrohr c in den Abzug für den mit den Verbrennungsgasen gemischten Wasserdampf abgeleitet. Am Ende des Zweigrohres c ist ein in der Durchgangsweite einstellbares Ventil f angeordnet.

Während hier das Feuer sich im Dampfkessel a selbst befindet, hat Brünler es auch in einen Nebenkessel gelegt, der mit dem Hauptdampfkessel durch ein Wasserrohr und ein Dampfrohr verbunden ist.

Eine nach dem System Brünler ausgeführte verbesserte Kesselanlage befindet sich im Betriebe der Firma Wesenfeld, Dicke & Co. in Dahl bei Langerfeld (Kreis Schwelm) und hat sich dort in jeder Hinsicht gut bewährt. Als Brennstoff wird hier Teeröl benutzt, doch kann ebensogut Generatorgas oder ein anderes Gas verwendet werden, wenn der Brennerkopf dazu passend gewählt wird.

Die Rauchverbrennungseinrichtung Bauart Marcotty (Franz Marcotty in Berlin-Schöneberg) für feststehende Dampfkessel, Lokomotiv- und Schiffskessel ist namentlich zur Verwendung bei letzteren wiederholt von dem preußischen Minister der öffentlichen Arbeiten empfohlen worden. Die Einrichtung wirkt durch ihre Mittel, die selbsttätig zur Anwendung kommen, ausgleichend auf die der Rauchvermeidung entgegenwirkenden Umstände. Da das Brennmaterial infolge der plötzlichen Erhitzung kurz nach der Beschickung rasch entgast, so wird ihm für diese Zeit Sekundärluft durch eine eigenartige Trommeltür zugeführt. Die Mischung der Luft geschieht durch einen Dampfschleier, dessen Strahlen in schräger Lage zur Rostebene zur Wirkung kommen. Durch das kräftige Anfachen der Flammen infolge der Dampfstrahlen wird die Temperatur im Verbrennungsraum erhöht und dadurch die durch die Luftzuführung eintretende Abkühlung wieder ausgeglichen.

Der Konstruktion der Einrichtung liegt der Gedanke zugrunde, daß ihre Bedienung keine besonderen Anforderungen an den Heizer stellen darf. Die Steuerorgane sind deshalb bei der Marcottyschen Rauchverbrennungseinrichtung von dem jedesmaligen Öffnen und Schließen der Feuertür abhängig gemacht, so daß sie bei jeder Beschickung selbsttätig in Kraft treten.

Die Feuertür (Fig. 53) ist gewölbt gebaut und nimmt im unteren Teil eine drehschieberartig wirkende Trommel auf, welche die in der Tür ausgesparten viereckigen Öffnungen a freigibt oder schließt. Auf der Türwelle befindet sich das Kegelräderpaar c und der beweglich aufgesteckte Hebel b. Sobald die Tür geöffnet wird, schlägt der Anschlag g gegen den Hebel und bewegt ihn nach rechts, hierbei den Katarakt d spannend. Wird die Tür geschlossen, so bleibt zunächst Hebel *b* in der Rechtslage, hält mittels eines Anschlages das untere Kegelrad fest und zwingt so das obere Kegelrad, welches mit der Trommel fest verbunden ist, sich entsprechend der Türdrehung zu drehen, wobei die Trommel gehoben wird.

Gleichzeitig ist auch mittels des oben auf der Türwelle aufgesteckten Exzenters der Doppelhebel *e* bewegt worden und hat das im sog. Düsenkopfscharnier *f* befindliche Ventil

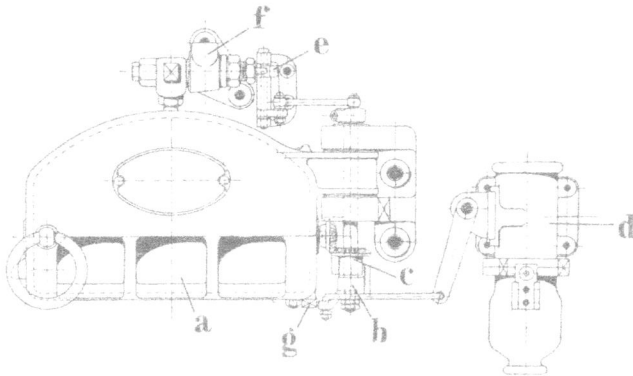

Fig. 55.

zum Dampfschleier geöffnet. Durch Ablauf des Kataraktes bewegen sich die Teile in ihre Ruhelage zurück.

Unter dem Namen Hey-Steuerung baut die Berlin-Anhaltische Maschinenbau-Aktiengesellschaft in Dessau automatische Rauchschiebersteuerungen (Fig. 54) nach den Patenten des Professors Hey.

Die Steuerung dient zur vollkommen selbsttätigen Regelung der Luftzufuhr eines Dampfkessels entsprechend dem jeweiligen Dampfdruck bzw. Dampfentnahme und bewirkt dadurch eine vollkommen selbsttätige Anpassung der Verbrennung auf dem Rost an die Beanspruchung des Kessels. Sie verhindert ferner Druckschwankungen und das Abblasen der Sicherheitsventile in Fabriken mit stark wechselnder Dampfentnahme.

Die Steuerung besteht aus einem unter dem Kesseldruck
stehenden Manometer *1*, welches durch Vermittlung einer
Steuerung den Verteilungsschieber eines hydraulischen Kraft-
zylinders *2* betätigt, dessen Kolben mittels eines Krafthebels

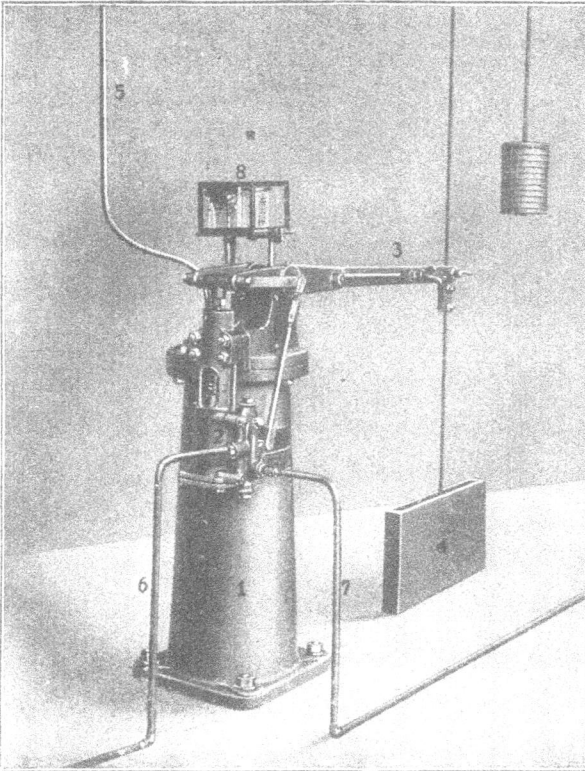

Fig. 54.

3 den Essenschieber *4* oder das sonstige Organ zur Regulierung
des Zuges eines Dampfkessels einstellt. Mittels eines dünnen
Rohres *5* wird das Manometer mit dem Dampfkessel verbunden.

Betätigt wird die Steuerung durch Druckwasser von wenigstens 0,8 Atm., normal 2½ bis 3 Atm. Druck und ist zur
Druckwasserleitung *6* und Abwasserleitung *7* ein Rohr von

etwa 12 mm l. W. nötig. Statt der Druckwasserleitung kann auch eine kleine elektrische oder Dampfpumpe benützt oder bei kontinuierlicher Kesselspeisung der Apparat in die Speiseleitung eingeschaltet werden.

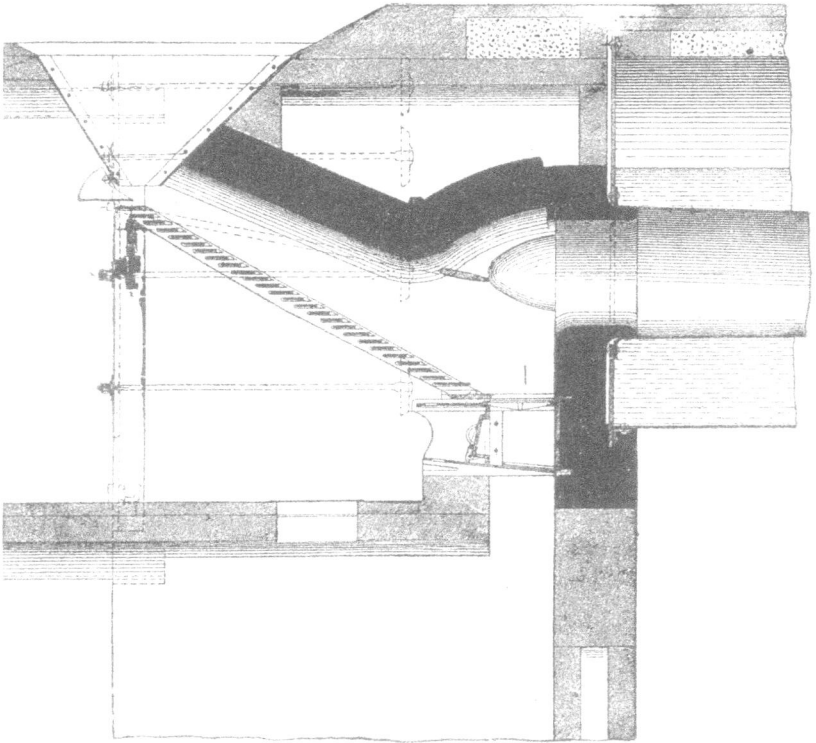

Fig. 55 a.

Die Empfindlichkeit der Hey-Steuerung liegt innerhalb $1/10$ Atm.

Durch mechanische Aufzeichnungen des Registrierapparates 8 wird die Kontrolle des Heizers bewirkt und ferner eine Erhöhung der Betriebssicherheit erzielt.

Die rauchverzehrende Sparfeuerung System Bartl (J. M. & A. Bartl in Cottbus) besteht aus zwei Teilen, der Oberluftzuführung durch die Feuertür und die Heißluftzuführung hinter der Feuerbrücke.

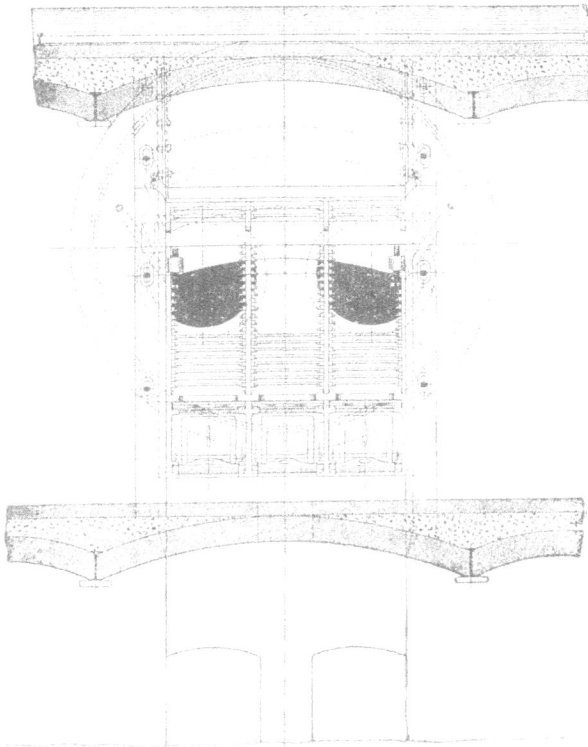

Fig. 55 b.

Die Thostsche Treppenrostfeuerung (Fig. 55) eignet sich besonders für Braunkohlen, Lohe und anderem minderwertigem Brennmaterial.

Die Feuerung wird entweder so eingebaut, daß der Fülltrichter freisteht und der Heizer das Brennmaterial mit

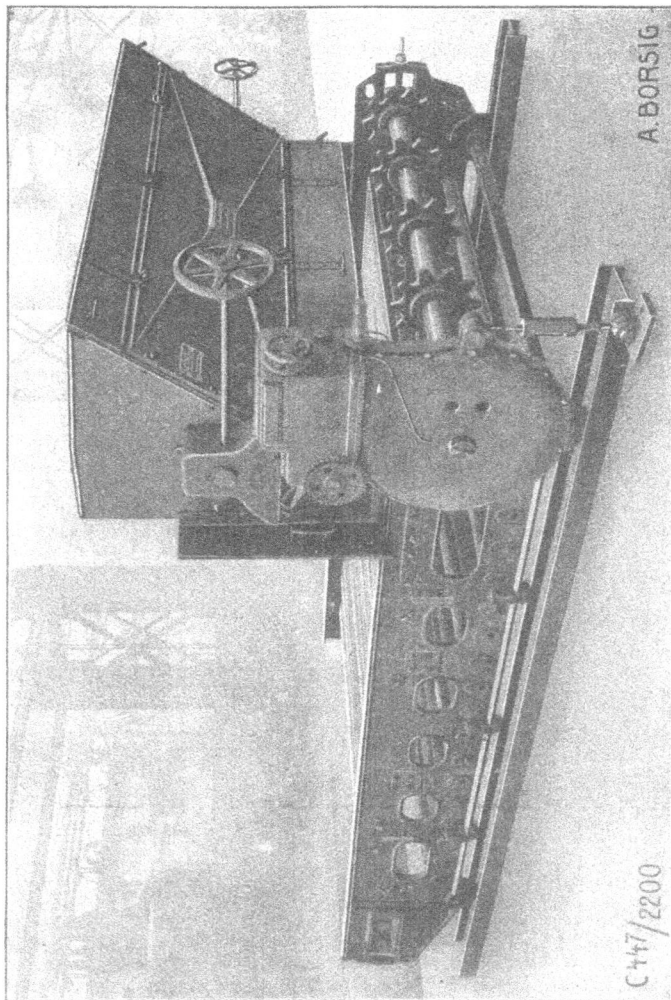

Fig. 56.

der Schaufel in den Füllkasten wirft, oder aber der Füllkasten wird mit dem entsprechend hoch liegenden Heizerstand
in gleicher Ebene gelegt, so daß man das Brennmaterial mittels
Kohlenwagen direkt in den Fülltrichter werfen kann.

Erwähnt sei an dieser Stelle auch noch die Thostsche Schrägrostfeuerung, welche eine rauchfreie, effektvolle und ökonomisch günstige Ausnutzung auch minderwertiger Brennmaterialien zulassen soll und für jedes Kesselsystem als Vor- und Unterfeuerung zulässig ist.

Alle Feuerungen mit Schrägrost ermöglichen nur bei aufmerksamster Bedienung einen mehr oder weniger rauchschwachen Betrieb.

Die mechanische Borsig-Kettenrostfeuerung (Fig. 56) ist auf einen kräftigen Rostwagen montiert. Sie besteht im wesentlichen aus den zu endlosen Ketten vereinigten Rostgliedern, welche über Kettenräder oder Achsen gespannt von der Transmission aus durch Exzenter, Schnecke und Schneckenrad in fortschreitende Bewegung versetzt werden sowie aus dem Fülltrichter mit Vorrichtung zum Einstellen der Brennstoffschichthöhe und dem Schlackensteuer bzw. Abstreifer.

Der »Bericht des Vereins für Feuerungsbetrieb und Rauchbekämpfung in Hamburg über seine Tätigkeit im Jahre 1913« hebt hervor, daß der Grund für den günstigen Verlauf der Verbrennung in Kettenrostfeuerungen darin zu erblicken sei, daß die Entzündung, Entgasung und Verbrennung der Kohle allmählich fortschreitet und diese Vorgänge an bestimmte Stellen in der Feuerung gebunden sind. Dadurch gestaltet sich die Luftzuführung verhältnismäßig einfach.

In Fig. 57 ist ein Wanderrost dargestellt, wie ihn die Berlin-Anhaltische Maschinenbau-Aktiengesellschaft in Dessau baut. Einer weiteren Erklärung bedarf die Konstruktion nicht.

Die vielumstrittene Frage, ob man dem Ketten- oder dem Wanderrost den Vorzug geben soll, beantwortet Herr Oberingenieur Nies in seinem vorstehend angegebenen Bericht dahin, daß die Art des Brennstoffes zu entscheiden habe und begründet seine Ansicht in zutreffender Weise folgendermaßen:

Ein grundsätzlicher Unterschied zwischen dem Kettenrost und dem Wanderplanrost besteht darin, daß die Verbrennungsluft beim Kettenrost sowohl den außerhalb der Feuerung liegenden, rücklaufenden Teil der Kette als auch den mit Brennstoff bedeckten Rost durchströmt und auf diese Weise die Kette gleichzeitig an zwei Stellen kühlt. Beim Wanderplanrost dagegen zieht ein großer Teil der Verbren-

nungsluft durch die beim Rundgang des Rostes sich bildenden
Öffnungen in der ganzen Breite der Feuerung zu und trifft
noch verhältnismäßig kalt auf die Rostglieder, die der Wärme-
ausstrahlung des Entzündungsgewölbes ausgesetzt sind. Da
an dieser Stelle auch die schützende Schlacke fehlt, die erst
am Ende des Rostes wirksam wird, so ist die erhöhte Luft-
kühlung für den unter dem Gewölbe befindlichen Rostteil

Fig. 57.

nicht unerwünscht. Beim Wanderplanrost lassen sich zudem
die Roststäbe mit großen Kühlflächen ausbilden, so daß diese
Bauart einige Vorzüge vor dem Kettenrost besitzt. Anderer-
seits wird von Anhängern des Kettenrostes behauptet, daß
durch die rückende Bewegung der Kette das Loslösen der
Schlacke vom Rost begünstigt und dessen Lebensdauer erhöht
wird, während beim Wanderplanrost die einzelnen Roststäbe
in den Rostträgern unbeweglich liegen (s. dagegen den Wanderrost System Placek, S. 57), die Schlacke also nur unter dem

Einfluß des Schlackenstauers sich vom Rost löst und sich
zwischen die Rostspalten Rückstände setzen, die den Luftzutritt erschweren.

Eine in letzter Zeit viel beachtete Rostkonstruktion ist
der Prometheus-Hohlrost mit Wasserinnenkühlung
(Fig. 58) der gleichnamigen Werke in Hannover. Dieser aus

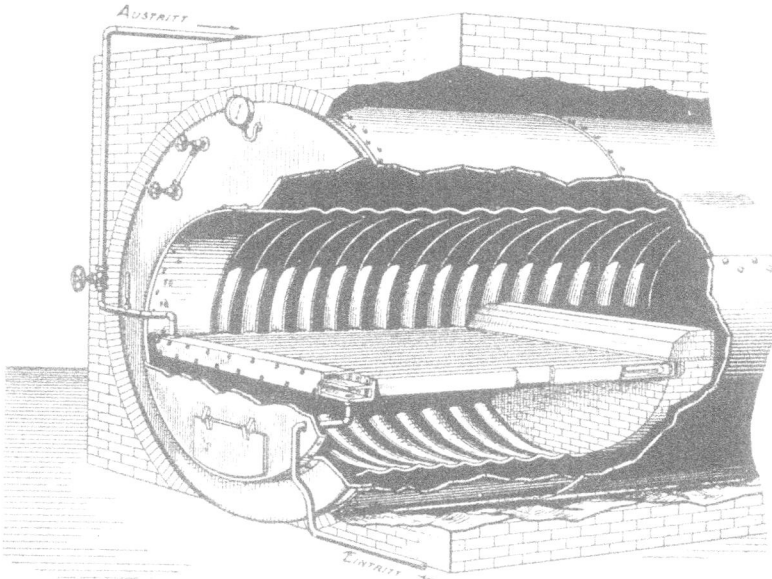

Fig. 58.

Siemens-Martin-Stahl hergestellte Hohlrost gestattet nicht nur
die Verfeuerung des schärfsten und schlackenreichsten Brennmaterials, sondern, ordnungsmäßige Bedienung durch den
Heizer vorausgesetzt, gewährleistet er eine bedeutende Kohlenersparnis und verbürgt eine rauchfreie Verbrennung.

Der Prometheus-Hohlrost kann wie jeder Planrost unabhängig vom Kesselinnern angeordnet und ebenso wie dieser
beschickt und behandelt werden. Die Roststäbe sind im
Innern für den Durchfluß des Wassers in zwei Kanäle geteilt
und mit einem quer vor ihnen liegenden Wasserkasten ver-
schweißt, der in der Mitte durch eine horizontale Trennwand

in eine obere und untere Wasserkammer geteilt ist. Das in die untere Wasserkammer eintretende Kühlwasser läuft in den Hohlroststäben zuerst durch den unteren Kanal der Roststäbe, tritt am Stabende in den oberen Kanal über und gelangt so in die obere Kammer des Wasserkastens zurück, von wo es der Speisewasserzisterne zugeführt wird. Durch ein Ventil am Einlauf wird die Durchflußgeschwindigkeit des Kühlwassers geregelt, durch Anordnung eines Thermometers am Auslauf die Temperatur des auslaufenden Wassers beobachtet. Die Temperatur des Kühlwassers kann je nach dem Verwendungszweck beliebig hoch oder niedrig reguliert werden. Eingehende Versuche haben ergeben, daß bei Steinkohlenfeuerung pro Quadratmeter Rostfläche stündlich etwa $\frac{3}{4}$ bis 1 cbm Wasser um etwa 20 bis 30° C erwärmt wird.

Wiederholte Versuche, die der Hamburger Verein für Feuerungsbetrieb und Rauchbekämpfung mit dem Hohlrost angestellt hat, bestätigen die dem Hohlrost zugesprochenen Vorzüge.

Hinsichtlich der Vorrichtungen zum mechanischen Aufgeben des Brennstoffes möchte ich noch bemerken, daß die Vorrichtungen zur Vermeidung des plötzlichen Überdeckens der glühenden Kohlenschicht mit kaltem Brennstoff den Nachteil haben, daß sie eine besondere Treibvorrichtung notwendig machen. Außerdem hängt die rauchfreie Verbrennung von dem richtigen Funktionieren eines komplizierten Mechanismus ab, welcher infolge der sehr hohen Temperaturen leicht Störungen ausgesetzt ist.

Sonst ist aber die automatische Brennmaterialzuführung von großem Wert, da sie die Feuerungsanlage von der Sorgfalt des Heizers unabhängig macht und die Zuführung eines Überrestes von kalter Luft sowie die Überlastung des Kessels hindert. Häufig merkt man aber auch bei den mechanischen Aufgabevorrichtungen eine starke Rauchentwicklung, was fast immer darauf zurückzuführen ist. daß in irgendeiner Weise Mißbrauch mit der Kesselanlage getrieben wird (forcierter Betrieb) und außer der mechanischen Zuführung von Brennstoffen noch welcher mit der Hand aufgeschüttet wird.

Bevor ich auf die Feuerungsanlagen für flüssige und gasförmige Brennstoffe eingehe, will ich noch einiger anderer Vorrichtungen zur Vermeidung der Schwängerung der Luft mit Rauch und Ruß aus industriellen Betrieben gedenken und diesbezüglich nicht unterlassen, auf das ausgezeichnete Werk »Lang, Der Schornsteinbau« (Helwingsche Verlagsbuchhandlung, Hannover) aufmerksam zu machen.

Zu den verschiedenen Verhütungsmaßnahmen, welche heute zur Bekämpfung der Rauchschäden in Anwendung sind, gehören auch die R a u c h v e r d ü n n u n g s a n l a g e n. Hierbei werden die Abgase durch Einblasen von Gebläseluft stark verdünnt; doch reicht diese bedeutende Betriebskosten erfordernde Verdünnung nicht aus, um irgendeine einschneidende Bedeutung für die Unschädlichmachung der Abgase zu besitzen.

Das beste, weil vom Eingriff der Menschen unabhängige Mittel, die Abgase unschädlich zu machen, scheint zu sein, sie durch gewaltig hohe Schornsteine in höhere Luftschichten zu leiten. Aber auch dieses, gewaltige Kosten verursachende Mittel, hat den berechtigten Erwartungen nicht entsprochen. Zwar schützen die hohen Schornsteine die nächste Umgebung, nicht aber die weiter abliegende Pflanzenwelt, da, wie Wislicenus mit Recht bemerkt, die höheren, ruhigeren Luftschichten nicht so wirbelungsfähig sind, wie die durch hemmende Bodenerhebungen viel mehr gestörten und daher bewegteren tieferen Luftschichten, welche eine bedeutend schnellere und wirksamere Auflösung und Verwirbelung der Abgasmengen herbeiführen. Da nun aber Schornsteine von normaler Höhe, trotz der besseren Verwirbelungsfähigkeit, Rauchschäden nicht verhüten können, ist versucht worden, dieselben zwecks Erhöhung der Wirbelfähigkeit konstruktiv besonders zu gestalten, und dieses Problem ist, wie Oberingenieur Winkelmann-Ratibor in der »Zeitschrift für angewandte Chemie« (26. Jahrg. Nr. 31) zutreffend ausführt, in geradezu idealer Weise durch Anwendung des »D i s s i p a t o r - P r i n z i p s« von Prof. Wislicenus-Tharandt gelöst worden. Da die

D i s s i p a t o r - S c h o r n s t e i n e dauernd selbsttätig arbeiten, erfordern sie entgegen allen anderen Verfahren keinerlei Betriebsaufwand.

Der Dissipator (Fig. 59) ist der obere, gitterartig durch-
löcherte Teil eines Industrieschornsteines von sonst normaler
Bauart und soll die Rauch- und Abgase durch innige selbsttätige Luftdurchmischung verdünnen und damit möglichst unschädlich machen. Die Ge-
samtaustrittsfläche der aus
gelochten Radialsteinen bestehenden Öffnungen beträgt
das Vielfache (5- bis 6 fache)
der Schornsteinmündung und
steht zu dieser in einem bestimmten Verhältnis.

Der auf der einen Seite
stark wirbelnd eintretende Wind verdünnt
die Rauchmassen im Schornstein um etwa
das Vierfache, worauf er sie auf der anderen
Seite, ebenfalls stark wirbelnd, heraus-
treibt.

Die einzelnen Rauchstrahlen erfahren
nun durch die Außenluft unmittelbar beim
Austritt infolge der bereits im Schornstein erfolgten starken Lockerung der An-
griffsfläche und der starken Wirbelung
eine weitere Verdünnung auf das etwa
Zehnfache. Mit der weiteren Entfernung
vom Schornstein steigert sich naturgemäß die Verdünnung.

Zeigen unsere bisherigen Industrieschornsteine eine oft kilometerweit geschlossene Rauchfahne, so macht sich
beim Dissipator nur noch ein Nebel-

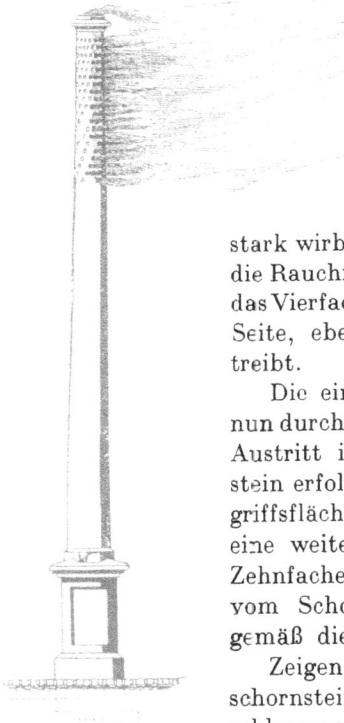

Fig. 59.

dunst von Rauch bemerkbar. Es wäre daher dringend zu
wünschen, daß das Dissipatorprinzip öfter als es bisher
der Fall war angewendet würde. Fig. 60 zeigt die Ausführung eines Dissipator-Schornsteins, wie er von der Firma
J. Ferbeck & Co. in Aachen—Forst erbaut wird, während die
Fig. 59 von der »Metallbank und Metallurgische Gesellschaft«,
A.-G. i. Frankfurt a. M., freundlichst zur Verfügung gestellt wurde.

Das Wort »Dissipator« hat Wislicenus wohl nur der ihm erteilten ausländischen Patente wegen gewählt, da sonst sicher die ursprüngliche Bezeichnung »Gitterschornstein« beibehalten worden wäre.

Als Ersatz für Schornsteine, zur Verstärkung des Schornsteinzuges bzw. in Verbindung mit Schornsteinen mit schwankender Belastung, bei denen ein Höchstmaß von Dampferzeugung erzielt werden soll, bedient man sich der

Fig. 60.

Saugzuganlagen. Es wird bei diesen Anlagen eine Luftleere erzeugt, wodurch die Gase angesaugt bzw. abgeführt werden. Der Vorteil der Saugzuganlagen ist, daß auf dem Rost das Brennmaterial höher geschichtet werden kann, daß man von den Witterungsverhältnissen unabhängig und der Zug regulierbar ist; auch sind sie mit Ekonomiser verwendbar.

Im Gegensatz zu dem vorbesprochenen Gitterschornstein vermag eine künstliche Saugzuganlage bei normalem Betrieb nur ein Drittel bis ein Halb, bei forciertem Betriebe höchstens

80% der Abgasmasse an Luft zuzuführen. Dabei verursacht eine Saugzuganlage dauernde, nicht unerhebliche Betriebskosten.

Sehr verbreitet sind die von der »Gesellschaft für künstlichen Zug« in Berlin-Charlottenburg hergestellten Saug-

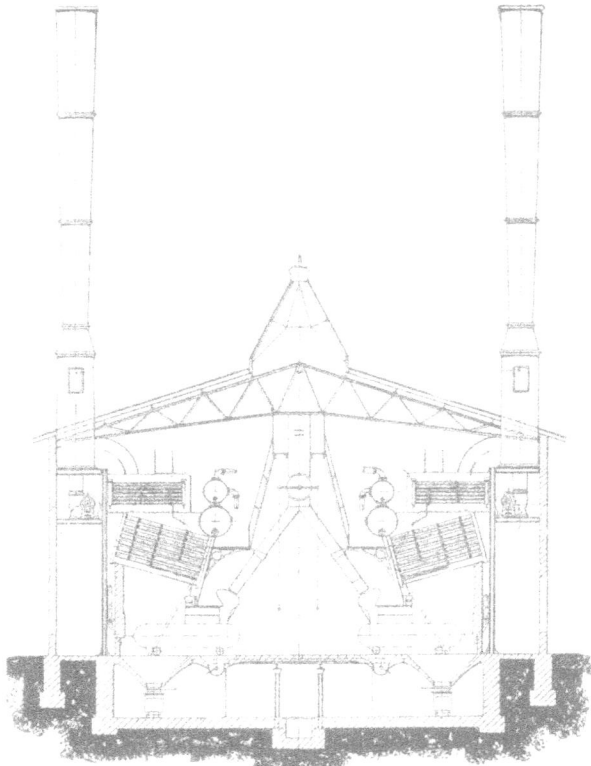

Fig. 61.

zuganlagen System Schwabach. Fig. 61 stellt schematisch eine solche Anlage in Verbindung mit Flugaschenfänger, Lufterhitzer und Ekonomiser dar. Hinweisen will ich auch noch auf die von derselben Firma erbauten »Surturit-Gitter«, ein rauchverhütender Wärmespeicher für Feuerungen, der sich hinsichtlich Rauchverhütung, Rußbeseiti-

gung und Kohlenersparnis u. a. bei den Feuerungen im preußischen Abgeordnetenhause gut bewährt haben soll. Das
Gitter ist aus besonders ausgewähltem, hoch-feuerfestem Material gefertigt, welches entweder eingewölbt oder bei größeren
Spannweiten auf besondere Art gestützt, über oder hinter
dem Feuerungsrost eingebaut wird, so daß die Gase, bevor

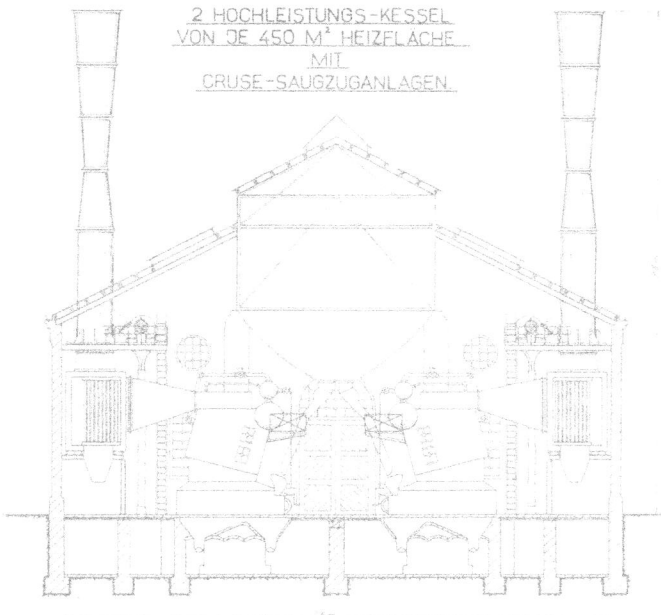

Fig. 62.

sie die Heizflächen erreichen, das Gitter durchstreichen
müssen. Aus diesen Konstruktionsangaben ergeben sich ohne
weiteres die dem Gitter nachgerühmten Vorteile.

Die von Dr. Hans Cruse in Berlin W. 50 erbaute künstliche Saugzuganlage, in Fig. 62 schematisch dargestellt,
beruht auf der bekannten Tatsache, daß ein Luftstrom von
einer gewissen, durch die jeweiligen Verhältnisse bedingten
Pressung, der mittels einer Düse in ein nach bestimmten Er-

fahrungsgrundsätzen geformtes Abzugsrohr geblasen wird, imstande ist, dort eine Luftleere zu erzeugen und dadurch Gase von verschiedenster Zusammensetzung anzusaugen und fortzuschaffen.

Um die ungünstige Einwirkung einzelner kleiner Dampfkesselanlagen auf die Rauchentwicklung einzuschränken, empfiehlt sich die Zentralisation der Dampfkesselanlagen, noch mehr aber statt des Dampfkesselbetriebes die Verwendung von Explosionsmotoren, welche rauchlos arbeiten. Bekanntlich werden Leuchtgas- und Sauggasmotoranlagen auch da gestattet, wo zur Errichtung einer Dampfkesselanlage die Genehmigung nicht erteilt werden kann; doch sollten die Behörden, soweit es in ihrer Macht steht, auch außerhalb dieser Fälle auf eine häufigere Anwendung des Motorbetriebes drängen. Allerdings stehen bei uns in Deutschland der weiteren Verbreitung der Gasmaschinen die teuren Gaspreise hindernd im Wege. So hat die Stadt Berlin beispielsweise im Jahre 1904 aus ihren eigenen Gasanstalten und den Abgaben der englischen Anstalt rd. 15 Mill. M. Überschuß gehabt. Würde nun eine Verbilligung des Gases um 2 bis 3 Pf. eintreten, so würde dies einen großen Teil der Dampfkesselbetriebe verdrängen und namentlich dem Kleingewerbe großen Nutzen bringen. Dasselbe gilt übrigens auch für die Abgabe von Elektrizität zu Kraftzwecken, während der Ersatz der Dampfkraft durch die Wasserkraft nur an örtlich begrenzten Stellen, aber nicht allgemein möglich ist.

Über die Beseitigung der Rauchbelästigung durch Dampfer auf Flüssen und Seen wird noch weiter zu sprechen sein (S. 368). Hier sei nur der Dieselmotoren als Ersatz für die rauchende Dampfmaschine gedacht. Schon im Jahre 1911 waren 200 Schiffe mit Dieselmotoren ausgerüstet. Ein mit diesen Motoren ausgerüsteter Dampfer entspricht, wie die Kriegsmarine beweist, die solche Motoren benützt, allen Anforderungen an Leistungs- und Manövrierfähigkeit. Die Handelsflotte verwendet sie gleichfalls mit bestem Erfolge.

Auch der Sauggasmotor ist berufen, zur Rauchgasverminderung auf Schiffen seinen bedeutenden Teil beizutragen, wenn auch die bisherigen Erfolge nicht durchweg befriedigend

sind. Die fortschreitende Technik wird auch die noch vorliegenden Schwierigkeiten beseitigen.

Die industrielle Gasfeuerung kann dreierlei Haupt-
zwecken dienen, nämlich dem Glühen, Schmelzen (Löten,
Schweißen) und Härten, dem Erhitzen und dem Kochen. Der
Vorteil der erstgenannten Verwendungsart der Gasfeuerung
ist seine leichte Regulierbarkeit und Reinlichkeit. Sie ist daher besonders geeignet für die Werkzeugindustrie (Härten,
Glühen, Anlassen usw.), die Fein- und Edelmetallindustrie
(Schmelzen von Edelmetallen, Kupfer, Messing usw.) und vor
allem für die Porzellan- und Glasindustrie (Emaillieren, Ein-
brennen, Glasmalerei usw.). Die modernen Setz- und Gieß-
maschinen der großen Tageszeitungen wären ohne Gasfeuerung nicht gut denkbar. Bei diesem Verfahren werden die
Manuskripte zeilenweise abgesetzt und sogleich durch eine
kleine Schmelzpfanne, die an der Maschine mit eingebaut ist
und in welcher durch Gasbrenner das Gießmetall flüssig bereit
gehalten wird, gegossen.

Den Zweck des Erhitzens braucht die Textil- und Nah-
rungsmittelindustrie. Das »Sengen« in Wollfabriken, Baum-
wollfärbereien und Bleichereien und das »Plätten« gehört ebenso
hierher wie das »Rösten« des Kaffees und das »Räuchern«.

Der Küchenbetrieb in unseren großen modernen Gast-
häusern, Gastwirtschaften, Krankenhäusern, Sanatorien usw.
wäre ohne das »Kochen mit Gas« undenkbar.

Die Gasfeuerung kann also in weitaus den meisten unserer
industriellen und gewerblichen Unternehmungen die Dampf-
heizung ersetzen.

In England ist durch einwandfreie Versuche festgestellt,
daß auch im Haushalt die Gasfeuerung in bezug auf Wirtschaftlichkeit (Nutzeffekt) der Kohlenfeuerung mindestens
ebenbürtig, wenn nicht überlegen ist, daß sie hygienisch ungleich günstiger ist und daß endlich der Vergleich der beiderseitigen Kosten für Heizen und Kochen immer noch so ausfällt, daß er das Gas gegenüber der Kohle als ökonomisch erscheinen läßt.

Infolge dieser allgemein bekannten Vorteile und des
niedrigen Gaspreises — in London durchschnittlich 10 Pf.

pro cbm — wegen, hat der Gebrauch des Gases zum Heizen und Kochen sich außerordentlich verbreitet. So hat die »Gas Light and Coke Company« in London, die größte und älteste Gasfabrik der Welt, bei 675 000 Konsumenten rd. 550 000 Gasöfen, Herde und Kocher ohne die zahlreichen Heißwasserapparate, Gasmotoren usw. zu versorgen. Die »Croydon Gas Company« in London hatte 1886 594 Gasöfen vermietet, im Jahre 1909 aber 24321. Und diese Zunahme hat namentlich bei den Kleinverbrauchern stattgefunden, da von den etwa 36 000 Konsumenten der Gesellschaft rund die Hälfte durch Gasautomaten versorgt wird. Die Gaswerke von Glasgow hatten im Jahre 1909 67 802 Gasöfen usw. vermietet neben 1596 Gasmotoren mit zusammen 19 000 PS, bei 273 846 Gasmessern und 49 957 Gasautomaten.

Hervorheben möchte ich noch, daß trotz des billigen Gaspreises das Gas in England durchweg vorzüglich ist, da überall strenge Vorschriften bezüglich der Reinheit des Gases bestehen. So darf in London das Gas keine Spur von Schwefelwasserstoff aufweisen und wird darauf hin dauernd kontrolliert.

Im Gegensatz zu England ist man in Deutschland hinsichtlich des ständigen Gebrauches von Gasheizapparaten noch sehr weit zurück, was, wie bereits gesagt, zum größten Teil an unseren hohen Gaspreisen liegt. Allerdings sind in den letzten Jahren verschiedene Gasanstaltsverwaltungen den Konsumenten durch Herabsetzung der Preise für Heiz- und Kraftgas sowie durch Gewährung von Erleichterungen bei Beschaffung von Gasheizapparaten entgegengekommen; aber diese Anstalten sind doch in der Minderzahl, bei den meisten gilt auch heute noch das Erzielen eines möglichst hohen Überschusses als der vornehmste Zweck und das höchste Ziel, welches ein Gaswerk zu erreichen hat. Anderseits soll auch nicht verkannt werden, daß der überwiegende Teil unseres Volkes den Vorteilen der Gasheizung ziemlich verständnislos gegenübersteht und daß fast jeder von ihnen sofort mit der Bemerkung bei der Hand ist, daß die Gasheizung infolge ihrer üblen Ausdünstungen im höchsten Grade gesundheitsschädlich sei. Daß Übelstände auftreten »können«, soll nicht geleugnet werden wenn der Gasheizapparat unsachgemäß behandelt wird. Bei sachgemäßer Behandlung nach den Vorschriften des Deutschen Vereins von Gas- und Wasserfachmännern, bearbeitet und herausgegeben von seiner Heizkommission unter Mitwirkung von Herrn Geheimen Regierungsrat Rietschel, sind Übelstände irgendwelcher Art aber ausgeschlossen. Diese im Verlage von R. Oldenbourg in München und Berlin erschienene »Anleitung zur richtigen Konstruktion, Aufstellung und Handhabung von Gasheizapparaten« schreibt im wesentlichen folgende bei Einrichtung und Benutzung von Gasheizanlagen zu beobachtenden Regeln vor:

1. Größere Gasheizapparate, die an eine Abzugsvorrichtung angeschlossen sind, müssen so konstruiert bzw. installiert sein, daß, unabhängig von der Wirksamkeit der Abzugsvorrichtungen, auch bei einem zeitweiligen Versagen der letzteren weder eine unvollständige Verbrennung, noch gar ein Verlöschen der Flammen eintreten kann.

2. Auch kleinere Gasheizapparate, die keinen Abzug nötig haben, müssen ebenso wie die größeren so konstruiert sein, daß das Gas in ihnen vollständig verbrannt wird.

3. Zimmeröfen, Badeöfen sowie größere Herde und andere größere Gasheizapparate sind stets an eine geeignete Einrichtung zur Abführung der Abgase anzuschließen.

4. In kleinen Räumen, insbesondere in Badezimmern, in denen ein größerer Gasheizapparat (Gasbadeofen) benützt wird, ist zur Erreichung einer guten Lüftung neben der Abführung der Abgase auch für die Zuführung frischer Luft zu sorgen.

5. Gasheizanlagen müssen fachgemäß und solide hergestellt sein und dauernd reinlich und in gutem, betriebsfähigem Zustand erhalten werden.

6. Gashähne an Apparaten dürfen nie geöffnet werden, ohne daß das Gas sofort entzündet wird. Zu diesem Zweck ist stets das Zündmittel schon vor dem Öffnen des Gashahnes am Apparat bereitzuhalten.

7. Der Inhaber oder Benützer einer Gasheizanlage muß sich über die Gasfeuerung soweit unterrichten, daß er in der Lage ist, ihr richtiges Brennen beurteilen zu können.

Das Fehlen jeglichen unangenehmen Geruches und die richtige Form und Farbe der Flamme sind die sichersten Merkmale hierfür.

8. An Gasbadeöfen oder in deren Nähe ist eine deutlich sichtbare kurze Gebrauchsanweisung mit den nötigen Vorsichtsvorschriften anzubringen.

9. Sind Gasheizapparate (Badeöfen) nachweislich beschädigt oder ist Gasgeruch an ihnen wahrzunehmen, so dürfen sie nicht eher wieder in Gebrauch genommen werden, bis sie von fachkundiger Hand in Ordnung gebracht worden sind.

Wird die Rauchplage schon durch größere Verbreitung der Anlage von Zentralheizungen und Zentralküchen ganz wesentlich vermindert, so geschieht dies in noch größerem Maße durch die zentrale Gasheizung.

In der Hauptsache kann die zentrale Raumheizung mittels Gasfeuerung auf zweierlei Weise vor sich gehen: Entweder man schaltet in das Leitungsnetz einer Warmwasser- oder Niederdruckdampfheizung einen mit Gas befeuerten Heizkessel ein, oder man verwendet zur Beheizung der einzelnen Räume lokale Gasöfen, die in irgendeiner Weise zentral zusammengeschaltet sind. Am vorteilhaftesten ist es, die Zusammenfassung in der Weise vorzunehmen, daß die einzelnen Gasöfen an eine gemeinsame Abgasleitung angefügt werden, deren Öffnen und Schließen die einzelnen Gasöfen selbsttätig in oder außer Betrieb setzt.

Die gewaltige Steigerung der Weltproduktion an flüssigen Brennstoffen hat die Aufmerksamkeit zahlreicher industrieller Kreise in erhöhtem Maße auf die

Ölfeuerung gelenkt. Die Erdölproduktion ist vom Jahre 1906 bis zum Jahre 1908 um 34% gestiegen, und die Kohlendestillation bringt infolge Einführung der Nebenproduktengewinnung stetig steigende Mengen von Teerölen auf den Markt. Infolgedessen sind die Preise für flüssige Brennstoffe stark gesunken, so daß man vor dem Kriege ein zu Heizzwecken vorzüglich geeignetes Öl für M. 3,50 pro 100 kg haben konnte. Dieses Öl hat einen Heizwert von rd. 9000 WE.

Neben der Billigkeit bietet das Öl noch den Vorteil, daß es den höchsten Heizwert aller bekannten Brennstoffe besitzt und daß es sich als Flüssigkeit jeder Behälterform anpaßt. Diese Eigenschaften sind von Bedeutung für die Verfrachtung des Öles, die in Kesselwagen sehr billig erfolgen kann, sowie für seine Verwendung auf Schiffen und Lokomotiven, wo es darauf ankommt, den zur Verfügung stehenden Raum aufs äußerste auszunützen. Rechnet man dazu noch die Unveränderlichkeit des Öles beim Lagern, die hohe Ausnutzung seines Heizwertes bei der Verbrennung, die mühelose Beförderung zur Feuerung und endlich das Fehlen von Rauch, Geruch und Schlacke, so muß man zugeben, daß die große Verbreitung, die diese Feuerungsart bisher schon gefunden hat, durchaus berechtigt ist.

Sehr wesentlich fällt auch ins Gewicht, daß die Dampfkesselfeuerung mit Rohöl selbst bei den schwankendsten Betriebsbeanspruchungen eine rauchfreie und dabei doch wirtschaftliche Brennstoffausnutzung ermöglicht.

Um eine vollständige Verbrennung des Teeröles herbeizuführen, muß es in fein zerstäubtem Zustande in den Feuerungsraum gebracht und verbrannt werden. Die Zerstäubung des Öles geschieht durch Unterdrucksetzung des Öles mittels Dampfes, Preß- oder Gebläseluft. Die Hauptbedingung für einen guten Brenner ist eine leichte Regulierfähigkeit, wodurch ein Anpassen an die geforderte Wärmemenge bequem erreicht werden kann. Das Erreichen und Halten von Temperaturen bis zu 2000° C ist mit der Teerölfeuerung ohne Schwierigkeit zu erzielen.

Fig. 63 zeigt in schematischer Weise die Anordnung einer Ölfeuerungsanlage. Wie aus der mir von der »Deutschen Teerprodukten-Vereinigung in Essen (Ruhr)« zur Verfügung gestellten Abbildung ersichtlich, ist der Betrieb einer Kesselanlage mit Ölfeuerung sehr einfach; der Heizer hat nur die Flammenbildung zu beobachten und je nach der Belastung mehr oder weniger Brennstoff zu geben.

Die preußische Eisenbahnverwaltung ist schon seit Jahren bemüht, die wertvollen Eigenschaften der Ölfeuerung für den Lokomotivbetrieb nutzbar zu machen. Durch Zusatz-

feuerung von Teeröl über dem gewöhnlichen Kohlenunter-
feuer sind wesentliche Vorteile erzielbar, ohne namhafte Mehr-
kosten für Betriebsmaterial. Durch den hohen Heizeffekt des
restlos verfeuerten Heizöles wird die Verdampfung des Kessels
ganz wesentlich gesteigert.

Teerölzusatzfeuerung für Lokomotivkessel kommt hauptsächlich auf Strecken mit starken Steigungen zur Erhöhung
der Leistung, in Tunnels sowie innerhalb der bewohnten Gebiete in Betracht. Sie entspricht in diesem Falle sowohl den

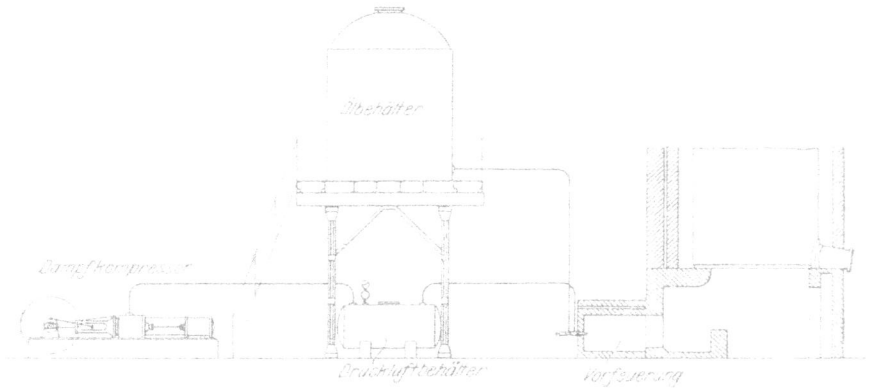

Fig. 63.

Anforderungen einer plötzlich erhöhten Kessel- und Maschinen-
leistung bis zu 15 bis 20% als auch denen der Rauchverminderung.

Bei der Anwendung der Ölzusatzfeuerung für Lokomotivkessel muß das Kohlenfeuer gut durchgebrannt sein, darüber
wird dann das Öl durch Zerstäuben geblasen. Bei der Teerölzusatzfeuerung auf der Strecke Koblenz—Limburg wurde als
Unterfeuer gewöhnliche Braunförderkohle mit Erfolg verwendet
und dadurch der Nachweis erbracht, daß auch bei einem der
Steinkohle gegenüber minderwertigen Brennstoffe selbst bei
stärkster Beanspruchung der Kessel eine ausreichende Dampferzeugung durch Ölzusatzfeuerung zu erzielen ist.

Für reine Ölfeuerung ist wesentlich die Anordnung einer
Schamotteausmauerung im unteren Teil der Feuerkiste, welche

die Vergasung und dauernde Zündung der durch die Brenner

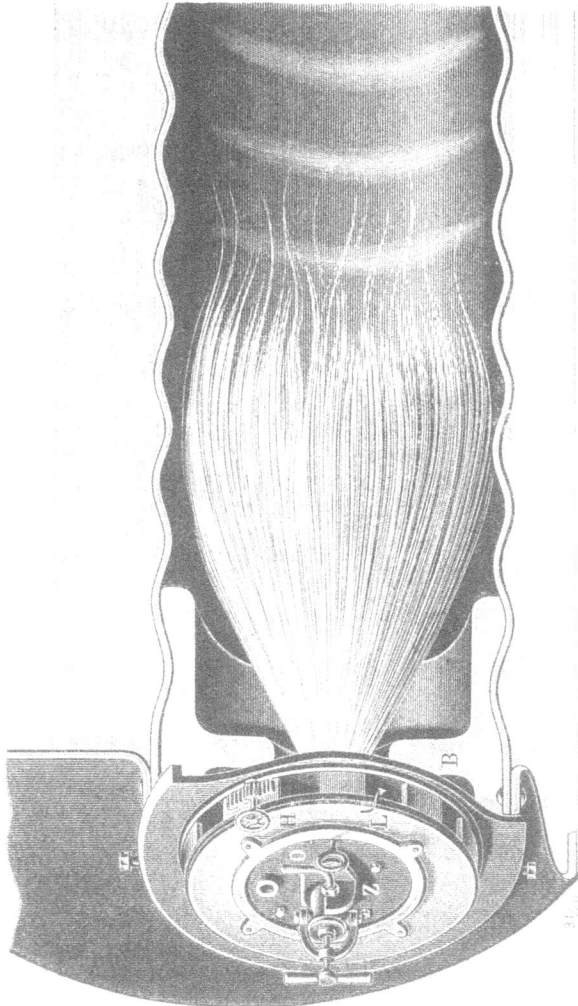

Fig. 64.

zerstäubten Ölteilchen gewährleistet, während bei Unterfeuerung die rasche Entflammung der Ölteilchen durch die in

heller Flamme befindliche Kohle erreicht wird. Ein weiterer Vorteil ist ferner die rasche Betriebsbereitschaft, die es ermöglicht, die Kessel in 15 bis 20 Minuten auf den nötigen Dampfdruck zu bringen.

Für Lokomotiven ist nach den von Sußmann (Ölfeuerung für Lokomotiven. Verlag Julius Springer, Berlin 1912) mitgeteilten Ergebnissen erwiesen, daß sich Teerölzusatzfeuerung in bezug auf die Betriebsmaterialkosten nicht höher stellt als normale Kohlenfeuerung, wobei die Menge des verfeuerten Heizöles etwa $\frac{1}{4}$ der gleichzeitig verbrannten Kohle betragen hat. Bei Verwendung von Kohle ist für diese Leistungen eine 7- bis 8fache, von Teeröl eine 12- bis 14fache Verdampfung berechnet, was die mit reiner Ölfeuerung erzielte 12- bis 13-fache Verdampfungsziffer bestätigt.

Besonders hervorzuheben ist ferner der Wegfall des Funkenwurfes bei Anwendung der Ölfeuerung. Dieser Vorteil hat in einigen westlichen Staaten von Nordamerika zu der Vorschrift geführt, daß die Lokomotiven des Waldbestandes halber bei der Bergfahrt nur mit Öl fahren dürfen. In keinem Lande ist wohl die Ölfeuerung so verbreitet wie in den Vereinigten Staaten von Nordamerika. Dort verkehrten schon im Jahre 1908 auf über 24000 km nur Lokomotiven mit Ölfeuerung. In Kalifornien fährt überhaupt keine Lokomotive mit Kohlenfeuerung mehr, hier ist die Ölfeuerung vollständig durchgeführt.

Sehr verdient um die ständig wachsende Verbreitung der Ölfeuerung, namentlich für Lokomotiv- und Schiffskessel, hat sich die Firma Gebr. Körting in Körtingsdorf bei Hannover dadurch gemacht, daß sie unablässig bemüht ist, nur die besten und brauchbarsten Konstruktionen auf den Markt zu bringen.

Im Frühjahr 1902 lief im Londoner Themsehafen zum erstenmal ein Dampfer ein, der anstatt Kohle flüssigen Brennstoff aufnahm. Es war dies der Dampfer »C. Ferd. Laeisz« von der Hamburg-Amerika-Linie, dessen Kessel ausschließlich mit der Körtingschen Ölfeuerung beheizt wurden.

Für Schiffs- und Lokomotivkessel, aber auch für jede andere dampferzeugende größere Anlage hat sich die von der vorgenannten Firma gebaute Ölfeuerung mit Zentrifugalzerstäuber (Fig. 64) sehr gut bewährt. Die Abbildung stellt das Feuerrohr eines Schiffskessels mit Zentrifugalzerstäuber und Trommelschieber dar. *Z* ist der Zerstäuber, *L* der Trommelschieber, *H* die Stellvorrichtung und *B* die Feuerbrücke.

Die Ölfeuerung eignet sich besonders für K r i e g s s c h i f f e wegen seiner fast rauchlosen Verbrennung und weil die Heizer weniger unter der Einwirkung der Hitze in den Kesselräumen als bei der Kohlenfeuerung leiden. Außerdem wird beim Verladen an Zeit und Arbeitskräften gespart, Staub und Schmutz vermieden.

Dieselben Gründe sprechen auch für die Ausstattung der H a n d e l s d a m p f e r mit Ölfeuerung. So braucht ein mit Ölfeuerung ausgestatteter Ozeandampfer zur Bedienung nur 27 gegen sonst 312 Personen und gewinnt außerdem einen Raum von etwa 2000 t Ladegewicht.

Außer dem Teeröl wird auch das E r d ö l (P e t r o l e u m) immer mehr zur Befeuerung von Kesseln herangezogen.

Bei den P e t r o l e u m f e u e r u n g e n erfolgt die Zerstäubung an einem Brenner, der die Form einer quadratischen Spitze besitzt, aus derem Innern das Petroleum zugleich mit einem Dampfstrahl durch verschieden gerichtete Schlitze herausgepreßt wird. So erhält man einen 1 m langen und 50 cm breiten Flammenstrahl. Die Leistung eines Kessels mit Petroleumfeuerung beträgt 14 kg Dampf von 100⁰ aus 1 kg Kohlenwasserstoff, 9200 Kal. liefernd, und 16 kg Masut zu 11 200 Kal., während die Kohle 8 kg Dampf erzeugt.

Diese überraschend günstigen Resultate wurden erzielt durch die direkte und vollständige Ausnutzung der strahlenden Wärme auf die metallische Kesselfläche mit sehr rascher Zirkulation des verdampfenden Wassers; durch die Zerlegung des einzigen großen Herdes der Kohlenfeuerung in eine Anzahl teleskopischer Röhrenherde, wodurch die Heizfläche des Herdes zugunsten des Brennstoffes vergrößert wird, und endlich durch eine vollkommene Verbrennung, indem die Gase fast kalt und ohne Spuren von Kohlenoxyd den Schornstein verlassen.

Bekannt ist, wie unser schönstes Flußtal, das Rheintal, durch die qualmenden Lokomotiven auf beiden Ufern und den zahllosen Dampfern auf dem Strome unter der Rauchplage zu leiden hat und welch idealer Zustand herrschen könnte, wenn Schiffs- und Lokomotivkessel mit Öl befeuert würden.

Zu den viel Rauch erzeugenden kleingewerblichen Betrieben in den Städten gehören hauptsächlich die Bäckereien (S. 74) und Schmiedewerkstätten.

Sehr gute Erfolge wurden bei Bäckereien mit sog. Unterzugkohlenöfen erzielt. Hierbei wird auf der Feuerbrücke ein gut glühendes Kohlenfeuer unterhalten, über welches die Rauchmassen der vorn aufgeschütteten verbrennenden Kohlen hinwegstreichen müssen. Der Verbrauch an Brennstoff beträgt hierbei etwa ein Drittel Koks und zwei Drittel Kohle.

In Karlsruhe verwenden die Bäckereien fast ausschließlich Koks. Bestimmte Ofenkonstruktionen sind hierzu eingerichtet und arbeiten nicht unwirtschaftlicher als Kohlen- oder Holzöfen. Der Koks wird in diesen Öfen ähnlich wie in anderen Industriefeuerungen zu Kohlenoxyd vergast, und dieses Gas heizt dann durch Verbrennung mit sog. Sekundärluft die langen Ofenzüge.

Auch Öfen mit reiner Gasfeuerung für Leuchtgas kommen in den Handel und sind verwendbar. Versuche, Backöfen mit Elektrizität zu heizen, haben ebenfalls gute Resultate gezeitigt.

Nachdrücklich zu bekämpfen sind jene Backöfen, bei denen Heiz- und Backraum ein Raum sind. Daß die Anlagekosten solcher primitiver Backöfen geringer sind, als jene irgendeines anderen Systems, ist selbstverständlich; ebenso selbstverständlich aber auch, daß ein rauchfreies Heizen, besonders ein rauchfreies Anheizen, bei ihnen nur sehr schwer möglich ist. Der Nachteil dieser Backöfen, bei welchen Heiz- und Backraum ein Raum sind, ist bereits auf S. 74 besprochen.

Erwähnt sei noch die Stierfeuerung (H. Stier, Dresden-Plauen), die sich nicht allein für Backöfen, sondern für alle

Heizzwecke im Haushalt, Gewerbe und in der Industrie eignet. Sie soll bis 50% Feuerungsmaterial ersparen sowie Rauch und Ruß verhüten.

Trotzdem die Schmiede eine unserer ältesten Einrichtungen ist, hat man bis vor noch nicht langer Zeit den von ihr erzeugten Rauch als etwas Unabwendbares betrachtet. Auch diesen Übelstand kann man jetzt erfolgreich bekämpfen, da sich bei Schmiedeherdanlagen mit Rauchhauben nach System Aßmussen rauchfreier Betrieb erzielen läßt. Das Wesen des Systems Aßmussen (Düsseldorfer Maschinenbau-Aktiengesellschaft) besteht darin, daß die kühlen Rauchgase getrennt von den heißen Feuergasen aufgefangen und abgeführt werden.

Zu den kleingewerblichen Feuerungen gehören weiter die Zentralheizungen (S. 76). Die hierzu verwendeten Kesselsysteme sind die gußeisernen Gliederkessel und die schmiedeeisernen Flammrohr- und Röhrenkessel. Bei den gußeisernen Gliederkesseln befindet sich der Rost innerhalb des gußeisernen Körpers, so daß das Brennmaterial seine Wärme direkt an das Gußeisen resp. an das Wasser abgibt. Erfahrungsgemäß eignen sich diese Kessel nur zum Heizen mit Koks oder Anthrazit. Gasanstaltskoks ist seiner starken Schlackenbildung wegen weniger geeignet als Hütten- und Schmelzkoks.

Bei bestimmten Gliederkesselkonstruktionen kann man, wie bei den übrigen Kesselsystemen der Zentralheizungen, mit Vorteil Kohle verheizen, hochwertige auf den Planrosten, minderwertige auf den Treppenrosten. Rauchverzehrende Feuerungen aller Arten lassen sich bei diesen Kesselsystemen verwenden.

Vom Standpunkte geringster Rauchentwicklung und größter Brennstofferwarnis empfiehlt sich die Fernheizung, d. h. die Beheizung mehrerer Gebäude von einer Zentralstelle aus. Für eine große Feuerstelle lassen sich günstigere Betriebsbedingungen schaffen als für viele kleine zerstreut liegende. Eines der bedeutendsten Werke dieser Art ist das Fernheizwerk in Dresden, welches zur Erzeugung von elektrischer Kraft- und Lichtenergie sowie für die Beheizung von

23 königlichen und staatlichen Gebäuden dient und sehr gute
wirtschaftliche Resultate zeitigt.

Ein anderes ähnliches Werk ist das Fernheizwerk des
Hauptbahnhofes in München und das zur Beheizung der Ge-
bäudegruppe einer Baugenossenschaft in Königsberg (Pr.).
Auch Österreich besitzt in der zentralen Beheizungsanlage für
14 Pavillons der Landesheil- und Pflegeanstalt am Steinhof
eine moderne mustergültige Fernheizungsanlage.

Die Zimmeröfen geben, weil sie am schlechtesten bedient werden, den meisten Rauch. Allerdings beschränkt sich
die Rauchplage aus diesen Feuerungen nur auf die Winter-
zeit, doch herrscht gerade zu dieser Zeit die günstigste Witterung für die Rauchplage. Was das rauchfreie Heizen bei diesen
Öfen betrifft, so führen hier dieselben Wege zum Ziele wie
bei den industriellen Feuerungen. Der Koks bewährt sich
auch als Hausbrand, besonders bei den Dauerbrand- und
Füllöfen gut. Diese Öfen sind deswegen sehr zweckentsprechend, weil bei einem kontinuierlichen Betrieb ein regelmäßiges Heizen und Nachfüllen des Brennstoffes ein Öffnen
der Feuertür unnötig macht, wodurch ein Hauptgrund der
Rauchbelästigung fortfällt.

Die schwere Entzündbarkeit des Kokses kann dadurch
verbessert werden, daß man diese Öfen mit einem Gemisch
von Koks und Kohle heizt, wobei das Mischungsverhältnis
von der zu zu mischenden Kohle abhängt.

Auch in den meisten gewöhnlichen Zimmeröfen, wenn sie
guten Zug haben, läßt sich nach Abänderung der Feuerung
Koks verwenden.

Meist wird die Heizfläche der Kachelöfen zu klein genommen. Der Ofen muß eine dem Raume entsprechende
Größe erhalten, andernfalls deckt er bei Eintritt größerer
Kälte und Wind den Wärmebedarf nur dann, wenn er über
das zulässige Maß hinaus erhitzt wird. Man rechne über-
schlagsweise bei kalt gelegenen und wärmedurchlässigen Räumen auf etwa 10 cbm Rauminhalt 1 qm Ofenheizfläche, bei
günstiger gelegenen Räumen auf etwa 15 cbm Rauminhalt
1 qm Ofenheizfläche.

Besser als ein Ofen von hoher Form ist ein im Unterbau verbreiterter Ofen von mäßiger Höhe. Ein solcher begünstigt die Wärmeverteilung und die Schnelligkeit der Raumlufterwärmung.

Wie bereits auf S. 275 besprochen, gehen die städtischen Behörden in Dresden planmäßig und energisch gegen die Rauchbelästigung vor. In diesem Bestreben werden sie vom dortigen Töpfergewerbe ganz wesentlich unterstützt. Die von dem Töpfergewerbe eingesetzte heiztechnische Landeskommission hat zwei Broschüren herausgegeben, die praktische Winke für die Beheizung der Wohnräume sowie Grundsätze für Kachelofen- und Herdbau enthalten und den Interessenten (Hauseigentümern, Bauunternehmern usw.) zur Verfügung gestellt werden.

Für manche Stadtgegenden ist der beim Bahnhofsbetrieb sich entwickelnde Rauch, namentlich der aus den zeitweise außerordentlich stark rauchenden Lokomotivschuppen, eine starke Belästigung (s. a. S. 203). In einigen Städten hat man sich dadurch zu helfen gesucht, daß man die Lokomotivschuppen von den übrigen Bahnhofsanlagen trennte, ein Mittel, das fast überall seinen Zweck verfehlt hat. Es wurde auch versucht, durch zentrale Rauchgasabführung in den Lokomotivschuppen dem Übelstand der Rauchbelästigung zu steuern. Was hiermit erreicht wurde, war eine Verschlimmerung, aber nicht Verbesserung der bestehenden Zustände.

Ein anderes, aber nicht überall durchführbares Mittel ist das Anheizen der Lokomotiven mit Koks.

Ein sehr gutes Mittel, die Rauchentwicklung für die Nachbarschaft unschädlich zu machen, ist dagegen das zuerst in Eilenburg bei Leipzig mit bestem Erfolge versuchte, den von den Lokomotiven entwickelten Rauch durch Rohrleitungen in einen Schornstein abzusaugen und durch denselben in höhere Luftschichten zu leiten. Die Einrichtung ist in der Weise durchgeführt, daß von jedem Stand aus ein Blechrohr zu einem Sammelrohr geführt wird, welches in den Schornstein mündet. Je fünf bis sechs Standrohre werden zu einem vereinigt.

Auf dem Gare du Quai d'Orsay in Paris werden die Züge elektrisch entlassen, um erst an der Grenze der Stadt ihren qualmenden Vorspann zu finden. Ein Verfahren, das bei der bevorstehenden Elektrisierung der Berliner Stadt- und Vorortbahnen hoffentlich auch in Berlin sowie in anderen Großstädten soweit möglich eingeführt wird.

Die Maßnahmen zur Bekämpfung der Rauchschäden in Forsten sind nach den Ausführungen des Forstmeisters Grohmann in Nikolsdorf bei Königstein in seiner Arbeit »Erfahrungen und Anschauungen über Rauchschäden im Walde und deren Bekämpfung« (Heft 6 der von Prof. Wislicenus herausgegebenen »Sammlung von Abhandlungen über Abgase und Rauchschäden«. Berlin 1910) von dreierlei Art. Zunächst kommen vorbereitende Arbeiten wie die Festlegung der Rauchschäden in den einzelnen Revieren nach ihrer Flächenausdehnung, Abschätzung der vorliegenden Rauchbelästigungen, Abgrenzung der Rauchschäden in den einzelnen Revieren durch Einlegen von Rauchzonen usw.; dann sind solche Maßregeln zu treffen, die die forstliche Vegetation vor den Angriffen durch Rauchsäuren schützen. Hierher gehören möglichste Verhinderung von Seßhaftmachung oder Vergrößerung raucherzeugender industrieller Werke in der Nähe der Forstreviere; Laubholzschutzstreifen — vor allem solche der Birke —, quer und senkrecht zu der Richtung, von wo hauptsächlich die Abgase kommen; in Rauchrevieren möglichst die Forstreviere nicht durch Loshiebe, starke Durchforstungen, Rundelungen öffnen. Zum Schluß folgen Maßnahmen zu dem Zwecke, die Rückgänge der Frische und Nährkraft unserer Waldböden in Rauchlagen zu vermeiden. Diese sind: Wo angängig, künstliche Bewässerung; Einstellung von Entwässerungen und der Abgabe von Trink- usw. Wässern, insoweit die letzteren nicht dicht an den Grenzen der betreffenden Reviere gefaßt werden können; Aufforstung mit rauchharten Holzarten, und zwar entweder in Gestalt reiner Bestände oder gemischter. In letzterem Fall Nadelhölzer als Hauptbestand, Laubhölzer nur zu Beimischungen.

Auf Wandmalereien (Fresken) an den Gebäuden richten teerige und rußige Ablagerungen, wenn es sich nicht um die sog. Öl- und Spritfresken handelt, keine Schäden an, denn sie können ohne Beschädigung des Bildes durch Methylalkohol, Toluol und das sog. Malerpetroleum losgelöst werden.

Um den schädlichen Einwirkungen des Rußes und der Schwefelsäure auf Bauwerke zu begegnen, gibt es verschiedene Methoden, von denen die empfehlenswertesten sind: Schutzanstrich mit Kalk, oder mit Kalk und Baryt, oder mit Wasserglas, oder mit einer Lösung von Ceresin in Petroleum.

Vorher muß aber das Mauerwerk sehr sorgfältig von dem festsitzenden Ruß befreit werden. Bei stark aufsitzenden Rußschichten durchtränkt man die Schicht zunächst mit einer starken Pottaschelösung und läßt dann einen Dampfstrahl darauf wirken. Das gereinigte Mauerwerk wird darauf mit einer Barytlösung so lange bestrichen, bis nichts mehr aufgenommen wird und dann einer der vorgenannten Schutzanstriche aufgebracht.

In Rauchstädten empfiehlt sich die Verblendung der Hausansichten mit verglasten Ziegeln, weil diese leichter zu reinigen sind. Ebenso sind Granit und kieselsäurereiche Sandsteine dem leichten, durch die Einwirkung der Säure zerstörbaren gewöhnlichen Kalkstein, Marmor oder kalkhaltigen Sandstein vorzuziehen.

Die beiden wichtigsten Mittel der Rauchbekämpfung werden immer eine zweckentsprechende Bauordnung und an der Feuerung ein tüchtiger, geschulter Heizer bleiben. Sonst bleiben die besten Hilfsmittel und Verfahren in vielen Fällen einfach wirkungslos.

Sachregister.

R. OLDENBOURG, VERLAG, MÜNCHEN u. BERLIN

Wirtschaftliche Verwertung der Brennstoffe als Grundlage für die gedeihliche Entwicklung der nationalen Industrie und Landwirtschaft von Dipl.-Ing. **G. de Grahl**, Zehlendorf-West b. Berlin. VIII u. 608 Seiten. 8°. Mit 165 Abb. im Text und auf 9 Tafeln.— Geb. M. 20.—

Wirtschaftlichkeit der Zentralheizung. Richtige Bemessung, Ausführung und sparsamer Betrieb. Von Dipl.-Ing. **G. de Grahl.** 198 Seiten. gr. 8°. Mit 96 Abb.
In Leinw. geb. M. 6.—
Der Verfasser hat es sich zur Aufgabe gemacht, das etwas undankbare Gebiet der Wirtschaftlichkeit der Zentralheizungen zu klären. Er hat, um es gleich zu sagen, die Aufgabe, die er sich gestellt hat, in einwandfreier Weise gelöst. Das Buch stellt das Resultat fleißiger Arbeit und langjähriger, aufmerksamer Beobachtung dar. . . . [Technisches Gemeindeblatt.]

Verwendung von Gaskoks für Zentralheizungen. Bericht über eine vom Deutschen Verein von Gas- und Wasserfachmännern bei den Heizungsindustriellen gehaltene Umfrage auf der Hauptversammlung zu Bremen erstattet von Dr. **E. Schilling**, Vorsitzender der Heizkommission. Zweite Aufl. 14 Seiten. Mit 1 Tafel. Einzelpreis 80 Pf., von 10 Exemplaren ab 75 Pf., von 20 Exemplaren ab 70 Pf., von 50 Exempl. ab 60 Pf., von 100 Exempl. ab 55 Pf., von 200 Exempl. ab 50 Pf.

Hilfstabellen zur Berechnung von Warmwasserheizungen. Herausgegeben von **H. Recknagel**, Diplom-Ingenieur, Berlin-Schöneberg. Dritte vermehrte und verbesserte Aufl. 29 S. 4°. Mit 3 Beispielen in Mappentasche. Geh. M. 4.50

Taschenbuch für Heizungs-Monteure. Von Fabrikdirektor Baurat **Bruno Schramm.** Fünfte durchgesehene u. erweiterte Aufl. VIII u. 152 Seiten. kl. 8°. Mit 120 Abb. Geb. M. 3.20

Graphische Rohrbestimmungs-Methode für Wasserheizungs-Anlagen. Von **W. Schweer.** V u. 31 Seiten. 4°. Mit 8 lithogr. Tafeln u. 1 Streckenteiler.
In Leinw. geb. M. 9.—

Tabellarische Zusammenstellung der Rohrweiten für verschiedene Zirkulationshöhen und horizontale Entfernungen bei Warmwasserheizungen mit unterer Wasserverteilung. Bearbeitet nach den Recknagelschen Hilfstabellen von **Ernst Haase**, Ingenieur. VIII u. 123 Seiten. kl. 8°. 120 Tabellen. Geh. M. 4.50

Über Heizwertbestimmungen, mit besonderer Berücksichtigung gas- förmiger und flüssiger Brennstoffe. Von Dipl.-Ing. **Theodor Immenkötter.** VII u. 97 Seiten. 8°. Mit 23 Abb. Geh. M. 3.—

Tabellen zur Ermittelung der stündlichen Wärmeverluste. Bearbeitet von **Gustav Dieterich**, Ingenieur, Berlin-Wilmersdorf. VI u. 89 Seiten. Tabellen. 4°. In Leinw. geb. M. 20.—

Heizungs-, Lüftungs- und Dampfkraftanlagen in den Vereinigten Staaten von Amerika. Von **Arthur K. Ohmes**, Konsult.-Ingenieur. VIII u. 182 Seiten. gr. 8°. Mit 119 Abb. im Text und auf 8 Tafeln. In Leinw. geb. M. 6.—

Kalender für Gesundheits-Techniker. Taschenbuch für die Anlage von Lüftungs-, Zentralheizungs- und Badeeinrichtungen. Herausgegeben von **Hermann Recknagel**, Dipl.-Ing., Berlin. 29. Jahrg. 1917. kl. 8°. In Brieftaschenf. geb. M. 4.—

Das Gas im bürgerlichen Hause. Von **Franz Schäfer**, Oberingenieur in Dessau. 40 Seiten. 8°. Mit 18 Abb.
Einzelpreis 50 Pf., 50—99 Exemplare à 45 Pf., 100—499 Exemplare à 40 Pf., 500—999 Exemplare à 35 Pf., 1000 Exemplare und mehr à 30 Pf.

Kein Haus ohne Gas! Zur Belehrung der Gasverbraucher und solcher, die es werden wollen, verfaßt und herausgegeben von **Franz Schäfer**, Oberingenieur in Dessau. Achte, durchgesehene und ergänzte Auflage. 47 Seiten. 16°.
Einzelpreis 20 Pf., 50—99 Exemplare à 18 Pf., 100—499 Exemplare à 16 Pf., 500—999 Exemplare à 15 Pf., 1000 Exemplare und mehr, ohne Aufdruck à 13 Pfg., mit Aufdruck à 15 Pf.

Die angebliche Gefährlichkeit des Leuchtgases im Lichte statistischer Tatsachen. Von **Franz Schäfer**, Oberingenieur in Dessau. 52 Seiten. 8°. Mit 8 Abb. (Sonderabdruck aus dem »Journal für Gasbeleuchtung u. Wasserversorgung« 1906.)
Einzelpreis 60 Pf., 50—99 Exemplare à 55 Pf., 100—499 Exemplare à 45 Pf., 500—999 Exemplare à 40 Pf., 1000 Exemplare und mehr à 30 Pf.

Das Gas als Heizmittel in Gewerbe und Industrie. Von Oberingenieur **Franz Schäfer** in Dessau. 51 Seiten. 8°. Mit 56 Abb.
Einzelpreis 80 Pfg., 50—99 Exemplare à 75 Pfg., 100—500 Exemplare à 70 Pfg., bei mehr als 500 Exemplare 65 Pfg.

Die Gasflamme als Werkzeug und Maschinenelement. Von Oberingenieur **Franz Schäfer** in Dessau. 39 Seiten. 8°. Mit 30 Abb.
Einzelpreis 80 Pfg., 50—99 Exemplare à 75 Pfg., 100—500 Exemplare à 70 Pfg., mehr als 500 Exemplare 65 Pfg.